高等学校教材

过程装备制造技术

朱振华　邵泽波　主编

曹国华　审

U0285610

化学工业出版社

·北京·

本书共分绪论、过程机器制造和过程设备制造三部分，第1～第4章介绍了过程机器制造部分，内容包括机械加工质量、机械加工工艺规程、典型零件的加工和过程机器的装配工艺。第5～第8章介绍了过程设备制造部分，内容包括过程设备零件的主要制造工序、过程设备的焊接、典型过程设备的制造工艺和过程设备的质量检验。

本书结合过程装备的特点全面系统地介绍了过程机器和过程设备制造中的基本问题和技术，可作为高等院校过程装备与控制工程及相关专业的教材，也可供有关工程技术人员学习参考。

图书在版编目（CIP）数据

过程装备制造技术/朱振华，邵泽波主编 .—北京：化学工业出版社，2011.8（2023.1重印）

高等学校教材

ISBN 978-7-122-11770-0

Ⅰ．过… Ⅱ．①朱…②邵… Ⅲ．化工过程-化工设备-机械制造工艺-高等学校-教材 Ⅳ．TQ051.06

中国版本图书馆 CIP 数据核字（2011）第 133423 号

责任编辑：金玉连　程树珍

责任校对：边　涛　　　　　　　　　　　装帧设计：杨　北

出版发行：化学工业出版社（北京市东城区青年湖南街 13 号　邮政编码 100011）

印　　装：北京虎彩文化传播有限公司

787mm×1092mm　1/16　印张 17½　字数 457 千字　2023 年 1 月北京第 1 版第 5 次印刷

购书咨询：010-64518888　　　　　　　售后服务：010-64518899

网　　址：http://www.cip.com.cn

凡购买本书，如有缺损质量问题，本社销售中心负责调换。

定　　价：45.00 元

前　言

　　"过程装备制造技术"是过程装备与控制工程专业一门非常重要的专业课程，通过学习该门课程，要求学生掌握"过程装备制造技术"的基本知识和基本理论，为其他专业课的学习和进行毕业设计打下基础，也为学生毕业后从事过程装备的制造和维护等工作打下坚实的基础。

　　过程装备是过程机器和过程设备的统称。过程机器主要指过程装备中的动设备，如泵、压缩机、分离机等；过程设备主要指过程装备中的静设备，如塔设备、反应釜、换热器、各种储罐等。过程装备的制造包括过程机器的制造和过程设备的制造。由于很多过程机器是过程装置中的关键设备，它们的结构非常复杂，制造工艺和要求也非常高，因此，过程机器的制造比一般机械的制造要求更加严格。很多过程设备都属于压力容器，它们的工作条件非常严酷，比如高温、高压、极低温等；它们处理的介质很多都是易燃、易爆、具有强腐蚀性的介质，这就对过程设备的制造提出了更高的要求。

　　过程装备的制造涉及一系列紧密结合的课程体系。"工程材料"课程主要介绍金属材料的基础知识和过程装备设计、制造时的材料选用；"金属工艺学"课程主要介绍机械零件毛坯的制造方法和为进一步提高零件精度和质量而进行的切削加工方法和装备。本教材内容主要包括机械加工质量，机械加工工艺规程，典型零件的制造、装配工艺、过程设备制造的主要工序，过程设备的焊接，典型过程设备的制造和过程设备的质量检验等内容，是金属工艺学课程的延续和深化，与前面两门课程形成完整而严密的课程内容体系。

　　"过程装备制造技术"是一门实践性很强的课程，须有相应的实践性教学环节与之配合。学习本课程前，学生须经"金工实习"环节的培训，学习本课程前后，学生要到过程装备制造厂进行生产实习。

　　本书由朱振华、邵泽波主编，长春理工大学曹国华教授主审。朱振华负责全书的统稿工作。其中绪论、第1章、第2章由朱振华编写、第3章由时黎霞编写，第4章由孟宪宇编写，第5章由尚春民编写，第6章由黄根哲编写，第7章、第8章由邵泽波编写。在本书编写过程中，刘昊、袁军、于建辉等同学在本书制图、校对等方面付出了辛勤劳动，在此一并表示衷心的感谢。

　　限于编者的水平，书中错误或不足之处在所难免，恳请广大读者批评指正。

编　者

2011.5

目　　录

0 绪 论

0.1 过程装备制造的内涵

过程工业是加工制造流程性材料产品的现代国民经济的支柱产业之一，所谓流程性材料是指以流体形态为主的材料，气体、液体和粉体，是典型的三类流程性材料。过程工业涵盖了诸如化工、石化、石油、能源、轻工、环保、医药、食品、冶金、机械等许多工业门类和行业部门，几乎包含了国民经济中的所有重要领域。

据统计，美国财富的68%来自制造业，2000年我国财政收入的三分之一来自制造业。在整个制造业中，过程工业的产值与增值税均在50%左右，占我国GDP的16%左右。

过程装备是指过程工业中所使用的装备。从过程装备制造角度可将过程装备大致分为两大类：以机械加工为主要制造手段的过程机器部分，如泵、压缩机、离心机等；以焊接为主要制造手段的过程设备部分，如换热器、塔器、反应设备、储存容器及锅炉等；过程设备与过程机器统称为过程装备。过程装备制造就是指过程机器和过程设备这两类装备的制造。

0.2 过程机器的制造

过程机器的制造与一般机械（如汽车、拖拉机、车床等）的制造过程基本相同。任何机械都是由机械零件装配组合而成的，一般情况下，机械零件的制造过程都是先将原材料经过铸造、锻造、冲压、焊接等方法制成毛坯，再由毛坯经机械加工制成。在毛坯制造和机械加工的过程中，为便于切削和保证零件的力学性能，还需在某些工序之间对零件进行热处理。因此，一般的机械生产过程可简要归纳为：毛坯制造——机械加工——装配和调试。

0.2.1 毛坯制造

常用的毛坯制造的方法主要有以下几种。

① 铸造　铸造是将金属融化后浇注到具有一定形状和尺寸的铸型中，冷却凝固后得到所需毛坯的方法。用这种方法得到毛坯称为铸件。

② 锻造　锻造是将坯料加热后，在锻压设备及工（模）具的作用下，使金属产生塑性变形，从而得到具有一定形状和尺寸的毛坯的方法。用这种方法得到的毛坯称为锻件。

③ 冲压　冲压是在压力机上利用冲模对板料施加压力，使板料产生分离或变形，从而获得一定形状、尺寸的产品的方法。通过这种方法得到的毛坯称为冲压件。冲压件具有足够的精度和表面质量，只需进行很小的机械加工或不用进行机械加工就可以直接使用。

④ 焊接　通过加热或加压，使分离的两部分金属在原子或分子间建立联系而实现结合的加工方法。

用以上毛坯制造方法得到的毛坯，其外形与零件相近，但毛坯的尺寸与零件的尺寸有一定的差值，这个差值称为毛坯的加工余量。

1

0.2.2 机械加工

机械加工的目的是使零件达到精确的尺寸和光洁的表面，为此，应将毛坯上的加工余量经机械加工切削掉。

常用的机械加工方法主要有以下几种：车削、铣削、刨削、磨削、钻削和镗削等。一般毛坯要经过若干道机械加工工序才能成为合格的成品零件。

0.2.3 装配与调试

加工完毕并检验合格的各个零件，按照整台机器的技术要求，用钳工或钳工与机械相结合的方法，按一定的顺序组合连接、固定起来，就成为整台机器，这一过程为装配。装配好的机器再经过调试和试运转，合格以后，整台机器的制造才算完成。

过程机器制造过程中毛坯的制造方法以及机械加工过程中各种具体的切削加工方法（如车削、铣削、刨削、磨削、钻削和镗削等）在金属工艺学课程中已经介绍。因此本书主要介绍过程机器制造过程中涉及的内容，包括机械加工质量、机械加工工艺规程、典型零件的加工、装配工艺四部分。

0.3 过程设备的制造

过程设备主要指过程工业中使用的静设备。绝大多数的过程设备都属于压力容器。因此首先介绍压力容器的分类。

0.3.1 压力容器分类

（1）按压力等级分类

按承压方式分类，压力容器可分为内压容器与外压容器。

内压容器又可按设计压力的大小分为四个压力等级。

① 低压（代号 L）容器 $0.1MPa \leqslant p < 1.6MPa$；

② 中压（代号 M）容器 $1.6MPa \leqslant p < 10.0MPa$；

③ 高压（代号 H）容器 $10MPa \leqslant p < 100MPa$；

④ 超高压（代号 U）容器 $p \geqslant 100MPa$。

外压容器中，当容器的内压力小于一个绝对大气压（约 0.1MPa）时又称为真空容器。

（2）按容器在生产中的作用分类

根据压力容器在生产工艺过程中的作用，可分为反应压力容器、换热压力容器、分离压力容器、储存压力容器四种。

① 反应压力容器（代号 R） 主要是用于完成介质的物理、化学反应的压力容器。如反应器、反应釜、聚合釜、高压釜、合成塔、煤气发生炉等。

② 换热压力容器（代号 E） 主要是用于完成介质的热量交换。如管壳式余热锅炉、热交换器、冷却器、冷凝器、蒸发器、加热器等。

③ 分离压力容器（代号 S） 主要是用于完成介质的流体压力平衡缓冲和气体净化分离的压力容器。如分离器、过滤器、集油器、缓冲器、干燥塔等。

④ 储存压力容器（代号 C，其中球罐代号 B） 主要是用于储存、盛装气体、液体、液化气体等介质的压力容器。如液氨储罐、液化石油气储罐等。

（3）按安装方式分类

根据安装方式可分为固定式压力容器和移动式压力容器。

① 固定式压力容器　有固定安装和使用地点,工艺条件和操作人员也较固定的压力容器。如生产车间内的卧式储罐、球罐、塔器、反应釜等。

② 移动式压力容器　移动式压力容器也称为经常搬运的压力容器,诸如汽车槽车、铁路槽车、槽船等。

（4）按安全技术管理分类

《压力容器安全技术监察规程》采用既考虑容器压力与容积乘积大小,又考虑介质危害程度以及容器品种的综合分类方法对压力容器进行分类。该方法将压力容器分为三类。

① 第三类压力容器　具有下列情况之一的,为第三类压力容器。

ⅰ. 高压容器;

ⅱ. 中压容器（仅限毒性程度为极度和高度危害介质）;

ⅲ. 中压储存容器（仅限易燃或毒性程度为中度危害介质,且 pv 乘积大于等于 10 MPa·m³）;

ⅳ. 中压反应容器（仅限易燃或毒性程度为中度危害介质,且 pv 乘积大于等于 0.5 MPa·m³）;

ⅴ. 低压容器（仅限毒性程度为极度和高度危害介质,且 pv 乘积大于等于 0.2 MPa·m³）;

ⅵ. 高压、中压管壳式余热锅炉;

ⅶ. 中压搪玻璃压力容器;

ⅷ. 使用强度级别较高（指相应标准中抗拉强度规定值下限大于等于 540MPa）的材料制造的压力容器;

ⅸ. 移动式压力容器,包括铁路罐车（介质为液化气体、低温液体）、罐式汽车［液化气体运输（半挂）车、低温液体运输（半挂）车、永久气体运输（半挂）车］和罐式集装箱（介质为液化气体、低温液体）等;

ⅹ. 球形储罐（容积大于等于 50m³）;

ⅺ. 低温液体储存容器（容积大于 5m³）。

② 第二类压力容器　具有下列情况之一的,为第二类压力容器。

ⅰ. 中压容器;

ⅱ. 低压容器（仅限毒性程度为极度和高度危害介质）;

ⅲ. 低压反应容器和低压储存容器（仅限易燃介质或毒性程度为中度危害介质）;

ⅳ. 低压管壳式余热锅炉;

ⅴ. 低压搪玻璃压力容器。

③ 第一类压力容器　除上述规定以外的低压容器为第一类压力容器。

不同类别的压力容器在材料选用、制造要求和检验检测等方面都有较大的差别。压力容器的级别越高,相应的要求就越严格。

0.3.2　过程设备的制造过程及特点

（1）过程设备的制造过程

过程设备大都由一个压力容器和内件组成,压力容器又都由筒体、封头、法兰、接管、支座等零件组成。压力容器和不同内件组合形成不同类型的过程设备,如换热器由一个压力容器外壳和管板、管束、折流板等内件组成;板式塔由一个压力容器外壳和塔板、浮阀、液体分布器、降液管等内件组成。过程设备的制造主要包括压力容器外壳和各种内件的制造。过程设备很多内件的制造过程跟一般机械零件的制造过程基本相同,例如换热器的管板由锻造毛坯经机械加工制成，折流板由冲压毛坯经机械加工制成。因此在过程设备的制造中，压力容器（即承压壳体）的制造是核心问题。

图 0-1 所示的卧式储罐为一个典型的压力容器。压力容器的基本的制造工艺流程大致为：选择材料→复检材料→净化处理→矫形→划线（包括零件的展开计算、留余量、排料）→切割→成形（包括筒节的卷制、封头的加工成形、管子的弯曲等）→组对安装→焊接→热处理→检验（无损检测、耐压实验等）。

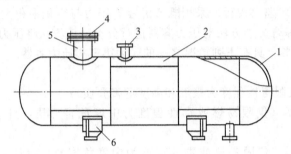

图 0-1　卧式储罐
1—封头；2—筒体；3—接管；4—人孔盖；5—人孔

上述制造工艺流程可用图 0-2 表示。

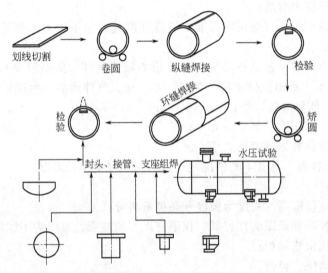

图 0-2　卧式储罐制造工艺流程图

（2）过程设备制造的特点

各种钢制过程设备的制造工艺主要有以下特点。

ⅰ．制造过程的主要工序顺序基本上是固定的。例如，对每一个容器，从钢板的划线、切割、坡口加工、成形、组对焊接、总装到试压等各工序的顺序基本上是固定的，各道工序的检验一般放在该工序之后。而且各种设备制造中，相同工序的基本原理，所用工艺装备和操作也都相同。

ⅱ．过程设备制造大都属于单件和小批生产性质。当前对零件制造的几何尺寸和形状精度虽无类似机器零件的公差配合标准，但对一些典型设备，在国家和部颁标准中，对其主要的组装精度和其他质量要求都做了规定，并以技术条件的形式标注于施工图中。这些规定是以保证设备运行的安全性、过程工艺要求以及考虑到制造的可能性等条件提出来的。因此，

4

不论设计者或制造者都应熟悉并遵守这些标准。

此外，在标准中所规定的一些技术条件，往往是对零件制造和装配误差的综合限制。例如筒体环缝的对口错边量，不但与组对时两边缘的对合准确度有关，而且在很大程度上取决于两筒节对口的直径误差和椭圆度。而筒节直径误差又与划线尺寸的准确度、卷圆工序中钢板伸长量的大小、纵焊缝组对间隙及其收缩量等因素有关。因此为了限制对口错边量，就必须限制各工序的误差。了解和掌握设备制造的整个过程，不但利于设计出合理的结构，而且对提出恰当的制造技术要求也是十分重要的。

过程设备制造部分主要介绍过程设备零件的主要制造工序、过程设备的焊接、典型过程设备制造工艺和过程设备制造检验等内容。

习　题

0-1　过程装备主要包括哪些典型的设备和机器？

0-2　压力容器有几种分类方法，具体是如何划分的？

0-3　简述过程机器的制造过程？

0-4　简述压力容器的制造过程？

0-5　过程设备的制造有哪些特点？

1 机械加工质量

保证机械产品的质量是一个企业得以生存和发展的关键。产品的制造质量包括零件的制造质量和产品的装配质量两个方面。零件的制造质量将直接影响产品的性能、效率、寿命及可靠性等质量指标，它是保证产品制造质量的基础。产品的装配质量将在第3章讨论。

机械加工质量指标包括两方面的参数：一方面是宏观几何参数，指机械加工精度；另一方面是微观几何参数和表面物理-力学性能等方面的参数，指机械加工表面质量。

1.1 机械加工精度

1.1.1 机械加工精度的概念

机械加工精度是指零件加工后的实际几何参数（尺寸大小、几何形状、表面间的相互位置）与图纸规定的理想几何参数的符合程度。零件的理想几何参数对表面几何形状而言主要指绝对正确的圆柱面、平面和锥面等；对表面之间的相互位置而言主要为绝对的平行、垂直和同轴等；对尺寸而言为零件的公称尺寸。公称尺寸是指由设计计算所决定，并经圆整后的尺寸。由于机械加工中的种种原因，不可能把零件做得绝对符合理想值，总会产生偏差，这种偏差即加工误差。实际生产加工中加工精度的高低用加工误差的大小来表示。生产实践证明，采用同一种加工方法，公称尺寸越大，产生的加工误差就越大，加工精度越低。反之，公称尺寸越小，产生的加工误差就越小，加工精度越高。

1.1.2 获得规定加工精度的方法

机械加工是为了使工件获得规定的尺寸精度、形状精度、位置精度及表面质量要求。机械加工中获得这些精度的主要方法有以下几种。

（1）获得尺寸精度的方法

① 试切法 该法是通过试切——测量——调整刀具——再试切的反复过程来获得尺寸精度。

试切法生产效率低，加工精度取决于工人的技术水平，但能获得较高的尺寸精度，且不需复杂的装置。主要用于单件小批生产。

例如图1-1所示的阶梯轴，要求车到 ϕd_{-d}^{0}。加工时先试切一段，量其直径为 d_1，根据 d_1 与 d 的差值调整刀具的位置，再试切，再测量，如此反复，直到试切的尺寸合格为止。

② 调整法 加工前先按要求的尺寸调整好刀具相对于工件的位置，并在一批零件的加工过程中始终保持这个位置不变，以获得规定的加工尺寸。

调整法比试切法加工精度的保持性好，且具有较高的生产率，多用于六角车床、多刀半自动车床以及自动机床的加工。调整法对操作工人要求不高，但对调整工要求较高，在成批及大量生产中广泛应用。

如图1-2所示，六角刀架的纵向位置是用事先调整好位置的挡块配合机械机构来控制，以保证工件的轴向尺寸。

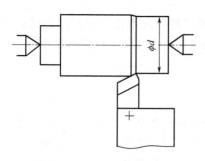

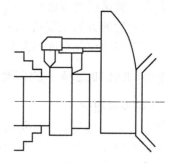

图 1-1　用试切法获得尺寸　　　　　　　图 1-2　用调整法获得尺寸

③ 定尺寸刀具法　该法是用具有一定尺寸精度的刀具来保证工件的加工尺寸。如钻头、扩孔钻、铰刀、拉刀、槽铣刀等。这种方法具有较高的生产率，尺寸精度较稳定。加工精度主要取决于刀具的精度及刀具与工件的位置精度。

④ 自动控制法　该法是将测量装置、进给装置和控制系统组成一个自动加工系统。加工过程中由自动测量装置测量工件的加工尺寸，并与所要求的尺寸进行比较后发出信号，信号通过转换、放大后控制机床或刀具作相应调整，直到达到规定的加工尺寸要求。这种方法一般用在数控机床上，用来加工精度较高，形状复杂的零件，适应于单件、小批和中批生产。

（2）获得表面形状精度的方法

在机械加工中，工件的表面形状主要依靠刀具与工件作相对的成形运动来获得。为了保证形状精度，必须首先保证成形运动本身和其相互关系的准确性。

工件在加工时获得形状精度的方式有以下三种。

① 轨迹法　这种加工方法是利用非成形刀具刀尖的运动轨迹来形成被加工表面的形状。普通的车削、铣削、刨削和磨削等均属于刀尖轨迹法。用这种方法得到的形状精度主要取决于成形运动的精度。例如图 1-3 用工件的回转和车刀按靠模所作的曲线运动来车削成形表面。

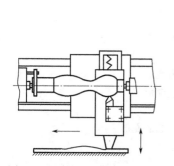

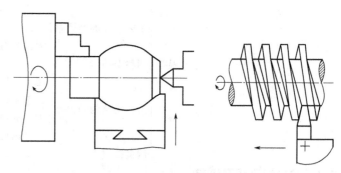

图 1-3　用轨迹法获得工件形状　　　　　图 1-4　用成形法获得工件形状

② 成形法　成形法加工是利用成形刀具的几何形状来代替机床的某些成形运动而获得加工表面形状，如图 1-4 所示。成形法所获得的形状精度主要取决于成形刀具刀刃的形状精度和安装精度。

③ 展成法　该法利用刀具和工件作展成运动所形成的包络面来得到加工表面的形状，如滚齿、插齿、磨齿等均属展成法。这种方法所获得的形状精度主要取决于刀刃的形状精度和展成运动精度等。

（3）获得位置精度的方法

获得位置精度的方法主要有三种：①按照工件加工过的表面进行找正的方法；②用夹具安装工件，工件的位置精度由夹具来保证；③划线法，根据工件上所划线来进行找正。

1.1.3 影响机械加工精度的因素

1.1.3.1 原始误差概述

机械加工时，刀具与工件之间在切削运动过程中的相对移动形成所需要的加工表面。如车削时，工件夹持在夹具上，随车床主轴作旋转运动；刀具装夹在刀架上，相对于工件作横向或纵向移动。因此，在机械加工过程中，由机床、刀具、夹具和工件等组成的一个完整的系统，称为机械加工工艺系统。工艺系统中各方面的误差都可能造成工件的加工误差。通常，将工艺系统的误差称为原始误差。

原始误差的存在，使工艺系统各组成部分之间的位置关系或速度关系偏离了理想状态，致使加工后的零件产生了加工误差。

加工时，由于需要对工件进行定位和夹紧而产生工件装夹误差。

由于加工前必须对机床、刀具和夹具进行调整，而产生了调整误差。

工艺系统在加工过程中受到切削力、切削热和摩擦而产生的受力变形、受热变形和磨损，都会造成加工误差，这类在加工过程中产生的原始误差称为工艺系统的动误差，而把在加工前就已经存在的机床、刀具、夹具本身的制造误差称为工艺系统的几何误差，或工艺系统的静误差。

在加工完毕，对工件进行测量时，由于测量方法和量具本身的误差而产生度量误差。有时由于采用了近似的成形方法进行加工，还会产生加工原理误差。

此外，工件在毛坯制造、切削加工和热处理时，由于力和热的作用而产生的内应力，也会引起工件变形而产生加工误差。

综上所述，原始误差可归纳分类如下。

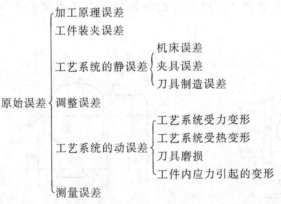

1.1.3.2 加工原理误差

加工原理误差是指由于采用了近似的加工运动或者近似的刀具廓形进行加工而产生的误差。

为了获得规定的加工表面，刀具和工件之间必须作相应的成形运动。如螺旋面和渐开线齿面的形成要求刀具与工件间分别完成准确的螺旋运动和渐开线展成运动。从理论上讲，应采用完全正确的刀刃形状并作相应的成形运动，以获得准确的零件表面。但是，这往往会使机床、夹具和刀具的结构变得复杂，造成制造上的困难；或者由于机构环节过多，增加运动中的误差，结果反而得不到高的精度。因此，在生产实际中常采用近似的加工原理来获得规定范围的加工精度。例如滚齿加工常常存在两种原理误差：一种是为了避免加工刀具制造、刃磨的困难，常采用阿基米德基本蜗杆滚刀来代替渐开线基本蜗杆滚刀而产生造形误差；另一种是由于齿轮滚刀刀齿数有限，齿轮的齿形实际上是一条折线，而不是一条光滑的渐开线，与理论上的渐开线相比存在着齿形误差。采用此方法虽然会带来加工原理误差，但可以简化机床结构和刀具形状，降低成本，提高生产率，但由此带来的原理误差必须控制在允许的范围内。

1.1.3.3 装夹误差和夹具误差

装夹误差包括定位误差和夹紧误差两个部分。因定位不正确而引起的误差称为定位误差。例如加工时由于定位基准和设计基准不重合所产生的误差属于定位误差。工件或夹具刚度过低或夹紧力作用方向、作用点选择不当，都会使工件产生变形，造成加工误差。例如，用三爪卡盘夹持薄壁套筒进行镗孔时（图1-5），夹紧前薄壁套筒的内外圆都是圆的，夹紧后套筒会变成三棱圆形 [图1-5(a)]；镗孔后，内孔呈圆形 [图1-5(b)]；但松开三爪卡盘后，外圆弹性恢复为圆形，所加工内孔又会变成三棱圆形 [图1-5(c)]，使镗孔孔径产生加工误差。为了减小这种变形，可在工件外面套上一个开口的薄壁过渡环 [图1-5(d)]，使夹紧力沿工件圆周均匀分布，从而减小变形。

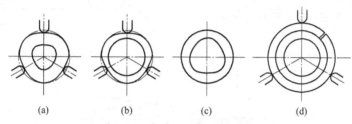

(a)　　　　　(b)　　　　　(c)　　　　　(d)

图1-5　薄壁套筒夹紧误差示例

夹具的作用是使工件相对于刀具和机床具有正确的位置，因此夹具误差对工件的位置精度和尺寸精度影响很大。夹具误差一般指定位元件、导向元件及其夹具体等零件的加工和装配误差。夹具磨损将使夹具误差增大，从而使工件的加工误差也相应增大。为了保证工件的加工精度，除了严格保证夹具的制造精度外，必须注意提高夹具易磨损件的耐磨性，当磨损到一定限度后须及时予以更换。

1.1.3.4 刀具误差

刀具误差对加工精度的影响，根据刀具种类不同而异。一般刀具（如车刀、刨刀等）的制造误差对加工精度没有直接影响，用定尺寸刀具（如麻花钻、键槽铣刀等）加工时，加工面的尺寸精度不仅与刀具本身的尺寸精度有关，还与刀具的工作条件有关。如钻头两刀刃相对于尾柄轴线刃磨的不对称，会造成钻削时两侧刀刃受力不均匀，引起径向跳动，使加工的孔径扩大。用成形刀具（如成形车刀、成形砂轮等）加工时，刀具本身的形状精度直接影响到加工面的形状精度。用展成法（如滚齿刀、插齿刀等）加工时，刀具切削刃的形状误差以及刃磨、安装、调整不正确，同样也会影响加工表面的形状精度。

刀具磨损后，除了使切削性能变差外，还改变了刀刃与工件的相对位置。在用调整法加工一批工件时，将使工件尺寸不断发生变化，出现尺寸分散现象。这时，刀具磨损对加工精度的影响比较突出。

1.1.3.5 机床误差

机床误差包括机床的制造误差、安装误差和磨损等。机床误差的项目很多，这里主要分析对加工精度影响较大的主轴回转误差、导轨误差和传动链误差。

（1）主轴回转误差

机床主轴是用来安装工件或刀具并将运动和动力传递给工件或刀具的重要零件，它直接影响被加工工件的加工精度，尤其是在精加工时，机床主轴的回转误差往往是影响加工精度的主要因素。为了保证加工精度，机床主轴回转时其回转轴线的空间位置应是稳定不变的。但实际上由于受主轴部件结构、制造、装配、使用等种种因素的影响，主轴在每一瞬时回转轴线的空间位置都是变动的，即存在着回转误差。通常，主轴回转误差可定义为主轴的实际回转轴线相对其理想回转轴线在误差敏感方向上的最大变动量。所谓误差敏感方向，是指通过刀刃垂直于工件表面的方向。在此方向上，工艺系统的原始误差对工件加工误差的影响最大。主轴理想回转轴线是一条假定的在空间位置不变的回转轴线。对于任何一种结构形式的主轴部件，其理想回转轴线都是客观存在的，但其实际位置却很难确定。为此，人们就把主轴瞬时几何轴线的平均回转轴线近似地作为理想回转轴线。机床主轴的回转误差可以分为径向跳动、倾角摆动和轴向窜动三种基本形式，如图1-6所示。

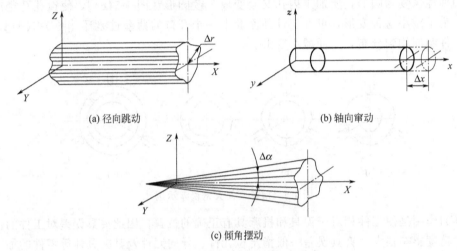

(a) 径向跳动　　　　　　　　　　　　　(b) 轴向窜动

(c) 倾角摆动

图1-6　主轴回转误差的基本形式

不同形式的的主轴回转误差对加工精度的影响不同，同一形式的回转误差在不同的加工方式（例如车削和镗削）中对加工精度的影响也不一样。

① 径向圆跳动　它是主轴回转轴线相对于平均回转轴线在径向的变动量，如图1-6(a)所示。产生径向圆跳动误差的主要原因有：主轴支承轴颈的圆度误差、轴承工作表面的圆度误差等。

当机床主轴采用滑动轴承结构时，对于工件回转类机床，例如车床，加工时切削力 F 及误差敏感方向均基本不变［图1-7(a)］，在切削力 F 的作用下，主轴轴颈以不同的部位与轴承内径的某一固定部位相接触，此时主轴支承轴颈的圆度误差将直接反映为主轴径向圆跳动，而轴承内径的圆度误差则影响不大；对于刀具回转类机床，例如镗床，则加工时切削力 F 和误差敏感方向均随主轴回转而相应变化［图1-7(b)］，在切削力 F 的作用下，主轴总是以其支承轴颈的某一固定部位与轴承内表面的不同部位接触，因此轴承内表面的圆度误差将直接反映为主轴的径向圆跳动，而主轴支承轴颈的圆度误差则影响不大。

当机床主轴采用滚动轴承时，在车床上车外圆时，滚动轴承内环外滚道的圆度误差对主轴径向圆跳动影响最大；在镗床上镗孔时，轴承外环内滚道的圆度误差对主轴径向圆跳动影响最大。滚动体的尺寸误差将直接影响主轴径向圆跳动误差的大小。

② 主轴的纯轴向窜动　它是主轴回转轴线沿平均回转轴线方向的变动量，如图1-6(b)

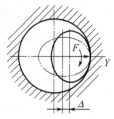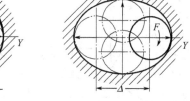

(a) 工件回转类机床   (b) 刀具回转类机床

图 1-7 采用滑动轴承时主轴的径向圆跳动

所示。主轴的纯轴向窜动对圆柱表面的加工精度没有影响，但在加工端面时，则会产生端面与轴线的垂直度误差，车削螺纹时也会产生螺距的周期性误差。因此，对机床主轴端面圆跳动的幅值通常都有严格的要求，如精密车床的主轴端面圆跳动的允许值规定为 $2\sim3\mu m$，甚至更严。

③ 主轴的纯角度摆动 它是主轴回转轴线相对平均回转轴线成一倾斜角度的运动，如图 1-6(c) 所示。车削时，它使加工表面产生圆柱度误差和端面的形状误差。

提高主轴及箱体轴承孔的制造精度，选用高精度的轴承，提高主轴部件的装配精度，对主轴部件进行平衡，对滚动轴承进行预紧等，均可提高机床主轴的回转精度。

（2）导轨误差

床身导轨是机床中主要部件的安装基准，它的各项误差直接影响零件的加工精度。车床导轨的精度要求，主要有以下三个方面。

① 车床导轨在水平面内直线度误差 ΔY 这项误差使刀尖沿着工件半径方向发生位移误差 ΔR，$\Delta R=\Delta Y$，导轨误差将 1∶1 地反映为工件表面的圆柱度误差（鞍形或鼓形），如图 1-8 所示。

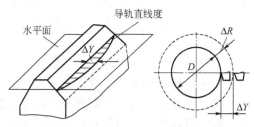

图 1-8 车床导轨在水平面内直线度引起的误差

② 车床导轨在垂直面内的误差 ΔZ 如图 1-9 所示，这项误差将使刀具产生垂直位移，使工件表面产生半径误差 ΔR_z。

由图可知 $(R+\Delta R_z)^2=\Delta Z^2+R^2$

忽略 ΔR_z^2 项，整理可得 $$\Delta R_z=\frac{\Delta Z^2}{d}$$

ΔZ 是在误差的非敏感方向上，其值很小，由此引起的 ΔR_z 就更小，故一般可忽略不计。

③ 导轨的平行度误差 在垂直平面内，两导轨不平行、存在扭曲时，刀架产生倾斜，使刀具相对工件在水平和垂直两个方向上发生偏移，影响加工精度，如图 1-10 所示。车床三角形导轨相对于平导轨的平行度误差 ΔZ 所引起的工件半径加工误差 ΔR 为

$$\Delta R\approx\Delta Y=\frac{H\cdot\Delta Z}{A}$$

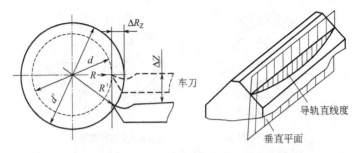

图 1-9　车床导轨在垂直面内直线度引起的误差

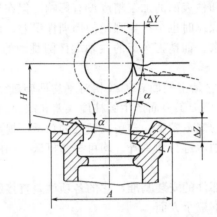

图 1-10　车床前后导轨不平行引起的误差

一般车床中，$H \approx \frac{2}{3}A$，外圆磨床 $H \approx A$，因此导轨扭曲度的影响也是很大的。

机床在使用过程中，导轨会发生磨损，由于导轨工作区常常集中在某一范围内，故导轨在全长上磨损很不均匀，使用一段时间后，会造成机床几何精度超差，应注意及时修复。

（3）传动链误差

传动链误差是指传动链始末两端传动元件间相对运动的误差。对于某些表面的加工，如车螺纹、滚齿和插齿等，为了保证工件的精度，要求工件和刀具间的运动必须有准确的速比关系。当传动链中的各传动元件（如齿轮、蜗轮、蜗杆等）存在制造误差、装配误差和磨损时，会破坏正确的运动关系，影响刀具与工件间相对运动的正确性，使工件产生误差。

图 1-11 为滚齿机的传动系统图。假定滚刀匀速回转，若滚刀轴上的齿轮 Z_1 由于加工和安装等原因而产生转角误差 $\Delta\varphi_1$，而其他各传动件假设无误差，则由 $\Delta\varphi_1$ 产生的工作台转角误差 $\Delta\varphi_{1n}$ 为

$$\Delta\varphi_{1n} = \Delta\varphi_1 \times \frac{80}{20} \times \frac{28}{28} \times \frac{28}{28} \times \frac{28}{28} \times \frac{42}{56} \times i_{差} \times \frac{e}{f} \times \frac{a}{b} \times \frac{c}{d} \times \frac{1}{72} = K_1\Delta\varphi_1$$

式中　$i_{差}$——差动机构的传动比；

　　　K_1——齿轮 Z_1 到工作台的传动比，K_1 反映了齿轮 Z_1 的转角误差对终端工作台传动精度的影响程度，称为第一个元件的误差传递系数。

同理，若传动链中第 j 个元件的转角误差为 $\Delta\varphi_j$，则传递到工作台的转角误差为 $\Delta\varphi_{jn}$

$$\Delta\varphi_{jn} = K_j \cdot \Delta\varphi_j$$

式中　K_j——第 j 个元件的误差传递系数。

整个传动链的传动误差是各传动元件所引起的工作台转角误差的叠加，即

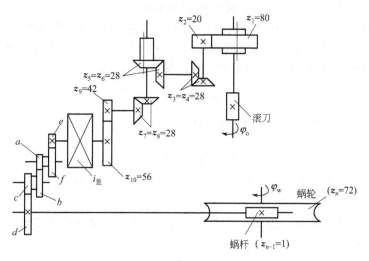

图 1-11　滚齿机的传动系统图

$$\Delta\varphi_{\sum} = \sum_{j=1}^{n} \Delta\varphi_{jn} = \sum_{j=1}^{n} K_j \Delta\varphi_j$$

式中　n——传动元件数。

为了减少机床传动链误差对加工精度的影响，可采取下列几方面的措施：

ⅰ．减少传动链中传动元件的数目，即缩短传动链，以减少误差来源；

ⅱ．提高传动元件，特别是终端传动元件的制造精度和装配精度；

ⅲ．消除传动链中齿轮副或螺旋副中存在的传动间隙，这种间隙将使速比不稳定，从而使终端元件的瞬时速度不均匀；

ⅳ．采用矫正装置，矫正装置的实质是在原传动链中人为地加入一个误差，其大小与传动链本身的误差相等而方向相反，从而使误差相互抵消。

1.1.3.6　调整误差

零件加工的每一个工序中，为了获得被加工表面的形状、尺寸和位置精度，总要进行一些调整工作。例如，调整夹具在机床上的位置，调整刀具相对于工件的位置等。由于调整不可能绝对准确，由此产生的误差称为调整误差。引起调整误差的因素很多，例如调整时所用刻度盘、样板或样件等的制造误差，测量用的仪表、量具本身的误差等。

1.1.3.7　工艺系统受力变形及对加工精度的影响

机械加工过程中，工艺系统在夹紧力、切削力、传动力等外力的作用下，各环节都将产生相应的变形，使刀具和工件间已调整好的正确位置关系遭到破坏而造成加工误差。如车削刚性较差的工件时，由于工件在切削力作用下会发生变形，使加工出的工件出现两头细中间粗的腰鼓形；若工件刚性很好而机床刚性较差，则由机床变形引起的"让刀"现象使车出的工件呈两头大，中间小的鞍形。由此可见，工艺系统受力变形是加工中一项很重要的误差来源，它严重地影响工件的加工精度。工艺系统的受力变形通常是弹性变形，一般说来，工艺系统抵抗弹性变形的能力越强，加工精度越高。

（1）工艺系统的刚度

工艺系统在外力作用下所产生的变形大小取决于外力的大小和系统抵抗外力的能力。

工艺系统抵抗外力使其变形的能力称为刚度 K。刚度 K 以切削力 F 和在该力方向上所引起的刀具和工件间相对变形位移 y 的比值来表示，即

13

$$K = F/y \, (\text{N/mm}) \tag{1-1}$$

由于切削力有三个分力，所以刚度也有相应三个方向的刚度，但是在切削加工中，对加工精度影响最大的是刀刃沿加工表面法线方向（背向力）的分力，因此计算工艺系统刚度时，通常只考虑此方向的切削分力 F_y 和变形位移量 y_{xt}，即

$$K_{xt} = \frac{F_y}{y_{xt}} \, (\text{N/mm}) \tag{1-2}$$

刚度的倒数称为柔度。则工艺系统的柔度 W_{xt} 为

$$W_{xt} = \frac{y_{xt}}{F_y} \, (\text{mm/N}) \tag{1-3}$$

通常，工艺系统的刚度 K_{xt} 越大，则柔度 W_{xt} 越小，工艺系统受力后的变形 y 越小，所引起的加工误差也越小。

工艺系统由机床、夹具、刀具及工件等组成，因此工艺系统受力变形产生的总位移 y_{xt} 是由各组成部分变形位移的叠加，即

$$y_{xt} = y_{jc} + y_{jj} + y_{dj} + y_g \tag{1-4}$$

式中　　y_{jc}——机床的受力变形量，mm；

　　　　y_{jj}——夹具的受力变形量，mm；

　　　　y_{dj}——刀具的受力变形量，mm；

　　　　y_g——工件的受力变形量，mm。

按刚度的定义，机床、夹具、刀具和工件的刚度分别为

$$K_{jc} = F_y/y_{jc}, \quad K_{jj} = F_y/y_{jj}, \quad K_{dj} = F_y/y_{dj}, \quad K_g = F_y/y_g \tag{1-5}$$

由式(1-2)、式(1-4)、式(1-5)，可得工艺系统刚度的表达式为

$$K_{xt} = 1 \Big/ \left(\frac{1}{K_{jc}} + \frac{1}{K_{jj}} + \frac{1}{K_{dj}} + \frac{1}{K_g} \right) \tag{1-6}$$

上式表明了工艺系统各部分刚度与工艺系统刚度的关系。因此，当知道工艺系统各组成部分的刚度之后，就可以求出整个工艺系统的刚度。

工艺系统中，刀具和工件的结构一般比较简单，刚度计算也比较容易。例如，当用卡盘装夹棒料进行车削时，工件的刚度可用材料力学中悬臂梁的变形公式来计算。当用两顶尖装夹长轴进行车削时，工件的刚度可用材料力学中简支梁的变形公式来计算。

对于由多个零件组成的机床部件，其刚度计算很复杂，通常用实验的方法加以测定。

（2）工艺系统受力变形对加工精度的影响

工艺系统受力变形对加工精度的影响，主要表现在以下两个方面。

① 切削过程中随受力点位置变化而引起的工件尺寸及形状误差　工艺系统刚度除与系统各组成部分各自的刚度有关外，还随受力点的位置变化而变化，在不同位置，其变形量是变化的，由此引起的加工误差也随之变化，使加工出来的工件表面产生形状误差。下面以在车床上用双顶尖加工光轴为例进行说明。

假定工件短而粗，即工件的刚度很高，而且切削过程中切削力保持不变时，则工件的受力变形很小，与机床、夹具和刀具的变形相比可忽略不计。如图 1-12 所示。工艺系统的总位移 Y_{xt} 主要取决于机床头架、尾架（包括顶尖）和刀架（包括刀具）的变形。图 1-12 中，当车刀走到图示 X 位置时，在切削力的作用下（图中仅画出 F_y 力），头架顶尖从 A 移到 A'，尾架顶尖从 B 移到 B'，刀架上刀尖从 C 移到 C'。它们的变形量分别为 y_{tj}、y_{wj} 和 y_{dj}，工件的轴心线由 AB 移到 $A'B'$。由图可见，在切削点 X 处的变形量 y_x 为

$$y_x = y_{tj} + \delta_x \tag{1-7}$$

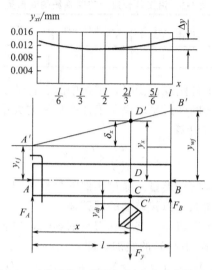

图 1-12　工艺系统变形随切削力位置变化而变化

而

$$\delta_x = (y_{wj} - y_{tj})\frac{x}{l}$$

因此

$$y_x = y_{tj} + (y_{wj} - y_{tj})\frac{x}{l} = y_{tj}\left(\frac{l-x}{l}\right) + y_{wj}\frac{x}{l} \tag{1-8}$$

设 F_y 在头架和尾架顶尖处的分力分别为 F_A、F_B，则

$$F_A = F_y\frac{l-x}{l}; \quad F_B = F_y\frac{x}{l} \tag{1-9}$$

由刚度的定义可得出

$$y_{tj} = \frac{F_A}{K_{tj}}; \quad y_{wj} = \frac{F_B}{K_{wj}}; \quad y_{dj} = \frac{F_y}{K_{dj}} \tag{1-10}$$

将式(1-9)、式(1-10) 代入式(1-8)，可得

$$y_x = \frac{F_y}{K_{tj}}\left(\frac{l-x}{l}\right)^2 + \frac{F_y}{K_{wj}}\left(\frac{x}{l}\right)^2 \tag{1-11}$$

如果再考虑刀架的变形 y_{dj}，则切削点处工艺系统的总变形量为

$$y_{xt} = y_{dj} + y_x = F_y\left[\frac{1}{K_{dj}} + \frac{1}{K_{tj}}\left(\frac{l-x}{l}\right)^2 + \frac{1}{K_{wj}}\left(\frac{x}{l}\right)^2\right] \tag{1-12}$$

切削点处工艺系统的刚度为

$$K_{xt} = \frac{F_y}{y_{xt}} = \frac{1}{\dfrac{1}{K_{dj}} + \dfrac{1}{K_{tj}}\left(\dfrac{l-x}{l}\right)^2 + \dfrac{1}{K_{wj}}\left(\dfrac{x}{l}\right)^2} \tag{1-13}$$

由式(1-13) 可以看出，工艺系统的刚度随受力点位置 x 变化而变化。假设 $F_y = 300\text{N}$，$K_{tj} = 6 \times 10^4\,\text{N/mm}$，$K_{wj} = 5 \times 10^4\,\text{N/mm}$，$K_{dj} = 4 \times 10^4\,\text{N/mm}$，两顶尖间的距离为 600mm，则当 x 沿工件长度方向上取不同数值时，由式(1-12) 可求出在工件不同位置时工艺系统的变形，如表 1-1 所示。按表中数据可作出图 1-12 上方所示的变形曲线。由此可见，车削后工件的形状不是理想圆柱体，而是两头大、中间小的回转体，其圆柱度误差为 0.0135 − 0.0103 = 0.0032 (mm)。

表 1-1　沿工件长度上工艺系统的变形量

x	0(头架处)	$\frac{1}{6}l$	$\frac{1}{3}l$	$\frac{1}{6}l$(工件中间)	$\frac{2}{3}l$	$\frac{5}{6}l$	l(尾架处)
K_{xt}/mm	0.0125	0.0111	0.0104	0.0103	0.0107	0.0118	0.0135

当加工细而长的轴，即工件刚度很低时，则切削时工件的变形将大大超过机床、夹具和刀具的变形。这时，工艺系统的变形量取决于工件变形量的大小。由材料力学可知，切削点 x 处工件的变形量 y_g 可按下式计算。

$$y_{xt} = y_g = \frac{F_y}{3EI} \times \frac{(l-x)^2 \cdot x^2}{l} \tag{1-14}$$

此变形量也就是工艺系统的变形量。通过相似的分析可知，车削后工件也不是理想的圆柱体，而是一个两端小、中间大，似腰鼓形的回转体。

对于更一般的情况，即既有机床、夹具和刀具的影响，也有工件的影响，则工艺系统的总变形为式(1-12) 和式(1-14) 的叠加，即

$$y_{xt} = F_y \left[\frac{1}{K_{dj}} + \frac{1}{K_{tj}} \left(\frac{l-x}{l} \right)^2 + \frac{1}{K_{wj}} \left(\frac{x}{l} \right)^2 + \frac{(l-x)^2 x^2}{3EIl} \right] \tag{1-15}$$

工艺系统刚度为

$$K_{xt} = \frac{1}{\dfrac{1}{K_{dj}} + \dfrac{1}{K_{tj}} \left(\dfrac{l-x}{l} \right)^2 + \dfrac{1}{K_{wj}} \left(\dfrac{x}{l} \right)^2 + \dfrac{(l-x)^2 x^2}{3EIl}} \tag{1-16}$$

由式(1-16) 可知，工艺系统的刚度随切削力作用点的位置不同而不同，因而加工后工件各横截面上的尺寸也不同，从而造成工件的形状误差。

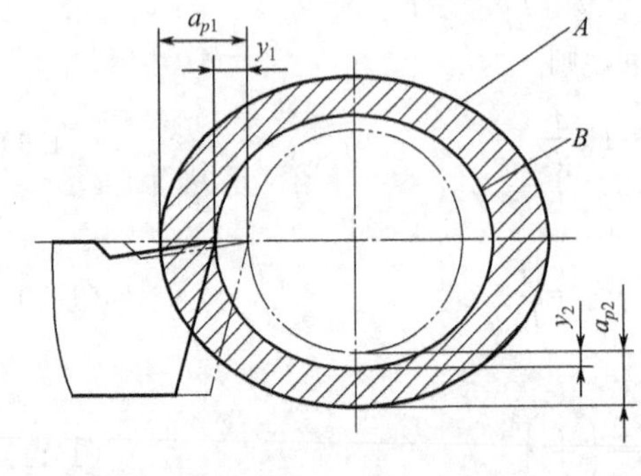

② 误差复映　从工艺系统刚度计算公式看出，切削力的变化将使工艺系统的变形发生变化，从而使工件产生加工误差。引起切削力变化的因素很多，下面介绍由工件加工余量和材料硬度不均所引起的切削力变化及其所带来的对加工误差的影响。

图 1-13　切削时毛坯误差的复映

图 1-13 所示为在车床上车削一具有椭圆形状误差的毛坯件 A。让刀具预先调整到图 1-13 中双点划线的位置，毛坯椭圆长轴方向的背吃刀量为 a_{p1}，短轴方向的背吃刀量为 a_{p2}；由于背吃刀量不同，切削力不同，工艺系统的变形也不同，对应于 a_{p1} 产生的变形为 y_1，对应于 a_{p2} 产生的变形为 y_2，结果加工出来的工件仍保持椭圆形，这种现象称为误差复映。如图 1-13 中图形 B 所示。复映误差的大小可通过计算求得。

根据切削原理，切削分力 F_y 可按下列经验公式计算：

$$F_y = C_{F_y} a_p^{x_{F_y}} f^{y_{F_y}} \tag{1-17}$$

式中　C_{F_y}——与刀具几何形状及切削条件有关的系数；

a_p——切削深度，mm；

f——进给量，mm/r；

x_{F_y}，y_{F_y}——a_p 和 f 的指数。

当毛坯材料硬度均匀，刀具几何形状、切削条件和进给量一定时，存在如下关系

$$C_{F_y} f^{y_{F_y}} = C \quad (C \text{ 为常数})$$

把上式带入式(1-17)可得

$$F_y = C a_p{}^{x_{F_y}}$$

对于主偏角 $k_r = 45°$，前角 $\gamma_0 = 10°$，刃倾角 $\lambda_s = 0°$ 的车刀，其 $x_{F_y} \approx 1$，则上式变为

$$F_y = C a_p$$

工艺系统的变形量 y_1、y_2 可通过下式计算：

$$y_1 = \frac{F_{y1}}{K_{xt}} = \frac{C \cdot a_{p1}}{K_{xt}}, \quad y_2 = \frac{F_{y2}}{K_{xt}} = \frac{C \cdot a_{p2}}{K_{xt}}$$

则车削后工件的圆度误差为

$$\Delta g = y_1 - y_2 = \frac{C}{K_{xt}}(a_{p1} - a_{p2}) = \frac{C}{K_{xt}} \Delta m \tag{1-18}$$

式中，$\Delta m = a_{p1} - a_{p2}$，称为毛坯的圆度误差，令

$$\varepsilon = \frac{\Delta g}{\Delta m}$$

则由式(1-18)可得

$$\varepsilon = \frac{C}{K_{xt}} \tag{1-19}$$

ε 表示工件加工误差 Δg 与毛坯误差 Δm 之间的关系，说明误差复映的规律，并定量地反映了毛坯误差经过加工后减小的程度，故称"误差复映系数"。可以看出，工艺系统刚度越高，则 ε 越小，即复映到工件上的误差越小。

若毛坯误差较大，一次走刀不能达到加工精度要求时，可进行多次走刀来减小毛坯误差的复映程度。从毛坯误差 Δm 开始，每走刀一次，工件加工误差即相应减小一次。若每次走刀的误差复映系数分别为 ε_1、ε_2、ε_3、$\cdots$、ε_n，则总的误差复映系数 $\varepsilon = \varepsilon_1 \varepsilon_2 \varepsilon_3 \cdots \varepsilon_n$，由于 ε_i 总是小于 1，因此，经过几次走刀之后，ε 就会变得很小，加工误差也变得很小，说明工件某一表面的加工采用多次走刀有助于提高加工精度。在成批大量生产中，用调整法加工一批工件时，由于毛坯尺寸不一致，误差复映规律造成加工后该批工件尺寸的分散。

毛坯材料的硬度不均也会使切削力发生变化，导致工艺系统变形量的变化，从而产生加工误差。铸件和锻件在冷却过程中冷速不均是造成毛坯硬度不均的主要原因。

(3) 其他作用力引起的加工误差

在车床或磨床类机床上加工轴类零件时，常用单爪拨盘带动工件旋转，如图 1-14 所示。半径为 r 的工件由主轴端面上离轴心距离为 L 的拨销带动旋转。传动力 F_c 在 Y 方向的分力 F_{cy} 有时与切削力 F_y 的方向一致，有时相反，使工艺系统的受力变形发生变化，进而引起工件的加工误差。工件半径误差 Δr 随回转角 α 的变化而变化。当 $\alpha = 90°$ 和 $270°$ 时，$\Delta r = 0$；当 $\alpha = 0°$ 时，传动力使工件靠近刀具，工件被多切去一定厚度，形成工件的最小半径；当 $\alpha = 180°$ 时，传动力使工件离开刀具，工件被少切去一定厚度，形成工件的最大半径，因此切削后的工件截面形状如图 1-15 所示。

切削加工中，高速旋转的零部件（含夹具、工件和刀具）的不平衡将产生离心力；离心力和传动力一样，在每一转中不断地变更方向，产生相近的误差规律。车外圆时，工件将产生心形曲线的形状误差。

对于刚度较差的工件，若夹紧时施力不当，使工件在变形状态下加工，加工完松开后由于弹性恢复也会出现加工误差。

在工艺系统中，有些零部件在自身重力下作用下产生的变形也会造成加工误差。例如龙门铣床、龙门刨床横梁在刀架自重下引起的变形将造成工件的平面度误差。对于大型工件，因自重而产生的变形有时会成为引起加工误差的主要原因。

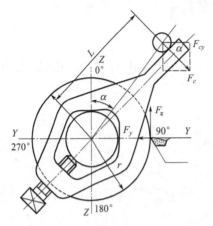

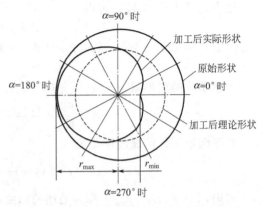

图 1-14　单爪拨盘传动时的受力分析　　　图 1-15　用单爪拨盘传动时工件的截面形状

总之，工艺系统受力变形产生误差（影响加工精度）的问题是十分复杂的。各种影响因素在不同的具体情况下，对加工精度的影响程度不同。因此，在分析生产中存在的具体加工精度问题时，要分清主次，抓住主要矛盾。

（4）减小工艺系统受力变形的措施

减小工艺系统受力变形是保证加工精度的有效途径之一。在实际生产中，常从以下三个方面采取措施予以解决。

① 采取适当的工艺措施减小载荷及其变化　如合理选择刀具的几何参数和切削用量以减小切削力，尤其是减小径向力 F_y，更有利于减小受力变形；将毛坯分组，使机床在一次调整中加工的毛坯余量比较均匀，以减小复映误差。

② 采取措施提高工艺系统的刚度　可采取以下几点措施。

ⅰ. 合理设计零部件结构。在机械加工中，切削力引起的加工误差往往是因为工件本身的刚度不足或工件各个部位刚度不均匀而产生的。在机床和夹具中都有一些重量和体积较大的支承件，如机床上的床身、立柱、横梁和夹具上的夹具体等，这些零件本身的刚度对整个工艺系统影响较大。要提高支承件的刚度，不能单纯依靠增加其截面积，必须选用合理的零件结构和断面形状，以达到在节约材料和减轻重量的基础上提高其刚度。一般来说，当只受简单的拉、压时，其变形与截面大小有关。当受到弯扭力矩时，则其变形取决于断面的抗弯与抗扭惯性矩，即不但与截面积大小有关，而且还与截面形状有关。当其外形尺寸中高度相等时，则无论是抗弯或抗扭惯性矩，都是方形截面的最大。截面中无论是方形、圆形或矩形，在相同截面积下，空心截面的惯性矩总是比实心的大。另外，在适当的部位设置隔板或加强筋也可收到良好的效果。

ⅱ. 提高工艺系统中零件的配合质量，以提高接触刚度。由于部件的接触刚度低于零件本身刚度，所以提高接触刚度是提高工艺系统刚度的关键。常用的方法是改善工艺系统主要零件接触面的配合质量，如机床导轨副、锥体与锥孔、顶尖与中心孔等配合面采用刮研与研磨，以提高配合表面的形状精度，减小表面粗糙度，使实际接触面积增加，从而有效地提高接触刚度。

提高接触刚度的另一措施是在接触面间预加载荷，这样可以消除配合面间的间隙，增加接触面积，减少受力后的变形。例如铣床主轴常用拉杆装置来使铣刀杆锥面与主轴锥孔紧密接触（见图 1-16）。

ⅲ. 采用合理的装夹和加工方式。车削细长轴时，由于工件刚性较差，利用中心架〔图

18

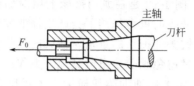

图 1-16　铣床主轴部件预加载荷

1-17(a)]，使支承间的距离缩短一半，工件刚度比不用中心架提高 8 倍。

采用跟刀架车削细长轴时 [图 1-17(b)]，切削力作用点与支承点之间的距离仅为 5～10mm，工件刚度可大大提高。

轴类零件在粗加工时往往一端以卡盘装夹，另一端以后顶尖支承 [图 1-17(c)]，以提高工件的刚度。这时，工件刚度比只用卡盘夹持有明显提高。

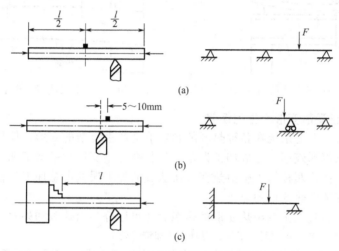

图 1-17　用辅助支承提高工件刚度

图 1-18 表示改变工件装夹方式可提高工艺系统刚度。图 1-18(a) 所示装夹方式，加工面离夹紧面远，工件倾覆力矩大，易变形。图 1-18(b) 所示装夹方式，加工面离夹紧面近，倾覆力矩小，有利于提高切削用量和生产率。

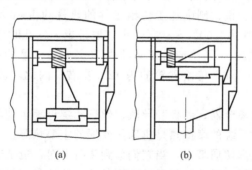

图 1-18　改变工件装夹方式提高刚度

当工件自身刚性差时，夹紧时应特别注意选择适当的夹紧方法，尤其是在加工薄壁零件时，为了减少加工误差，应使夹紧力均匀分布。例如图 1-5 所示薄壁套筒装在三爪卡盘上镗孔时，为了减少夹紧变形，可在工件外面套上一个开口的薄壁过渡环，使夹紧力沿工件圆周均匀分布。

19

③ 转移或补偿弹性变形 图 1-19 是在龙门铣床上用附加梁来转移横梁弹性变形的示意图。通常，龙门铣床的横梁在铣头的重力作用下会产生挠曲变形而影响加工精度。在横梁上增加一辅加梁，使横梁不承受铣头和配重的重量，横梁的变形就被转移到不影响加工精度的辅加梁上。这种让导向部分尽量避免承受重量或其他外力作用的设计，在精密和大型机床中较为常用。图 1-20 是在龙门铣床上用辅助梁使横梁产生相反方向的预变形，以抵消铣头重量引起的挠曲变形的示意图。它是在横梁上加一辅助梁，两梁之间垫有一定高度的一组垫块。当两梁用螺栓紧固时，横梁即产生所需要的反向变形。各垫块的高度差可根据横梁和辅助梁的变形曲线来确定。

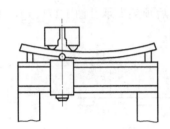

图 1-19　用附加梁转移横梁的变形

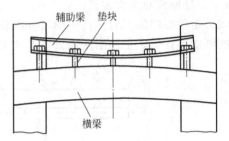

图 1-20　用辅助梁使横梁产生相反的预变形

1.1.3.8　工艺系统受热变形产生的误差

在机械加工中，工艺系统在各种热源的影响下会产生复杂的变形，使得工件与刀具间的相对正确位置关系遭到破坏，造成加工误差。工艺系统热变形对精加工和大件加工具有重要的影响。据统计，在这两种加工中由热变形所造成的加工误差占总加工误差的 40%～70%。

（1）工艺系统产生热变形的热源

加工过程中，引起工艺系统热变形的热源大致可以分为内热源和外热源两大类。

$$内部热源\begin{cases}切削热（分布在切屑、工件、刀具、冷却液等处）\\ 摩擦热（机床运动副如轴与轴承、齿轮副、摩擦离合器、导轨副等所产生的摩擦热）\end{cases}$$

$$外部热源\begin{cases}环境温度（如气温变化、局部室温差、热风、冷风等）\\ 热辐射（如阳光、暖气设备等产生的热辐射）\end{cases}$$

切削过程中，切削层金属的弹塑性变形及刀具、工件与切屑间的摩擦所消耗的能量，绝大部分（约 99.5%）转化为切削热。这些热量将传到工件、刀具、切屑和周围介质中去。当不加切削液时，一般车、铣、刨削加工传给工件的热量约占 10%～40%，传给刀具的热量在 5% 以下，大量的切削热（50%～80%）由切屑带走。钻孔时传给工件的热量较多，约占 50% 以上，传入切屑的约 30%，传给刀具的为 15% 左右。磨削时传给工件的热量较多，约占 84%，传入磨屑的约 4%，传给砂轮的为 12% 左右。因此，切削热是刀具和工件热变形的主要热源。

轴承、齿轮副、摩擦离合器、溜板和导轨、丝杆和螺母等运动副的摩擦热，以及动力源的能量消耗所产生的传动系统的摩擦热是机床热变形的主要热源。

部分切削热由切削液和切屑带走，当它们落到床身上时，也把热量传给床身，形成二次热源。此外，摩擦热还通过润滑油的循环散布到各处。这些是主要的二次热源，它们对机床热变形也有较大影响。

外部热源的影响有时也不可忽视，尤其是加工大型、狭长型零件和精密加工时，由于加工时间长或昼夜温差引起的热变形差别较大，故也影响零件的加工精度。日光、照明及其他外部热源对机床产生的温升往往是局部的，这也会引起各部分不同的热变形。

（2）机床的热变形对加工精度的影响

使机床产生热变形的热源主要是摩擦热、传动热和外界热源传入的热量。

由于机床内部热源分布的不均匀和机床结构的复杂性，机床各部件的温升是各不相同的，机床零部件间会产生不均匀的变形，这就破坏了机床各部件原有的相互位置关系。不同类型的机床，其主要热源各不相同。车床、铣床和钻、镗类机床的主要热源来自主轴箱。车床主轴箱的温升将使主轴升高；由于主轴前轴承的发热量大于后轴承的发热量，故主轴前端比后端高；主轴箱的热量传给床身，还会使床身和导轨向上凸起。

图 1-21 所示为几种机床热变形的示意图。可以从其中大致了解机床热变形的情况。

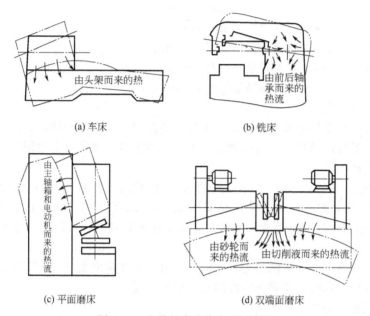

(a) 车床

(b) 铣床

(c) 平面磨床

(d) 双端面磨床

图 1-21　几种机床的热变形示意图

（3）刀具和工件热变形对加工精度的影响

使刀具产生热变形的热源主要是切削热。尽管这部分热量很小，但因刀具体积小，热容量小，因此刀具的工作表面被加热到很高温度，高速钢车刀刀刃部分的温度约 700～800℃，硬质合金刀刃可达 1000℃以上。图 1-22 所示为车刀的热变形情况。三条曲线中的 A 表示了车刀在连续工作状态下因温升而产生变形的过程，B 表示切削停止后，刀具冷却时的变形过程，C 表示刀具在间断切削时（如车短小轴类），刀具处于加热冷却交替状态下的变形过程，因切削时间短，所以刀具热变形 Δ_1 对加工精度影响较小，但在刀具达到热平衡前，先后加

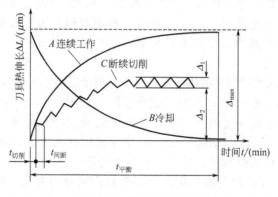

图 1-22　车刀的热变形

21

工的一批零件仍存在一定误差 Δ_2。一般在连续切削 10~20min 就可达到热平衡，热变形表现为刀杆的伸长，变形量有时可达 0.05mm 左右。刀具热变形在一般加工中，对加工精度的影响不大。

减少刀具热变形对加工精度的影响措施有：减小刀具伸出长度；改善散热条件；改进刀具角度，减小切削热；合理选用切削用量以及加工时采用冷却液使刀具得到充分冷却。

工件的热变形是由切削热引起的。轴类零件车削加工时，工件受热比较均匀，主要引起长度和直径上的变形，其热变形量分别为

$$\Delta L = \alpha L \cdot \Delta T$$

$$\Delta D = \alpha D \cdot \Delta T$$

式中　ΔL，ΔD——长度和直径上的热变形量，mm；

　　　　L，D——工件原有的长度和直径，mm；

　　　　　α——工件材料的热膨胀系数，mm/℃；

　　　　ΔT——温升，℃。

对于直径大、长度长的轴类零件，由于其切削路程长，车削开始时，温升不大，直径膨胀较小，车削终了时，温升大，直径膨胀也大，车去较多，故靠近主轴箱的工件直径要比靠近尾架部分的直径小。

对于精密加工，热变形是一个不容忽视的重要问题。例如，磨削长度为 3000mm 的丝杆，每磨一次，温升约 3℃，丝杆伸长量为 $\Delta L = \alpha L \Delta T = 3000 \times 1.17 \times 10^{-5} \times 3 = 0.1$ (mm)。而 6 级精密丝杆的螺距累积误差在全长上不允许超过 0.02mm，可见热变形影响的严重性。

对于壳体和板类零件，在铣、刨、磨削加工时，工件单面受热，上下表面之间形成温度差而产生弯曲变形，这时主要影响零件的几何形状精度。

（4）减小工艺系统热变形的措施

① 减少发热和隔热　为了减少机床的热变形，凡是有可能从主轴箱分离出去的热源（如电机、油箱等）应尽量放在机床外部，对于不能与主机分离的热源，如主轴轴承、丝杠螺母副等，应从结构和润滑方面来减少摩擦发热。通过控制切削用量和刀具几何参数，可减少切削热。及时清除切屑或在工作台上装隔热板以阻止切屑热量传向工作台、床身等。

② 强制冷却，均衡温度场　如果单纯的减少温升不能达到满意的效果，可采用热补偿的方法，对机床发热部位采取风冷、油冷等强制冷却方法，控制机床的局部温升和热变形。

③ 改进机床结构　采用"热对称结构"，将保证加工精度所必需的基准面或对加工精度影响最大的零部件（如主轴）配置在热对称面上或尽量靠近，使机床热变形对加工精度的影响最小。例如双立柱"加工中心机床"与单立柱机床相比，其前、后、左、右的热变形要小得多，沿加工方向上的热变形减小 70%。此外，热源对称分布也有明显效果，例如在机床两边对称配置电动机，使其两边受热条件均等，就可避免左右倾斜。油路布置也应考虑对称性。

在设计上，可使机床关键部件的热变形朝对加工精度影响不大的方向移动。例如车床主轴箱和床身连接的结构中，图 1-23(a) 的结构就优于图 1-23(b) 所示的结构。因为图 1-23(a) 中主轴轴线与安装基准 a 在同一垂直平面内，主轴轴线相对于装配基准 a 只有 z 方向的热变形，它对加工精度的影响很小，而图 1-23(b) 中主轴轴线离安装基准 a 在 Y 方向有一定距离，主轴轴线除 z 方向的热位移外，还产生 y 方向的热位移，它对加工精度有直接影响。

④ 控制环境温度　环境温度的变化将会引起机床精度的变化。机床床身会因室温上升而变成中凸形状，室温降低又会变成中凹形。一台中型的卧式镗床，昼夜温差所引起的弯曲

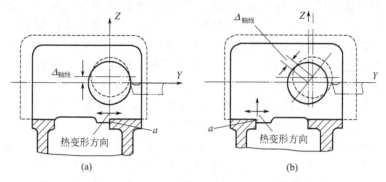

图 1-23 主轴箱两种装配结构的热位移示意图

变形量可达 5～11μm。室温的变化不仅影响机床的几何精度，而且还会直接影响到工件的加工质量。坐标镗床、螺纹机床和齿轮机床等精密机床应安装在恒温室中使用。恒温室的恒温指标有两个：恒温基数（即恒温车间内空气的平均温度）和恒温精度（即平均温度的允许偏差）。恒温室的平均温度为 20℃，夏季为 23℃，冬季取 17℃。恒温精度应严格控制，一般控制在 ±1℃，精密级为 ±0.5℃，超精密级为 ±0.01℃。

1.1.3.9 工件残余应力引起的误差

残余应力是指外部载荷去除后，仍残存在工件内部的应力。零件中的残余应力，往往处于一种很不稳定的相对平衡状态，在常温下，特别是在外界某些因素的影响下很快失去原有状态，使残余应力重新分布，在应力重新分布过程中会使零件产生相应的变形，从而破坏了原有的精度。残余应力产生的实质原因是由于金属内部组织发生了不均匀的体积变化，因此，必须采取措施减少残余应力对加工零件精度的影响。

（1）残余应力产生的主要原因

① 工件各部分受热不均或冷却速度不同产生的残余应力 铸、锻、焊等毛坯制造过程中和热处理时，由于工件各部分冷热不均及金相组织转变时产生的体积变化，会产生残余应力，而且毛坯结构越复杂、壁厚越不均匀，散热的条件差别越大，毛坯内部的残余应力也越大。具有残余应力的毛坯暂时处于平衡状态，当切去一层金属后，这种平衡便被打破，残余应力重新分布，工件就会出现明显的变形，直至达到新的平衡为止。

图 1-24(a) 表示一个内外壁厚度相差较大的铸件，在浇铸后的冷却过程中，由于壁 A 和壁 C 较薄，冷却较快；而壁 B 较厚，冷却较慢。当壁 C 和壁 A 从塑性状态冷却到弹性状

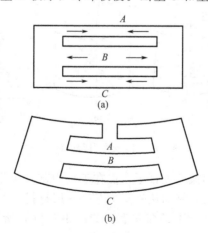

图 1-24 铸件因残余应力而引起的变形

态时，壁 B 的温度还比较高，处于塑性状态。当壁 B 继续冷却收缩时，即受到壁 C 和壁 A 的阻碍。从而使壁 B 受到拉应力，壁 C 和壁 A 受到压应力。待完全冷却后，残余应力处于相对平衡状态。如果此时在铸件的壁 A 上切开一缺口，见图 1-24(b)，则壁 A 的压应力消失，铸件在壁 B 和壁 C 的残余应力作用下，壁 B 收缩，壁 C 伸长，铸件发生弯曲变形，直至残余应力重新分布达到新的平衡为止。机床床身类似于这样的结构，它的上下表面冷却得快，中心部分冷却得慢。若导轨表面粗加工时刨去一层，就像图 1-24(b) 中铸件壁 A 上切去一缺口，引起残余应力的重新分布而产生弯曲变形。

  ② 工件在冷校直时产生的残余应力 某些刚度低的零件，如细长轴、曲轴和丝杠等，由于机加工产生弯曲变形不能满足精度要求时，常采用冷校直工艺进行校直。冷校直就是在原有变形的相反方向加力使工件向相反方向弯曲而使表层产生塑性变形，从而达到校直的目的。冷校直时产生的残余应力的过程如图 1-25 所示。在室温状态下，将有弯曲变形的轴放在两个支承上（如 V 形块），使凸起部位朝上，如图 1-25(a) 所示；然后对凸起部位施加外力 F，如果 F 的大小仅能使工件产生弹性变形，那么在去除 F 力后工件仍将恢复原状，不会有校直效果。根据矫枉必须过正的一般原理，外力 F 必须使工件产生反向弯曲并使轴件外层材料产生一定的塑性变形才能取得校正效果，如图 1-25(b) 所示。图 1-25(d) 是图 1-25(b) 受外力作用时的应力分布图，图中工件外层材料（CD、AB 区）的应力分别超过了各自的拉压屈服极限并有塑性变形产生，塑性变形后，塑性变形层的应力自然就消失了；内层材料（OC、OB 区）的拉压应力均在弹性极限内，此时工件横截面内的应力分布如图 1-25(e) 所示。卸载后，OC、OB 区内的弹性应力力求使工件恢复原状，但 CD、AB 区的塑性变形层阻止其恢复原状，于是就在工件中产生了如图 1-25(f) 所示的应力分布。综上分析可知，一个外形弯曲但没有内应力的工件，经冷校正后虽然外形是校直了，如图 1-25(c) 所示，但在工件内部却产生了附加内应力，如图 1-25(f) 所示。

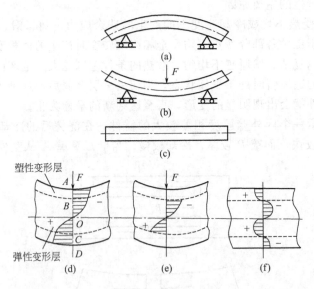

图 1-25 冷校直引起的内应力

  经冷校直过的工件，外形虽然校直了，但在工件内部产生了附加内应力，如图 1-26(a) 所示。如对此校直件继续加工，例如从外圆上车去一层材料，上层材料的拉应力减少，下层材料的压应力减少，内应力处于不平衡状态，如图 1-26(b) 所示。它将通过变形向新的平衡状态转变 [图 1-26(c)]。比较图 1-26(b) 和图 1-26(c) 可知，工件应朝着"使上层材料拉

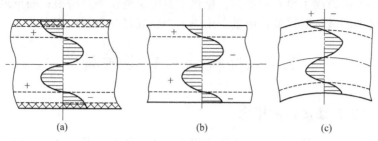

图 1-26 内应力重新分布引起的工件变形

应力增大，下层材料压应力增大"的方向变形，如图 1-26(c) 所示。

冷校直并不能完全解决工件的弯曲变形，对于精度要求很高的细长零件（如高精度丝杠），不允许采用冷校直，而是采取增加余量、经多次车削和时效处理来消除残余应力。

（2）切削加工产生的残余应力

切削加工中，由于切削力和切削热的作用，使工件表面会出现不同程度的弹性变形、塑性变形和金相组织变化，同时也伴随有金属体积的改变，因而必然产生内应力，并在加工后引起工件变形。

（3）减小残余应力的措施

① 合理设计零件结构 简化零件结构；尽量缩小零件各部分尺寸和壁厚之间的差值；焊缝分布均匀等，都可以减小内应力的产生。

② 合理安排工艺过程 合理安排工艺过程可以减小残余应力对加工精度的影响，例如粗加工和精加工宜分阶段进行，使工件在粗加工后有一定的时间让残余应力重新分布，以减少对精加工的影响。

③ 增设消除残余应力的工序 铸件、锻件、焊接件在进入机械加工之前，应进行退火等热处理；对箱体、床身、主轴等重要零件，在机械加工工艺中需适当安排时效处理工序。常用的时效处理方法如下。

ⅰ. 高温时效。高温时效是指将工件经 3～4h 的时间均匀地加热到 500～600℃，保温 4～6h 后，以每小时 20～50℃ 的冷却速度随炉冷却到 100～200℃ 取出，然后在空气中自然冷却。这种方法一般适用于毛坯或粗加工后的工件。

ⅱ. 低温时效。低温时效是指将工件均匀地加热到 200～300℃，保温 3～6h 后取出，在空气中自然冷却。这种方法一般适用于半精加工后的工件。

ⅲ. 热冲击时效。热冲击时效是指先将加热炉预热到 500～600℃，保持恒温。然后将铸件放入炉内，当铸件的薄壁部分温度升到 400℃ 左右，厚壁部分因热容量大而温度只升到 150～200℃ 左右时，及时将铸件取出，在空气中冷却。此时由温差而引起的应力场会与铸造时产生的内应力场相叠加而抵消，从而达到消除内应力目的。这种方法耗时少（一般只需几分钟），适用于具有中等应力的铸件。

ⅳ. 振动时效。振动时效是指用激振器或振动台使工件以一定的频率进行振动来消除内应力，该频率可选择为工件的固有频率或在其附近为佳。由于振动时效没有氧化皮，因此较适用于最后精加工前的时效工序。

1.1.3.10 测量误差

工件在加工过程中，要用各种量具进行测量和检验。测量误差是工件的测量尺寸与实际尺寸的差值。加工一般精度的零件时，测量误差可占工序尺寸误差的 1/5～1/10；加工精密零件时，测量误差可占工序尺寸误差的 1/3 左右。

产生测量误差的原因主要有：量具、量仪本身的制造误差及磨损；测量过程中环境温度的影响；测量者的测量读数误差；测量者用力不当引起量具量仪的变形等。

1.2 机械加工表面质量

1.2.1 机械加工表面质量的概念

机器零件的机械加工质量除了加工精度以外，表面质量也是极其重要的一个方面。机器中主要零件的表面质量将直接影响到产品工作的可靠性和使用寿命。

零件的机械加工表面质量包括零件的表面几何形状特性和物理力学性能两方面。

（1）零件的表面几何形状特性

根据加工表面轮廓的特征（波距 L 与波高 H 的比值），可将零件表面轮廓分为以下三种（图1-27）：$L/H > 1000$ 称为宏观几何形状误差，例如圆度误差、圆柱度误差等，它们属于加工精度范畴；$L/H = 50 \sim 1000$，称为波纹度，它是由机械加工振动引起的；$L/H < 50$，称为微观几何形状误差，亦称表面粗糙度。

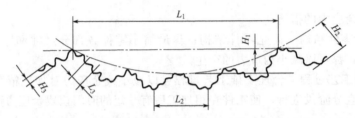

图1-27 表面粗糙度、波纹度与宏观几何形状误差

① 表面粗糙度 表面粗糙度是指加工表面上具有的较小距离的峰谷所组成的表面微观几何形状特性。一般由加工中切削刀具的运动轨迹及工艺系统的高频振动等多种因素所形成。其大小由表面轮廓算术平均偏差 R_a、微观不平度十点高度 R_z 和轮廓最大高度 R_y 等参数来评定，其中优先推荐 R_a 参数。

②. 表面波度 表面波度是指介于宏观几何形状误差与微观几何形状误差（即表面粗糙度）之间的一种周期性几何形状误差。表面波度一般有两种表征方法，一种是根据其周期来表征，即波幅和波长；另一种是根据波纹的轮廓形状来表征，如圆弧形、尖峰形和锯齿形等。

（2）零件表面的物理、力学性能

零件表面的物理、力学性能包括表面层的冷作硬化、金相组织以及残余应力的变化。

① 表面层的冷作硬化 在切削过程中，工件表面层由于受到切削力的作用而产生强烈的塑性变形，使晶格扭曲、畸变、晶粒间产生剪切滑移，晶粒被拉长，这些都会使表面层金属的强度和硬度增加，塑性减小，这种现象称为冷作硬化（也称加工硬化）。

② 表面层金相组织的变化 机械加工过程中，在工件的加工区域，温度会急剧升高，当温度升高到超过工件材料金相组织变化的临界点时，就会发生金相组织的变化。

③ 表面层残余应力 机械加工过程中表面由于切削变形和切削热等因素的作用在工件表面层材料中产生的内应力称为表面层残余应力。在铸、锻、焊、热处理等过程产生的内应力与这里介绍的表面层残余应力的区别在于前者是在整个工件上平衡的应力，它的重新分布会引起工件的变形；而后者则是在加工表面材料中平衡的应力，它的重新分布不会引起工件

的变形，但它对机器零件的表面质量有重要影响。

1.2.2　机械加工表面质量对零件使用性能的影响

1.2.2.1　表面质量对零件耐磨性的影响

零件的耐磨性不仅与摩擦副的材料、热处理情况和润滑条件有关，而且还与摩擦副的表面质量有关。

（1）表面粗糙度对耐磨性的影响

当两个零件表面相互接触时，起初只有很少的凸峰顶部真正接触。在外力作用下，凸峰接触部分将产生很大的压强，且表面越粗糙，接触的实际面积越小，产生的压强就越大。这时，当两零件表面作相对运动时，接触部分就会因相互咬合、挤裂等而产生表面磨损现象。

在有润滑的条件下，零件的磨损过程一般可分为初期磨损、正常磨损和急剧磨损三个阶段。如图 1-28 所示，在机器开始运转时，由于实际接触面积很小，压强很大，因而磨损很快。这个时间比较短，称为初始磨损阶段，如图中 I 区所示。随着机器的继续工作，相对运动表面的实际接触面积逐步增大，压强逐渐减小。因此磨损变缓，进入正常磨损阶段。这段时间较长，如图中 II 区所示。随着磨损的延续，接触表面的凸峰被磨平，粗糙度变得很小。此时，不利于润滑油的贮存。润滑油也难以进入摩擦区，从而使润滑情况恶化。同时，紧密接触的表面间会产生很大的分子亲和力，甚至会发生分子黏合，使摩擦阻力增大，结果使磨损进入急剧磨损阶段，如图中 III 区所示。此时，零件实际上已处于不正常的工作状态。

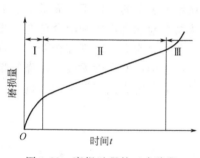

图 1-28　磨损过程的三个阶段

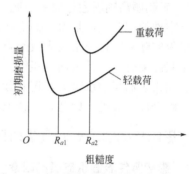

图 1-29　表面粗糙度与初期磨损量的关系

实践证明，初期磨损量与零件的表面粗糙度有很大关系。图 1-29 表示在轻载和重载两种情况下粗糙度对初期磨损量的影响情况。由图可以看出，表面粗糙度的最佳值与机器零件的工况有关，载荷加大时，磨损曲线向上向右移动，最佳粗糙度值也随之右移。最佳粗糙度的参数值可根据实际使用条件通过试验求得，一般 Ra 值在 $0.04\sim0.08\mu m$。

（2）表面纹理对耐磨性的影响

机器零件的表面纹理与该表面采用的加工方法和成形原理有关。实验证明，在一般情况下，上下摩擦件的纹理方向与相对运动方向一致时，初期磨损量最小；纹理方向与相对运动方向相垂直时，初期磨损量最大。

（3）表面冷作硬化对耐磨性的影响

机械加工后的表面，由于冷作硬化使表面层金属的显微硬度提高，可降低磨损。表面冷作硬化一般能提高耐磨性 0.5～1 倍。但也不是冷作硬度越高越好，因为过度的冷作硬化会使局部金属组织变得"疏松"，严重时甚至出现裂纹，此时，在外力作用下，表面层易产生剥落现象而使磨损加剧。

1.2.2.2　表面质量对零件疲劳强度的影响

表面粗糙度对零件的疲劳强度影响很大。在交变载荷作用下，粗糙度的凹谷部位容易产生应力集中，出现疲劳裂纹，加速疲劳损坏。零件上容易产生应力集中的沟槽、圆角等处的表面粗糙度，对零件疲劳强度的影响更大。试验表明，减小表面粗糙度可以使疲劳强度提高30%～40%。

零件表面存在一定的冷作硬化可以阻碍表面疲劳裂纹的产生，缓和已有裂纹的扩展，有助于提高零件的疲劳强度。但冷作硬化强度过高时，可能会产生较大的脆性裂纹反而降低疲劳强度。

表面残余应力对疲劳强度的影响也很大。当表面层的残余应力为压应力时，能部分抵消外力产生的拉应力，起着阻碍疲劳裂纹扩展和新裂纹产生的作用，因而能提高零件的疲劳强度。而当残余应力为拉应力时，则与外力施加的拉应力方向一致，会助长疲劳裂纹的扩展，从而使疲劳强度降低。

1.2.2.3　表面质量对零件耐腐蚀性能的影响

在过程机器中，许多工作介质对材料有腐蚀性。当零件的加工表面凹凸不平时，则在凹谷底部易贮存腐蚀性介质，腐蚀破坏作用容易深入到金属内部。凹谷深度越大，其底部圆角半径越小，则介质对零件表面的腐蚀作用越强烈。因此在腐蚀条件下，工件表面应有较低的表面粗糙度。

当零件表面存在残余压应力时，会使零件表面紧密而使腐蚀性物质不易侵入，从而提高耐腐蚀能力，但残余拉应力则相反，会降低耐腐蚀性。

1.2.2.4　表面质量对配合性质的影响

配合零件的配合性质是由它们之间的过盈量或间隙量来表示的。由于表面微观不平度的存在，使得实际有效过盈量或有效间隙量发生改变，从而引起配合性质和配合精度的改变。

对于间隙配合，零件表面越粗糙，磨损越大，使配合间隙增大，降低配合精度；对于过盈配合，如果表面粗糙度过大，则实际过盈量将减少，这也会使配合性质改变，降低联接强度，影响配合的可靠性。因此，在选取零件间的配合时，应考虑表面粗糙度的影响。

1.2.3　影响机械加工表面质量的因素

1.2.3.1　影响零件表面粗糙度的因素

（1）切削加工对表面粗糙度的影响因素

切削加工时，形成表面粗糙度的主要原因，一般可归纳为几何原因和物理原因。几何原因主要指刀具相对工件作进给运动时，在加工表面留下的切削层残留面积。残留面积越大，表面越粗糙。物理原因是指切削过程中的塑性变形、摩擦、积屑瘤、鳞刺以及工艺系统中的高频振动等。

由表面粗糙度的形成原因可以看出，影响表面粗糙度的工艺因素主要有下列几个方面。

① 刀刃几何形状及切削运动的影响　刀具相对于工件作进给运动时，在加工表面形成切削层残留面积，从而产生表面粗糙度。残留面积的形状是刀刃几何形状的复映，如图1-30(a) 所示，残留面积的高度 H 受刀具几何角度和切削用量大小的影响。减小进给量 f、主偏角 κ_r、副偏角 κ_r' 以及增大刀尖圆弧半径 r_ε，均可减小残留面积的高度，如图1-30(b) 所示。此外，适当增大刀具前角以减小切削时塑性变形的程度，合理选择切削液和提高刀具刃磨质量以减小切削时的塑性变形，抑制积屑瘤、鳞刺的生成，这些措施也能有效地减小表面粗糙度值。

② 工件材料的影响　工件材料的力学性能对切削过程中的切削变形有重要影响。加工

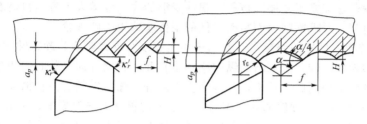

图 1-30　车削时工件表面的残留面积

塑性材料时，由于刀具对加工表面的挤压和摩擦，使之产生较大的塑性变形，加之刀具迫使切屑与工件分离时的撕裂作用，使表面粗糙度数值加大。一般而言，材料的塑性越大，加工表面越粗糙。例如低碳钢工件加工表面粗糙度就不如中碳钢低。加工脆性材料时，塑性变形很小，形成崩碎切屑，由于切屑的崩碎而在加工表面留下许多麻点，使表面粗糙。

③ 积屑瘤和磷刺的影响　在切削过程中，当刀具前刀面上存在积屑瘤时，由于积屑瘤的顶部很不稳定，容易破裂，一部分黏附于切屑底部而排出，一部分则残留在加工表面上，使表面粗糙度增大。另外积屑瘤突出刀刃部分的尺寸发生变化，会引起切削层厚度的变化，从而使加工表面的粗糙度数值增大。因此，在精加工时应该避免或减小积屑瘤。

在比较低的切削速度下切削塑性金属时，已加工表面常会出现周期性的鳞片状毛刺，称为磷刺。磷刺往往使表面粗糙度等级降低 2～4 级。

④ 切削用量的影响　切削用量中，切削速度对切削塑性材料和切削脆性材料影响不同。切削塑性材料时，提高切削速度（v），可减小加工表面的粗糙度。这是由于高速切削时刀具不易产生积屑瘤，同时也可使切屑和加工表面层的塑性变形程度减轻。加工脆性材料时，由于塑性变形很小，主要形成崩碎切屑，切削速度的变化，对脆性材料的表面粗糙度影响较小。

进给量大时，不仅残留面积的高度大，而且切屑变形也大，切屑与前刀面的摩擦以及后刀面与已加工表面的摩擦都加剧，这些都使加工表面粗糙度增大。因此，减小进给量对降低表面粗糙度很有利。但进给量 f 过小，会增加刀具和工件表面的挤压次数，使塑性变形增大，反而增大了表面粗糙度值。

背吃刀量对表面粗糙影响不明显，一般可忽略，但在精密加工中，过小的背吃刀量将使切削刃圆弧对加工表面产生强烈的挤压和摩擦，引起附加的塑性变形，增大了表面粗糙度值。

⑤ 切削液的影响　切削液的主要作用为润滑、冷却和清洗排屑。在切削过程中，切削液能在刀具的前、后刀面上形成一层润滑油膜，减小金属表面间的直接接触，减轻摩擦及黏结现象，降低切削温度，从而减小切屑的塑性变形，抑制积屑瘤与鳞刺的产生。故切削液对减小加工表面粗糙度有很大作用。

（2）磨削加工对表面粗糙度的影响因素

磨削是多数零件精加工的主要方法，磨削过程比其他切削加工过程复杂。磨削加工的表面粗糙度与其他切削加工有很大的不同，这是由砂轮结构和磨削特点所决定的。下面就影响磨削表面粗糙度的主要因素作简要叙述。

① 砂轮的粒度　砂轮粒度越细，单位面积上的磨粒就越多，磨削的刻痕就越密、越细，加工表面粗糙度值就越小。但过细，容易堵塞砂轮，使磨粒失去切削能力，增加摩擦热，反而造成工件表面塑性变形增大，增大了表面粗糙度。

② 砂轮的硬度　砂轮太软，磨粒容易脱落，加工表面粗糙度数值增大；砂轮太硬，磨

钝的磨粒不易脱落，加剧了摩擦和挤压，塑性变形加大，也增大了表面粗糙度值。所以砂轮的硬度应选用得当，要求磨削表面粗糙度低的工件应选用中硬砂轮。

③ 砂轮的修整　砂轮的修整量对磨削表面粗糙度有重大影响。砂轮钝化必须进行修整，修整导程（即砂轮转一转，金刚石的纵向移动量）和修整比（即修整时的切深与修整导程之比）越小，则砂轮上切削微刃越多，其等高性也越好，加工出的表面粗糙度就越低。

④ 磨削用量的影响　砂轮的线速度对工件表面粗糙度有显著影响，一般取 35m/s 左右。提高其速度，则同一时间内参与切削的磨粒微刃增多，每个微刃的去除量减少，残留面积减小，从而减小磨削力和塑性变形，并同时降低工件的表面粗糙度。

减小工件线速度和纵向进给量，有利于降低工件表面粗糙度。但太低会使工件烧伤和产生形状误差。工件线速度根据砂轮线速度确定，砂轮和工件线速度之比一般在 50～140 为宜。

磨削深度小，工件塑性变形小，表面粗糙度值也小。通常在磨削过程中，开始采用较大磨削深度，以提高生产率，而后采用小磨削深度或无进给磨削（光磨），以减小粗糙度值；光磨次数越多，则实际磨削深度越来越小，可以获得极小的表面粗糙度值。

⑤ 工件材料的影响　一般说来，太硬、太软、韧性大的材料都不易磨光。太硬的材料使磨粒易钝，磨削时的塑性变形和摩擦加剧，使表面粗糙度增大，且表面易烧伤甚至产生裂纹而使零件报废。铝、铜合金等较软的材料，由于塑性大，在磨削时磨屑容易堵塞砂轮，使表面粗糙度增大。韧性大导热性差的耐热合金易使砂粒崩落，使砂轮表面不平，导致磨削表面粗糙度值增大。

⑥ 切削液的影响　切削液的加入可减少磨削热，减小塑性变形，从而减小表面粗糙度的数值，并能防止磨削烧伤。

1.2.3.2　影响零件表面层物理力学性能的因素

（1）影响切削加工表面层物理力学性能的因素

① 表面层的冷作硬化　表面层冷作硬化的程度决定于产生塑性变形的力、变形速度和切削温度。切削力越大，则塑性变形越大，硬化程度越高；变形速度越大，塑性形变越不充分，硬化程度就越低。切削温度高，会使已硬化的金属产生回复现象（称为软化）。冷作硬化的最终结果取决于硬化和软化的综合效果。

影响表面层冷作硬化的因素主要有以下几个方面。

ⅰ. 刀具。刀具的刃口圆角半径和后刀面的磨损量越大，刀具对工件表面层金属的挤压和摩擦作用越大，则冷硬层的硬化程度和深度都将增加。

ⅱ. 切削用量。切削用量中切削速度和进给量的影响最大。当切削速度增大时，刀具与工件接触时间短，塑性变形程度减小，另外切削速度大时温度也会增高，因而有助于冷硬的回复，故硬化层的深度和硬度都有所减小。当进给量增大时，切削力增加，塑性变形也增加，硬化现象加强。但当进给量太小时，由于刀具刃口圆角在加工表面单位长度上的挤压次数增多，硬化程度也会增大。

ⅲ. 被加工材料。材料的硬度越低，塑性越大，则切削后的冷作硬化现象越严重。因此铸铁与钢相比，钢易于冷作硬化，低碳钢比高碳钢易于硬化。

② 表面层的残余应力　经机械加工后的工件表面层，一般都存在一定的残余应力。残余应力的分布深度可达 $25～30\mu m$。残余应力对零件的使用性能影响较大，残余压应力可提高工件表面的耐蚀性和疲劳强度，而残余拉应力则使耐蚀性和疲劳强度降低，若拉应力超过工件材料的疲劳强度极限，还会使工件表面产生裂纹，加速工件的损坏。产生表面层残余应力的原因有以下三方面。

ⅰ. 冷塑性变形的影响。由于切削力作用，使表面层金属受拉应力，产生伸长塑性变形，但里层处于弹性变形状态，当切削力去除后，里层要复原，但受到已产生塑性变形的表层金属的牵制而不得复原，在表面金属层产生残余压应力，而在里层金属中产生残余拉应力与之相平衡。

ⅱ. 热塑性变形的影响。切削加工中，切削区产生的大量切削热使表层温度高于里层，因此外层热膨胀受到里层的限制而产生热压应力，当表层应力超过材料的弹性变形范围时，就产生了热塑性变形。切削加工结束后，表面温度下降，但表层的收缩受到温度较低的基体的限制而产生了残余拉应力，里层产生了残余压应力。当表层的残余拉应力超过材料的强度极限时，表层出现微裂纹。

ⅲ. 金属组织变化的影响。切削时的高温，引起表面层金相组织的变化。不同的金相组织具有不同的密度，亦即具有不同的比体积（比体积指单位质量所具有的体积）。马氏体的密度最小，为 $7.75g/cm^3$；奥氏体的密度最大为 $7.96g/cm^3$；珠光体的密度为 $7.78g/cm^3$；铁素体密度为 $7.88g/cm^3$。若相变后引起比体积增大，则将产生残余压应力。相反，当相变引起比体积减小时，将产生残余拉应力。例如，淬火马氏体的比体积比较大，奥氏体比体积比较小，若相变使淬火马氏体含量减少，则金属组织的体积将减小，结果产生残余拉应力，如果相变使奥氏体含量减少，则将引起金属体积增加，从而产生残余压应力。切削加工时，切削热大部分被切屑带走，多数情况下，表层金属的金相组织没有质的变化。

如上所述，加工后表面层的实际残余应力是以上三方面原因综合的结果。在一定条件下，可能由某一种或两种原因起主导作用。例如在切削过程中，当切削热不高时，表面层中没有热塑性变形，而是以冷塑性变形为主，此时表面层产生的是残余压应力。

（2）影响磨削加工表面层物理力学性能的因素

① 表面层金相组织变化与磨削烧伤　磨削加工中，磨粒以很高的速度（一般为35m/s）和很大的负前角切削薄层金属，在工件表面会产生很大的摩擦和摩擦热，其单位切削功率远比一般切削加工大。由于磨削热的很大一部分传递给工件，使得磨削层的温度很高，一般可达到500～600℃。在某些情况下甚至达到1000℃。这时，就会引起工件表面层的金相组织发生变化，称为磨削烧伤。磨削烧伤严重时，表面会出现黄、褐、紫、青等不同的烧伤颜色，不同的烧伤颜色，表明工件表面受到的烧伤程度不同。这些不同的颜色是工件表面在瞬时高温下产生的氧化膜颜色。在磨削淬火钢时，可能产生以下三种磨削烧伤。

回火烧伤　如果磨削区的温度未超过淬火钢的相变温度，但已超过马氏体的转变温度（一般为350℃），工件表层金属的回火马氏体组织将转变成硬度较低的回火组织（回火屈氏体或回火索氏体），这种烧伤称为回火烧伤。

淬火烧伤　如果磨削区的温度超过了相变温度（一般中碳钢为720℃）时，马氏体将转变为奥氏体。若此时进行快速冷却，则会产生二次淬火现象，即表面出现二次淬火马氏体，其硬度比原来的回火马氏体高，但很薄，这种情况称为淬火烧伤。在它的下层，因冷却较慢，出现了硬度比原先的回火马氏体低的回火组织。二次淬火层很薄，表层硬度总的来说是下降的，这种烧伤称为淬火烧伤。

退火烧伤　如果磨削区温度超过了相变温度，而磨削区域又无切削液进入，则因工件冷却缓慢，表层金属将产生退火组织，使磨削后工件表面的硬度急剧下降，这种烧伤称为退火烧伤。

磨削烧伤使零件的使用寿命和性能大大降低，有些零件甚至因此而报废，所以磨削时应尽量避免烧伤。三种烧伤中，退火烧伤最严重。

引起磨削烧伤最直接的因素是磨削温度。大的磨削深度及过高的砂轮线速度是引起零件表面烧伤的重要因素。此外，零件材料也是不能忽视的一个方面。一般而言，零件热导率低、比热容小、密度大的材料，磨削时容易烧伤。使用硬度太高的砂轮，也容易发生磨削烧伤。

避免磨削烧伤主要是应设法减少磨削区的高温对工件的热作用。磨削时采用效果好的切削液，加大磨削液的流量，提高磨削液的压力等都能有效地防止烧伤；合理地选用磨削用量、适当地提高工件转动的线速度，也是减轻烧伤的方法之一，但过大的工件线速度会影响工件表面粗糙度。合理地选择砂轮硬度，无疑也是减小工件表面烧伤的一条途径。

② 表面层的残余应力与磨削裂纹　前面已经指出，机械加工后表面层的残余应力，是由冷态塑性变形、热态塑性变形及金相组织变化三方面原因的综合结果引起的。对磨削加工来说，热态塑性变形和相变起主导作用。当磨削后表层的残余拉应力超过材料的强度极限时，工件表层会出现微裂纹。

提高工件速度、减小磨削深度和降低砂轮速度，对减少或防止磨削裂纹有利；工件材料对磨削裂纹影响也较大。导热性差的高强度合金钢易产生裂纹，硬质合金因其脆性大、抗拉强度低及导热性不好而极易产生裂纹。对碳钢，合碳量越高，越容易产生裂纹，当含碳量小于 0.6%～0.7%时，几乎不产生裂纹。

磨削时表面层的冷作硬化也是影响磨削加工表面层物理、力学性能的一个重要因素。有关磨削硬化的机理及影响因素，与切削时的冷作硬化相近，这里不再赘述。

1.3　提高机械加工质量的途径与方法

1.3.1　提高机械加工精度的途径

（1）直接减小误差法

直接消除或减少误差法是在生产中应用较广泛的一种基本方法，它是在查明产生加工误差的主要因素之后，设法对其直接进行消除或减少。

例如加工细长轴时，如图 1-31（a）所示，由于工件刚性很差，切削时受切削力和切削热的作用，工件容易产生弯曲和振动，影响工件的几何精度，若采用"大进给反向切削法"，同时使用弹性的尾座顶尖，如图 1-31（b）所示，这时消除了限制拉伸变形和热变形伸长的因素，基本消除了因进给力和受热伸长引起的弯曲变形所产生的加工误差。

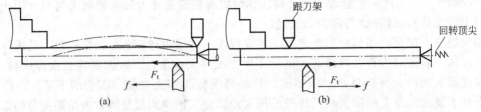

图 1-31　顺向进给和反向进给车削细长轴的比较

（2）误差补偿法

误差补偿法是人为地造出一种新的误差，去抵消工艺系统中原有的原始误差，并尽量使两者误差大小相等方向相反，从而达到减少加工误差，提高加工精度的目的。例如：在滚齿加工中，由于分度蜗轮的安装偏心误差会使工件产生运动偏心误差，其大小和方向在机床工作台上是固定的，在精确测量出分度蜗轮安装偏心误差的大小和方向之后，在安装工件时就可以用人为的工件安装偏心产生几何偏心误差去补偿机床这种固有的运动偏心。

（3）误差分组法

在机械加工中有时会遇到这样的情况，本工序的工艺精度是稳定的，可是由于上工序或毛坯的精度太低，引起定位误差或复映误差过大，若按原来的工艺加工，就会产生超差。要解决这类问题，最好采用误差分组法。误差分组法是把毛坯或上工序加工的工件尺寸经测量后按大小分为 n 组，每组工件的尺寸误差就缩小为原来的 $1/n$，然后按各组的误差范围分别调整刀具和工件的相对位置或调整定位元件，就可使整批工件的尺寸分布范围大大缩小。

（4）误差转移法

误差转移法实质上是将工艺系统的几何误差、受力变形和热变形转移到不影响加工精度的方向上，例如图 1-32 所示的转塔车床的转塔在使用中经常不断的转来转去，其转位时的分度误差将直接影响有关表面的加工精度，要长期保持六个位置的定位精度很困难，若采用"立刀"安装法，可将转塔刀架转位时的重复定位误差转移到零件内孔加工表面的误差不敏感方向上，以减少加工误差的产生，提高加工精度。

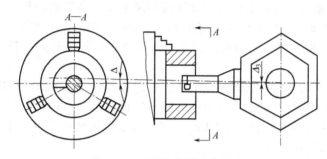

图 1-32　刀具转位误差的转移

（5）误差均分法

误差均分法就是使被加工表面原有的误差不断缩小而使误差均分的方法，利用有密切联系的表面之间的相互比较和相互修正或者互为基准进行加工，以达到很高的加工精度。例如，研磨时的研具精度并不很高，但它能在和工件作相对运动中对工件进行微量切削、工件与研具相互修整，接触面不断增大、高低不平处逐渐接近，几何形状精度也逐步共同提高并进一步使误差均化，最终达到很高的精度。

（6）加工过程中的积极控制

加工过程中的积极控制，就是在加工过程中，利用测量装置连续地测出工件的实际尺寸（或形状及位置精度）并与基准值进行比较，随时修正刀具与工件的相对位置，直至二者差值不超过预定的公差为止。在机械加工中，对于常值系统误差，可以应用前述的误差补偿方法进行消除或减小，但对于变值系统误差，就必须采用积极控制方法进行补偿，在加工过程中用可变补偿的方法来减少加工误差，或者在数控机床上根据变值系统误差的变化规律利用程序进行自动补偿。例如在外圆磨床上，利用气压传感器监测工件直径尺寸，当工件尺寸达到设定值时，砂轮架自动退出，这样就可以消除由于砂轮磨损和修正而产生的变值系统误差。

1.3.2　提高机械加工表面质量的方法

提高机械加工表面质量的方法主要有以下三类。

（1）精密加工

精密加工要求机床运动精度高，刚性好，有精确的微量进给装置，工作台有很好的低速运动稳定性，能有效消除各种振动对工艺系统的干扰，同时要求稳定的环境温度等。

① 精密车削　精密车削的速度 v_c 在 160m/min 以上，背吃刀量 $a_p=0.02\sim0.2$mm，进给量 $f=0.03\sim0.05$mm/r。由于切削速度高，切削层截面小，故切削力和热变形影响很小，加工精度可达 IT5～IT6 级，表面粗糙度值为 $Ra0.8\sim0.2\mu$m。

② 高速精镗　高速精镗（又称金刚镗）要求机床精度高、刚性好、传动平稳、能实现微量进给。一般采用硬质合金刀具，其主要特点是主偏角较大（45°～10°），刀尖圆弧半径较小，故径向切削力小，有利于减小变形和振动。当要求表面粗糙度小于 $Ra0.08\mu$m 时，须使用金刚石刀具。金刚石刀具主要适用于铜、铝等有色金属及其合金的精密加工。

高速精镗广泛用于不适宜用内圆磨削加工的各种结构零件的精密孔，如：活塞销孔，连杆孔，箱体孔等。切削速度为 $v_c=150\sim500$m/min。为保证加工质量，高速精镗一般分为粗镗和精镗两步进行。粗镗时一般取 $a_p=0.12\sim0.3$mm，$f=0.04\sim0.12$mm/r；精镗时一般取 $a_p<0.075$mm，$f=0.02\sim0.08$mm/r。高速精镗的切削力小，切削温度低，加工表面质量好，加工精度可达 IT6～IT7 级，表面粗糙度值为 $Ra0.8\sim0.1\mu$m。

③ 宽刃精刨　宽刃精刨要求机床有足够高的刚度和很高的运动精度。刀具的材料常用 YG8、YT5 或 W18Cr4V。加工铸铁时前角 $\gamma_0=-10°\sim15°$，加工钢件时 $\gamma_0=25°\sim30°$。为使刀具平稳切入，一般采用斜角切削。加工中最好能在刀具的前刀面和后刀面同时浇注切削液。

宽刃精刨的刃宽为 $60\sim200$mm，适用于龙门刨床上加工铸铁和钢件。切削速度低（$v_c=5\sim10$m/min），背吃刀量小（$a_p=0.0005\sim0.1$mm）。如刃宽大于工件加工面宽度时，无需横向进给。加工直线度可达 1000mm：0.0005mm，平面度不大于 1000mm：0.02mm，表面粗糙值 Ra 在 0.8μm 以下。

④ 高精度磨削　高精度磨削可使加工表面获得很高的尺寸精度、位置精度和几何形状精度以及较小的表面粗糙度值。通常表面粗糙度 Ra 为 $0.1\sim0.5\mu$m 时，称为精密磨削，表面粗糙度 Ra 为 $0.025\sim0.012\mu$m 时，称为超精密磨削，表面粗糙度小于 $Ra0.008\mu$m 时，称为镜面磨削。

（2）光整加工

光整加工是用粒度很细的磨料（自由磨粒或烧结成的磨条）对工件表面进行微量切削、挤压和刮擦的一种加工方法。其目的主要是减小表面粗糙度值并切除表面变质层。加工特点是余量极小，磨具与工件定位基准间的相对位置不固定，不能修正表面的位置误差，其位置精度只能靠前道工序来保证。光整加工可获得小的表面粗糙度值和高于磨具原始精度的加工精度，但切削效率很低。

常用的光整加工方法主要有以下几种。

① 研磨　研磨是指在研磨剂的作用下，利用研具与工件加工表面间的相对运动对工件进行切削加工的方法。在一定压力下两表面作复杂的相对运动，使磨粒在工件表面上滚动或滑动，产生切削、刮擦和挤压作用，从加工表面上切下极薄的金属层。

研磨余量在 $0.01\sim0.03$mm 范围内，如果表面质量要求很高，必须进行多次粗、精研磨。研磨的压强越大，生产率越高，但工件表面粗糙度增大；相对速度增加可提高生产率，但很容易引起工件发热。一般研磨压强取 $10\sim40$N/cm^2，相对滑动速度取 $10\sim50$m/min。研磨可达到很高的尺寸精度（$0.1\sim0.3\mu$m）和很光洁的表面（Ra $0.04\sim0.01\mu$m），而且几乎不产生残余应力和硬化等缺陷，但研磨的生产率很低。

② 超精研磨　超精研磨的研具为细粒度磨条。研磨时对工件施加很小的压力，并沿工件轴向振动和低速进给，工件同时作慢速旋转。超精研磨的加工原理如图 1-33 所示。超精研磨的加工余量小，一般只有 $0.008\sim0.010$mm，表面粗糙度值 Ra 可达 $0.01\sim0.08\mu$m。超

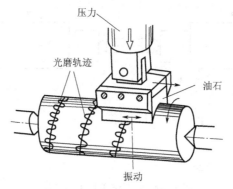

图 1-33 超精研磨加工原理

精研磨的切削力小，切削温度低，表面硬化程度低，故不会产生表面烧伤，不会产生残余拉应力。

③ 珩磨 珩磨是低速大面积接触的磨削加工，所用磨具由几根粒度很细的油石所组成，一般用于加工直径 15～150mm 的通孔，也可以用于加工深孔或盲孔。

珩磨的磨粒很细，每颗磨粒的切深又很小，因此能使加工表面达到 $Ra0.4～0.02\mu m$，珩磨后精度可达 IT4～IT6 级。珩磨头与机床主轴采用浮动连接，故不能纠正位置误差。珩磨的加工余量很小，加工铸铁时为 0.02～0.05mm，加工钢为 0.005～0.08mm，需要经过如金刚镗等精细加工，然后才能进行珩磨。珩磨的生产率比研磨高，适用于大批大量生产中精密孔的终加工，不适宜加工韧性较大的有色合金以及断续表面，如带槽的孔等。

④ 抛光 抛光是利用布轮、布盘等软性器具涂上抛光膏来抛光工件表面。它利用抛光器具的高速旋转，靠抛光膏的机械刮擦和化学作用去除掉工件表面粗糙度的顶峰，使工件表面获得光泽。抛光时，一般不去除加工余量，因而不可能提高工件的精度，有时甚至还会损伤上道工序已获得的精度，抛光也不能减少零件的形状和位置误差。经抛光后，表面层的残余拉应力会有所减少。

（3）表面强化工艺

机械表面强化是指在常温下通过冷压力加工方法，使表面层产生冷塑变形，增大表面硬度，在表面层形成压缩残余应力，提高表面的抗疲劳性能，同时将微观不平的顶峰压平，减小表面粗糙度值，使加工精度有所提高。常用的表面强化工艺有滚压强化和喷丸强化。

① 滚压加工 滚压加工是指利用经过淬硬和精细抛光过的、可自由旋转的滚柱或滚珠，对零件表面进行挤压，以提高加工表面质量的一种表面强化工艺。滚压加工可以加工外圆、内孔和平面等不同的表面。图 1-34 和图 1-35 分别为外圆和内孔的滚压加工示意图。

滚压加工工序常安排在精车后或粗磨后进行，滚压前的表面粗糙度 Ra 不低于 $5\mu m$，滚压前表面要清洁，直径方向加工余量为 0.02～0.03mm。滚压后表面粗糙度为 $Ra0.63～0.16\mu m$。滚压加工可提高硬度 10%～40%，表面层耐疲劳强度一般可提高 30%～50%，其效果与工件材料、滚压前表面状态、滚压工具和滚子表面性能及采用的工艺参数等有关。滚压使零件加工表面得到强化，而形状精度及相互位置精度主要取决于前道工序。

滚压的生产率大大高于研磨和珩磨加工，所以，常常以滚压代替珩磨。

② 喷丸强化 喷丸强化是指利用压缩空气或机械离心力将小珠丸高速喷出打击工件表面，使工件表面产生冷硬层和残余压应力的一种表面强化工艺。喷丸强化可显著提高零件的疲劳强度和使用寿命。

喷丸用的珠丸可以是铸铁的，也可以是切成小段的钢丝（使用一段时间，自然变成球

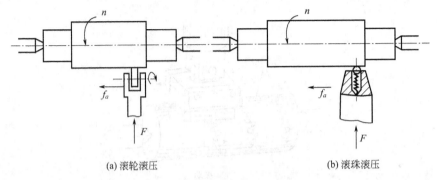

(a) 滚轮滚压   (b) 滚珠滚压

图 1-34　外圆滚压加工示意图

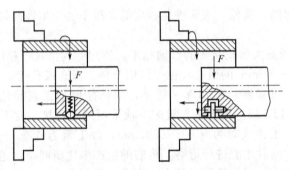

图 1-35　内孔滚压加工示意图

状），其尺寸为 0.2～4mm。铸铁珠丸易损坏，一般情况下宜用钢珠丸。

　　喷丸强化后表面粗糙度值与珠丸的直径成正比，尺寸较小、表面粗糙度值要求较小的工件，要用较细小的珠丸，但珠丸过小则强化作用不大，只能增加美观。

　　喷丸强化主要用于强化形状比较复杂的零件，如直齿轮、连杆、曲轴等，也可用于强化一般零件，如板弹簧、螺旋弹簧、焊缝等。

　　喷丸强化常用的设备是压缩空气喷丸装置和机械离心式喷丸装置，这些装置能使珠丸以35～50m/s 的速度喷出。

习　题

1-1　金属切削加工中影响工件加工精度的因素有哪些？

1-2　举例说明零件加工中获得规定尺寸精度的各种方法及其应用场合。

1-3　举例说明零件加工中获得规定几何形状精度的各种方法。

1-4　提高机床传动链精度的措施有哪些？

1-5　试分析减小工艺系统受力变形的各种措施（包括设计与工艺方面）。

1-6　工艺系统的静态、动态误差各包括哪些内容？

1-7　简述降低车削表面粗糙度的各种工艺措施。

1-8　为什么有色金属用磨削加工得不到低的表面粗糙度？通常用哪些加工方法来降低其表面粗糙度？

1-9　加工过程中，引起工艺系统热变形的热源有哪些？

1-10　提高机械加工精度的途径有哪些？

2 机械加工工艺规程

2.1 机械加工工艺过程

2.1.1 机械加工工艺过程的组成

一台机器的生产过程包括从原材料到成品出厂的整个过程。它可以由一个工厂来完成，但更多的是由许多工厂联合起来完成。它既包括毛坯制造、机械加工、装配等工艺过程；又包括为其服务的辅助过程，例如运输、储存、油漆和包装等。

工艺是指产品制造（加工和装配）的方法和手段。工艺过程是指按一定的顺序改变生产对象的形状、尺寸、相对位置和性质等，使其成为成品的过程。机械制造工艺过程分为：毛坯制造工艺过程、机械加工工艺过程、机械装配工艺过程等，本章主要介绍机械加工工艺过程。

机械加工工艺过程是指通过机械加工（切削或磨削）的方法，逐次改变毛坯的尺寸、形状、相互位置和表面质量等，使之成为合格零件的过程。

在机械加工工艺过程中，根据被加工零件的结构特点和技术要求，要采用不同的加工方法和装备，按照一定的顺序依次进行加工才能完成由毛坯到零件的整个过程，因此，机械加工工艺过程是由一系列顺序排列的加工工序组成的。所以，工序是机械加工工艺过程的基本组成单元，每一个工序又可分为一个或若干个安装、工位、工步和走刀。

（1）工序

由一个（或一组）工人，在一个工作地点对同一个或同时对几个工件所连续完成的那一部分工艺过程，称为工序，工序是工艺过程的基本单元。图 2-1 所示的阶梯轴，当零件为中批生产时，其工序划分见表 2-1。

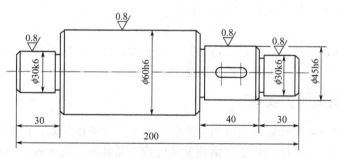

图 2-1　阶梯轴

表 2-1　阶梯轴的加工工艺过程

工序号	工序内容	设备	工序号	工序内容	设备
1	铣端面、钻中心孔	铣端面、钻中心孔机床	4	去毛刺	钳工台
2	车外圆、车槽与倒角	车床	5	磨外圆	外圆磨床
3	铣键槽	铣床			

（2）安装

加工前，使工件相对于机床、刀具占据一个正确位置的过程，称为定位。使工件在加工过程中保持所占据的正确位置不变的过程称为夹紧，定位后一般都需要可靠夹紧才能进行加工。工件加工前，使其在机床（或夹具）上定位和夹紧的整个过程，称为安装。

在一道工序中，工件在加工位置上可能只装夹一次，也可能装夹若干次。工件在加工过程中，应尽量减少装夹次数，因为装夹次数越多，误差就越大，而且装夹工件的辅助时间也要增加。

（3）工位

工位是指为了完成一定的工序部分，在一次装夹下，工件与夹具或工件与设备的可动部分一起相对于刀具或设备的固定部分所占据的每一个位置。当然，如果无转位或移位功能，就不存在工位。图 2-2 所示为利用自动回转工作台在一次装夹中顺次完成装卸工件（工位Ⅰ）、钻孔（工位Ⅱ）、扩孔（工位Ⅲ）和铰孔（工位Ⅳ）四个工位的示意图。

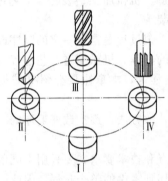
图 2-2　多工位加工

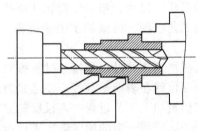
图 2-3　复合工步

（4）工步

工步是指在零件的加工表面和加工刀具不变的条件下所连续完成的那一部分工序。一个工序可以包括几个工步，也可以只包括一个工步。例如在表 2-1 中的工序 2，包括车各外圆表面及车槽等多个工步，而工序 3 用键槽铣刀铣键槽时，就只包括一个工步。

为了提高生产效率，用几把刀具同时加工几个表面的工步，称为复合工步。复合工步应视为一个工步。图 2-3 为复合工步的加工实例。

（5）走刀

在一个工步内，若被加工表面需切除的余量较大，可分几次切削，则每切削一次即为一次走刀。一个工步可包括一次走刀或多次走刀。

2.1.2　生产纲领及生产类型

生产纲领是指企业在计划期内应当生产的产品产量和进度计划。由于一般企业都是以年作为计划期限，这样，零件的年生产纲领就是包括备品和废品在内的年产量。零件的生产纲领可按下式计算。

$$N = Qn(1+\alpha)(1+\beta)$$

式中　N——零件的生产纲领，件/年；

　　　Q——产品的年产量，台/年；

　　　n——每台产品中该零件的数量，件/台；

　　　α——零件的备品率，%；

38

β——零件的废品率，%。

生产类型是指某生产单位（企业、车间、工段、班组等）生产专业化程度的分类。根据生产纲领和产品的大小，生产类型可分为单件生产、成批生产和大量生产三大类。

生产类型与生产纲领的关系见表2-2，可供确定生产类型时参考。

不同生产类型零件的加工工艺很大的不同，各种生产类型的工艺特征见表2-3。生产类型对其工艺规程的制订有很大的影响。

表 2-2　生产类型与生产纲领的关系

生产类型		零件生产纲领(件/年)		
		重型零件	中型零件	轻型零件
单件生产		5 以下	10 以下	100 以下
批量生产	小批生产	5～100	10～200	100～500
	中批生产	100～300	200～500	500～5000
	大批生产	300～1000	500～5000	5000～50000
大量生产		1000 以上	5000 以上	50000 以上

表 2-3　各种生产类型的工艺特征

特点	单 件 生 产	成 批 生 产	大 量 生 产
工件的互换性	广泛用钳工修配，缺乏互换性	大部分有互换性，少数用钳工修配	全部有互换性。某些精度较高的配合件用分组选择装配法
毛坯的制造方法及加工余量	铸件用木模手工造型；锻件用自由锻。毛坯精度低，加工余量大	部分铸件用金属模；部分锻件用模锻。毛坯精度中等；加工余量中等	铸件广泛采用金属模机器造型；锻件广泛采用模锻，以及其他高生产率的毛坯制造方法。毛坯精度高，加工余量小
机床设备	通用机床。按机床种类及大小采用"机群式"排列	部分通用机床和部分高生产率机床。按加工零件类别分工段排列	广泛采用高生产率的专用机床及自动机床。按流水线形式排列
夹具	多用通用夹具和标准附件，靠划线及试切法达到精度要求	广泛采用夹具，部分靠划线法达到精度要求	广泛采用专用高效夹具，靠调整法达到精度要求
刀具与量具	采用通用刀具和万能量具	较多采用专用刀具及专用量具	广泛采用高生产率的刀具和量具
对工人的技术要求	需要技术熟练程度较高的的工人	需要一定熟练程度的工人	对操作工人的技术要求较低，对调整工人的技术要求较高
工艺规程	有简单的工艺过程卡片	有简单的工艺规程，对关键零件有详细的工艺规程	有详细的工艺规程
生产率	低	中	高
成本	高	中	低
发展趋势	箱体类复杂零件采用加工中心加工	采用集成技术、数控机床或柔性制造系统等进行加工	在计算机控制的自动化制造系统中加工，并可能实现在线故障诊断、自动报警和加工误差自动补偿等

（1）单件生产

产品种类较多，而同一产品的数量很少，工作地点的加工对象经常改变，这种生产称为单件生产。例如新产品试制、重型机械制造、专用设备的制造等。

（2）大量生产

产品数量很多，大多数工作地点经常重复进行某一零件的某一道工序加工，这种生产称为大量生产。例如汽车、拖拉机、轴承、洗衣机等的生产就是大量生产。

（3）成批生产

一年中分批地制造相同的产品，生产呈周期性的重复，这种生产称为成批生产。例如机床、压缩机、电动机的生产等多属于成批生产。

每批被加工产品的数量称为批量。根据产品的特征和批量的大小，成批生产又可分为小批生产、中批生产和大批生产。小批生产的工艺特点与单件生产相似，一般称为单件小批生产；大批生产的工艺特点与大量生产相似，一般称为大批大量生产，中批生产的工艺特点介于单件小批生产和大批大量生产之间。

2.2 机械加工工艺规程

用来规定零件机械加工工艺过程和操作方法等的工艺文件称为机械加工工艺规程。它一般应包括下列内容：零件的加工基准，加工工艺路线，各工序的具体加工内容及精度，切削用量，时间定额及所用的设备和工艺装备等。机械加工工艺规程是企业长期生产经验的总结，是企业生产中的指导性技术文件，有关人员必须严格执行，不得违反或任意改变工艺规程所规定的内容，否则就有可能影响产品质量，打乱正常的生产秩序。当然，机械加工工艺规程也不是长期固定不变的，随着生产的发展和科学技术的进步，新材料和新工艺的出现，可能会使原来的工艺规程不相适应。这就要求技术人员及时汲取合理化建议、采用新技术、新工艺及国内外的先进工艺技术，对现行工艺进行不断完善和改进，并通过有关部门论证和审批，以使其更好地发挥工艺规程的作用。

2.2.1 机械加工工艺规程的作用

（1）指导生产的主要技术文件

工艺规程是最合理的工艺过程的表格化，是在工艺理论和实践经验的基础上制订的。工人只有按照工艺规程进行生产，才能保证产品质量和较高的生产率以及较好的经济效益。

（2）组织和管理生产的基本依据

产品投产前要根据工艺规程进行有关的技术准备和生产准备工作，如原材料供应、毛坯制造，通用工艺装备的选择，专用工艺装备的设计和制造，产品生产中的调度，生产计划的编排，经济核算等工作。生产中对工人业务的考核也是以工艺规程为主要依据。

（3）新建和扩建工厂或车间的基本资料

新建和扩建工厂或车间时，要根据工艺规程来确定所需要的机床设备的品种和数量、机床的布置、占地面积、辅助部门的安排等。

（4）进行技术交流的重要手段

通过工艺规程可以进行技术交流，推广先进生产经验，从而缩短产品试制周期和提高工艺技术水平。这对提高整个行业的技术水平和降低产品成本有着重要的现实意义。

2.2.2 制订机械加工工艺规程的原则

ⅰ. 应能保证产品的加工质量，达到设计图样上规定的各项技术要求；

ⅱ. 尽可能提高生产率，降低制造成本，使产品尽快投放市场；

ⅲ. 在充分利用本企业现有生产条件的基础上，尽可能采用国内外先进的工艺技术和经验；

ⅳ. 尽量减轻工人的劳动强度，保证生产安全。

由于工艺规程是直接指导生产和操作的主要技术文件，因此，工艺规程应做到正确、完整、统一和清晰，所用术语、符号、计量单位和编号等都要符合相应的标准。

2.2.3 机械加工工艺规程的格式

通常，机械加工工艺规程都填写成表格（卡片）的形式。目前中国各机械制造厂所使用的机械加工工艺规程的表格形式不尽相同。各厂都是按照一些基本内容，根据具体情况自行确定。机械加工工艺规程的基本格式有以下三种。

（1）机械加工工艺过程卡

它是以工序为单位，简单说明零件整个工艺过程应如何进行的一种工艺文件（见表2-4）。在单件小批生产中，通常不编制其他较详细的工艺文件，而是以这种卡片指导生产。

表 2-4 机械加工工艺过程卡

（工厂名）	机械加工工艺过程卡片	产品名称及型号			零件名称		零件图号					
		材料	名称		毛坯	种类	零件质量/kg	毛重			第 页	
			牌号			尺寸		净重			共 页	
			性能		每料件数		每台件数		每批件数			
工序号	工序内容				加工车间	设备名称及编号	工艺装备名称及编号			技术等级	时间定额/min	
							夹具	刀具	量具		单件	准备—终结
更改内容												
编制		抄写		校对		审核			批准			

（2）机械加工工艺卡

它是按产品或零件的某一加工工艺阶段而编制的一种工艺文件（见表2-5）。它以工序为单位，详细说明零件制造工艺过程的工艺文件，它用来帮助管理人员及技术人员进行生产管理和技术管理。广泛用于大批量生产的零件和小批生产的重要零件。

（3）机械加工工序卡

它是在工艺过程卡的基础上，按每道工序所编制的一种工艺文件（见表2-6）。卡片上详细说明了工序的内容和加工步骤，绘有工序简图，注明了该工序的定位基准和工件的装夹方式、加工表面及其工序尺寸和公差、加工表面的粗糙度和技术要求、刀具的类型及其位置、切削用量等，用于指导工人的操作。机械加工工序卡主要用于大批大量生产或成批生产中的重要零件和关键工序。对半自动和自动机床，则要求有机床调整卡，对检验工序则要求有检验工序卡等。

表 2-5 机械加工工艺卡

(工厂名)	机械加工工艺卡片	产品名称及型号		零件名称		零件图号			
		材料	名称	毛坯	种类	零件质量/kg	毛重	第页	
			牌号		尺寸		净重	共页	
			性能	每料件数		每台件数		每批件数	

工序	安装	工步	工序内容	同时加工零件数	切削用量				设备名称及编号	工艺装备名称及编号			技术等级	时间定额/min	
					背吃刀量/mm	切削速度/m·min^{-1}	切削速度/r·min^{-1}或双行程数/min^{-1}	进给量/mm·r^{-1}或mm/min^{-1}		夹具	刀具	量具		单件	准备终结

更改内容						

编制		抄写		校对		审核		批准	

表 2-6 机械加工工序卡

(工厂名)	机械加工工序卡片	产品名称及型号	零件名称	零件图号	工序名称	工序号	第页
							共页

(画工序简图处)		车间	工段	材料名称	材料牌号	力学性能
		同时加工件数	每料件数	技术等级	单件时间/min	准备—终结时间/min
		设备名称	设备编号	夹具名称	夹具编号	工作液
		更改内容				

工步号	工步内容	计算数据/mm			走刀次数	切削用量			工时定额			刀具量具及辅助工具				
		直径或长度	进给长度	单边余量		背吃刀量/mm	进给量/mm·r^{-1}或/mm·min^{-1}	切削速度/r·min^{-1}或双行程数/min^{-1}	切削速度/mm·min^{-1}	基本时间	辅助时间	工服作务地时点间	工步号	名称	规格	编号	数量

编制		抄写		校对		审核		批准	

42

2.2.4 制订机械加工工艺规程所需的原始资料

制订零件的机械加工工艺规程时，通常须具备下列原始资料。

ⅰ. 产品装配图和零件图。

ⅱ. 产品验收的质量标准。

ⅲ. 产品的生产纲领。

ⅳ. 现场生产条件，包括毛坯的制造条件或协作关系、现有设备和工艺装备的规格、功能和精度，专用设备和工艺装备的制造能力及工人的技术水平等。

ⅴ. 有关手册、标准及工艺资料等。

2.2.5 制订机械加工工艺规程的步骤

制订工艺规程的步骤大致如下。

ⅰ. 零件的工艺分析。通过分析产品装配图和零件图，了解零件的结构和功能，分析零件的结构工艺性和各项技术要求。

ⅱ. 确定毛坯。主要是确定毛坯的种类和选择合适的毛坯。

ⅲ. 拟定加工工艺路线。即确定零件由粗加工到精加工的全部加工工序。

ⅳ. 确定各工序采用的加工设备和工艺装备。包括加工时所用的各种机床、刀具、夹具、量具和必需的辅助工具。

ⅴ. 确定各工序的加工余量，计算工序尺寸及其偏差。

ⅵ. 确定切削用量及时间定额。

ⅶ. 确定关键工序的技术要求及检验方法。

ⅷ. 填写有关工艺文件。

2.3 零件的工艺分析

2.3.1 分析部件装配图，审查零件图

零件工作图及其有关部件装配图是了解零件结构和功用及制订其工艺规程最主要的原始资料。制订加工工艺时，必须对图纸进行认真仔细的分析和研究。

通过分析产品的装配图，可熟悉产品的用途、性能、工况，明确被加工零件在产品中的作用，进而审查设计图样是否完整和正确。

了解被加工零件的功用，可以加深对各项技术要求的理解，这样在制订工艺规程时，就能抓住为保证零件使用要求应解决的主要矛盾，为合理制订工艺规程奠定基础。

在了解零件形状和结构之后，应检查零件视图是否正确、足够，表达是否直观、清楚，绘制是否符合国家标准，尺寸、公差以及技术要求的标注是否齐全、合理等。

2.3.2 零件的技术要求分析

零件的技术要求分析包括以下几个方面。

ⅰ. 加工表面的尺寸精度。

ⅱ. 主要加工表面的形状精度。

ⅲ. 主要加工表面的相互位置精度。

ⅳ. 加工表面的粗糙度和物理、力学性能。

Ⅴ．热处理及其他要求，如动平衡、无损检测等。

同时还应审查零件材料选用是否恰当、技术要求是否合理。过高的精度要求，粗糙度以及其他要求，会使工艺过程复杂化，加工困难，成本增加。

2.3.3 零件的结构工艺性分析

结构工艺性是指在不同生产类型的具体生产条件下，毛坯的制造、零件加工、产品的装配和维修的可行性与经济性。零件结构工艺性的好坏对其工艺过程的影响非常大，不同结构的两个零件尽管都能满足使用性能要求，但它们的加工方法和制造成本却可能有很大的差别。良好的结构工艺性是指在满足使用性能的前提下，能以较高的生产率和最低的成本方便地加工出来。制定机械加工工艺规程时主要是对零件的切削加工工艺性进行分析，表2-7列出了一些零件机械加工结构工艺性对比的实例。

表 2-7　零件机械加工结构工艺性示例

序号	零件结构			
	工艺性不好		工艺性好	
1	车螺纹时，螺纹根部易打刀，且不能清根			留有退刀槽，可使螺纹清根，操作相对容易，可避免打刀
2	插键槽时底部无退刀空间，易打刀			留出退刀空间，避免打刀
3	键槽底与左孔母线齐平，插键槽时易划伤左孔表面			左孔尺寸稍大，可避免划伤左孔表面，操作方便
4	小齿轮无法加工，无插齿退刀槽			大齿轮可滚齿或插齿，小齿轮可以插齿加工
5	两端轴径需磨削加工，因砂轮圆角而不能清根			留有退刀槽，磨削时可以清根
6	锥面需磨削加工，磨削时易碰伤圆柱面，并且不能清根			可方便地对锥面进行磨削加工
7	三个退刀槽的宽度有三种尺寸，需用三把不同尺寸的刀具加工			同一个宽度尺寸的退刀槽，使用一把刀具即可加工
8	键槽设置在阶梯轴90°方向上，需两次装夹才能加工			将阶梯轴的两个键槽设计在同一方向上，一次装夹即可对两个键槽进行加工

序号	零件结构			
	工艺性不好		工艺性好	
9	加工面高度不同,需两次调整刀具进行加工,影响生产率			加工面在同一高度,一次调整刀具,可同时加工两个平面
10	同一端面上的螺纹孔,尺寸相近,由于需更换刀具,因此加工不方便,而且装配也不方便			尺寸相近的螺纹孔,应该为同一尺寸螺纹孔,方便加工和装配
11	加工面大,加工时间长;并且零件尺寸越大,平面度误差越大			加工面减小,节省工时,减少刀具损耗,并且容易保证平面度要求
12	外圆和内孔有同轴度要求,由于外圆需在两次装夹下加工,同轴度不易保证			可在一次装夹下加工外圆和内孔,同轴度要求容易得到保证
13	孔离箱壁太近:①钻头在圆角处易引偏;②箱壁高度尺寸大,需加长钻头方能钻孔			①加长箱耳,不需加长钻头即可钻孔;②只要使用上允许,将箱耳设计在某一端,则不需加长箱耳,即可方便加工
14	斜面钻孔,钻头易引偏			只要结构允许,留出平台可直接钻孔
15	内壁孔出口处有阶梯面,钻孔时易钻偏或钻头折断			内壁孔出口处平整,钻孔方便,容易保证孔中心的位置度
16	钻孔过深,加工时间长,钻头耗损大,并且钻头易偏斜			钻孔的一端留空,钻孔时间短,钻头寿命长且不易引偏
17	加工面设计在箱体内,加工时调整刀具不方便,观察也困难			加工面设计在箱体外部加工方便

序号	零件结构			
	工艺性不好		工艺性好	
18	进、排气（油）通道设计在孔壁上,加工相对困难	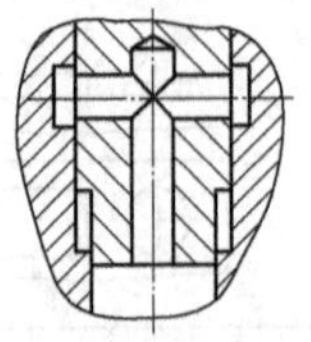	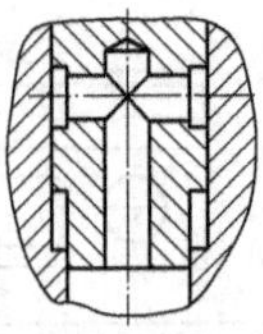	进、排气（油）通道设计在轴的外圆上,加工相对容易
19	加工 B 面时,以 A 面为定位基准,由于 A 面较小定位不可靠	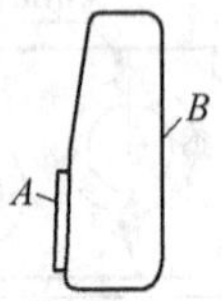	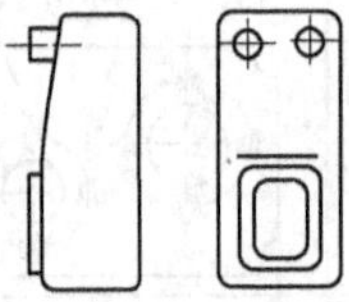	附加定位基准,加工时保证 A、B 面平行,加工后将附加定位基准去掉

2.4　毛坯的选择

选择毛坯的基本任务是选定毛坯的种类、制造方法及毛坯的制造精度。毛坯的选择不仅影响毛坯的制造工艺和费用,而且影响到零件机械加工工艺及其经济性。毛坯的形状、尺寸越接近成品,切削加工余量就越少,从而可以提高材料的利用率和生产效率。然而这样往往会使毛坯制造困难,需要采用昂贵的毛坯制造设备,从而增加毛坯的制造成本。所以选择毛坯时应综合考虑机械加工成本和毛坯制造成本,以达到降低生产成本,提高产品质量的目的。

2.4.1　毛坯的种类

机械制造中的常用毛坯有铸件、锻件、型材、焊接件和冲压件等。

（1）铸件

铸件适用于形状复杂的零件毛坯,如箱体、机架、底座、床身等宜采用铸件。铸造方法主要有砂型铸造、金属型铸造、离心铸造、压力铸造等,较常用的是砂型铸造。

（2）锻件

锻件毛坯由于能获得纤维组织结构的连续性和均匀分布,可提高零件的强度。所以锻件适用于强度较高,形状比较简单的零件毛坯。锻造方法有自由锻和模锻两种。自由锻毛坯精度低,加工余量大,生产效率低,适用于单件小批生产以及大型零件的毛坯。模锻毛坯精度高、加工余量小、生产率高,但成本较高,适用于中小型零件毛坯的大批大量生产。

（3）型材

机械制造中的型材按截面形状可分为圆钢、方钢、六角钢、扁钢、角钢、槽钢及工字钢等。按照制造方法有热轧和冷拉两种型材。热轧型材的尺寸较大、规格多、精度低,多用于一般零件的毛坯。冷拉型材的尺寸较小、精度较高,而规格不多、价格较贵,多用于毛坯精度要求较高的情况。

（4）焊接件

焊接件一般是指根据需要将型材或钢板焊接而成的零件毛坯。其优点是结构重量轻,制造周期短。但焊接件抗振性差,热变形大,存在较大的残余应力。因此焊接件一般须经过时效处理后才能进行机械加工。

（5）冲压件

冷冲压件适用于加工板料零件，质量稳定，多用于中小尺寸零件的大批、大量生产。

2.4.2　毛坯的选择原则

毛坯的种类与质量对零件的加工质量、材料消耗、生产率和成本密切相关。在选择零件毛坯时应考虑下列一些因素。

（1）零件的生产纲领

当零件的生产批量较大时，应选择精度和生产率都比较高的毛坯制造方法。这时虽然一次性投资较大，但均分到每个毛坯上的成本就较小。

（2）毛坯材料及其工艺特性

材料的工艺特性，决定了其毛坯的制造方法。当零件的材料选定后，毛坯的类型就大致确定了。例如铸铁材料往往采用铸件，钢材大多采用锻件和型材。

（3）零件形状和尺寸

零件的形状和尺寸也是决定毛坯制造方法的重要因素。形状复杂的毛坯常采用铸件；板状零件多采用冲压件；一般钢质阶梯轴类零件，若直径相差不大，可用棒料毛坯，如直径相差很大时，则宜选择锻件。零件尺寸较大时，一般不采用模锻和压铸。

（4）现有生产条件

选择毛坯时，应根据本企业的具体生产设备和工艺水平，同时也要结合产品发展的空间，采取先进的毛坯制造方法。在本单位不能解决时，要考虑外协的可能性和经济性。

（5）充分利用新工艺、新材料

为节约材料和能源，提高机械加工生产率，应充分考虑应用新工艺、新技术和新材料。如精铸、精锻、冷轧、冷挤压和粉末冶金等在机械制造中的应用日益广泛，这些方法可以大大减少机械加工量，节约材料，提高经济效益。

2.5　加工工艺路线的拟订

2.5.1　工件的定位基准及其选择

2.5.1.1　基准的分类

在设计、加工、检验、装配机器零件时，必须选择一些点、线、面，根据它们来确定零件上其他点、线、面的尺寸和位置。所谓基准就是零件上用以确定其他点、线、面位置所依据的点、线、面。基准根据其功用不同，可分为两大类。

（1）设计基准

在零件图上用以确定其他点、线、面位置所依据的基准称为设计基准。设计基准是根据零件工作条件和性能要求而确定的，零件的尺寸及相互位置要求，均以设计基准为依据进行标注。图 2-4 所示零件中 F 面是 C 面和 E 面的尺寸的设计基准，也是两孔垂直度和 C 面平行度的设计基准。作为设计基准的点、线、面在工件上不一定具体存在，例如表面的几何中心，对称线、对称平面等。

（2）工艺基准

在加工或装配过程中所采用的基准，称为工艺基准。工艺基准按用途不同可分为工序基准、定位基准、测量基准和装配基准。

① 工序基准　在工序图上用来标注本工序被加工表面加工后的尺寸、形状、位置的基

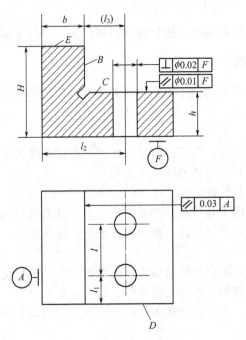

图 2-4　设计基准分析示例

准，称为工序基准。依据工序基准所标注的确定被加工表面位置的尺寸称为工序尺寸。如图 2-5 所示，在轴套上钻孔时，图（a）中孔的中心线到轴肩左侧面的距离（20±0.1)mm 是以轴肩左侧面为工序基准时的工序尺寸。图（b）中孔的中心线到轴肩右侧面的距离（15±0.1)mm 是以轴肩右侧面为工序基准时的工序尺寸。

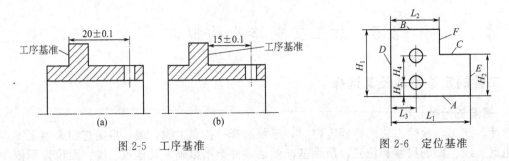

图 2-5　工序基准　　　　　　　　图 2-6　定位基准

　　② 定位基准　加工时，使工件在机床或夹具中占据一个确定位置所用的基准称为定位基准。在使用夹具时，定位基准就是工件与夹具定位元件相接触的表面。如图 2-6 所示，加工平面 C 和 F 时是通过平面 A 和 D 放在夹具上进行定位的，所以平面 A 和 D 是加工平面 C 和 F 时的定位基准。

　　定位基准可以是工件的实际表面，也可以是表面的几何中心、对称线或对称面，但必须由相应的实际表面来体现。如内孔和外圆的中心线分别由内孔的内表面和外圆的外圆表面来体现。V 形架的对称面用其两个斜面来体现。这些面通称为定位基面。

　　③ 测量基准　零件检验时，用以测量已加工表面尺寸及位置的基准称为测量基准。例如图 2-7 中，用游标卡尺测量尺寸 H 时，圆柱表面的下母线是测量基准。

　　④ 装配基准　装配时用以确定零件或部件在机器中位置时所用的基准，称为装配基准。如图 2-8 所示，齿轮的内孔和右端面是齿轮在传动轴上的装配基准。

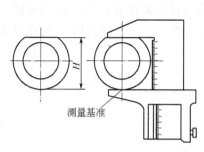

图 2-7　测量基准

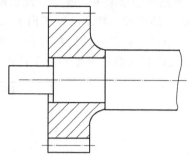

图 2-8　装配基准

2.5.1.2　定位基准的选择

定位基准按使用情况可分定位粗基准和定位精基准。在机械加工的起始工序中，只能利用毛坯上未加工过的表面作为定位基准，称为为粗基准。利用已经加工过的表面作为定位基准，称为为精基准。

（1）定位粗基准的选择原则

粗基准的选择将影响到加工面和非加工面的相互位置，或影响到加工余量的分配。而且第一道粗加工工序首先就遇到粗基准的选择问题。因此正确选择粗基准对保证产品质量将有重要的影响。

选择粗基准时，一般应遵循下列原则。

① 重要表面原则　为了保证工件某些重要表面的加工余量均匀，应选择该重要表面作为粗基准。例如车床床身零件的加工中导轨面是最重要的表面，它不仅精度要求高，而且要求导轨面具有均匀的金相组织和较高的耐磨性，因此希望加工时导轨面的去除余量小而且均匀。由于在铸造床身时，导轨面是倒扣在砂箱的最底部浇铸成形，导轨面材料质地致密，砂眼、气孔相对较少。因此在加工床身时，第一道工序应该选择导轨面作为粗基准加工床身底面，如图 2-9（a）所示，然后再以加工过的床身底面作为精基准加工导轨面，如图 2-9（b）所示，此时从导轨面上去除的加工余量均匀。

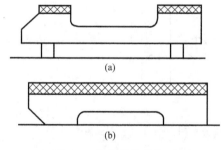

图 2-9　床身导轨的加工

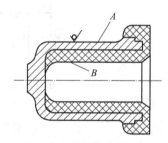

图 2-10　圆筒零件的加工

② 非加工表面原则　如果加工时主要要求保证加工面与非加工表面间的位置要求，则应选择非加工面为粗基准。如图 2-10 所示零件，外圆面 A 为不加工表面，内孔 B 为加工表面，两者有同轴度要求。为保证孔加工后壁厚均匀，应选择外圆面 A 作为粗基准车内孔 B。当零件上有若干个非加工表面时，选择与加工表面间相互位置精度要求较高的非加工表面作为粗基准。

③ 最小加工余量原则　若零件上有多个表面要加工，则应选择其中加工余量最小的表面为粗基准，以保证其他各加工表面都有足够的加工余量。如图 2-11 所示阶梯轴毛坯，

$\phi50mm$ 外圆的余量最少，故应以此表面为粗基准加工出 $\phi100mm$ 的外圆，然后再以已加工的 $\phi100mm$ 的外圆为精基准加工出 $\phi50mm$ 的外圆。这样可保证在加工 $\phi50mm$ 的外圆时有足够的加工余量。若以余量较大的 $\phi100$ 的外圆为粗基准，由于有 3mm 的偏心，就有可能产生 $\phi50$ 外圆处因加工余量不足而使工件报废。

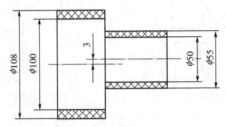

图 2-11　阶梯轴毛坯加工

④ 定位可靠性原则　作为粗基准的表面，应选用比较可靠、大而平整的表面，以使定位准确，夹紧可靠。在铸件上不应该选择有浇、冒口的表面、分型面、有飞刺或夹砂的表面做粗基准；在锻件上不应该选择有飞边的表面作粗基准。

⑤ 不重复使用原则　由于粗基准的定位精度低，在同一尺寸方向上只能使用一次，不能重复使用，否则将产生较大的定位误差。

（2）定位精基准的选择原则

精基准的选择主要应从保证零件的加工精度要求出发，同时考虑装夹准确、可靠，夹具结构简单。选择精粗基准时，一般应遵循下列原则。

① 基准重合原则　基准重合原则是指零件加工时选用设计基准作为定位基准的原则，这样可以避免由于定位基准与设计基准不重合而引起的定位误差。例如图 2-12 所示的车床床头箱，尺寸 $H_1 = 205 \pm 0.1mm$ 为车床中心高，即床头箱底面 M 到主轴支撑孔的高度尺寸，设计基准是底面 M。加工主轴孔时可能采用的定位方案有两种。

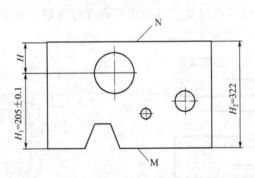

图 2-12　基准不重合误差实例

方案一：定位基准与设计基准重合

单件小批生产镗主轴孔时，常以底面 M 为定位基准，直接保证尺寸 H_1。这是设计基准与定位基准重合，影响加工精度的只有与镗孔工序有关的加工误差，把此误差控制在 0.1mm 范围以内就可以保证规定的加工精度。

方案二：定位基准与设计基准不重合

大批生产镗主轴孔时，常以顶面 N 为定位基准，保证尺寸 H。这时定位基准与设计基准不重合，设计尺寸 H_1 由加工尺寸 H 和 H_2 间接保证，尺寸 H_1 的精度决定于尺寸 H 和 H_2 的加工精度。因此必须控制尺寸 H 和 H_2 的加工误差总和不超过 0.1mm。

由上述分析可知当定位基准与设计基准不重合时，本工序的加工要求必须满足下式

$$T_1 \geqslant \Delta_{\text{加}} + T_2$$

式中　T_1——本工序允许的尺寸公差；

　　$\Delta_{\text{加}}$——本工序所产生的加工误差；

　　T_2——由基准不重合引起的定位失误。

比较上面两种定位方案可知：基准重合有利于保证加工精度，应尽量使定位基准与设计基准重合。基准不重合提高了本工序的加工要求，只有在满足上述不等式的条件下才允许基准不重合。

② 基准统一原则　在加工位置精度要求较高的某些表面时，尽可能选用统一的定位基准，这样有利于保证各加工表面的位置精度。如加工较精密的阶梯轴时，往往以中心孔为定位基准车削各表面；在磨削加工之前，还要修研中心孔，然后以中心孔定位，磨削各表面。采用同一基准还可使各道工序的夹具结构单一化，便于设计和制造。

③ 互为基准原则　对工件上两个相互位置精度要求比较高的表面进行加工时，可以利用两个表面互相作为基准，反复进行加工，以保证位置精度要求。例如，加工精密齿轮时，先以内孔定位加工齿面，齿面淬火后，再以齿面为基准磨内孔，从而保证孔与齿面的位置精度。

④ 自为基准原则　当某些加工表面加工精度要求很高，加工余量小而均匀时，可选择该加工表面本身作为定位基准，称为"自为基准原则"。例如磨削床身导轨面时，常在磨头上装百分表，以导轨面本身作为精基准，移动磨头来找正工件。对于定尺寸刀具的加工，如绞孔、珩磨及拉削等，一般也是"自为基准"。应用这种精基准加工工件，只能提高加工表面的尺寸精度、形状精度，而不能提高表面间的相互位置精度，位置精度应由先行工序来保证。

有些原则之间是相互矛盾的，具体使用中要抓住主要矛盾和矛盾的主要方面，在确保加工质量的前提下，力求所选基准能实现低成本、低消耗、并使夹具结构简单。

2.5.2　工件的定位和夹紧

2.5.2.1　工件的定位

工件在夹具中定位就是要确定工件与定位元件的相对位置，从而保证工件相对于刀具和机床的正确加工位置。工件在夹具中的定位，是由工件的定位基准与夹具定位元件的工作表面相接触或相配合实现的。

（1）工件的六点定位原理

一个尚未定位的工件是一个自由刚体，其在空间的位置是不确定的。如图 2-13（a）所示，它在空间直角坐标系中可沿 x、y、z 三个坐标轴任意移动，也可绕此三坐标轴转动，分别用 $\vec{x}$、$\vec{y}$、$\vec{z}$ 和 $\hat{x}$、$\hat{y}$、$\hat{z}$ 表示，即工件有 6 个自由度。如果采取一定的约束措施，消除物体的六个自由度，则物体被完全定位。如图 2-13（b）所示，用六个合理分布的定位支承点与工件分别接触，即一个支承点限制工件的一个自由度，使工件在夹具中的位置完全确定。

采用六个按一定规则布置的约束点，可以限制工件的六个自由度，实现完全定位，称为六点定位原理。

在应用工件的"六点定位原理"进行定位分析时，应注意以下几点。

ⅰ．定位就是限制自由度，通常用合理布置的定位支承点来限制工件的自由度。

ⅱ．定位和夹紧是两个不同的概念。定位是为了使工件在空间某一方向占据唯一确定的

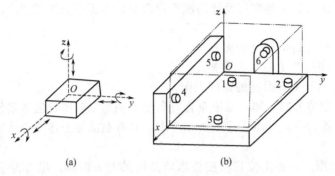

图 2-13　工件在空间中的自由度

位置，此时工件除受自身重力作用外，不受其他外力作用。而夹紧则是使工件在外力作用下，仍能保证这唯一正确位置不变。对于一般夹具，先实施定位，然后再夹紧。对于自定心夹具（如三爪卡盘），则是定位和夹紧过程同时进行。因此，一定要把定位和夹紧区别开来，不能混为一谈。

ⅲ．定位支承点是由定位元件抽象而来的，在夹具中，定位支承点总是通过具体的定位元件来体现，至于具体的定位元件应转化为几个定位支承点，需结合其结构进行具体分析。例如长圆柱销（见图 2-14）可以限制四个自由度，即 $\vec{y}$、$\vec{z}$、$\widehat{y}$ 和 $\widehat{z}$。长销小平面组合（见图 2-15）以及短销大平面组合（见图 2-16）均可以限制五个自由度，即 $\vec{y}$、$\vec{z}$、$\vec{x}$、$\widehat{y}$ 和 $\widehat{z}$。

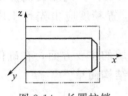

图 2-14　长圆柱销

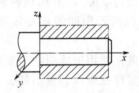

图 2-15　长销小平面组合

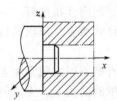

图 2-16　短销大平面组合

（2）工件定位的几种情况

① 完全定位和不完全定位

ⅰ．完全定位。工件的六个自由度全部被限制，在空间占有完全确定的唯一位置，称为完全定位。如图 2-17 所示，在工件上铣键槽时，若要保证尺寸 z，则需要限制 $\vec{z}$、$\widehat{x}$、$\widehat{y}$；若要保证尺寸 x，则需要限制 $\vec{x}$、$\widehat{y}$、$\widehat{z}$；若要保证尺寸 y，则需要限制 $\vec{y}$、$\widehat{z}$、$\widehat{x}$。综合起

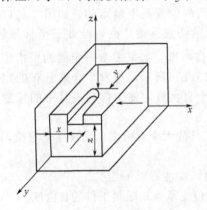

图 2-17　工件的完全定位

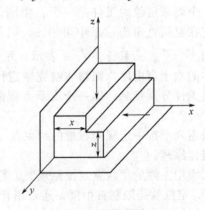

图 2-18　工件的不完全定位

来，必须限制工件的六个自由度，即完全定位。

ⅱ．不完全定位。工件定位时，仅需要限制一个或几个（少于六个）自由度，称为不完全定位。如图 2-18 所示，在工件上铣台阶面时，工件沿 y 轴的移动自由度 $\vec{y}$，对工件的加工精度无影响，工件在这一方向上的位置不确定只影响加工时的进给行程，故此时只需要限制五个自由度，即 $\vec{x}$、$\vec{z}$、$\hat{x}$、$\hat{y}$、$\hat{z}$。显然不完全定位也是合理的定位方式。

② 欠定位和过定位

ⅰ．欠定位。根据工件的加工要求，应该限制的自由度没有完全被限制的定位称为欠定位。欠定位无法保证加工要求。因此，在确定工件的定位方案时，决不允许有欠定位的现象发生。

ⅱ．过定位。工件定位时，同一个自由度被两个或两个以上的约束点约束，这样的定位称为过定位。过定位是否允许，应根据具体情况具体分析。

一般情况下，如果工件的定位面是没有经过机械加工的毛坯面，或虽经过了机械加工，但仍然很粗糙，这时过定位是不允许的。如果工件的定位面经过了机械加工，并且定位面和定位元件的尺寸、形状和位置都做得比较准确，比较光整，则过定位不但对工件加工面的位置尺寸影响不大，反而可以增加工件的刚性，这时过定位是允许的。下面针对几个具体的例子作简要的分析。

图 2-19 为平面过定位的情况。图 2-19(a) 应该采用 3 个支承钉，限制 $\vec{z}$、$\hat{x}$ 和 $\hat{y}$ 三个自由度，但却采用了 4 个支承钉，出现了过定位情况。若工件的定位面尚未经过机械加工，表面比较粗糙，则该定位面实际上只可能与 3 个支承钉接触，定位不稳。如果在夹紧力作用下强行使工件定位面与 4 个支承钉都接触，就只能使工件变形，产生加工误差。为避免上述过定位情况的发生，可以将 4 个平头支承钉改为 3 个球头支承钉，重新布置 3 个球头支承钉的位置。也可以将 4 个支承钉之一改为辅助支承，辅助支承只起支承作用而不起定位作用。

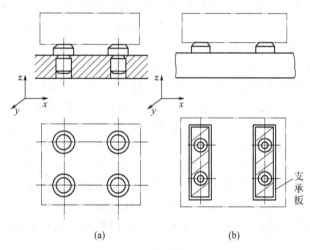

图 2-19　平面定位的过定位举例

如果工件的定位面已经经过机械加工，而且已很平整，4 个平头支承钉顶面又准确地位于同一平面内，则上述过定位不仅允许而且能增强支承刚度，减小工件的受力变形，这时还可以将支承钉改为支承板〔见图 2-19(b)〕。

图 2-20(a) 所示为加工连杆大孔的定位方案。长圆柱销 1 限制 $\vec{x}$、$\vec{y}$、$\hat{x}$、$\hat{y}$ 四个自由度，支承板 2 限制 $\hat{x}$、$\hat{y}$、$\vec{z}$ 三个自由度。其中，$\hat{x}$、$\hat{y}$ 被两个定位元件重复限制，产生了过

定位。如工件孔与端面垂直度误差较大，且孔与销间隙又很小时，会出现两种情况：如长圆柱销刚度好，定位后工件歪斜，端面只有一点接触，如图 2-20(b) 所示；如长圆柱销刚度不足，压紧后长圆柱销将歪斜，工件也可能变形，如图 2-20(c) 所示。二者都会引起加工大孔的位置误差，使连杆两孔的轴线不平行。

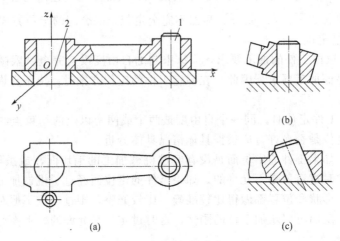

图 2-20　连杆的定位

由上述几种定位情况可知，完全定位和不完全定位是符合工件定位原理的定位，而欠定位和过定位是不符合工件定位原理的定位。在实际应用中，欠定位绝对不允许出现，但过定位在不影响加工要求的前提下允许使用。

（3）工件常用的定位方式

机器零件的形状各异，但主要由平面、圆柱面、圆锥面、成形面、圆柱孔、圆锥孔等组合而成。因此，工件就是以上述表面或是它们的组合面作为定位基准。根据工件上定位基准的不同采用不同的定位元件，使定位元件的定位面和工件的定位基准面相接触或配合，实现工件的定位。常用的定位方式有以下几种。

① 工件以平面定位　一般加工箱体、机座、支架、圆盘、板类零件的平面和孔时，都用平面为定位基准。工件以平面定位时，定位元件常用三个支承钉或两个以上支承板组成的平面进行定位。各支承钉（板）的距离应尽量大，使得定位稳定可靠。平面定位常用的定位元件有支承钉和支承板。图 2-21(a) 所示为平头支承钉，多用于精基准定位。图（b）为球头支承钉，图（c）为齿纹支承钉，这两种适用于粗基准定位，可减少接触面积，以便与粗基准有稳定的接触。其中，球头支承钉较易磨损而失去精度，齿纹支承钉能增大接触面间的摩擦力，防止工件受力移动，但落入齿纹中的切屑不易清除，故多用于侧面定位。图（d）为带套筒的支承钉，用于大批大量生产，便于磨损后更换。

支承板多用于精基准定位，如图 2-22 所示。A 型支承板结构简单、紧凑，但切屑易落

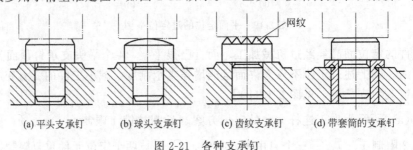

(a) 平头支承钉　　(b) 球头支承钉　　(c) 齿纹支承钉　　(d) 带套筒的支承钉

图 2-21　各种支承钉

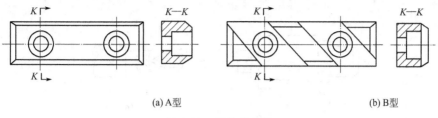

(a) A型　　　　　　　　　　　　　　　　(b) B型

图 2-22　固定支承板

入内六角螺钉头部的孔中，且不易清除。因此，多用于侧面和顶面的定位。B 型支承板在工作面上有 45°的斜槽，且能保持与工件定位基面连续接触，清除切屑方便，所以多用于平面定位。

　　② 工件以圆孔定位　套筒、圆盘、杠杆等类零件是以主要孔的轴线作为定位基准，如图 2-23 所示。所用定位元件有各种心轴和定位销。用定位销定位和用心轴定位相类似，长销定位限制四个自由度，短销定位限制两个自由度。该方式定位可靠，使用方便，在实际生产中获得广泛使用。

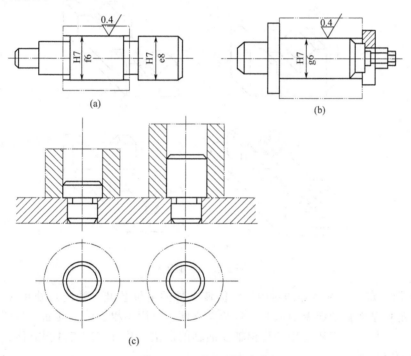

图 2-23　工件以圆孔定位

　　③ 工件以圆锥孔定位　在加工轴类零件或要求精密定心的工件时，常以工件锥孔作为定位基准。图 2-24(a) 中的锥形套筒是以其锥孔在锥形心轴上定位加工外圆；而图 (b) 中的轴是以中心孔在顶尖上定位车外圆。这两类都是圆锥面和圆锥面的接触方式。根据接触面相对长度可分为：①接触面较长的圆锥面，相当于五个定位支承点，限制五个自由度 $\vec{x}$、$\vec{y}$、$\vec{z}$、$\hat{y}$、$\hat{z}$；②接触面较短的圆锥面，相当于三个定位支承点，限制三个自由度 $\vec{x}$、$\vec{y}$、$\vec{z}$。轴类零件采用左右中心孔定位，当右中心孔用轴向可移动的后顶尖定位时，只限制 $\hat{y}$、$\hat{z}$ 两个自由度。

　　④ 工件以外圆柱面定位　工件以外圆柱面定位在生产中非常常见，例如凸轮轴、曲轴、阀门以及套类零件的定位等。在夹具设计中，除通用夹具外，常用于外圆表面定位的定位元

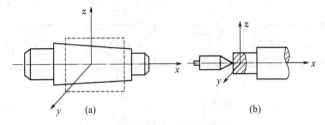

图 2-24　圆锥孔在圆锥体上定位

件有 V 形块（图 2-25）、定位套筒（图 2-26）和半圆孔定位座（图 2-27）等。

ⅰ．V 形块定位。V 形块结构有多种形式。图 2-25（a）为短 V 形块。图 2-25（b）为两短 V 形块组合，用于较长的圆柱面定位。图 2-25（c）为分体结构的 V 形块，淬硬钢镶块或硬质合金镶块用螺钉固定在 V 形铸铁底座上，用于工件定位圆柱面的长度和直径均较大的情况。当工件以粗基准或工件以阶梯圆柱面定位时，V 形块工作面的长度一般应为 2～5mm，以提高定位的稳定性，如图 2-25（d）所示。

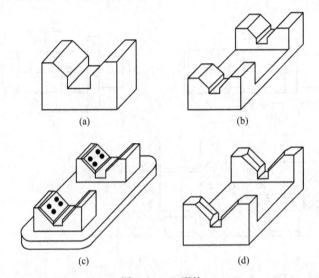

图 2-25　V 形块

使用 V 形块定位具有良好的对中性，能使工件的定位基准（轴线）处在 V 形块对称平面上，不受定位基面直径误差的影响，且装夹方便，可用于粗、精基准面，整圆柱面或部分圆柱面的定位。另外，它还适用于阶梯轴及曲轴的定位，并且装卸工件很方便，是用得最广泛的外圆表面定位元件。

ⅱ．定位套筒定位。定位套筒定位时，工件以外圆柱面作为定位基面在圆孔中定位，外圆柱面的轴线是定位基准。图 2-26（a）中工件以端面为第一定位基准，外圆面

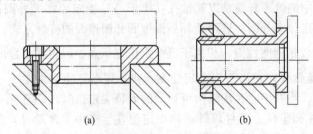

图 2-26　定位套筒

为第二定位基准。图 2-26(b) 中的工件则以外圆面为第一定位基准。用定心套筒定位，定位元件结构简单，制造容易，但定心精度不高，当工件外圆与定位套筒圆孔配合较松时，还易使工件偏斜。若工件端面较大时，定位套筒内孔应做得短些，避免产生过定位。

ⅲ. 半圆孔定位座定位。当工件尺寸较大，用圆柱孔定位不方便时，可用半圆孔定位座定位。采用半圆孔定位座定位时，将同一圆周面的孔分为上下两半，下半孔用作定位，装在夹具体上，其最小直径应取工件定位基面（外圆）的最大直径，上半孔用于压紧工件，装在可卸式或铰链式盖上，如图 2-27 所示。定位座表面是用耐磨材料制成的两个半圆衬套，并镶在基体上，以便于更换，半圆孔定位座适用于大型轴类工件的定位。

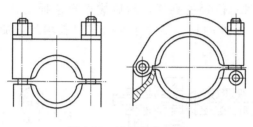

图 2-27　半圆孔定位座

⑤ 工件以组合表面定位　以上所述四种工件定位方法，均指以单一表面定位。通常工件多是以两个或两个以上表面组合起来作为定位基准使用，称为组合表面定位。当以多个表面作为定位基准进行组合定位时，夹具中也有相应的定位元件组合来实现工件的定位。由于工件定位基准之间、夹具定位元件之间都存在一定的位置误差，所以，必须注意工件的过定位问题。

ⅰ. 一孔与一端面组合。一孔与一端面组合定位时，孔与销或心轴定位采用间隙配合，此时应注意避免过定位。如图 2-28 所示。

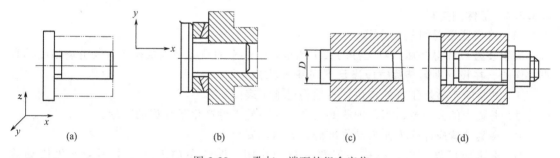

图 2-28　一孔与一端面的组合定位

图 2-28(a) 是一种不合理的定位方式。因为心轴圆柱面限制 $\vec{y}$、$\vec{z}$、$\widehat{y}$ 和 $\widehat{z}$ 四个自由度，台阶面限制 $\vec{x}$、$\widehat{y}$ 和 $\widehat{z}$ 三个自由度，其中 $\widehat{y}$ 和 $\widehat{z}$ 被重复限制，出现过定位情况。这时，需明确哪一个是第一定位基准，再采用相应的定位方式。图 (b) 中孔用长心轴定位，限制工件 $\vec{y}$、$\vec{z}$、$\widehat{y}$ 和 $\widehat{z}$ 四个自由度，端面用球面支承，限制一个自由度 $\vec{x}$，从而避免过定位。当工件端面与孔轴线的垂直度误差很小时，则为了简化夹具结构，可用心轴轴肩定位，但轴肩直径应尽量小些，如图 (c) 所示。图 (d) 是以端面为第一定位基准，以轴肩支承工件端面，限制了 $\vec{x}$、$\widehat{y}$ 和 $\widehat{z}$ 三个自由度，用短圆柱面定位孔，限制 $\vec{y}$ 和 $\vec{z}$ 两个自由度。带中心通孔的盘类零件和短套类零件常用这种组合定位方式。

ⅱ．一平面两孔组合定位。在成批和大量生产中加工箱体、杠杆、盖板等类零件时，常常采用以一平面和两定位孔作为定位基准实现组合定位，该组合定位方式简称为一面两孔定位。这时，工件上的两个定位孔，可以是工件结构上原有的，也可以专为工艺上定位需要而特地加工出来的，称为工艺孔。

采用一面两孔定位方式定位时，由于工件上两定位孔中心距偏差和夹具上两定位销中心距偏差的影响，常产生过定位。其中一个孔套入定位销后，另一个孔很难同时套入。为了避免这种定位干涉，常将其中一个定位销在与连心线的垂直方向削边，作成菱形销。一面两孔共限制了六个自由度，因此是完全定位。图 2-29 所示镗连杆小头孔的夹具即是一例，工件以端面和大小头孔定位，用削边定位销插入小孔，限制自由度。定位以后，在小头两侧用浮动平衡夹紧装置在图示位置处夹紧，然后拔出定位插销，伸入镗杆，加工小头孔。采用被加工表面作为定位基准的目的是使小头孔获得较均匀的加工余量，以提高孔本身的加工精度。

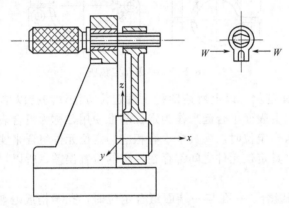

图 2-29　一面两孔定位

2.5.2.2　工件的夹紧

（1）对夹紧装置的基本要求

夹紧装置设计得好坏，对工件的加工质量，生产率的高低，以及操作者的劳动强度都有直接影响。在设计夹紧装置时应满足下列基本要求：

ⅰ．夹紧时不破坏工件的定位，不损伤已加工表面；

ⅱ．夹紧力的大小要适当，即既要夹紧，又不使工件产生不允许的变形；

ⅲ．夹紧装置应操作方便、动作准确、省力，安全；

ⅳ．夹紧应可靠，夹紧机构一般要有自锁作用，保证在加工过程中不会产生松动或振动。

ⅴ．结构简单，制造修理方便，工艺性好，尽量采用标准化元件。

（2）夹紧装置的组成

夹紧装置的结构形式是多种多样的，一般由三部分组成。

① 力源装置　力源装置通常是指产生夹紧作用力的装置，所产生的力称为原动力，常用的动力有气动、液动、电动等。图 2-30 中的力源装置是气缸 1。手动夹紧装置的力源是人的手。

② 中间传力机构　它是指将力源装置产生的原动力传递给夹紧元件的机构，如图 2-30 中的斜楔 2。根据夹紧的需要，中间传力机构在传力过程中可以改变夹紧力的大小和方向并使夹紧实现自锁，保证力源提供的原始力消失后仍可靠地夹紧工件，这对手动夹紧尤为

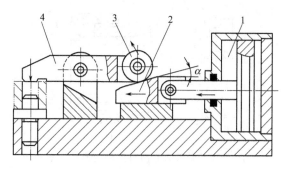

图 2-30　夹紧装置的组成

1—气缸；2—斜楔；3—滚轮；4—压板

重要。

③ 夹紧元件　它是夹紧装置的最终执行元件，它直接作用在工件上完成夹紧作用，如图 2-30 中的压板 4。

在一些简单的手动夹紧装置中，夹紧元件与中间传力机构往往是混在一起的，很难截然分开，因此常将二者又统称为夹紧机构。

（3）夹紧力的确定

夹紧力包括大小、方向和作用点三个要素。夹紧力的确定至关重要，它直接影响着夹紧装置设计的各个方面。

① 夹紧力方向的确定

夹紧力作用方向主要影响工件的定位可靠性、夹紧变形、夹紧力大小等方面。在设计夹紧装置时，选择夹紧力的方向一般应遵循以下原则。

ⅰ. 夹紧力应垂直于主要定位基面。主要定位基面的表面面积最大，定位元件最多，能使接触点的单位压力相对地减少，以免损伤定位元件，并使工件定位稳定。如图 2-31 所示，在工件上镗一个孔，要求孔中心线与工件的 A 面垂直，故 A 面为主要定位基面，应使夹紧力垂直于 A 面，才能保证工件既定的位置，以满足精度要求。但若夹紧力指向 B 面，则由于 A 与 B 面间有垂直度误差，破坏了定位，无法满足加工精度的要求。

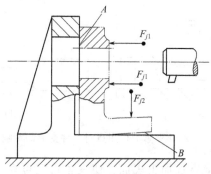

图 2-31　夹紧力垂直指向支承面

ⅱ. 夹紧力方向应使工件夹紧变形最小。如图 2-32 所示为加工薄壁套筒的两种夹紧方式。由于工件的径向刚度很差，用图（a）的径向夹紧方式将产生过大的夹紧变形而无法保证加工精度。若改用图（b）的轴向夹紧方式，则可大大减小工件的夹紧变形。

ⅲ. 夹紧力的方向应有利于减小夹紧力。夹紧力的方向应尽可能与切削力和工件的重力方向一致，这样既省力，又可减少工件的夹紧变形，还可减小夹紧装置的结构尺寸。如图

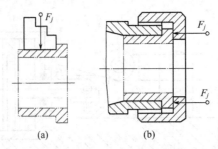

图 2-32　夹紧力方向对工件变形的影响

2-33(a) 所示夹紧力 F_{j1} 与主切削力方向一致，切削力由夹具的固定支承承受，所需夹紧力较小。夹紧力 F_{j2} 的方向若如图 2-33(b) 所示，则夹紧力至少要大于切削力，所需夹紧力较大。

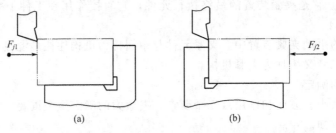

图 2-33　夹紧力与切削力方向的关系

② 夹紧力作用点的确定　夹紧力作用点的确定包括作用点的位置、数量、布局和作用方式。它们对工件的影响主要表现在定位的准确性、可靠性和夹紧变形；同时，作用点选择还影响夹紧装置的结构复杂性和工作效率。具体设计时应遵循以下原则。

ⅰ. 夹紧力应作用在工件刚度大的部位，使夹紧变形尽可能要小。图 2-34 所示连杆进行加工时，夹紧力作用点位于图 (a) 所示位置时，连杆的刚度较小，容易产生变形；夹紧力作用点位于图 (b) 所示位置时，连杆的刚度较大，不容易产生变形。所以图 2-34(b) 所示方案较合理。

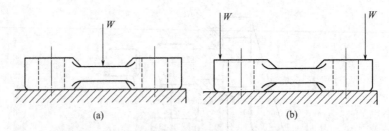

图 2-34　夹紧力作用点对工件变形的影响

ⅱ. 夹紧力作用点应尽量靠近加工表面，使夹紧稳定可靠。在图 2-35 所示两种滚齿加工工件装夹方案中，图 (a) 所示夹紧力的作用点离工件加工面远，不正确；图 (b) 所示的夹紧力作用点离工件加工面较近，比较合理。

ⅲ. 夹紧力的作用点应正对定位元件或定位元件所形成的支承面内。图 2-36 所示夹具的夹紧力作用点就违背了这项原则，夹紧力作用点位于定位元件 1 之外，使工件 2 发生翻转，破坏了工件的定位位置。图 2-36 中的实线箭头给出了夹紧力作用点的正确位置。

ⅳ. 夹紧力应尽量避免作用在已经精加工过的表面上，以免产生压痕，损坏已加工

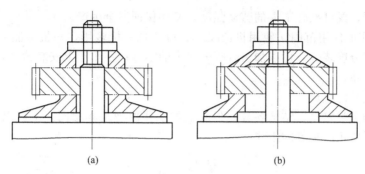

图 2-35　夹紧力作用点应尽量靠近加工表面

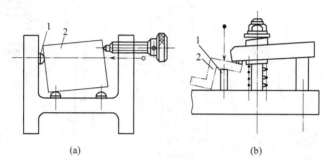

图 2-36　夹紧力作用点的选择
1—定位元件；2—工件

表面。

③ 夹紧力的大小　夹紧力的大小主要影响工件定位的可靠性、工件的夹紧变形以及夹紧装置的结构尺寸和复杂性。因此，夹紧力的大小必须适当。夹紧力过小，工件在加工过程中会发生移动，破坏定位；夹紧力过大，会使工件和夹具发生夹紧变形，影响加工质量。

在实际设计中，确定夹紧力大小的方法有两种：分析计算法和经验类比法。

采用分析计算法估算夹紧力时，应找出夹紧最不利的瞬时状态，略去次要因素，考虑主要因素在力系中的影响。通常将夹具和工件看成一个刚性系统，建立切削力、夹紧力、重力（大型工件）、惯性力（高速运动工件）、离心力（高速旋转工件）、支承力以及摩擦力之间的静力平衡方程，计算出理论夹紧力 W_0，则实际夹紧力 W 为

$$W = KW_0$$

式中　K——安全系数。一般取 $K=1.5 \sim 3$；粗加工时，$K=2.5 \sim 3$；精加工时，$K=1.5 \sim 2.5$。

生产中还经常根据经验或类比法来确定所需的夹紧力。

2.5.2.3　夹具简介

（1）机床夹具的作用

机床夹具是机械加工中不可缺少的一种工艺装备，应用十分广泛，其主要作用如下。

① 保证加工质量　采用夹具后，工件各表面间的相互位置精度由夹具保证，而不是依靠工人的技术水平与熟练程度，所以产品质量容易保证。

② 提高劳动生产率　使用夹具可使工件装夹迅速、方便，从而大大缩短了辅助时间，提高了生产率。特别是对于加工时间短、辅助时间长的中、小零件，效果更为显著。

③ 减轻工人的劳动强度，保证安全生产　有些工件，特别是比较大的工件，调整和夹紧很费力气，而且注意力要高度集中，很容易疲劳。如果使用机床夹具，采用气动或液压等

自动化夹紧装置，既可减轻工人的劳动强度，又能保证安全生产。

④ 扩大机床的使用范围　使用机床夹具，可实现一机多用，一机多能。如在铣床上安装一个回转台或分度装置，可以加工有等分要求的零件；在车床上安装镗模，可以加工箱体零件上的同轴孔系。

（2）机床夹具的组成

机床夹具的种类繁多、结构各异，但它们的工作原理基本相同。下面以图 2-37 所示的钻床夹具为例说明机床夹具的组成。

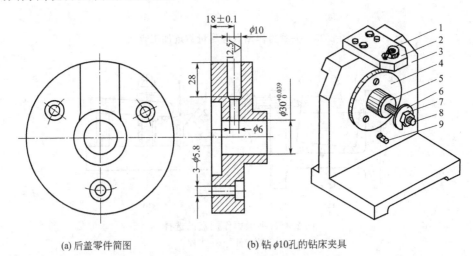

(a) 后盖零件简图　　　　　　(b) 钻 $\phi10$ 孔的钻床夹具

图 2-37　简易钻床夹具

1—钻套；2—钻模板；3—夹具体；4—支承板；5—圆柱销；
6—开口垫圈；7—螺母；8—螺杆；9—菱形销

① 定位元件　定位元件用于确定工件在夹具中的正确位置，它是夹具的主要功能元件之一。图 2-37 中的圆柱销 5、菱形销 9 和支承板 4 都是定位元件，它们使工件在夹具中占据正确位置。

② 夹紧装置　夹紧装置用于保证工件在加工过程中受到外力（如切削力、重力、惯性力等）作用时，已经占据的正确位置不被破坏。如图 2-37 所示钻床夹具中的开口垫圈 6 是夹紧元件，与螺母 7 和螺杆 8 一起组成夹紧装置。

③ 对刀-导向元件　对刀-导向元件用于确定刀具相对于夹具的正确位置和引导刀具进行加工。其中对刀元件是在夹具中起对刀作用的零部件，如铣床夹具上的对刀块。导向元件是在夹具中起对刀和引导刀具作用的零部件，如图 2-37 中的钻套 1 是导向元件。

④ 夹具体　夹具体是机床夹具的基础件，它用于连接夹具上各个元件或装置，使之成为一个整体，并与机床有关部件相连接，如图 2-37 中的夹具体 3。

⑤ 连接元件　确定夹具在机床上正确位置的元件，如定位键、定位销及紧固螺栓等。

⑥ 其他元件和装置　根据夹具上的特殊需要而设置的其他装置和元件主要有分度装置、上下料装置、吊装元件、工件的顶出装置（或让刀装置）等。

在上述各组成部分中，定位装置、夹紧装置、夹具体是机床夹具的基本组成部分。

（3）机床夹具的种类

机床夹具的种类繁多，可按不同的方式进行分类，常用的分类方法有以下几种。

① 按夹具的使用范围和特点分类　分为通用夹具、专用夹具、可调夹具、随行夹具和组合夹具。

ⅰ. 通用夹具。指结构、尺寸已经规格化，具有一定通用性的夹具。如车床使用的三爪卡盘、四爪卡盘，铣床使用的平口虎钳等。其特点是适应性强，不需调整或稍加调整就可用来安装一定形状和尺寸范围内的各种工件进行加工。采用这种夹具可缩短生产准备周期，减少夹具品种，从而降低零件的制造成本。但是它的定位精度不高，操作复杂，生产效率低，且较难装夹形状复杂的工件，故主要用于多品种的单件小批生产。

ⅱ. 专用夹具。指专门为某一工件的某一道工序设计和制造的专用装置，一般是由使用单位按照具体条件自行设计制造的。其特点是结构紧凑、操作迅速、方便；可以保证较高的加工精度和生产率；但设计和制造周期长，制造费用高；在产品变更后，因无法重复利用而报废。因此这类夹具主要用于产品固定的大批大量生产的场合。

ⅲ. 可调夹具。它是根据结构的多次使用原则而设计的，对于不同类型和尺寸的工件，只需调整或更换原来夹具上的个别定位元件或夹紧元件便可使用。它一般分为通用可调夹具和成组夹具，前者的加工对象不很确定，通用范围大，如带各种钳口的通用虎钳等；后者则是针对成组工艺中某一组零件的加工而设计的，加工对象明确，调整范围只限于本组内的工件。

ⅳ. 随行夹具。它是在自动或半自动生产线上使用的夹具。虽然它只适用于某一种工件，但毛坯装到随行夹具后，可从生产线开始一直到生产线终端在各位置上进行各种不同工序的加工。

ⅴ. 组合夹具。由预先制造好的通用标准零部件经组装而成的一种专用夹具，是一种标准化、系列化、通用化程度高的工艺装备。其特点是组装迅速、周期短；通用性强，元件和组件可反复使用；产品变更时，夹具可拆卸、清洗、重复再用；一次性投资大，夹具标准元件存放费用高。这类夹具主要用于新产品试制以及多品种、中小批量生产中。

② 按使用机床分类　按使用机床，夹具可分为车床夹具、铣床夹具、钻床夹具、镗床夹具、拉床夹具、磨床夹具、齿轮加工机床夹具等。

③ 按夹紧的动力源分类　按夹紧时的动力源，夹具可分为手动夹具、气动夹具、液压夹具、气液夹具、电磁夹具、真空夹具等。

2.5.3　表面加工方法的选择

零件表面的加工方法，首先取决于加工表面的技术要求。在满足表面加工技术要求的前提下，根据各种加工方法的经济精度、经济表面粗糙度和工艺特点来选择。

（1）选择表面加工方法时应考虑的因素

选择表面加工方法时，主要应考虑下列因素。

① 加工方法的经济加工精度和粗糙度　所谓经济加工精度和经济粗糙度就是在正常的加工条件下所能保证的加工精度和经济粗糙度。加工时，不能盲目采用高的加工精度和小的表面粗糙度的加工方法，以免增加生产成本，浪费设备资源。

② 工件材料的加工性能、热处理状况　淬火钢、耐热钢等材料宜采用磨削加工，对于硬度低、韧性高的有色金属精加工不宜采用磨削加工。

③ 生产类型　大批量生产时，应采用高效率和先进的加工方法。例如，大批量加工孔和平面时可采用拉削加工或采用专用设备，单件小批生产时则采用通用机床和一般的加工方法。

④ 工件的结构形状和尺寸　一般回转工件可以用车削或磨削等方法加工孔。但是箱体上 IT7 级公差的孔一般不宜采用车削或磨削，而通常采用镗削或铰削，大孔时采用镗削，小孔时宜采用铰削。

⑤ 要考虑现有的设备和技术条件　所选择的加工方法，应充分利用本企业现有的设备和工艺手段，充分发挥工人和技术人员的积极性和创造性。

（2）表面加工方法的选择

① 外圆加工　一般来说，车削、磨削和光整加工是外圆的主要加工方法，但对韧性大的有色金属零件，磨屑极易堵塞砂轮，常用精细车代替磨削以获得较小的粗糙度。

② 孔加工　对于相同精度的孔和外圆，孔加工比较困难些，而且孔系零件的结构也比较复杂，所以孔加工方案较外圆复杂。孔加工可在车、钻、扩、铰、镗、拉、磨床上进行。在实体材料上加工，多由钻孔开始，已经铸出或锻出的孔，多由扩或粗镗开始。至于孔的精加工，铰孔、拉孔适用于直径较小的孔，直径较大的孔可用精镗或精磨；淬硬的孔只能用磨削进行精加工；珩磨多用于直径较大的孔，研磨则是对大孔、小孔均适用。

③ 平面加工　平面一般采用铣削或刨削加工，旋转体零件端面则采用车削加工，动配合表面和要求较高的固定装配面，还必须在铣削或刨削之后进行精加工。精加工的方法有刮研、磨削和精刨（或精铣），小型零件的精密平面可采用研磨作为最后工序。平面拉削主要用于大量生产。

④ 成形面的加工　一般的成形面可以用车削、铣削、刨削及拉削等方法加工，但无论用什么方法，基本上可归纳为两种形式：用成形刀具加工及用工件和刀具作特定的相对运动进行加工。用成形刀具加工成形面，方法简单，生产率高，但刀具制造复杂；在普通车床或铣床上用附加的靠模装置加工，则没有上述缺点，但机床的结构比较复杂，才能使刀具或工件作出符合成形面轮廓的相对运动。在大批量生产中常采用专用机床（如凸轮轴加工车床、磨床等）来满足精度和生产率两方面的要求。

零件的加工表面都有一定的加工要求，一般都不可能通过一次加工就能达到要求，而是要通过多次加工（即多道工序）才能逐步达到要求。

外圆表面、孔表面和平面等典型表面的具体加工方案见文献［28］。

2.5.4　加工阶段的划分

（1）加工阶段的划分

当零件精度要求较高时，为保证零件的加工质量，零件往往不可能在一个工序内完成全部工作，而必须将工件的机械加工划分为几个加工阶段。一般零件的加工常分为三个加工阶段：粗加工阶段、半精加工阶段和精加工阶段。毛坯误差大时可安排去毛皮加工阶段，精度要求较高时可安排光整加工阶段。

① 粗加工阶段　粗加工阶段的任务是高效地切除各加工表面的大部分加工余量、提高生产率，使毛坯在形状和尺寸上接近成品，留有均匀而恰当的加工余量，为半精加工和精加工工作准备。

② 半精加工阶段　半精加工阶段的任务是消除粗加工留下的误差，使工件达到一定精度，为主要表面的精加工做准备，并完成一些次要表面的加工（如钻孔、攻丝和铣键槽等）。

③ 精加工阶段　精加工阶段的任务是完成各主要表面的最终加工，使零件的尺寸精度、位置精度及表面粗糙度均达到图纸规定的质量要求。

④ 光整加工阶段　对于尺寸精度及表面粗糙度要求很高的零件（尺寸精度 6 级以上，表面粗糙度要求在 $Ra0.2$ 以上）需要安排光整加工阶段，其主要任务是提高表面粗糙度和进一步提高尺寸精度和形状精度，但一般不用以纠正位置精度。

（2）划分加工阶段的原因

① 保证加工质量　粗加工的任务是尽快切除多余的金属层，工件粗加工时产生较大的

切削力和切削热，此时所需的夹紧力也较大，工件会产生较大的受力变形和受热变形，从而产生较大的加工误差和较大的表面粗糙度，不可能达到高的加工精度和表面质量。半精加工阶段是为精加工作准备。精加工阶段加工余量小，振动小，受力和受力变形小，切削热小，受热变形也小。通过精加工，就能保证加工质量。

② 便于及时发现毛坯缺陷，避免浪费 粗加工时切除的加工余量较多，可及时发现毛坯缺陷，并采取措施，减少或降低继续进行加工的费用，避免浪费。精加工安排在最后，也有利于保护精加工过的表面不受损伤。

③ 合理使用机床设备 不同的机床设备具有不同的精度能力和精度寿命。粗加工时，主要应提高生产效率，可采用功率大、精度不高、刚度好的机床设备。而精加工时，主要应保证精度，应采用相应的高精度设备。加工阶段划分后，可发挥粗精加工设备各自的性能特点，做到合理使用设备，也有利于保持精加工机床设备的精度、使用寿命。

④ 便于安排热处理工序 为了在机械加工工艺中安排必要的热处理工序，并充分发挥热处理的效用，使冷、热加工工序更好地配合，也要求将工艺过程划分为不同的阶段。例如，对于一些精度要求高的零件，可在粗加工阶段安排去除残余应力和降低表面粗糙度的热处理，以便减小残余应力所引起的变形对加工精度的影响及有利于切削加工。

上述加工阶段的划分不是绝对的。对于那些加工精度和表面质量要求不高、工件刚性好、毛坯精度高、加工余量小的工件，可以不划分加工阶段。对于有些刚性好的重型工件，由于装夹和运输费时，常在一次装夹下完成全部加工。

2.5.5 工序集中和工序分散

零件上所需加工的表面加工方案确定及加工阶段划分以后，需将各加工表面按不同加工阶段组合成若干个工序，拟定出整个加工路线。工序集中和工序分散是拟定工艺路线时，确定工序数目的两种原则。

（1）工序集中

工序集中是把工件的许多加工表面只集中在少数几道工序中完成，而每道工序所包括的加工内容却较多。其主要特点如下。

ⅰ. 工件装夹次数少，相应的夹具数目也减少，易于保证表面的位置精度，可减少工序间的运输量，对重型零件加工比较方便。

ⅱ. 减少了设备数量和操作工人人数，生产占地面积少，有利于简化生产计划和生产组织工作。

ⅲ. 采用高效专用设备和工艺装备，结构比较复杂，并要求有较高的可靠性。在大批量生产中，多采用转塔车床、多刀车床、自动半自动机床和多工位铣镗床等。这些设备生产率较高，投资大，同时，调整维修比较困难，生产准备工作量大。

（2）工序分散

工序分散就是将零件的加工分散到很多道工序内完成，每道工序加工的内容少，工艺路线很长。其主要特点如下。

ⅰ. 采用结构简单的设备和工艺装备，调整和维修方便，对工人的技术水平要求不高。易于组织流水线生产，要求较低，容易适应产品的变换。

ⅱ. 生产准备工作量少，易于产品更换。

ⅲ. 所需设备和工艺装备的数目多，操作工人多，占地面积大。

ⅳ. 可以采用最合理的切削用量，减少基本时间。

（3）工序集中和工序分散的选用

工序集中与工序分散各有优缺点，在制定工艺路线时应根据生产类型、零件的结构特点、技术要求、现有条件等进行综合考虑。

一般情况下，单件小批生产时，只能工序集中，在一台普通机床上加工出尽量多的表面。大批大量生产时，既可以采用高效专用机床、多刀多轴自动机床或加工中心等，将工序集中，也可以将工序分散后组织流水生产。中批生产应尽可能采用高效机床，使工序适当集中。

对于重型零件，为了减少工件装卸和运输的劳动量，工序应适当集中；对于刚性差且精度高的精密工件，则工序应适当分散。

2.5.6 加工顺序的安排

（1）机械加工工序的安排

机械加工工序是机械加工工艺的主要内容，加工时应遵循以下原则。

① 先基准后其他　选作精基准的表面，应在起始工序先行加工，以免粗基准多次使用，同时也可为后续工序提供可靠的精基准。在主要表面精加工前，应安排定位基准的精加工。

② 先粗后精　一个零件由多个表面组成，各表面的加工一般都需要分阶段进行。在安排加工顺序时，应先集中安排各表面的粗加工，中间根据需要依次安排半精加工，最后安排精加工和光整加工。对于精度要求较高的工件，为了减小因粗加工引起的变形对精加工的影响，通常粗、精加工不应连续进行，而应分阶段、间隔适当时间进行。

③ 先主后次　零件的主要表面一般都是加工精度或表面质量要求比较高的表面，它们的加工质量好坏对整个零件的质量影响很大，其加工工序往往也比较多，因此应先安排主要表面的加工，再将其他表面的加工适当安排在它们中间穿插进行。通常将装配基面、工作表面等视为主要表面，而将键槽、紧固用的光孔和螺孔等视为次要表面。

④ 先面后孔　对于箱体、支架和连杆等工件，应先加工平面后加工孔。因为平面的轮廓平整，面积大，先加工平面，再以平面定位加工孔，既能保证加工孔时有稳定可靠的定位基准，又有利于保证孔与平面间的位置精度要求。例如：箱体加工中，先以毛坯轴承孔定位，加工出平面（精基准），再以该平面定位，加工出轴承孔。

（2）热处理工序的安排

热处理工序在工艺路线中的位置应根据热处理目的而定。

ⅰ．改善金相组织和加工性能的热处理，应安排在机械加工以前。如低碳钢零件一般采用正火，以提高硬度，使切削时不粘刀；高碳钢零件一般采用退火，以降低硬度。

ⅱ．消除内应力的热处理（如人工时效和自然时效），最好安排在粗加工以后，可同时消除毛坯制造和粗加工引起的内应力，减少后续工序的变形。但对于精度要求不太高的零件，为了避免工件在车间之间往返运输，一般把消除内应力的人工时效放在毛坯进入机械加工车间之前进行。对于高精度的复杂铸件，则应在半精加工后安排第二次时效处理，使精度稳定。工序可列为铸造-粗加工-时效-半精加工-时效-精加工。

除了铸件，对于一些刚性差的精密零件（例如镜面丝杠、主轴等），也需要进行多次人工时效处理，以消除内应力，稳定零件的加工精度。

ⅲ．获得良好综合力学性能的热处理（如调质处理），一般安排在粗加工以后进行。

ⅳ．提高表面硬度和耐磨性的热处理（如表面淬火、渗碳、氮化等），一般安排在工艺过程后面，该表面精加工之前。

（3）辅助工序安排

辅助工序包括工件的检验、倒角、去毛刺、清洗、防锈、平衡及一些特殊的辅助工序，如退磁、探伤等。其中检验工序是辅助工序中必不可少的工序，它对保证工序质量、及时发现不合格产品及分清加工责任等都起重要作用。除了工序中的自检外，还需要在下列阶段单独安排检验工序：粗加工阶段结束后；工件从一个车间转到另一个车间加工的前后；重要工序加工前后以及全部加工工序结束后。

有些特殊的检查工件内部质量的工序，如退磁、探伤等一般安排在精加工阶段。密封性检验、工件的平衡和重量检验，一般都安排在工序过程的最后进行。

2.6　机床和工艺装备的选择

（1）机床的选择

机床选择时要考虑的因素有以下几点。

ⅰ．机床的加工尺寸范围应尽量与零件形状尺寸相适应。

ⅱ．机床的精度应与工序要求的加工精度相适应。机床精度过低，则不能满足零件加工精度的要求；机床精度过高，则不仅浪费也不利于保护机床精度。

ⅲ．机床的生产率应与被加工零件的生产类型相适应。一般单件小批量生产选择通用机床，大批量生产采用高生产率的专用机床、组合机床或自动机床。

ⅳ．机床的选择应与现有设备条件相匹配。应考虑工厂现有设备的类型、规格及精度状况，设备负荷的平衡情况和设备的分布排列情况等。

（2）工艺装备的选择

① 夹具的选择　在单件小批生产中应尽量选用通用量具，有时为保证加工质量和提高生产率，可选用组合夹具；在大批大量生产中应选用高生产率的专用夹具。

② 刀具的选择　刀具的选择主要取决于工序所采用的加工方法、加工表面的尺寸、工件材料、所要求的精度和表面粗糙度、生产率和经济性等。刀具的选择包括刀具的类型、结构和材料的选择。选择刀具时应尽可能选择标准刀具，必要时可采用高生产率的复合刀具和其他一些专业刀具。

③ 量具的选择　量具选择应考虑的主要因素是生产类型和所要检验的精度。在单件小批生产时，应尽可能选用通用量具；在大批量生产时则要选用各种规格的高生产率的专用检验仪器和检验工具。

④ 辅具的选择　工艺装备中也要注意辅具的选择，如吊装用的吊车、运输用的叉车和运输小车、各种机床附件、刀架、平台和刀库等，以便于生产的组织管理，提高工作效率。

2.7　加工余量和工艺尺寸链

2.7.1　加工余量及其影响因素

2.7.1.1　加工余量的概念

加工余量是指在机械加工中从工件加工表面切去的金属层厚度。加工余量的确定是机械加工中很重要的问题。加工余量过大，必然会增加机械加工的工作量，浪费材料，能源消耗增大，成本增加。加工余量过小，又往往会造成某些毛坯表面的缺陷层尚未切掉就已达到规定的尺寸，使工件成为废品。因此，在拟定工艺规程的过程中，必须确定合适的加工余量。加工余量有总加工余量和工序余量之分。

（1）总加工余量 Z_0

指零件从毛坯变为成品的整个加工过程中，从某一表面所切除的金属总厚度，即某一表面的毛坯尺寸与零件图的设计尺寸之差。

（2）工序余量 Z_i

指相邻两道工序的工序尺寸之差。

总加工余量 Z_0 和工序余量 Z_i 的关系可用下式表示

$$Z_0 = \sum_{i=1}^{n} Z_i$$

工序余量有单边余量和双边余量之分。

① 单边余量　对于非对称表面（如平面），其加工余量用单边余量 Z_b 来表示，如图 2-38(a)、(b) 所示。

对于外表面　　　　　　　　　　$Z_b = a - b$

对于内表面　　　　　　　　　　$Z_b = b - a$

式中　Z_b——本工序的工序余量；

　　　a——上工序的基本尺寸；

　　　b——本工序的基本尺寸。

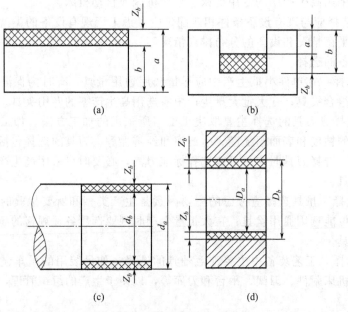

图 2-38　单边余量与双边余量

② 双边余量　对于外圆与内孔这样的对称表面，其加工余量用双边余量 $2Z_b$ 来表示，如图 2-38(c)、(d) 所示。

对于外圆表面　　　　　　　　$2Z_b = d_a - d_b$

对于内孔表面　　　　　　　　$2Z_b = D_b - D_a$

式中　$2Z_b$——本工序的双边余量；

　　　D_a、d_a——上工序的基本尺寸（直径）；

　　　D_b、d_b——本工序的基本尺寸（直径）。

由于工序尺寸存在误差，故各工序实际切除的加工余量值是变化的。加工余量和加工尺寸的分布如图 2-39 所示，因此工序余量又有公称加工余量、最大加工余量 Z_{max}、最小加工

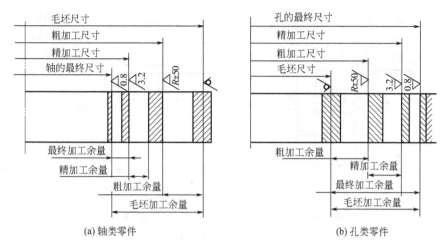

(a) 轴类零件　　　　　　　　　(b) 孔类零件

图 2-39　加工余量和加工尺寸分布

余量 Z_{min} 之分。加工余量的变动范围称为余量公差。

① 公称加工余量 Z　指前道工序的基本尺寸与本道工序的基本尺寸之差。

对于被包容面（轴）　　　　　　　$Z=a-b$

对于包容面（孔）　　　　　　　　$Z=b-a$

其中为 a 为前道工序的基本尺寸，b 为本道工序的基本尺寸。

② 最大加工余量 Z_{max}　指前道工序的最大极限尺寸与本道工序的最小极限尺寸之差。

对于被包容面（轴）　　　　　　$Z_{max}=a_{max}-b_{min}$

对于包容面（孔）　　　　　　　$Z_{max}=b_{max}-a_{min}$

③ 最小加工余量 Z_{min}　指前道工序的最小极限尺寸与本工序的最大极限尺寸之差。

对于被包容面（轴）　　　　　　$Z_{min}=a_{min}-b_{max}$

对于包容面（孔）　　　　　　　$Z_{min}=b_{min}-a_{max}$

④ 余量公差 T_Z　指最大加工余量与最小加工余量的差值。

$$T_Z=Z_{max}-Z_{min}=T_a+T_b$$

式中　T_Z——余量公差；

　　　T_a——前道工序的尺寸公差；

　　　T_b——本道工序的尺寸公差。

工序尺寸的公差带布置，一般都采用"入体原则"，即对于被包容面（轴类），取上偏差为零，下偏差为负；对于包容面（孔类），取下偏差为零，上偏差为正，对于毛坯的尺寸偏差，一般取对称偏差。加工余量及其公差的关系如图 2-40 所示。

2.7.1.2　确定加工余量的方法

确定加工余量的基本原则是在保证加工质量的前提下越小越好。确定加工余量一般有如下三种方法。

① 经验估计法　根据工艺人员本身积累的经验确定加工余量。一般为了防止加工余量过小而产生废品，所估计的加工余量一般都偏大，适用于单件小批量生产。

② 查表法　根据有关手册和资料提供的加工余量数据，再结合本厂实际生产情况加以修正后确定加工余量。这是工厂广泛采用的方法，适用于批量生产，应用广泛。

③ 计算法　根据理论公式和企业的经验数据表格，通过分析影响加工余量的各个因素来计算确定加工余量的大小。这种方法比较合理，但需要全面可靠的试验资料，计算也较复

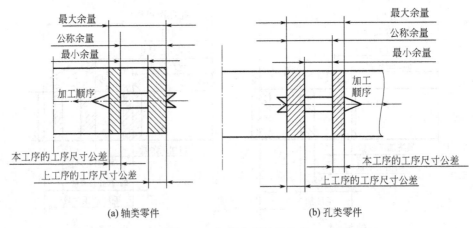

(a) 轴类零件   (b) 孔类零件

图 2-40　加工余量及其公差

杂，一般只在材料十分贵重或少数大批、大量生产的工厂中采用。

2.7.1.3　影响加工余量的因素分析

为了合理确定各工序的加工余量，必须分析影响加工余量的因素。影响加工余量的因素主要有以下几种。

① 上道工序形成的表面粗糙度和表面缺陷层　本道工序必须把前道工序所形成的表面粗糙度和表面缺陷层全部切去，否则就失去了设置本道工序的意义。

② 上道工序的工序尺寸公差　由于前道工序加工后，表面存在尺寸误差和形位误差，这些误差一般包括在工序的尺寸公差中，所以为了使加工后工件表面不残留前道工序的这些误差，本工序的加工余量值应比前道工序的尺寸公差值大。

③ 上道工序产生的形状和位置误差　当工件上有些形状和位置偏差不包括在尺寸公差的范围内，而这些误差又必须在本工序中加工纠正时，则在本工序的加工余量中应包括这些误差。

④ 本道工序的装夹误差　装夹误差包括工件的定位误差和夹紧误差，若用夹具装夹时，还应考虑夹具本身的误差。这些误差会使工件在加工时的位置发生偏斜，所以加工余量还必须考虑这些误差的影响。本道工序的余量必须大于本道工序的装夹误差。

2.7.2　工艺尺寸链

2.7.2.1　概述

(1) 工艺尺寸链的概念

零件的加工过程中，一系列相互联系的尺寸，按一定的顺序排列形成的封闭尺寸组合，称为工艺尺寸链。如图 2-41 所示的阶梯块零件，零件上标注的设计尺寸是 A_1 和 A_0，为便于加工时装夹，可以 A 面为定位基准，分别加工 B 面和 C 面，即分别控制 A_1 和 A_2 尺寸来保证 A_0 的要求，所需尺寸 A_2 需通过尺寸换算来确定。则 A_1、A_2、A_0 这些相互联系的尺寸就形成了一个封闭的图形，即为工艺尺寸链。

由此可知，工艺尺寸链的主要特点如下。

① 封闭性　尺寸链中各个有关联的尺寸首尾相接呈封闭形式，称为尺寸链的封闭性。其中应包含一个间接获得的尺寸和若干个对其有影响的直接获得的尺寸。

② 关联性　尺寸链中任何一个直接保证的尺寸及其精度的变化，必将影响间接保证的尺寸及其精度，称为尺寸链的关联性。

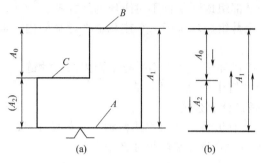

图 2-41　工艺尺寸链示例

（2）尺寸链的组成

组成尺寸链的每一个尺寸称为尺寸链的环。图 2-41 中，A_0、A_1、A_2 都是尺寸链的环，按各环的性质不同，尺寸链的环可分为封闭环和组成环。

① 封闭环　封闭环是尺寸链在装配过程或加工过程中最后自然形成（或间接保证）的尺寸。一个尺寸链中，封闭环只有一个，如图 2-41 的 A_0 是间接获得的，A_0 即为封闭环。

② 组成环　组成环是指在加工或测量过程中，直接获得的尺寸。在尺寸链中，除了封闭环外，其他环都是组成环。图 2-41 中的 A_1，A_2 即为组成环，按其对封闭环的影响不同，组成环可分为增环和减环。

ⅰ. 增环。当其余组成环不变，该环的增大（或减小）引起封闭环增大（或减小）的环，称为增环，如图 2-41 中的 A_1 环。

ⅱ. 减环。当其余环不变，而该环的增大（或减小）引起封闭环减小（或增大）的环，称为减环。如图 2-41 的 A_2 环。

③ 增、减环的判断　对于环数较多的尺寸链，用定义判断增、减环较困难，且易出错。在这种情况下，可采用画箭头的方法快速判断增、减环，称为回路法。具体方法是：在尺寸链各环上顺序画出首尾相接的单向箭头。其中与封闭环箭头同向的环为减环，反向的环是增环，如图 2-41（b）所示。

（3）工艺尺寸链的建立

① 封闭环的确定　确定封闭环要根据零件的加工方案，找出"间接、最后"获得的尺寸定为封闭环。

② 组成环的查找　从封闭环开始，按照零件上表面间的联系，依次画出有关的直接获得的尺寸作为组成环，直到形成一个封闭图形。所建立的尺寸链，应使组成环数最少，这样有利于保证封闭环的精度或使各组成环加工容易。

③ 确定各组成环的种类　确定各组成环为增环或减环。

（4）尺寸链的分类

① 按应用范围分类　可分为以下四类。

ⅰ. 工艺尺寸链——全部组成环为同一零件工艺尺寸所形成的尺寸链。

ⅱ. 装配尺寸链——全部组成环为不同零件设计尺寸所形成的尺寸链。

ⅲ. 零件尺寸链——全部组成环为同一零件设计尺寸所形成的尺寸链。

ⅳ. 设计尺寸链——装配尺寸链与零件尺寸链，统称为设计尺寸链。

② 按几何特征及空间位置分类　可分为以下五类。

ⅰ. 长度尺寸链——全部环为长度的尺寸链。

ⅱ. 角度尺寸链——全部环为角度的尺寸链。

ⅲ．直线尺寸链——全部组成环平行于封闭环的尺寸链。

ⅳ．平面尺寸链——全部组成环位于一个或几个平行平面内，但某些组成环不平行于封闭环的尺寸链。

ⅴ．空间尺寸链——组成环位于几个不平行平面内的尺寸链。

本章重点介绍工艺尺寸链中的直线尺寸链。

2.7.2.2 工艺尺寸链的基本计算公式

工艺尺寸链的计算方法有极值法和概率法两种。工艺尺寸链的计算多用极值法。本章仅介绍极值法，有关概率法的计算将在装配尺寸链中介绍。

（1）封闭环基本尺寸的确定

封闭环的基本尺寸等于所有增环的基本尺寸之和减去所有减环的基本尺寸之和，即

$$A_0 = \sum_{i=1}^{m} \vec{A_i} - \sum_{i=m+1}^{n-1} \overleftarrow{A_i} \tag{2-1}$$

式中　A_0——封闭环的基本尺寸；

　　　A_i——第 i 个组成环的基本尺寸；

　　　n——包括封闭环在内的总环数；

　　　m——增环的环数。

（2）封闭环极限尺寸计算

封闭环的最大极限尺寸等于所有增环的最大极限尺寸之和减去所有减环的最小极限尺寸之和，封闭环的最小极限尺寸等于所有增环的最小极限尺寸之和减去所有减环的最大极限尺寸之和，即

$$A_{0\max} = \sum_{i=1}^{m} \vec{A}_{i\max} - \sum_{i=m+1}^{n-1} \vec{A}_{i\min} \tag{2-2}$$

$$A_{0\min} = \sum_{i=1}^{m} \vec{A}_{i\min} - \sum_{i=m+1}^{n-1} \overleftarrow{A}_{i\max} \tag{2-3}$$

（3）封闭环的上、下偏差

封闭环的上偏差等于所有增环的上偏差之和减去所有减环的下偏差之和，封闭环的下偏差等于所有增环的下偏差之和减去所有减环的上偏差之和，即

$$ESA_0 = \sum_{i=1}^{m} ES\vec{A_i} - \sum_{i=m+1}^{n-1} EI\overleftarrow{A_i} \tag{2-4}$$

$$EIA_0 = \sum_{i=1}^{m} EI\vec{A_i} - \sum_{i=m+1}^{n-1} ES\overleftarrow{A_i} \tag{2-5}$$

（4）封闭环的公差

由公差的定义可知

$$T_0 = A_{0\max} - A_{0\min}$$

将式(2-2)和式(2-3)带入上式并整理可得

$$T_0 = \sum_{i=1}^{m} \vec{T_i} - \sum_{i=m+1}^{n-1} \overleftarrow{T_i} = \sum_{i=1}^{n-1} T_i \tag{2-6}$$

由式(2-6)可知，封闭环公差等于各组成环公差之和。这说明，当封闭环公差一定时，如果减少组成环的数目，就可使组成环的公差增大，从而使加工容易。

（5）封闭环的平均尺寸

封闭环的平均尺寸等于所有增环的平均尺寸之和减去所有减环的平均尺寸之和。

$$A_{0M} = \sum_{i=1}^{m} \vec{A}_{iM} - \sum_{i=m+1}^{n-1} \overleftarrow{A}_{iM} \qquad (2\text{-}7)$$

式中，各组成环的平均尺寸为 $\quad A_{iM} = \dfrac{A_{i\max} + A_{i\min}}{2}$

（6）封闭环的中间偏差

封闭环的中间偏差等于所有增环的中间偏差之和减去所有减环的中间偏差之和。

$$\Delta A_0 = \sum_{i=1}^{m} \Delta \vec{A_i} - \sum_{i=m+1}^{n-1} \Delta \overleftarrow{A_i} \qquad (2\text{-}8)$$

式中，各组成环的中间偏差为 $\quad \Delta A_i = \dfrac{ESA_i + EIA_i}{2}$

2.7.2.3 工艺尺寸链在工序尺寸计算中的应用

（1）工序基准或定位基准与设计基准相重合时工序尺寸及其公差的确定

对于精度高、表面粗糙度要求低的外圆和内孔等，往往要经过多道工序加工，且各工序的定位基准与设计基准重合，故属这种情况。计算时可先确定各工序的公称余量，再由后道工序的尺寸（即工件上的设计尺寸）开始，向前道工序推算，直到算出毛坯尺寸。工序尺寸的公差按各工序的经济精度确定，并按"入体"原则确定上、下偏差。

例 2-1 加工一个法兰盘内孔，其设计尺寸为 $\phi80\text{H}6\ (^{+0.019}_{0})$ mm，表面粗糙度 $Ra\ 0.2\mu m$，分五道工序加工：扩孔、粗镗、半精镗、精镗和精磨。试确定各工序的尺寸及公差。

解 确定各工序的尺寸及公差时可按下列步骤进行

① 确定各工序的加工余量 根据各工序的加工方法，查阅有关手册，并结合本厂的实际经验，确定各道工序直径尺寸的加工余量，见表 2-8 第 2 列，其中毛坯孔的加工余量由毛坯的制造方法确定。

表 2-8 法兰盘内孔加工的工序尺寸及其公差

1	2	3	4	5
工序名称	工序加工余量	工序基本尺寸	工序经济精度和经济粗糙度	工序尺寸及其上下偏差
精 磨	0.3	80	H6 $Ra=0.2\mu m$	$\phi80^{+0.019}_{0}$
精 镗	1.2	$80-0.3=79.7$	H7 $Ra=1.6\mu m$	$\phi79.7^{+0.030}_{0}$
半精镗	2.5	$79.7-1.2=78.5$	H9 $Ra=3.2\mu m$	$\phi78.5^{+0.074}_{0}$
粗 镗	4	$78.5-2.5=76$	H11 $Ra=6.3\mu m$	$\phi76^{+0.19}_{0}$
扩 孔	6	$76-4=72$	H13 $Ra=12.5\mu m$	$\phi72^{+0.46}_{0}$
毛坯孔	14	$72-6=66$	$(^{+2.0}_{-1.0})$	$\phi66^{+2.0}_{-1.0}$

② 计算各工序的基本尺寸 由后道工序依次向前道工序推算，推算出各道工序的基本尺寸，见表 2-11 第 3 列。

③ 确定各工序的经济精度和经济粗糙度 精磨后的技术要求已由设计给出，为 $\phi80\text{H}6(^{+0.019}_{0})$ 和 $Ra\ 0.2\mu m$。中间工序的技术要求由下列方法确定：根据各工序的加工方法查阅有关的工艺手册，确定其经济加工精度和经济粗糙度，见表 2-8 第 4 列。

④ 确定各工序的尺寸公差和上下偏差 根据各工序的基本尺寸和精度等级查标准公差表，可得各中间工序的尺寸公差。按照"入体"原则确定各中间工序尺寸的上下极限偏差。见表 2-8 第 5 列。

（2）测量基准和设计基准不重合时工序尺寸及其公差的确定

为便于测量，有时所选择的测量基准与设计基准不重合，这时可通过尺寸换算求出有关的尺寸和公差。

例 2-2 图 2-42(a) 所示的轴承套，图中 A_1 和 A_0 为设计尺寸，$A_1=10_{-0.1}^{0}$mm，$A_0=35_{-0.2}^{0}$mm。显然，加工时尺寸 A_0 不便于测量。加工时一般先按尺寸 A_1 的要求车出端面 a，然后再以 a 面为测量基准控制尺寸 A_2，则设计尺寸 A_0 即可间接获得。试确定 A_2 的尺寸和公差。

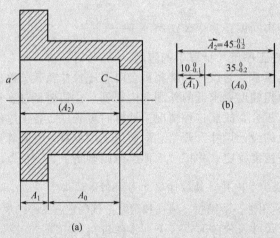

图 2-42 测量基准和设计基准不重合时的尺寸换算

解 首先画出轴承套零件的工艺尺寸链，如图 2-42(b) 所示。在 A_0、A_1 和 A_2 构成的尺寸链中，A_0 为封闭环，A_1 和 A_2 为组成环，A_2 为增环，A_1 为减环。

根据公式(2-1) 求 A_2 的基本尺寸

$$A_0=A_2-A_1,$$
$$35=A_2-10$$

代入尺寸

故　$A_2=45$mm

按公式(2-4) 和公式(2-5) 求 A_2 的上下极限偏差

因　　　　　　　　　$ESA_0=ESA_2-EIA_1$

故　　　$ESA_2=ESA_0+EIA_1=0+(-0.1)=-0.1$（mm）

又　　　　　　　　　$EIA_0=EIA_2-ESA_1$

故　　　$EIA_2=EIA_0+ESA_1=-0.2+0=-0.2$（mm）

因此 $A_2=45_{-0.2}^{-0.1}$mm

下面对尺寸链进行验算

根据公式(2-6)　　　　　　$T_0=\sum_{i=1}^{n-1}T_i$

可得　　　　$0-(-0.2)=[0-(-0.1)]+[-0.1-(-0.2)]$
$$0.2=0.2$$

故设计合理，可以加工。

（3）定位基准和设计基准不重合时工序尺寸及其公差的确定

零件加工中，当加工表面的定位基准与计基准不重合时，也需要进行尺寸换算。

例 2-3 加工图 2-43（a）所示的工件，图中 A_1 和 A_0 为设计尺寸，$A_1 = 30_{-0.3}^{\ 0}$ mm，$A_0 = 10_{-0.3}^{+0.3}$ mm。设 1 面已加工好，现以 1 面定位加工 3 面和 2 面，其工序简图如图 2-43（b）所示，试求 A_2 的尺寸和公差。

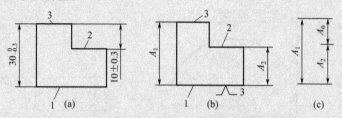

图 2-43　定位基准和设计基准不重合时的尺寸换算

解　由于加工 3 面时定位基准和设计基准重合，因此工序尺寸 A_1 取为设计尺寸，即 $A_1 = 30_{-0.3}^{\ 0}$ mm。由于加工时以 1 面定位加工 3 面和 2 面，即分别控制 A_1 和 A_2 尺寸来保证 A_0 尺寸的要求。因此所需工序尺寸 A_2 需通过尺寸换算来确定。

首先画出该工件的尺寸链，如图 2-43（c）所示。其中 A_0 为封闭环，A_1 和 A_2 为组成环，A_1 为增环，A_2 为减环。

根据式（2-1）求 A_2 的基本尺寸

$$A_0 = A_1 - A_2$$

代入尺寸

$$10 = 30 - A_2$$

故

$$A_2 = 20\text{mm}$$

按式（2-4）和式（2-5）求 A_2 的上下偏差

因

$$ESA_0 = ESA_1 - EIA_2$$

故

$$EIA_2 = ESA_1 - ESA_0 = 0 - 0.3 = -0.3 \ (\text{mm})$$

又

$$EIA_0 = EIA_1 - ESA_2$$

故

$$ESA_2 = EIA_1 - EIA_0 = -0.2 - (-0.3)0 = 0.1 \ (\text{mm})$$

因此

$$A_2 = 20_{-0.3}^{+0.1}\text{mm} = 20.1_{-0.4}^{\ 0}\text{mm}$$

下面对尺寸链进行验算

根据式（2-6）

$$T_0 = \sum_{i=1}^{n-1} T_i$$

可得

$$0.3 - (-0.3) = [0 - (-0.2)] + [0 - (-0.4)]$$
$$0.6 = 0.6$$

故验算正确。

（4）以尚需继续加工的表面作为工序基准时工序尺寸及其公差的确定

零件加工中，有些加工表面的测量基准或定位基准还需继续加工。当加工这些基准面时不仅要保证基准面本身的精度要求，还要同时保证前道工序原加工表面的要求，即一次加工要同时保证两个尺寸的要求。此时需要进行工序尺寸的换算。

例 2-4　图 2-44（a）为一齿轮内孔的简图。内孔尺寸为 $\phi 40_{0}^{+0.025}$ mm，键槽尺寸为 $\phi 43.3_{0}^{+0.2}$ mm。内孔和键槽的加工顺序如下。

① 镗内孔至 $\phi 39.6^{+0.062}_{0}$ mm；

② 插键槽保证尺寸 A_1；

③ 热处理（假定热处理后内孔没有胀缩）；

④ 磨内孔至尺寸 $\phi 40^{+0.025}_{0}$ mm，同时间接保证键槽深度尺寸 $43.3^{+0.2}_{0}$ mm 的要求。

要求确定工序尺寸 A_1 及其公差。

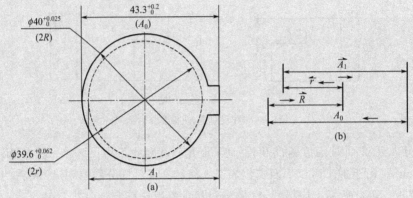

图 2-44 齿轮内孔及键槽加工的工艺尺寸链

解 从以上加工顺序可以看出，磨孔后，键槽不再加工，因而不仅要保证内孔尺寸 $\phi 40^{+0.025}_{0}$ mm，而且要同时获得键槽深度尺寸 $43.3^{+0.2}_{0}$ mm。为此必须换算镗孔后插键槽的工序尺寸 A_1。图 2-44(b) 列出了其尺寸链简图。图 2-44(a) 中尺寸 $43.3^{+0.2}_{0}$ 为间接得到，为封闭环；而 r、A_1 及 R 均为直接获得的，为组成环。由箭头的方向可以判定，A_1、R 为增环，r 为减环。

根据式（2-1）求 A_1 的基本尺寸

$$A_0 = A_1 + R - r$$

代入尺寸 $43.3 = A_1 + 20 - 19.8$

故 $A_1 = 43.1 \text{mm}$

按式（2-4）和式（2-5）求 A_2 的上下偏差

因 $ESA_0 = ESA_1 + ESR - EIr$

代入尺寸 $0.2 = ESA_1 + 0.0125 - 0$

故 $ESA_1 = 0.2 - 0.0125 + 0 = 0.1875 \text{mm}$

又 $EIA_0 = EIA_1 + EIR - ESr$

代入尺寸 $0 = EIA_1 + 0 - 0.031$

故 $EIA_1 = 0 - 0 + 0.031 = 0.031 \text{mm}$

因此 $A_1 = 43.1^{+0.1875}_{+0.031} \text{mm}$

下面对尺寸链进行验算

根据式（2-6） $T_0 = \sum_{i=1}^{n-1} T_i$

可得 $0.2 - 0 = (0.1875 - 0.031) + (0.0125 - 0) + (0.031 - 0)$

$$0.2 = 0.2$$

故验算正确。

（5）需保证表面处理层深度时工序尺寸及其公差的确定

表面处理一般分成两类，一类是渗入式的，如渗碳和渗氮等；另一类是镀层式的，如镀铬、镀锌和镀铜等。这时，为了保证表面处理层的深度，需进行工序尺寸的换算。

例 2-5 图 2-45 为某轴尺寸图及其有关工艺情况，要求工件最终加工后保证渗碳层深度 t_0 为 $0.7 \sim 0.9$mm。试确定渗碳层深度 t_1 及其公差。

解 从图 2-45(a) 中的工艺过程可知，工件外圆表面经精车及渗碳淬火后，还需进行磨削加工。因而须确定渗碳层深度 t_1，以保证磨削加工后渗碳层深度 t_0。图 2-45(b) 所示为其工艺尺寸链。t_0 是间接获得的尺寸，故为封闭环；渗碳层深尺寸 t_1，精车工序尺寸 A_1 和磨削工序尺寸 A_2 均为组成环。t_1 和 A_2 为增环，A_1 为减环。

该尺寸链中，精车工序的精度为 h9 级，即 $T_1 = 0.087$mm，$A_1 = \phi100.5_{-0.087}^{\ 0}$mm。设 $t_0 = 0.7_{\ 0}^{+0.20}$，则渗碳层深度 t_1 及其公差可进行如下计算。

根据式(2-1) 求 t_1 的基本尺寸

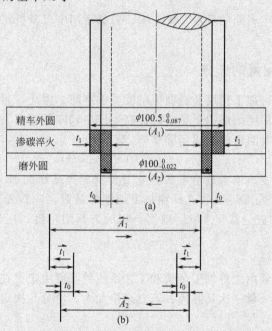

图 2-45 零件渗碳时工序尺寸的换算

$$2t_0 = A_2 + 2t_1 - A_1$$

代入尺寸 $\qquad\qquad 2 \times 0.7 = 100 + 2t_1 - 100.5$

故 $\qquad\qquad\qquad t_1 = 0.95$mm

按式(2-4) 和式(2-5) 求 t_1 的上下偏差

因 $\qquad\qquad 2ESt_0 = ESA_2 + 2ESt_1 - EIA_1$

代入尺寸 $\qquad 2 \times 0.2 = 0 + 2ESt_1 - (-0.087)$

故 $\qquad\qquad\qquad ESt_1 = 0.1565$mm

又 $\qquad\qquad 2EIt_0 = EIA_2 + 2EIt_1 - ESA_1$

代入尺寸 $\qquad 0 = -0.022 + 2EIt_1 - 0$

故 $\qquad\qquad\qquad EIt_1 = 0.011$mm

因此 $\qquad\qquad t_1 = 0.95_{+0.011}^{+0.1565}$

按照"入体原则"标注尺寸，并对第三位小数四舍五入，可得渗碳层深度

$$t_1 = 0.96^{+0.14}_{0} \text{mm}$$

下面对尺寸链进行验算：

根据公式(2-6)

$$T_0 = \sum_{i=1}^{n-1} T_i$$

可得 $2 \times 0.2 = [0-(-0.022)]+2 \times (0.1565-0.011)+[0-(-0.087)]$

$$0.4 = 0.4$$

故验算正确。

2.8 切削用量和时间定额的确定

应当从保证工件加工表面的质量、生产率、刀具耐用度以及机床功率等方面来考虑选择切削用量。

2.8.1 粗加工切削用量的选择

粗加工毛坯余量大，加工精度和表面粗糙度要求不高。因此，粗加工时切削用量的选择应在保证必要的刀具耐用度的前提下尽可能提高生产率和降低成本。

通常生产率以单位时间内的金属切除率 Z_w 来表示

$$Z_w = 1000 a_p f v_c \quad (\text{mm}^3/\text{s})$$

可见，提高切削速度、增大进给量和背吃刀量都能提高切削加工生产率。其中 v_c 对刀具耐用度 T 影响最大，a_p 最小。在选择粗加工切削用量时，应首先选用尽可能大的背吃刀量 a_p，其次选用较大的进给量 f，最后根据合理的刀具耐用度，用计算法或查表法确定合适切削速度 v_c。

（1）背吃刀量的选择

粗加工时，背吃刀量由工件加工余量和工艺系统的刚度决定。在保留后续工序余量的前提下，尽可能将粗加工余量一次切除掉；若总余量太大，可分几次走刀。

（2）进给量的选择

限制进给量的主要因素是切削力。在工艺系统的刚度和强度良好的情况下，可选用较大的进给量 f 值。f 值可根据工件材料和尺寸大小，刀杆尺寸和初选的背吃刀量 a_p 用查表法选取。

（3）切削速度的选择

切削速度主要受刀具耐用度的限制，在 a_p 及 f 选定后，切削速度 v_c 可按公式计算得到。切削用量 a_p、f 和 v_c 决定切削功率，确定 v_c 时应考虑机床的许用功率。

2.8.2 精加工切削用量的选择

在精加工时，加工精度和表面粗糙度的要求都较高，加工余量小而均匀。因此，在选择精加工的切削用量时，着重考虑保证加工质量，并在此基础上尽量提高生产率。

（1）背吃刀量的选择

精加工时的背吃刀量 a_p 由粗加工后留下的余量决定，一般 a_p 不能太大，否则会影响加工质量。

（2）进给量的选择

限制精加工时进给量的主要因素是表面粗糙度。应根据加工表面的粗糙度要求、刀尖圆

弧半径 r_s、工件材料、主偏角 κ_r 及副偏角 κ_r' 等选取 f。

（3）切削速度的选择

精加工时的切削速度主要考虑表面粗糙度要求和工件的材料种类，当表面粗糙度要求较高时，切削速度也较大。

2.8.3 时间定额

时间定额是指在一定生产条件下，规定生产一件产品或完成一道工序所消耗的时间。时间定额是安排生产计划、进行成本核算的重要依据，也是设计或扩建工厂（或车间）时计算设备和工人数量的依据。

时间定额一般是由技术人员通过计算或类比的方法或者通过对实际操作时间的测定和分析来确定。合理制定时间定额能促进工人的积极性和创造性，对保证产品质量、提高劳动生产率、降低生产成本具有重要意义。

完成零件一道工序的时间定额称为单件时间定额，它包括下列组成部分。

（1）基本时间（$T_{基本}$）

基本时间指直接改变生产对象的尺寸、形状、相对位置、表面质量或材料性质等工艺过程所消耗的时间。对机械加工来说，则为切除金属层所耗费的时间（包括刀具的切入、切出的时间）。时间定额中的基本时间可以根据切削用量和行程长度来计算。

（2）辅助时间（$T_{辅助}$）

辅助时间指为实现工艺过程所必须进行的各种辅助动作所消耗的时间，它包括装卸工件，开、停机床，改变切削用量，试切和测量工件，进刀和退刀等所需的时间。

（3）布置工件场地时间（$T_{服务}$）

布置工件场地时间指为使加工正常进行，工人管理工作场地和调整机床等（如更换、调整刀具、润滑机床，清理切屑，收拾工具等）所需时间。一般按操作时间的 2%～7% 计算。

（4）生理和自然需要时间（$T_{休息}$）

生理和自然需要时间指工人在工作时间内为恢复体力和满足生理需要等消耗的时间。一般按操作时间的 2%～4% 计算。

以上四部分时间的总和称为单件时间定额，即

$$T_{单件} = T_{基本} + T_{辅助} + T_{服务} + T_{休息}$$

（5）准备与终结时间（$T_{准终}$）

准备与终结时间指工人在加工一批产品、零件时进行准备和结束工作所消耗的时间。加工开始前，通常都要熟悉工艺文件，领取毛坯、材料、工艺装备，调整机床，安装刀具和夹具，选定切削用量等。加工结束后，需送交产品，拆下、归还工艺装备等。准终时间对一批工件（N 件）来说只消耗一次，故分摊到每个零件上的时间为 $T_{准终}/N$。

所以批量生产时单件时间定额为上述时间之和，即

$$T_{定额} = T_{基本} + T_{辅助} + T_{服务} + T_{休息} + T_{准终}/N$$

大批大量生产中，由于 N 的数值很大，$T_{准终}/N$ 很小，可以忽略不计，所以大批大量生产的单件时间定额为：

$$T_{定额} = T_{单件} = T_{基本} + T_{辅助} + T_{服务} + T_{休息}$$

习　题

2-1　什么叫机械加工工艺过程，由哪些部分组成？

2-2 什么叫机械加工工艺规程，机械加工工艺规程卡片有几种，各用于什么场合？

2-3 简述工序、安装、工位、工步和走刀的概念。

2-4 生产类型与生产纲领之间有什么关系？

2-5 什么叫基准？简述基准的分类。

2-6 何谓"六点定位原则"？工件的合理定位是否一定要限制其在夹具中的六个自由度？举例说明工件的完全定位、不完全定位、欠定位和过定位。

2-7 简述定位粗基准的选择原则。

2-8 简述定位精基准的选择原则。

2-9 机床夹具的种类有哪些？

2-10 制定机械加工工艺规程时，为什么要划分加工阶段？

2-11 什么叫工序集中和工序分散？它们各适用于什么场合？

2-12 简述尺寸链的分类。

2-13 批量生产时单件时间定额由哪些部分组成？

2-14 欲在某工件上加工 $\phi 72.5^{+0.03}_{0}$ mm 孔，其材料为 45 钢，加工工序为：扩孔；粗镗孔；半精镗、精镗孔；精磨孔。已知各工序尺寸及公差如下：

精磨 $\phi 72.5^{+0.03}_{0}$ mm   粗镗 $\phi 68^{+0.3}_{0}$ mm

精镗 $\phi 71.8^{+0.046}_{0}$ mm   扩孔 $\phi 64^{+0.46}_{0}$ mm

半精镗 $\phi 70.5^{+0.19}_{0}$ mm   模锻孔 $\phi 59^{+1}_{-2}$ mm

试计算各工序加工余量及余量公差。

2-15 在图 2-46 所示工件中，$L_1 = 70^{-0.025}_{-0.050}$ mm，$L_2 = 60^{0}_{-0.025}$ mm，$L_3 = 20^{+0.15}_{0}$ mm，L_3 不便直接测量，试重新给出测量尺寸，并标明该测量尺寸的公差。

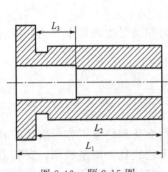

图 2-46 题 2-15 图

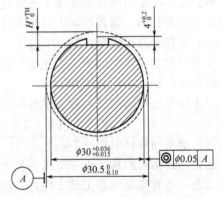

图 2-47 题 2-16 图

2-16 图 2-47 所示小轴的部分工艺过程为：车外圆至 $\phi 30.5^{0}_{-0.2}$ mm，铣键槽深度为 H^{+TH}_{0} mm，热处理，磨外圆至 $\phi 30^{+0.036}_{+0.015}$ mm。设磨后外圆与车后外圆的同轴度公差为 $\phi 0.05$ mm，求保证键槽深度为 $4^{+0.2}_{0}$ mm 的铣槽深度 H^{+TH}_{0}。

3 典型零件的加工

机器种类很多，而构成机器的零件更是数目庞大，形状各异。但就其结构形式和主要加工要求来看，可以把无数种零件分为轴类零件、轮盘类零件、杠杆类零件、箱体类零件等。每类零件都有其共性，同类零件的机械加工工艺过程有其相似性。本章在轴类、轮盘类等四类零件加工中共性问题分析的基础上，以过程机器常见的典型零件加工工艺过程为例进行分析。

3.1 轴类零件的加工

3.1.1 概述

（1）轴类零件的功用和结构特点

轴类零件是机械加工中的主要零件之一。在机器中，轴类零件是重要的传动和支承零件，主要用来传递扭矩和承受径向、轴向载荷。

轴类零件是长度大于直径的回转体零件，主要由同轴回转面组成，例如内外圆柱面、内外圆锥面和螺纹等组成，所以加工工序主要为车、钻、镗和磨工序。根据结构形状的不同，轴类零件可分为光轴、阶梯轴、空心轴和曲轴等，如图3-1所示。

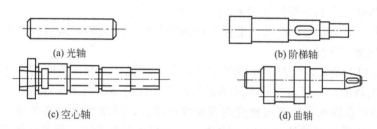

(a) 光轴　　　　　　　　　　(b) 阶梯轴

(c) 空心轴　　　　　　　　　(d) 曲轴

图3-1　轴的种类

（2）轴类零件的技术要求

① 尺寸精度　主要轴颈的直径公差带代号通常为h6～h9，精密的轴颈为h5。

② 形状精度　轴颈的形状公差（主要是圆度、圆柱度）应限制在尺寸公差范围之内。对形状要求较高时，可在零件图上标注允许偏差值。

③ 位置精度　保证配合轴颈对支承轴颈的同轴度或跳动量，是轴类零件位置精度的普遍要求之一。配合轴颈对支承轴颈的径向圆跳动量，一般为0.01～0.03mm，高精度轴为0.001～0.005mm；阶梯轴各阶梯长度较高时，其公差约为0.05～2mm。

④ 表面粗糙度　一般与传动件配合的轴颈的表面粗糙度为$Ra2.5～0.4\mu m$；与轴承相配合的支承轴颈表面粗糙度值为$Ra0.63～0.1\mu m$。

（3）轴类零件的材料、毛坯和热处理

① 材料　轴类零件的材料主要根据工作条件和使用要求选取，满足轴的强度、刚度、韧性和耐磨性等要求。

一般主轴材料选用 45、65Mn 或 40Cr，后两种材料淬透性较好，经调质和高频淬火后，可获得较好的综合力学性能和耐磨性。其中以 45 号钢用得最多，如离心机主轴、活塞式压缩机活塞杆。渗碳淬火的优点是表面硬度高（HRC58～63）、芯部韧性大，淬火表层具有表面压应力，使抗弯疲劳强度提高，缺点是热处理工艺性差，变形大。

曲轴工作时承受复杂的交变载荷，大多采用 40、45 或 40Cr 钢锻件。近年来，曲轴毛坯成功地采用了高强度球墨铸铁，常用牌号为 QT60-2，不但价格便宜，制造方便，而且有良好的耐磨性和吸振性等优点。

② 毛坯　轴类零件最常用的毛坯是圆棒料（型材）和锻件。大型或外形结构复杂的轴（如曲轴），在质量允许的情况下也可采用铸件。

圆棒料分热轧或冷拉成形，适用于一般用途的光滑轴或直径相差不大的阶梯轴。

锻件毛坯经过锻造后，能使金属内部纤维组织沿表面均匀分布，因而抗拉、抗弯及扭转强度较高。一般比较重要的轴，大多采用锻件。各阶梯直径相差较大，为减少材料消耗和机械加工劳动量，宜选择锻件毛坯。按照生产规模分类，毛坯的锻造方式分为自由锻和模锻两种。

自由锻造设备简单，但毛坯精度较差，加工余量较大，且不适用于锻造形状复杂的毛坯，大多用于中、小批生产，如压缩机曲轴一般采用自由锻，且在曲拐处只锻出一个方块，然后采用切割方法切出曲拐的形状，所以金属利用率低，而且因切断了金属的纤维组织使曲轴强度下降。

模锻毛坯精度高，加工余量小，生产率高，可以用于锻造形状复杂的毛坯，而且钢材经模锻后，其纤维组织的分布利于提高零件的强度。但模锻需要昂贵的设备、专用锻模，故只适用于大批量生产。

③ 热处理　主轴热处理是主轴加工的重要工序之一，用以改变零件的金属内部组织，获得必要的力学性能，其热处理主要有以下几种。

ⅰ. 锻件粗加工前退火或正火，正火可以细化晶粒，退火消除锻造残余应力，降低材料硬度，改善切削加工性能。

ⅱ. 当毛坯加工余量较大时，主轴粗加工后常进行调质处理，消除粗加工产生的残余应力；当毛坯加工余量较小时，在粗车之前进行调质，以提高综合力学性能。

ⅲ. 提高轴颈表面和工作表面硬度的表面淬火处理，精度要求较高的轴，在局部淬火和粗磨后还需要进行低温时效处理，以消除残余应力和残余奥氏体，使尺寸稳定；整体淬火的精密主轴，在淬火和粗磨后还需要安排较长时间的低温时效处理。

球墨铸铁的曲轴铸件在机械加工前进行正火或退火处理。正火处理后得到珠光体型球墨铸铁，可以消除白口，降低脆性；退火处理后得到铁素体型球墨铸铁，可提高塑性，改善切削加工性能。

3.1.2　离心机主轴的加工

3.1.2.1　主轴的功用、结构特点及技术要求

在过程工业的生产过程中，经常需要将悬浮液或乳浊液进行分离。在完成这些分离的过程中广泛地使用各种不同类型的离心机。离心机的分离推动力——离心力是由原动机驱动离心机的主轴，带动转鼓及其中的物料作高速的旋转运动而产生的，所以主轴是离心机中完成分离过程的一个重要零件。图 3-2 为卧式活塞推料离心机回转体部件简图，主轴 1 靠轴承 2、4 支承在机座轴承箱的主轴支承孔中。主轴的左端面通过螺栓与油缸、三角皮带轮相连，电动机经由三角皮带传动，带动主轴作旋转运动。主轴上带有贯穿的通孔，通孔的两端分别装

有一支承套 12，用以支承推杆 3；推杆 3 右端通过键、螺母、固装带布料斗 8 的推料器 6；推杆 3 左端面上有螺孔，通过螺栓、连接板与活塞相连；在液压作用下，活塞推动推杆 3、推料器 6 在主轴孔中作往复运动，以实现脉动卸料。压盖 11 将筛网 9 压紧在转鼓 10 的内腔中；转鼓 10 以转鼓底凸壳的锥孔装在主轴右端的圆锥轴颈上，主轴通过键带动转鼓 10 作旋转运动，实现对物料的离心过滤。

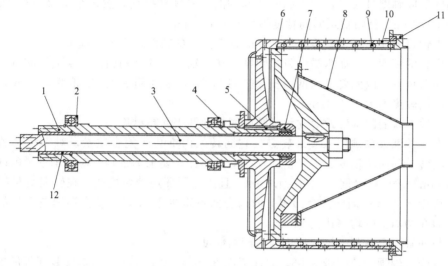

图 3-2　卧式活塞推料离心机回转体部件简图

1—主轴；2,4—轴承；3—推杆；5—键；6—推料器；7—螺母；
8—带布料斗；9—筛网；10—转鼓；11—压盖；12—支承套

卧式活塞推料离心机主轴如图 3-3 所示，在主轴的外圆柱表面上，有两安装轴承的主轴颈；右端的圆锥轴颈用以安装转鼓；密封环以螺纹固定在主轴右端；主轴左端为与油缸配合的轴颈，并用端面螺孔固定油缸，主轴通孔两端有两轴套，用以支承推杆。

总之，主轴一方面要传递运动和动力，并承受弯曲和扭转载荷；另一方面要保证安装在

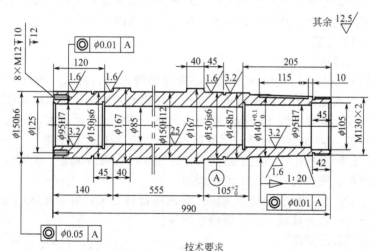

技术要求

1. 粗加工后进行定型热处理，消除应力。
2. 需进行磁粉及超声波探伤，不得有裂纹、疏松、夹杂物等影响密度的缺陷。
3. 圆锥部分的表面粗糙度用专用环规着色检查，在轴向沿母线全长的贴合面不得少于 75%；周向整
　个圆周上的贴合面不得少于 85%；靠大端面轴向全长的 1/4 长度内贴合面在圆周上应均匀达到 90%。

图 3-3　卧式活塞推料离心机主轴零件简图

主轴上的转鼓、皮带轮（油缸）具有一定的回转精度。因此其加工质量将直接影响整台离心机的工作质量和使用寿命。

为了保证回转体部件及机器的工作质量，对主轴提出了如下技术要求。

（1）主轴上安装轴承的支承轴颈的精度及表面粗糙度

支承轴颈是回转体部件的装配基准，这两轴颈的加工精度关系到整个部件的回转精度，当两轴颈的不同轴度过大时，将引起回转部件的不平衡和振动。要求公差带 js6，表面粗糙度 Ra 值为 $1.6\mu m$，且两轴颈的同轴度不大于 0.01mm。

（2）主轴贯穿通孔两端安装支承推杆的轴套内孔的精度及表面粗糙度

轴套内孔的精度及表面粗糙度将影响推杆在主轴孔中的运动精度，从而影响推料器与转鼓内壁的相对位置，因此要求这两内孔公差带为 H7，表面粗糙度 Ra 值为 $3.2\mu m$，两孔对支承轴颈的同轴度不大于 0.01mm。

（3）主轴右端的圆锥轴颈对支承轴颈的同轴度及表面粗糙度

主轴右端的圆锥轴颈用来安装转鼓，它同转鼓内锥孔的配合质量，对支承轴颈的同轴度，将影响转鼓的回转精度、不平衡性和振动，因此，要求圆锥轴颈对支承轴颈的同轴度不大于 0.01mm。表面粗糙度 Ra 值为 $1.6\mu m$，且用专用环规着色检查，在轴向沿母线全长的贴合面不得少于 75％；周向整个圆周上的贴合面不得少于 85％；靠大端轴向全长的 1/4 长度内贴合面在圆周上应均匀达到 90％。

（4）与油缸配合轴颈的尺寸精度及表面粗糙度

与油缸配合轴颈的公差带为 h6，表面粗糙度 Ra 值为 $1.6\mu m$。右端安装螺母的螺纹表面粗糙度 Ra 值应不低于 $3.2\mu m$，且螺纹齿形不得有任何断缺。

（5）其他

为了保证强度、避免应力集中，主轴应经磁粉及超声波探伤，不允许有裂纹、疏松、夹杂物等缺陷。

3.1.2.2　主轴的材料、毛坯和热处理

离心机主轴的材料通常都选用优质碳素钢，其中以 45 号钢用得最多。为了提高工件的物理力学性能，可采用锻造毛坯，但一般都选用热轧圆钢作为主轴的坯料。粗加工后进行时效热处理，半精加工之后进行调质热处理，保证零件获得较高的综合力学性能。

3.1.2.3　主轴的机械加工工艺

（1）主轴加工的工艺特点

离心机主轴从结构上分实心细长阶梯轴和空心阶梯轴两大类。共同的特点是精度要求高，刚性差。也就是一方面主轴的主要轴颈和支承孔本身的尺寸精度和表面粗糙度，以及这些主要表面间的相互位置精度要求都比较高，而另一方面主轴的长径比较大，一般 $L/D>5$，甚至超过 20，零件的刚性差，加工时容易产生变形，保证加工精度比较困难。

主轴的机械加工，除键槽加工外，主要是回转体外圆和内孔表面加工。常用的加工方法为车床上车外圆、钻深孔、镗内孔，磨床上磨外圆等。

在制订主轴机械加工工艺过程中应着重考虑：合理地选择基准；有效地进行深孔加工；严格地将粗、精加工分开；妥善地减小加工中的变形等。

（2）基准的选择及零件的安装

① 粗基准的选择　离心机主轴在批量不大时，采用自由锻造锻件或热轧圆钢毛坯，由于毛坯的精度及批量的限制，一般都是通过划十字线，定中心，以保证余量的均匀分布，用划线找正基准作粗基准。

② 精基准的选择　为了保证各主要表面的相互位置精度，选择精基准时，要注意尽量

使各工序的基面统一,同时使定位基面与装配基准重合。在加工轴类零件时,这两方面的要求不能完全协调一致。特别是对于空心的卧式活塞推料离心机主轴,加工过程中精基面总要变换几次。常用的有如下几组精基准:粗加工外圆时以轴端的顶针孔作为辅助精基准;加工贯穿通孔时以粗加工后的轴颈作为精基准,一端夹头夹持,一端中心架支承;精加工外圆时以装入孔中的专用的"中心塞"(堵头、闷头、锥塞)的顶针孔,或带锥套的心轴顶针孔作为附加精基准;而在精加工支承内孔时,可以采用专用夹具,以安装轴承的支承轴颈(装配基面)作为基本精基准,或者采用夹头夹持中心架支承,以安装轴承的支承轴颈作为校正基准。

③ 顶针孔的型式及加工 顶针孔应符合这样一些基本要求:顶针孔的位置应能保证各主要加工表面具有均匀的加工余量;两个相对的顶针孔应在同一轴心线上;顶针孔的圆锥角应与机床上所用的顶针的圆锥角一致;顶针孔的大小应保证安装的可靠性。因此,首先应规定顶针孔的结构类型和尺寸,其次应采用合理的加工方法加工顶针孔。

根据 GB 145—2001 的规定,常用的顶针孔的型式如图 3-4 所示。A 型为不带护锥的顶针孔,用于不要求保留顶针孔的零件;B 型为带护锥的顶针孔,这种型式可以避免顶针孔意外损伤。用于需要多次安装、要求保留顶针孔的零件。顶针孔可以先用普通麻花钻再用锥形锪钻一次加工出来。但通常都采用标准的复合中心钻加工。为避免钻头在钻顶针孔时钻偏和折断,最好钻孔前先加工毛坯的端面。如毛坯切断时,表面质量较好,端面也可以不必加工。可以在车床、钻床上加工顶针孔。当批量较大时,也可在特殊的中心孔钻床或铣—钻中心孔机床上加工。

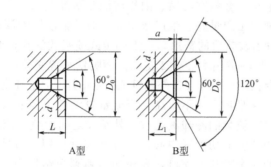

图 3-4 顶针孔的型式

④ 中心塞 中心塞的结构主要取决于零件支承孔的结构形状。当零件的支承孔是锥度较小的圆锥孔时,采用锥形中心塞[图 3-5(a)]。零件的支承孔为圆柱孔时,采用圆柱形中心塞[图 3-5(b)]。如主轴的锥孔锥度较大时,可以采用如图 3-6 所示的带有两个锥套的心轴。采用中心塞,由于支承圆锥面或圆柱面和它的顶针孔之间总存在不同轴度的误差,对于圆柱形中心塞还存在它与零件支承孔之间不同轴度的误差,因而必然引起加工后主轴外圆表面与支承孔之间的不同轴度误差。实践证明加工过程中更换中心塞、甚至同一中心塞拆下后重新装上,都将引起新的不同轴度误差,从而降低了加工精度。有的工厂就采用在贯穿通孔加工之后,即加工出两端装中心塞的工艺孔,并装上中心塞,修磨其顶针孔,以后就始终用中心塞的顶针孔定位来加工,直到精加工支承孔时才拆下中心塞。

(3) 主轴深孔的加工

一般把加工长径比 $L/D > 5$ 以上的孔称为深孔加工,加工工艺较复杂。它的特点是:刀杆细而长,刚度和强度较差,容易产生偏斜和振动;金属切屑不易排出,冷却液不易输入切削区,因而散热条件差,切削区的温度高,刀具容易磨损。应选择良好的加工方法,设计合

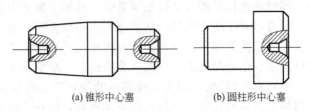

(a) 锥形中心塞　　　　(b) 圆柱形中心塞

图 3-5　中心塞的结构

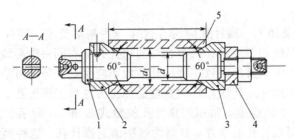

图 3-6　带锥套的心轴

1—心轴；2,3—锥套；4—开口垫圈；5—工件

理的钻头结构，采取必要的工艺措施，以保证深孔加工的质量，提高生产率，减轻劳动强度。根据生产规模和具体生产条件不同，主轴深孔的加工方法也不尽相同。常用的机床有普通车床或经改装后的普通车床及专门的深孔钻床。常见的加工深孔的钻头的类型更多，包括扁钻、加长麻花钻、枪炮钻、套料空心钻、内排屑深孔钻等。

　　喷吸式深孔钻是一种加工质量好、生产效率高、劳动强度轻的深孔钻。

　　图 3-7 是安装在经适当改装后的普通车床上的卧式喷吸式深孔钻装置的结构简图。工件 1 一端用三爪卡盘夹持，另一端用中心架 3 支承。喷吸钻装置安装在改装后的车床刀架的小拖板上。喷吸钻装置主要由喷吸钻头 2、外钻杆 6、内钻杆 5、钻杆支承座 7、引导架 4 以及油箱、油路系统等组成。油泵将压力不太高，而流量较大的冷却液通过油路系统送入装置，之后分成了两路。有约 2/3 流量的冷却液通过内外钻杆之间的缝隙流向喷吸钻头 2，再通过钻头颈部均布的若干个小孔喷向切削区中心，起冷却润滑作用。另外约 1/3 流量的冷却液，通过内钻杆 5 末端均布的四个月牙形喷口，高速向后喷到内钻杆中。当冷却液喷离喷口时，使喷口至钻头切削区这一段内钻杆中形成负压，而从内外钻杆之间喷向切削区的冷却液是正压，这个压力差就在内钻杆喷口处产生强烈的抽吸作用。正是利用低压效应的原理在钻头和内钻杆中产生喷吸作用，使冷却液带着切屑稳定而畅通地从内钻杆孔中排出，这样就大大地

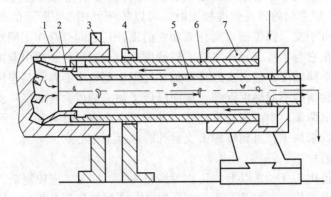

图 3-7　卧式喷吸式深孔钻装置的结构简图

1—工件；2—喷吸钻头；3—中心架；4—引导架；5—内钻杆；6—外钻杆；7—钻杆支承座

改善了深孔加工时钻头的工作条件，并由此而取名为"喷吸钻"。生产实践证明，采用这种喷吸式深孔钻，切削轻快、断屑良好，切屑呈"C"字形，排屑畅通，比用麻花钻加工生产率大幅提高，而且不存在采用外冷内排屑深孔钻加工时高压油的密封问题。

（4）加工阶段的划分及工艺过程的拟订

加工主轴时，合理划分加工阶段可以减小变形。通常都是把主轴加工划分为粗加工、半精加工和精加工三个阶段。粗加工包括粗车外圆和钻中心通孔；粗加工后安排探伤检验，以确定零件的材质是否符合要求；粗加工中切除了大量的金属，特别是钻深孔，必然带来内应力重新分布而引起变形，因而应将各个表面的粗加工集中，并在粗加工后进行时效处理，以消除内应力。半精加工包括精镗支承内孔、装上中心塞、精车外圆各个表面，以获得必要的尺寸、几何形状和位置精度，为主要表面的精加工做好准备。在半精加工过程中，常安排一些次要表面的加工，如车螺纹、铣键槽等，技术要求规定作调质处理的工件，则在半精加工之后进行，以保证零件获得较高的综合力学性能。精加工主要是对要求 2 级精度、表面粗糙度 Ra 值为 $1.6\mu m$ 以上的表面进行粗磨和精磨，其中磨削外圆锥面需要用专用锥套控制其接触面积和配合深度。某些主轴的支承内孔的精度和表面粗糙度要求较高，需要在外圆表面磨削之后，拆下中心塞，再粗、精磨支承内孔，有的主轴则是在外圆表面磨削后，拆下中心塞，压入支承套，再精镗或精磨支承套内孔；精加工内孔时，最好以主轴承的支承轴颈作为精基面，用中心架或专用夹具支承，这样可保证支承内孔对主轴颈具有较高的同轴度。

活塞推料离心机主轴的机械加工工艺过程见表 3-1。

表 3-1　活塞推料离心机主轴的机械加工工艺过程

工序号	工序内容	工艺基准	设备
10	划线，定顶针孔位	—	划线平台
20	钻顶针孔	按划线	立式钻床
30	粗车外圆	顶针孔	车床
40	超声波探伤	—	探伤仪
50	钻中心通孔	两端轴颈	车床（改装）
60	时效处理	—	热处理设备
70	精镗支承内孔，装上中心塞	两端轴颈	车床
80	精车外圆、车螺纹	中心塞顶针孔	车床
90	铣键槽	中心塞顶针孔	立式铣床
100	磨外圆、磨外圆锥面	中心塞顶针孔	万能外圆磨床
110	磁力探伤	—	探伤仪
120	压入支承套，精镗支承套内孔	主轴颈	车床
130	钻螺孔	—	立式钻床
140	钳工攻丝去毛刺	—	钳台

3.2　轮盘类零件的加工

3.2.1　概述

轮盘类零件主体结构一般是同轴圆柱面，盘类零件多用于传动、连接、支撑、分度等作用，轮盘类零件主要随轴高速旋转，利用自身的结构特点提高气体的流动速度和压力，从而起到压缩气体的作用。活塞式压缩机的活塞、离心式压缩机叶轮均属于轮盘类零件。

3.2.2 活塞式压缩机活塞的加工

3.2.2.1 活塞的功用、结构特点和技术要求

活塞式压缩机曲轴的旋转运动通过连杆、十字头、活塞杆带动活塞（或连杆直接带动活塞）在气缸内作连续的往复运动，以压缩气体，提高气体的压力。活塞在工作过程中承受交变载荷，所以要求活塞具有一定的机械强度，同时为了减小惯性力，应减轻活塞的重量。在一定程度上活塞的加工质量关系到压缩机的性能，工作缸的寿命。

常见的活塞有盘形（鼓）活塞和筒形活塞。活塞的结构和材质根据压缩机的型式、结构方案、承受压力的大小以及压缩气体种类的不同而有所差异。在中、低压段的双作用的气缸中一般都采用盘（鼓）形活塞。图 3-8 是立式或 L 形压缩机垂直列气缸中的盘形活塞零件图。水平列气缸中的盘形活塞与垂直列的结构上稍有不同，即水平列盘形活塞浇有巴氏合金托瓦。

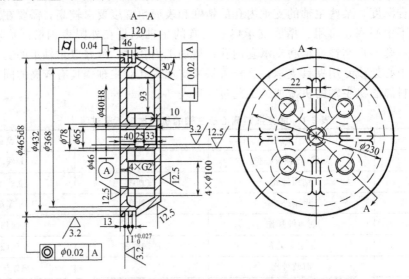

图 3-8　立式或 L 形压缩机垂直列气缸中的盘形活塞零件图

盘形活塞是带有中心孔（锥孔或圆孔），腹腔中空的鼓形零件。中心孔是活塞的装配基面，它与活塞杆外圆表面相配合。活塞外圆表面是它同气缸的配合表面，它上面开有环槽，用以安装活塞环，防止气体从气缸的一侧漏到另一侧。活塞腹腔通常都作成中空的，以减轻活塞的重量，从而减小往复惯性力。活塞的顶盖端面是它在气缸中压缩气体的工作表面，为了提高强度和刚度，根据活塞的大小，设计 3～8 片肋片，以连接活塞的两端面。另外在活塞端面上开有与肋片数目相应的圆孔，以便铸造时支承型芯和清除活塞内腔的型砂，当型砂清除干净，并经水压试验合格后用丝堵堵塞，再加工平整。

根据活塞的功用及结构特点，对活塞提出了如下的主要技术要求。

ⅰ.活塞的外圆表面与气缸（或缸套）镜面配合，对于垂直列气缸中的盘形活塞，其外圆表面还是它的导向面，为了保证活塞的轴心线对气缸的同轴度，要求两者间具有小而稳定的环隙，因此一般规定，活塞外圆表面公差带为 d8，表面粗糙度 Ra 值为 $3.2\mu m$。

ⅱ.为了保证活塞在气缸中正常运动、配合均匀，避免单边或局部接触，造成不均匀磨损或环隙不均而泄漏，要求活塞外圆柱面的圆柱度不大于 $0.03\sim0.04mm$；外圆柱面对内孔表面的同轴度不大于 $0.02mm$。

ⅲ. 内孔表面是活塞的装配基面，对于圆柱孔公差带为 H7，内孔表面的表面粗糙度 Ra 值为 $3.2\mu m$；对于圆锥孔要求涂色检查应接触均匀，接触面积不少于 70％；内孔的支承端面对其轴心线的垂直度不低于 6 级精度。

ⅳ. 为了保证活塞环与气缸镜面接触均匀，要求活塞环槽的侧表面相互平行，并应垂直于外圆柱面的轴心线，垂直度 5 级精度。活塞环槽侧面表面粗糙度 Ra 值不大于 $3.2\mu m$。

ⅴ. 不允许活塞有任何砂眼、气孔等缺陷，为此，活塞应用 1.5 倍工作压力作水压试验，历时 5min，不应有渗漏或残余变形。同时要求它的壁厚均匀，成品的重量误差必须在一定的范围内。

3.2.2.2 活塞的材料、毛坯和热处理

活塞的常用材料为灰铸铁，一般采用砂型铸造。少数高速轻负荷的压缩机或某些特殊气体的压缩机采用铸造铝合金，批量较大时，毛坯可采用硬模铸造。中、大型压缩机也有用铸钢、低碳钢板焊接的活塞。

对于铸铁活塞，为了消除铸造时的残余应力，宜于在机械加工前进行退火处理。为了进一步消除残余应力，粗加工后可安排一次人工时效处理。如果铸件质量比较稳定，也可以只考虑一次热处理工序。对于焊接活塞，焊后需进行低温退火处理。

3.2.2.3 活塞的机械加工工艺过程

（1）活塞机械加工的工艺特点

活塞的主要加工表面是外圆柱面、顶盖端面，以及内孔表面。基本加工方法是车削，在中、小批生产条件下，通常都是采用普通车床进行加工。大量生产，外圆增加磨削以保证质量。活塞销孔经钻、扩、铰加工，大活塞销孔最后还要精镗加工。

活塞壁薄刚性差而又要求壁厚均匀，另外对工作表面的加工精度，以及表面间的相互位置精度要求都较严。为了保证加工质量，就必须正确地选择基准，合理地安排加工顺序。

（2）基准的选择

① 粗基准的选择 根据粗基准的选择原则，为了保证壁厚均匀，最好选择零件上不需要机械加工的表面作为粗基面。对于盘形活塞，内腔虽然是不进行机械加工的表面，但由于内腔为封闭形，无法直接用内腔作粗基面，通常都是根据内腔控制壁厚均匀对活塞划线，然后夹持外圆，按划线找正定位。对于筒形活塞，批量不大时，可按内腔划线找正定位；当批量较大时，可专门设计内腔定位夹具，以内腔作为粗基面在夹具上定位安装。如果毛坯的精度较高，也可以用毛坯的外圆表面作为粗基面。

② 精基准的选择 生产实践中，加工活塞的精基准常用方案有两种。

ⅰ. 采用工艺止口，即采用辅助精基准。对于盘形活塞，可预先在顶盖大端面留出足够厚度的凸台，加工出工艺止口，以图 3-9 的工艺止口的内端面 A 和内孔面 B 作为辅助精基准定位加工外圆、内孔、活塞杆支承端面以及切活塞环槽等表面。对于筒形活塞，一般常用裙部止口的端面和内孔面作为辅助精基准，车外圆、端面和活塞环槽（图 3-10），以及镗活塞销孔（图 3-11）。采用这样一组辅助精基准符合基面同一的原则，可以在一次安装中加工出活塞的外圆面、端面、活塞环槽、内孔及活塞杆支承端面，从而较可靠地保证这些表面间的相互位置精度。

ⅱ. 采用盘形活塞的内孔表面，即采用基本精基准。盘形活塞的圆柱孔或圆锥孔，是活塞装在在活塞杆上的装配基面，用它来在心轴上定位安装，最终精加工外圆、活塞环槽、顶盖端面，从而保证了这些加工表面对内孔轴心线的位置精度，符合基面重合的原理，避免由于基面不重合而带来定位误差，并减小了装配误差。图 3-12 是用心轴以内孔定位的示意图。为了精确地加工出活塞的内孔作为定位的精基面，在粗加工和精加工活塞的圆柱孔或圆锥孔时，需采用已经加工过的活塞外圆柱表面作为过渡的精基面。

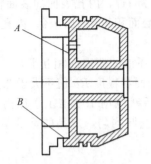

图 3-9　盘形活塞的辅助精基准

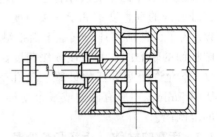

图 3-10　车筒形活塞时外圆及环槽的定位

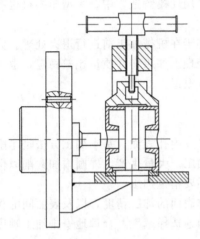

图 3-11　镗活塞销孔的定位

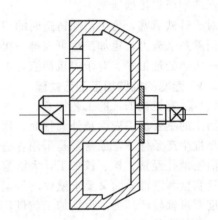

图 3-12　用心轴以内孔定位

（3）机械加工工序顺序的安排

在拟定活塞机械加工工序顺序时主要考虑如下一些问题。

① 工艺过程应利用内腔作为粗基准加工出精基准　对于盘形活塞则是按照控制壁厚均匀根据内腔划线作为粗基准找正安装。如采用辅助精基准的方案，即在第一个机械加工工序加工出工艺止口；采用基本精基准的方案，则首先加工出过渡精基准—外圆表面。

② 划分粗加工和精加工阶段　把切除余量较多的机械加工都集中在粗加工阶段，以减小由于加工变形而引起的尺寸和形状误差。

③ 在加工阶段内使工序集中　在一个工序，甚至一次安装中，尽量集中加工多个表面。例如外圆表面、顶盖端面、活塞环槽等集中在一次安装中加工，以利于缩短辅助时间，保证加工精度。

④ 热处理工序　对于铸铁活塞，在机械加工前进行退火处理，粗加工后可安排一次人工时效处理。如果铸件质量比较稳定，可以只进行一次热处理工序。对于焊接活塞，焊后进行低温退火。

⑤ 盘形活塞水压试验工序　第一种方案是将水压试验工序安排在粗加工之后精加工之前，第二种方案是在工件全部加工完毕之后。第一种方案的优点：粗加工已将毛坯上大部分余量切去，毛坯上的缺陷（缩孔、气孔等）通过水压试验可以早期暴露，并及时淘汰废品，从而避免了精加工工种的浪费；同时还可起到将粗、精加工分开，消除粗加工中产生的残余应力的作用。第二个方案的优点：可以避免加工期间进行水压试验必需的车间内外的往返搬

运，使机械加工工序集中进行。质量比较稳定的铸件，宜采用第二种方案。

表 3-2 是批量不大，加工盘形铸铁活塞采取工艺止口的辅助精基准方案时的机械加工工艺过程。

表 3-2　盘形铸铁活塞机械加工工艺过程

工序号	工序内容	定位基准	设备
10	车工艺止口（内环面、端面、倒角）	四爪卡盘按划线找正	车床
20	粗车外圆柱、外圆锥面、内孔、端面及环槽	工艺止口	车床
30	粗镗销孔	工艺止口	车床
40	钻丝堵孔、攻丝、配丝堵	—	钻床、钳台
50	水压试验	—	水压试验设备
60	人工时效	—	热处理设备
70	精车外圆柱、内孔、活塞杆支承端面、活塞环槽及端面	工艺止口	车床
80	精车顶盖端面、车平丝堵	外圆	车床
90	精镗销孔	工艺止口	专用镗床
100	钻齐缝螺孔	—	钻床
110	攻丝、配螺塞、修平去毛	—	钳台

3.3　杠杆类零件的加工

3.3.1　概述

杠杆类零件基本组成部分有两个带孔的杆体（以连接不同的零件）和与杆体连接的杆身，两孔轴线平行，且与上、下端面垂直，两杆体的上、下端面不一定在同一水平面上。杆身截面形状有矩形、圆柱形或工字形等。从这类零件的加工表面来看主要是圆柱孔及与其轴线垂直的上、下端面。连杆是杠杆类零件中较为典型的一种。现以往复活塞式压缩机连杆为例分析其加工工艺。

3.3.2　往复式压缩机连杆的加工

3.3.2.1　连杆的功用、结构及主要技术要求

连杆是活塞式压缩机中一个重要的传动零件。连杆由大头、小头以及连接大、小头的变截面的杆身三部分组成。连杆大头通过轴瓦与曲轴的曲柄销相连，小头通过衬套、十字头销（或活塞销）与十字头（或活塞）相连，从而将曲轴的转动变为十字头或活塞的往复直线运动。工作过程中，连杆在空间作转动与平移合成的平面运动，沿杆身轴线交替地传递很大的拉伸或压缩力，所以它受到的是往复活塞力引起的交变载荷。

图 3-13 为连杆简图。连杆小头一般是整体式，连杆小头孔中压入青铜或锡青铜衬套，可以减少磨损，且便于磨损后更换零件。连杆大头通常做成剖分式，用两根连杆螺栓连接连杆体与连杆盖。大头孔中装有轴瓦，剖分面通常做成与杆身轴线（大、小头中心连线）相垂直。与杆身轴线相平行对称加工出两个连杆螺栓孔。连杆大头孔内的轴瓦有两种形式：厚壁轴瓦和薄壁双金属轴瓦（或是一层金属上喷镀塑料的薄壁轴瓦）。厚壁瓦在剖分面上加一组垫片，以便在轴瓦磨损后，抽去垫片来补偿磨损量，然后刮研大孔表面。采用厚壁瓦增加了

刮研工作量，故目前趋向于采用薄壁轴瓦。薄壁瓦是在钢件的内表面浇一层耐磨金属，耐磨性很高，在正常情况下，剖分面处不加垫片。由于薄壁瓦刚性小，工作时受力变形的形状取决于轴瓦座形状，因而对大头孔尺寸精度要求较高。另外薄壁轴瓦应是可互换的标准件，不应该刮削，故对大小头孔间的位置精度要求也较高。

连杆杆身截面可做成圆形或工字形。自由锻造的连杆杆身为圆形（图 3-13）；模锻或球墨铸铁连杆杆身为工字形（图 3-14）。为了保证连杆大、小头轴瓦摩擦面获得充分的液体润滑，在杆身全长上加工出油孔，并在大、小头孔中镗出油槽。

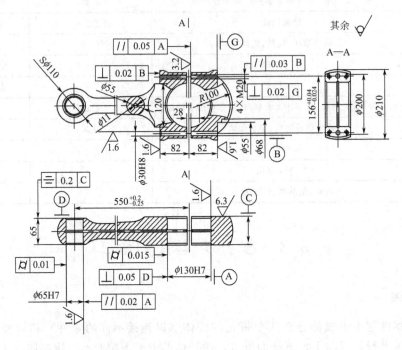

技术要求

1. 连杆成品表面不应有毛刺、裂纹、缩松、气孔等缺陷。
2. 连杆重量偏差不大于规定重量的 3%。
3. 未注铸造圆角为 R3~8。
4. 连杆大头剖分面对连杆中心线的垂直度误差不大于 0.05mm。
5. 连杆螺栓孔中心线与其端面垂直度用着色法检查，接触面积不小于 70%。

图 3-13　连杆简图

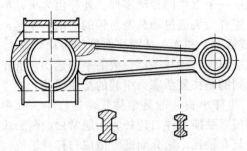

图 3-14　工字形杆身的连杆

连杆是重要零件，加工精度不够会使大头轴瓦、小头衬套、曲轴主轴瓦、活塞与气缸或十字头与滑道等摩擦性质变坏，磨损加快，功率损失加大，寿命降低甚至发生冲击、咬死、

92

烧坏和被迫停车等情况。连杆主要加工表面有大、小头孔及其端面、大头剖分面、连杆螺栓孔及其端面。其主要技术要求为。

ⅰ. 大、小头孔的公差带及表面粗糙度。为保证大头孔与轴瓦以及小头孔与铜套的良好配合，公差带为 H7，圆柱度公差等级不低于 7 级（GB/T 1184—1996）。表面粗糙度 Ra 不大于 $2.5\mu m$。

ⅱ. 两孔中心距。大、小头孔中心距影响余隙大小，因此也规定了较高要求。

ⅲ. 两孔轴线在两个互相垂直方向上的平行度。平行度误差会使活塞在气缸中倾斜或是十字头体在机身滑道孔内倾斜，引起磨损不均匀；同时也会造成曲轴颈边缘磨损。一般规定连杆体大小头孔轴心线在轴心线所在平面内的平行度不低于 6 级，在连杆横向剖面上的平行度不低于 7 级。

ⅳ. 连杆大头孔轴心线对其端面的垂直度为 7 级。

ⅴ. 两螺栓孔的位置精度。连杆工作时承受急剧变化的动载荷，该载荷又传递到两个螺栓和螺母上，因此除了对螺栓提出较高技术要求外，对螺栓孔也应提出一定要求。上述平行度和垂直度误差会使连杆体和连杆盖结合不良，影响螺栓承载能力，并引起大头孔轴瓦和曲柄销配合不良，而产生不均匀磨损。一般规定两螺栓孔轴线的平行度公差不低于 9 级，对结合面的垂直度应不低于 6 级。

ⅵ. 连杆重量偏差。不超过图纸规定重量的±3%，以保证运转平稳。

ⅶ. 应进行无损探伤。

3.3.2.2　连杆材料、毛坯及热处理

（1）材料

连杆材料一般采用 40 号、45 号优质碳钢锻造，特殊重要场合以及一些高速机器也有用 40Cr、40CrMo 等合金钢锻造。对于大型机器也有用铸钢件的。随着工业的发展，球墨铸铁日益被采用，如 QT400-18、QT450-10、QT600-3 和 QT700-2 等。由于铸造连杆与锻造连杆相比切削量小、工序减少、材料利用率高，因而大大降低了制造成本。对于小型、移动式压缩机也有用铝合金连杆、青铜连杆。

（2）毛坯

连杆毛坯分自由锻造毛坯、模型锻造毛坯和铸造毛坯。自由锻连杆杆身多为圆形截面，当大、小头孔直径≥60mm 时，在锻造时应冲出通孔。模锻生产率较高，用于中小型连杆的大批量生产，但需较大的锻造设备。为减轻重量，模锻和铸造连杆杆身一般采用工字形截面，其杆身就不再进行机械加工。

为在连杆两端加工出辅助精基准中心孔，需在连杆毛坯两端增加工艺凸台 A、B 见图 3-15。

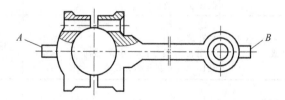

图 3-15　加工连杆的基面选择

（3）热处理

对于碳钢锻造毛坯，锻后要正火，以改善金相组织和力学性能，它是锻件获得最后组织的热处理，而对于合金钢锻造毛坯，则是先退火，消除残余应力，再粗加工，然后在精加工

前进行调质处理，以获得良好的力学性能。

铸造连杆杆身一般采取工字形截面，且铸造后其杆身不进行机械加工。

对于球墨铸铁连杆毛坯的热处理视材料的牌号而定，在机械加工之前进行，有的采用退火（如 QT400-18），有的采用正火加回火（如 QT600-3）。

3.3.2.3 定位基准的选择

（1）粗基准的选择

连杆加工表面多，相互位置精度要求高，为保证各加工面有足够的加工余量，重要表面有均匀的加工余量以及加工面与非加工面之间正确的相对位置，在批量不大的连杆加工中通常在毛坯上划线。划对称于杆身对称平面的连杆厚度线，大、小头孔中心线及两端工艺凸台中心孔十字线。

（2）精基准的选择

根据每个加工表面的要求，可以选择合适的定位基面，见表 3-3。下面就定位基面选择和加工顺序安排两个问题作进一步分析。

表 3-3 连杆主要加工表面定位基面与加工方法选用

加工表面	加工要求	定位基面	限制自由度数	加工方法	加工顺序	
					方案一	方案二
大、小头端面	$Ra6.3\mu m$，尺寸 65，相对于杆身平面对称	加工第一端面时 定位方案一：找正杆身对称平面线。 定位方案二：两端中心孔，并找正杆身对称平面线。	三个 六个	粗刨-精铣或粗铣-精铣-精磨	2(或3)	2(或3)
螺栓孔端面	$Ra1.6\mu m$，螺栓孔轴线与其端面垂直	两端中心孔	五个	粗车-精车	3(或2)	3(或2)
大头端 $\phi210$ 外圆		两端中心孔	五个	粗车-精车	3(或2)	3(或2)
两端中心孔		按划线加工		车	1	1
大、小头孔	$\phi65H7$，$Ra1.6\mu m$；$\phi130H7$，$Ra1.6\mu m$，圆柱度公差等级不低于 7 级。两孔轴线平行度、轴线与其端面垂直，两孔轴线中心距偏差	大、小头孔端面、$\phi210_{-0.08}^{\ 0}$ 的外圆，按小头孔找正	六个	粗镗-半精镗-精镗	6	5
两连杆螺栓孔	$\phi30H8$，$Ra1.6\mu m$；两孔轴线平行度、与螺孔端面垂直度要求	定位方案一：大、小头端面、$\phi210_{-0.08}^{\ 0}$外圆与螺栓孔端面 定位方案二：大、小头端面、$\phi210$ 外圆及小头孔	六个	钻-扩-铰或钻-镗-铰	5	4
大头剖分面	$Ra3.2\mu m$，与大、小头孔轴线平行度要求	定位方案一：大、小头端面、螺栓孔端面。 定位方案二：大、小头端面、$\phi210_{-0.08}^{\ 0}$外圆及小头孔	五个 六个	铣开-精车	4	6

3.3.2.4 定位基面的选择

ⅰ. 辅助精基准的采用。表 3-3 中列出了七个主要加工表面。其中 $\phi210$ 圆柱面和两端中心孔是辅助精基准。为提高定位精度，需把 $\phi210$ 圆柱面加工到 $\phi210_{-0.08}^{\ 0}$。

ⅱ. 提高大、小头端面的加工精度并在一次安装中加工。从图纸要求来看，大、小头端面表面粗糙度为 Ra 值 $6.3\mu m$、厚度尺寸 65mm，未注公差。实际加工时，常采用粗刨-精铣或粗铣-精铣-精磨等加工方法，且大、小头端面在一次安装中加工，其目的是要降低作为主要定位基面的大、小头端面的表面粗糙度和提高形状精度以及两者正确的相对位置，以保证较高的定位精度。

ⅲ. 采用统一基准，加工 $\phi210$ 圆柱面和螺栓孔端面两螺栓孔时，以大、小头端面、$\phi210$ 辅助精基准和螺栓孔端面为一组定位基面，为了在采用两个表面时定位可靠，提高定位精度，必须保证 $\phi210$ 圆柱面轴线与螺栓孔端面垂直。为此，在加工该两表面时，采用两端中心孔为统一基准，在一次安装中车削此两表面。

ⅳ. 加工大、小头第一端面的定位方案比较。加工该端面时，表 3-3 列出了两种定位方案，其中第二方案以两端中心孔定位，并校正杆身对称平面，在采用调整法加工时，对保证上、下两端面对杆身对称平面的对称度要求较为有利。

ⅴ. 统一基准。采用统一基准，并在一次安装中加工两连杆螺栓孔，以保证两孔轴线的平行度以及轴向与其螺孔端面的垂直度要求。

ⅵ. 关于小头孔加工。精镗大、小头孔时，以大、小头端面、$\phi210$ 辅助精基准和小头孔本身定位。为了保证定位精度，需提高半精镗小头孔工序的尺寸公差等级（IT9）及降低表面粗糙度 Ra 值 $3.2\mu m$。用定位销插入小头孔及夹具上的定位孔内，以实现小头孔本身定位，待将工件压紧后，再取出定位销。为保证大、小头孔轴线的平行度要求，可以在同一次安装中加工出大、小头孔。如精镗大、小头孔不在同一道工序内进行，则在此两道工序中应该选用同一个大、小头端面作为定位基面（为避免混淆，在该端面上作标记）。一般在精镗完小头孔，并压入衬套后，再精镗小头衬套孔，避免衬套的形位误差以及衬套压入小头孔引起的变形影响到大、小头孔轴线的平行度。

3.3.2.5 工序顺序

（1）先粗后精

连杆加工面多，加工精度高，且刚度较低，在切削力、夹紧力作用下容易变形；另外，孔的加工余量一般较大，切削时将产生较大的内应力，会引起工件变形，破坏原有的加工精度，故必须把各主要表面的粗精加工分开，前面的加工产生的误差可通过后面的加工予以修正。例如，粗镗大头孔一般安排在切开剖分面之前，而在切开之后，再安排一次半精镗大头孔的工序。即粗加工后，内应力的重新分布使切开后的工件产生变形，但在随后的半精镗大头孔的工序中予以修正。同样，对于半精镗后由内应力造成的变形，应安排一次拆装工序，使连杆体和盖所形成的大头孔自由伸缩。重装后，大头孔不再是圆形，变形可在随后的精镗中消除或减小。总之，要考虑到连杆大头孔每次加工后内应力将重新分布而产生变形，适当分散有关工序。

典型工艺过程如下。

① 大头外侧面、螺栓孔肩台（端面） 采用铣削或以中心孔定位车削。

② 大头（以及小头）端面 粗磨、精磨或粗铣、精铣、精磨或拉削后精磨。

③ 大头孔 粗镗（或拉）、半精镗、金刚镗、珩磨。

④ 小头孔 钻（或扩）、铰（或拉）、金刚镗小头底孔、压入衬套后金刚镗小头衬套孔。

⑤ 螺栓孔 钻、扩、粗铰或钻、扩、铰、拉。

⑥ 大头剖分面 铣开后铣平（或磨平）。

（2）先基准后其他

在分析定位基面的基础上，根据先基准，后其他的原则，依次安排各表面的先后加工顺序。

表 3-3 中列出的七个加工表面中，作为辅助精基准的 $\phi210$ 圆柱面和两端中心孔应安排先加工。首先加工中心孔，然后以中心孔定位，加工大、小头端面的第一个端面以及 $\phi210_{-0.08}^{\;\;\;0}$ 和螺栓孔端面。加工后两组表面的先后加工顺序可以交换，如表 3-3 加工方案中所

列 2（或 3）或 3（或 2）。余下的三个主要加工表面：大、小头孔、连杆螺栓孔和大头剖分面的先后加工顺序可有多种方案。但对大头瓦采用厚壁瓦结构的连杆（连杆体与连杆盖之间装有一组垫片），主要有两种方案。一是先剖开和加工大头剖分面，并在剖分面处加一组垫片，然后加工连杆螺栓孔和精镗大、小头孔。二是先加工连杆螺栓孔，精镗大、小头孔，最后剖开和加工大头剖分面，并在剖分面处加一组垫片。对于厚壁瓦结构，因一般在剖分面处不安装垫片，故只采用先剖分大头的加工方案。上述两种方案的共同点是先加工连杆螺栓孔，后精镗大、小头孔。这是因为连杆螺栓孔尺寸较小，毛坯上不能锻出或铸出通孔；而且螺栓孔的加工（钻、扩、铰或钻、扩、镗）集中在同一工序中进行，可以保证两孔位置精度，减少工件安装次数，因为更换刀具比更换工件方便。因此，先加工连杆螺栓孔，由此引起的工件变形可以在精镗大头孔时予以修正，便于保证大头孔的最终加工精度。另外，对于先剖分大头方案，先加工连杆螺栓孔，可以用连杆螺栓把连杆体与连杆盖组合成一体，便于精镗大头孔。

经以上分析，就可以确定各主要表面的先后加工顺序，参见表 3-3。

（3）先平面后孔

连杆加工中先加工基准平面大小头端面，然后再镗大、小头孔。

（4）先主后次

次要表面（如油孔、油槽等）加工可在工艺过程最后或在精加工主要表面（如精镗大、小头孔）之前进行。

表 3-4 列出了采用厚壁瓦的球磨铸铁连杆的典型工艺路线。

表 3-4 球墨铸铁连杆典型工艺路线

工序号	方　案　一	方　案　二
10	铣两侧工艺凸台端面	粗铣大、小头两端面
20	划连杆厚度线、对称平面线、两端中心孔线	划线
30	钻中心孔	钻中心孔
40	粗刨大、小头端面	粗车辅助精基准 $\phi210$、螺栓孔端面
50	精铣大、小头端面	精车辅助精基准 $\phi210$
60	划大、小头孔中心十字线、圆线等	精铣大、小头两端面
70	粗、精车辅助精基准 $\phi164$、螺栓孔端面	划剖分面线
80	粗镗小头孔	剖分大头
90	钻-扩-铰连杆螺栓孔	精铣连杆体剖分面
100	检查，并打钢印号于非基准面,位于剖分面两侧	精铣连杆盖剖分面
110	半精镗大头孔	车去连杆盖中心孔凸台
120	精镗小头孔	车去连杆体中心孔凸台
130	精镗大头孔	钻-粗镗-精镗连杆螺栓孔
140	车大头孔油槽	精车连杆盖螺栓孔端面
150	车小头孔油槽	精加工连杆体螺栓孔端面
160	剖分大头	检查两螺栓孔端面接触面
170	车连杆盖剖分面	装成整体、粗镗大、小头孔
180	车连杆体剖分面	加工油孔、螺孔等次要表面及去毛刺等
190	车连杆盖两螺栓孔端面,端面涂色检查,接触面达到 80%	连杆体、盖间装入专用垫片，连成整体、精镗大、小头孔
200	钻杆身油孔	检验(包括称重)
210～240	其他次要表面加工、去毛刺等	—
250	去除中心孔搭子	—
260	最终检验(包括称重)	—

3.3.2.6 主要工序的介绍

（1）大、小头端面的加工

加工连杆主要表面时，通常都是以连杆大、小头端面作为主要定位基面，因此其加工质量必然影响其他工序的加工精度。一般都是在同一次安装中，一次走刀加工出大、小头端面，以保证大头端面和小头端面在同一平面内。端面的加工方法，有"刨-磨"方案和"铣-磨"方案，后者的生产率高，成批生产中广泛采用。工件在机床上的定位，当第一次加工第一端面时，常见的有两个方案：采取"按划线找正"的方法定位；用工艺凸台上的顶针孔定位，在工件和机床工作台（或夹具支承面）之间用楔铁限制旋转自由度。当加工出一个端面后，其他的工序即可用其作为定位基面。不用顶针孔定位时，可以采用如图 3-16 所示，用 V 形块在大、小头外形端头沿轴线夹紧连杆，这样变形较小并且平行于端面，不影响端面的平整性。采用顶针孔定位［图 3-17（a）］或用已加工出的端面定位［图 3-17（b）］时，则在大、小头外形侧面，与端面平行的平面内夹紧。精磨端面时，宜用砂轮的周边磨削以保证精度。

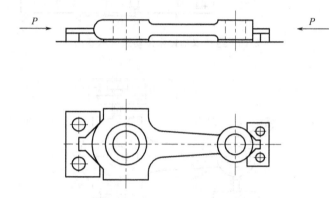

图 3-16　沿轴线方向夹紧连杆

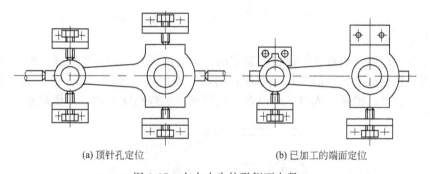

(a) 顶针孔定位　　　　　　　　　(b) 已加工的端面定位

图 3-17　在大小头外形侧面夹紧

（2）大、小头孔的加工

大、小头孔的加工是连杆加工最重要的工序之一。除了孔的尺寸精度、形状精度和表面粗糙度之外，还要保证两孔轴心线的平行度。毛坯上如未锻（或铸）出小头孔，应先钻孔，然后粗镗、精镗大、小头孔。

批量不大时，大、小头孔可以在卧式镗床上加工，通过划线找正安装，或用夹具定位安装，然后镗出大、小头孔。位置精度由机床来保证。

当批量稍大时，可专门设计如图 3-18 的结构简单的双轴镗床，同时加工大、小头孔，能获得高的加工精度。两孔轴心线平行度精度取决于机床的精度，还与工件在机床（或夹具）中的定位和装夹有关。在双轴镗床上精镗大、小头孔时，工件在夹具中定位和夹紧的示意图如图 3-19。将磨削后的大、小头端面作为主要定位基面靠在夹具体——角铁的定位面上；大头外形侧面作为导向基面置于定位块上；在双轴镗床小头孔的镗杆上装一圆环，校正小头孔的位置，最后夹紧。夹紧力作用在大小头端面上、与端面平行的平面内，因而可以减小甚至避免因其引起的变形。

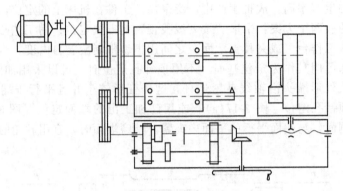

图 3-18　连杆双轴镗床传动系统示意图

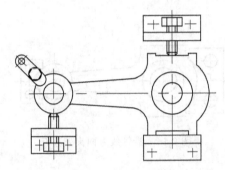

图 3-19　精镗大、小头孔的定位和夹紧

（3）螺栓孔的加工

连杆体与连杆盖是通过连杆螺栓来装配的，故对两螺栓孔的尺寸精度、轴心线的平行度及其对端面的垂直度有较高的要求。螺栓孔的加工方案可以采取：钻、扩、镗；或钻、扩、铰；或钻、镗、铰。批量不大时，可以在卧式镗床或摇臂钻床上加工；批量较大时，可在专

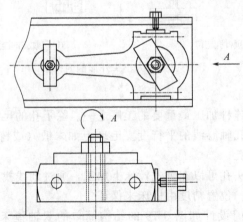

图 3-20　卧式镗床上加工螺栓孔的夹具

用双轴镗床上加工。两螺栓孔的位置精度主要靠机床和夹具来保证。图 3-20 是卧式镗床上加工螺栓孔的一种夹具。以连杆的大、小头端面及大头外形侧面作为定位基面，夹紧力作用在大、小头端面上。在机床上安装夹具时，靠装在镗杆上的千分表来调整，使其导向基准与镗杆平行。加工完一个孔后，横向移动工作台，加工另一孔。图 3-21 是一种类似夹具。同样是以大、小头端面及大头外形侧面作为定位基面，但在大头利用 V 形压板对导向基面先定位，然后夹紧。这种方案用在双轴镗床上，可以保证两螺栓孔对连杆轴线的对中性要求，而且夹紧力是作用在与端面平行的平面内。

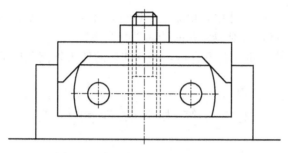

图 3-21　加工螺栓孔的另一种夹具

3.3.2.7　连杆的检验

连杆在机械加工中要进行多次中间检验，加工完毕后进行最终检验。检验项目按图纸上的技术要求进行。

ⅰ. 观察外表缺陷、表面粗糙度及用通用量具检验主要表面的尺寸精度。

ⅱ. 检验大、小头孔轴线平行度（见图 3-22）。在大、小头孔中塞入心轴，大头的心轴搁在等高垫块上，使大头心轴与平板平行（用千分表测量左右两端）。把连杆处于直立位置 [图 3-22(a)]，然后在小头心轴上距离为 100mm 处，测量两端高度的读数差，这就是大小头孔在连杆轴线方向的平行度误差。把工件置于水平位置 [图 3-22(b)]，在小头下用可调的小千斤顶托住，在小头心轴上距离为 100mm 处测量两端高度的读数差，这就是两孔在垂直于连杆轴线方向的平行度误差。若平行度不合格可将连杆体和盖的大头孔进行刮研修正。

ⅲ. 检验螺栓孔轴线对其端面的垂直度误差（见图 3-23）。连杆螺栓孔与其端面的垂直

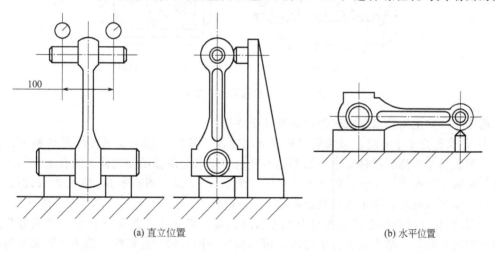

(a) 直立位置　　　　　　　　　　　　　　　　(b) 水平位置

图 3-22　连杆大小头孔在两个垂直方向的平行度误差检验

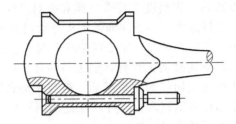

图 3-23　螺栓孔轴线对其端面的垂直度误差检验

度误差可用心棒插入连杆螺栓孔中，用涂色法检查，孔端面与检验心棒凸台端面接触面积达70％者为合格。若不合格，可对螺栓孔的端面进行刮研。

ⅳ. 连杆的重量也应测定，若不合格，应在连杆的两头外侧预留的凸台上取重，以达到规定的标准。

3.4　箱体类零件的加工

3.4.1　概述

（1）箱体类零件的功用、结构特点和技术要求

箱体是机器的基础零件，具有较大的承托和容纳空腔，它将机器中的一些零部件组成一个整体，并使之保持正确的相对位置，完成预定的运动。图 3-24 是几种常见箱体的结构形式。不同机器中的箱体形状虽有较大差别，如有整体式、分离式等。但各种箱体仍有一些共同特点，如内外形较复杂、箱壁较薄且不均匀、内部腔形；在箱体壁上有各种形状的平面以及较多的轴承支撑孔和紧固孔，而这些平面和支撑孔的精度较高和粗糙度较低。因此，一般来说，箱体零件不仅需要加工的部位较多，且加工难度也较大。箱体的加工质量直接影响着机器的性能、精度和寿命。

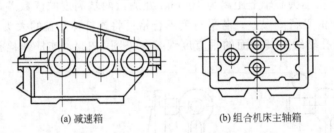

(a) 减速箱　　　　　　　　　　(b) 组合机床主轴箱

图 3-24　几种箱体的结构简图

箱体零件的主要技术要求应包括下列几个方面。

① 支承孔的尺寸精度、形状精度和表面粗糙度　箱体上轴承支承孔的尺寸精度、形状精度及表面粗糙度都有严格要求。如果达不到这些要求会使轴承和箱体上的孔配合不好，工作时引起振动和噪声。支承孔的公差等级一般为 IT6～7 级，粗糙度 Ra 值 1.6～0.8μm。几何形状精度要求高时，应不超过孔公差的 1/2～1/3。

② 支承孔之间的孔距尺寸精度及相互位置精度　箱体上有齿轮啮合关系的相邻孔之间应有一定的孔距尺寸精度及平行度要求，否则会影响齿轮的啮合精度。箱体上同轴线的孔应该有同轴度要求。如果同轴线孔的同轴度误差超差，不仅会使箱体中轴的装配带来困难，且使轴的运转情况恶劣，轴承磨损加剧，温度升高，影响机器的精度和正常运转。

③ 主要平面的形状精度、相互位置精度和粗糙度要求 箱体的主要平面大多是装配基面或加工时的定位基面，其加工质量直接影响箱体与其他零部件总装时的相对位置和接触刚度，影响箱体加工时的定位精度，因而对主要平面有较高的平面度和较低粗糙度要求。另外，箱体上其他平面对装配基面也有平行度、垂直度要求。

④ 支承孔与主要平面的尺寸精度和相互位置精度 箱体上各支承孔对装配基面有一定的尺寸精度与平行度要求，对端面有垂直度要求。

（2）箱体类零件的材料和毛坯

箱体由于体积庞大，形状复杂，通常都采用灰铸铁铸造毛坯，具有容易成形、切削性能好、价格低廉以及较好的吸振性等优点。只有在单件小批量生产时，为了缩短生产周期，有时采用钢板焊接。在某些特定条件下，为了减轻重量，也有采用镁铝合金或其他铝合金的，如航空发动机上的箱体。

毛坯余量应根据铸铁精度而定。小批量生产时，一般采用木模手工造型，毛坯精度较低，余量大。而大批量生产时，通常采用金属模机器造型，毛坯精度较高。小批生产中，大于 50mm 的孔，大批量生产中大于 30mm 的孔，一般都铸出，以减少加工余量。

机身零件形状复杂，且加工精度要求高，为消除铸造和粗加工中造成的内应力，应安排时效处理，并将粗、精加工分开。通常，机身毛坯在铸造后进行人工时效处理，这样可以避免在加工过程中往返运输工件。对个别精度要求高或形状特别复杂的机身，在粗加工后再进行毛坯一次退火的人工时效处理，以消除粗加工本身形成的内应力。

3.4.2 L型活塞式压缩机机身的加工

3.4.2.1 机身作用、 结构及主要技术要求

活塞式压缩机机身是整台机器的基准零件，各个零件、部件，按照严格的位置关系装配在机身上而组成一台完整的压缩机。机身由下列主要加工面组成：底面，它使整个机器安装在基础上或机架上；连接中体（或气缸）的安装孔系及其端面；容纳曲轴用的轴承孔系及其端面；有时还有容纳十字头的滑道孔。

机身的作用有以下几点。

ⅰ. 作为传动零件的定位和导向部分。如曲轴支承在机身主轴承孔中，十字头体以机身滑道孔导向。

ⅱ. 作为压缩机承载部分。压缩机中的作用力，有内力和外力两类。内力是作用在活塞和气缸盖上的气体压力。外力是运动部件质量惯性力。

ⅲ. 作为气缸的支承，并连接某些辅助部件如润滑系统、盘车系统和冷却系统等，以组成整台机器。

按照气缸轴心线的相对位置，活塞式压缩机分为立式（Z型）、卧式（P型）、角式三大类。L型压缩机是一种角式压缩机，国产 5000 吨小化肥广泛采用这种压缩机，其机身的结构较为典型。例如有的对称平衡型的基准零件就是曲轴箱，它只有轴承孔系和中体安装孔系。此外影响机身结构特点的因素还有：有无十字头、滑道与机身是铸成一体还是可拆分的。

机身上垂直交叉的两个滑道顶端的法兰上个安装一个气缸，气缸内的活塞由十字头体、活塞杆带动作往复运动，压缩气体，机身底部有存放润滑油的贮油池，有的压缩机在机身底部还装有油冷却器，机身外部装有注油器等。因此，机身的加工精度在很大程度上决定了压缩机的整机质量。机身加工不当，将使压缩机的运动部件过早磨损，连接处的间隙改变，引起振动，从而破坏压缩机的正常工作。

图 3-25 为 L 型活塞式压缩机机身零件图。由图可知，$\phi240J7$ 和 $\phi490H7$ 为主轴承孔，采用滚动轴承结构。因为曲轴部件尺寸较大，为便于曲轴部件装入机身，其中一个主轴承孔做成 $\phi490H7$，与轴承座相配，而滚动轴承则装在轴承座内。曲轴的曲柄销上装两个连杆，连杆的小端通过十字头销与十字头体连接，十字头体由机身滑道孔 $\phi180H8$ 支承并导向。

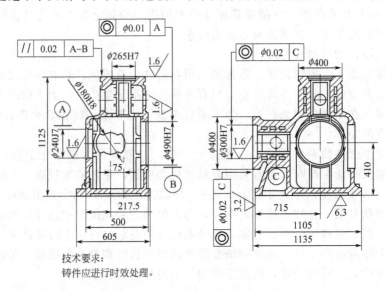

技术要求：
铸件应进行时效处理。

图 3-25　L 型活塞式压缩机机身零件简图

表 3-5　机身技术要求

零件名称	项目名称	公差等级或公差值不低于
L 型机身	轴承座孔对轴承孔的同轴度	8 级
	十字头滑道轴线对轴承孔轴线的垂直度	6 级
	安装气缸的定位止口轴线对十字头滑道轴线的同轴度	8 级
	安装气缸或中体的贴合面对轴承孔轴线的平行度	7 级
	轴承孔和轴承座孔的圆柱度	
	D≤220mm	7 级
	D>220mm	8 级
	十字头滑道摩擦面	粗糙度 Ra 值不高于 0.8μm
	主轴承孔	粗糙度 Ra 值不低于 1.6μm
机身装配要求	机身装在基础上其纵横向的水平轴承孔轴线的同轴度	不大于 $\phi1.05$mm/1000mm

JB/TQ 301—1982《大型往复式压缩机技术条件》对机身形位公差、装配要求及表面粗糙度规定见表 3-5。

3.4.2.2　机身机械加工的工艺特点

机身主要加工表面为尺寸较大的平面和相互位置精度要求较高的孔系。其主要加工表面有：整个机器安装在基础上的支承面（机身底平面）上，为了减少接触面积，降低加工成本，机身底平面一般作成不连续的环形平面；安装曲轴部件的主轴承孔及其端面；水平列和垂直列的滑道孔和安装气缸的止口及其法兰端面。这些表面的加工质量决定了装配在机身上的各个零部件的位置的正确性和装配的可靠性，以及机器运动的准确性。加工过程中，按"先面后孔"的工艺原则，先加工出尺寸大的平面，然后以平面定位加工孔系。

3.4.2.3　定位基准的选择

机身的主要加工表面可划分为三组，其技术要求、定位基面及加工方法等列表 3-6 说明。

表3-6 机身主要加工表面的定位基面与加工方法

加工表面	加工要求	定位基面	加工方法	加工顺序
两轴承及其端面	ϕ490H7,Ra 值 1.6μm;ϕ240J7,Ra 值 1.6μm;圆柱度公差,两轴承孔轴线同轴度	底面,并按划线找正轴线	粗镗—精镗	2
滑道孔、气缸安装止口及其端面	ϕ180H7,Ra 值 0.8μm;与 ϕ265H7 两孔轴线同轴度,ϕ180 轴线对轴承孔轴线垂直度,ϕ265H7 孔端面对轴承孔轴线平行度,两滑道孔轴线距离 75mm	大轴承孔及其端面,并按划线找正轴线	粗镗—精镗 或 粗镗—精铰 或 粗镗—珩磨	3
底平面	Ra6.3μm	粗加工:按划线找正 精加工:大轴承孔及其端面,并找正	粗刨—精刨 或 粗铣—精铣	1

（1）粗基准的选择

因机身形状复杂，加工表面多，相互位置精度要求较高，且非加工表面也较多，在一般批量不大时，铸造机身一般根据各主要表面之间，以及加工表面与某些非加工表面之间的相互关系划线建立粗基准。毛坯精度不太高时，就不可能以某一两个表面作唯一粗基准，而采用划线法来建立基准（划线是以轴承孔为基准）。

通过划线，可以检查毛坯尺寸，判断毛坯是否合格，合理分配各主要加工面的加工余量，并保证加工面与非加工面之间正确的相对位置。L 型压缩机机身在加工中有两次划线。第一次是划全线也叫立体划线，先划线使滑道孔及主轴承孔加工余量均匀，并且使两轴线垂直共面。再以主轴承孔和滑道孔为基准，对其他部位划线。第二次对各法兰上的螺纹孔划线。

划线时，将机身放置在三个相互垂直的位置，分别划出主要加工面线。第一次划线顺序为：

ⅰ. 将小轴承孔端面向下［图 3-26(a)］，划两滑道孔轴心线（距离为 75mm）及两轴承孔端面线，保证尺寸 217.5mm 和 500mm。

ⅱ. 将工件转过 90°，底平面向下［图 3-26(b)］，并校正轴承孔端面线，使处于垂直位置。划主轴承孔中心线，划水平列滑道孔中心十字线及圆线，划底平面加工线 410mm 和垂直列滑道孔端面线 715mm。

ⅲ. 将工件再转过 90°，与原先两个位置垂直［图 3-26(c)］。划主轴承孔中心线及圆线，划垂直列滑道孔中心线及圆线，划水平列滑道孔端面加工线，尺寸为 715mm。

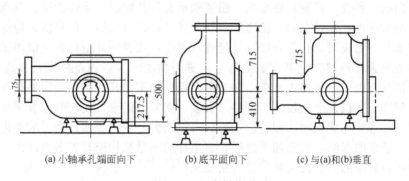

(a) 小轴承孔端面向下　　(b) 底平面向下　　(c) 与(a)和(b)垂直

图 3-26 机身划线图

（2）精准准的选择

① 加工两轴承孔的定位基准　为了保证两轴承孔轴线的同轴度以及轴承孔轴线相对于其端面的垂直度，在同一次安装中，镗杆从一个方向加工两孔，这同时也缩短了工件安装的辅助时间。粗、精镗轴承孔时，可以以大而稳定的底平面定位，并按划线找正轴承孔轴线，使之与镗杆轴线重合。

② 加工滑道孔的定位基准　为了保证滑道孔与气缸安装止口的同轴度以及轴线与端面的垂直度，在一次安装中加工这些表面。另外，以轴承孔及其端面定位加工滑道孔，因轴承孔及其端面较大，平稳可靠，可保证滑道孔轴线对轴承孔轴线的垂直度，而且在加工两垂直交叉的滑道孔时，能采用同一基准（轴承孔及其端面）一次安装中加工。

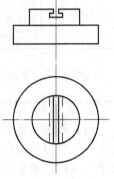

镗滑道孔时，也只需预先设计制造一个简单的定位镗模（胎具），见图3-27。加工前，将该胎具安装在镗床工作台上，调整镗杆轴线与胎具轴线在垂直于工作台的同一平面内。然后将工件安放于胎具上，定位找正，使滑道孔轴线与镗杆轴线同轴。加工完一个滑道孔和气缸安装止口后，将镗床工作台转动90°，升高镗床主轴，用定距棒及百分表控制使移动距离为两滑道轴线中心距，然后加工另一个滑道。

图 3-27　镗滑道
孔用胎具

③ 加工底平面的定位基准　如一开始就加工底平面，且粗、精加工合并为一道工序，可按照划线找正来定位。如粗、精加工分开，则精加工底平面时，可以用已粗镗、半精镗的大轴承孔及其端面定位，并找正底平面来确定工件的位置。

3.4.2.4　机身机械加工的工序顺序

拟定压缩机机身机械加工顺序时需考虑如下问题。

① 时效处理　机身是尺寸较大、形状复杂的铸件，为了保证加工精度，需安排时效处理以消除铸造和粗加工产生的内应力。通常机械加工前采取毛坯一次退火的人工时效处理，在加工中不再安排时效处理，以避免加工过程中往返运输。对于精度要求高或形状特别复杂的机体，粗加工后再进行一次人工时效处理，消除粗加工产生的内应力，使变形稳定。

② 划线工序　过程机器的制造，由于批量不大，毛坯精度不高，形状又复杂，在加工中采用夹具（如铣、刨床夹具、镗床夹具、钻模等）的套数和复杂程度受到一定限制，所以在加工机身时，除了特别必须的工序，采用少数结构简单的定位夹具外，普遍采用按划线加工。通过划线以检查毛坯各部分的尺寸，确定各中心线的位置，分配加工余量，保证某些不加工表面对加工表面的相互位置等。

③ 粗、精加工工序的安排　根据上面对各主要加工面定位基准的分析，就可以确定其工艺路线：划线—粗铣（或刨）底平面—粗镗轴承孔及其端面—粗镗滑道孔及其端面—精加工底平面—精镗轴承孔及其端面—精镗滑道孔及其端面。也有的工厂将粗、精加工底平面安排在粗镗轴承孔、粗镗滑道孔，并经时效处理后进行，或者一开始就粗、精加工底平面。一般来说，各主要表面粗加工全部完成之后，再进行精加工，以保证精度，提高机床的利用率。但对于机身，由于形状庞大复杂，如果采用粗精加工分开，会带来工件在车间内的反复吊装、搬运问题，在机床上的校正、调整、安装、夹紧的困难，使工时大量增加，因此一般对某一主要表面连续完成粗加工和精加工后，再加工另一主要表面。为了减小内应力、夹紧力等对精加工质量的影响，在粗加工之后，将工件的夹紧机构松开，适当停留，让工件自由变形，然后再以较小的夹紧力夹紧，进行精加工。

通过上面的分析，可以确定机身主要加工的工序顺序：人工时效—划线—加工底面—加工主轴承孔系—加工滑道孔系—划线—螺纹孔的钻孔攻丝。

表 3-7 是批量不大的条件下，机身加工的工艺过程。

表 3-7　活塞式压缩机机身机械加工工艺过程

工序号	工 序 内 容	定位基准	设备
10	划全线		划线平台
20	加工底平面,及各侧面方窗口	按划线找正	龙门刨床
30	粗、精镗主轴承孔及端面	底平面及按划线找正	镗床
40	粗、精镗滑道孔、气缸贴合面端面及止口,铰或珩磨滑道孔	主轴承孔及其端面、按划线	镗床
50	划各法兰螺纹孔线	—	划线平台
60	钻、扩、铰、攻各光孔及螺孔,刮平各孔凸台	按划线、及钻模	组合钻床
70	钳工攻丝去毛刺		钳台

3.4.2.5　箱体零件的高效自动化加工

在单件、小批和成批生产中，应用加工中心机床在一次安装中加工出箱体零件，既降低加工费用，又提高生产效率。目前，多功能的精密卧式或立式加工中心正在取代单一用途的机床。国内压缩机制造业也已经利用加工中心加工机身、壳体等形状复杂零件。

箱体类零件结构形状复杂，工序转换多，加工要求高，而在结构上一般允许采用统一基准，所以箱体类零件适宜于采用加工中心。

加工中心是多工序自动换刀数控镗铣床，各种刀具都存放在刀库内。如 TC-800 卧式加工中心有 60 把刀具。工作循环开始，主轴箱和工作台分别移动至主轴中心，对准所需刀具的位置。主轴伸出，取出并夹紧刀具。退回主轴与工作台后开始进行切削。工序转换、刀具和切削参数选择、各执行部件的运动都由穿孔带发出指令，自动进行。换刀时间一般只有 $3 \sim 10s$。加工中心的定位精度为 $\pm 5\mu m$。可对工件的各个表面（除定位安装面）连续完成铣、钻、镗、铰及攻丝等多种工序。各工序可按任意顺序安排。另外还开发了交换工作台或可变主轴箱式的加工中心机床，可实现在线检测监控、精度补偿、操作过程显示等功能。表 3-8 是 L 形机身在加工中心主要加工过程。

表 3-8　L 形机身主要加工过程

工序号	工序内容	工艺基准	设备
10	划中心线和主要加工面线	—	划线平台
20	粗镗两轴承孔、半精镗大轴承轧(定位用)及其端面	底平面,并按划线找正	镗床
30	粗镗滑道孔及其端面	大轴承孔及其端面,按划线找正	镗床
40	时效处理	—	
50	粗、精刨底平面	大轴承孔及其端面,按划线找正	刨床
60	铣各窗口平面	底平面	铣床
70	精镗轴承及其端面	底平面,并找正轴承孔	镗床
80	精镗滑道孔及其端面	大轴承孔及其端面,找正滑道孔	镗床
90	钻、铰、攻各光孔及螺孔,刮平各孔平台	钻模及划线	钻床

由于加工中心实现了多工序自动连续加工循环，减少了零件周转、搬运和装夹次数，节省了大量工时。加工过程按指定的参数和程序进行，减轻了工人劳动强度，提高了效率，更好地保证了复杂零件的精度要求。

习　题

3-1　分析离心机主轴加工过程中安排各项热处理、无损检测的作用，及在整个工艺过程中的先后顺序。

3-2　分析盘形活塞各加工工序的先后顺序。

3-3　简述活塞式压缩机连杆和机身的主要技术要求。

3-4　分析加工连杆下述表面时所采用的定位基准，并简述选用这些定位基面的理由。

（1）粗、精车大头外形和连杆螺栓孔端面；

（2）从剖分面铣开大头；

（3）钻、扩、镗连杆螺栓孔；

（4）精镗大小头孔。

3-5　L型压缩机机身的 $\phi240J7$ 和 $\phi490H8$ 及其端面、底面、$\phi180$ 滑道孔可采用哪些方法加工并提出方案。

4 过程机器的装配工艺

4.1 装配和装配精度

4.1.1 装配的概念

装配是机器制造过程中的最后一个阶段。机器的质量最终是通过装配来保证的，装配质量在很大程度上决定机器的最终质量。另外通过机器的装配过程，可以发现机器设计和零件加工质量等存在的问题，并加以改进，以保证机器的工作质量。机器装配在机械制造过程中有非常重要的地位。

按规定的技术要求，将零件、组件或部件等进行配合和连接，使之成为成品或半成品的工艺过程称为装配。

为保证有效地进行装配工作，通常将机器划分为若干个能进行独立装配的部分，称为装配单元。一般情况下装配单元可划分为零件、套件、组件、部件和机器五个等级。

零件是组成机器的最小单元，它是由整块金属或其他材料制成的。零件一般都预先组成套件、组件、部件后才安装到机器上，直接装入机器的零件并不太多。

套件是在一个基准零件上，装上一个或若干个零件构成的。如组装式涡轮，为了节省贵重的青铜材料，可将青铜轮缘套装在铸铁轮芯上成为套件。将零件装配成套件的工艺过程称为套装。

组件是在一个基准零件上，装上若干套件及零件而构成的。它在机器中没有完整的功能。如齿轮箱中的轴系组件就是在基准轴上装上齿轮、轴套、垫片、键及轴承等构成的。将零件和套件装配成组件的工艺过程称为组装。

部件是在一个基准零件上，装上若干组件、套件和零件构成的。部件在机器中具有某一完整的功能。例如车床的主轴箱装配就是部件装配。将零件、套件和组件装配成部件的工艺过程称为部装。

在一个基准零件上，装上若干部件、组件、套件和零件就成为整个机器。例如：卧式车床就是以床身作为基准零件，装上主轴箱、进给箱、溜板箱等部件及其他组件、套件、零件所组成的。将零件、套件、组件和部件装配成最终机器的工艺过程称为总装。

装配就是套装、组装、部装和总装的统称。

4.1.2 装配工作的基本内容

装配不只是将合格的零件、套件、组件和部件等简单地连接起来，而需要根据一定的技术要求，通过校正、调整、平衡、配作以及反复检验等一系列工作来保证产品质量的一个复杂工艺过程。常见的装配工作内容有下列几项。

(1) 清洗

经检验合格的零件，装配前都要经过认真的清洗。零件在制造、运输和保管的过程中，避免不了会黏附上灰尘、切屑和油污等杂质，清洗的目的就是去除这些杂质。清洗后的零件通常还具有一定的中间防锈功能。对机器的关键部件，如轴承、密封件、精密偶件等，清洗尤为重要。

根据不同的情况，零件的清洗可以采用擦洗、浸洗、喷洗和超声清洗等不同的方法。至于清洗液、清洗工艺参数以及清洗次数的选择，要根据零件的清洁度的要求、材质、批量、杂质的性质以及黏附情况等因素来决定。

（2）连接

装配过程中要进行大量的连接，连接包括可拆卸连接和不可拆卸连接两种。可拆卸连接常用方法的有螺纹连接、键连接和销连接。不可拆卸连接常用的方法有焊接、铆接和过盈连接等。

（3）校正、调整与配作

校正是指产品中相关零部件相互位置的找正、找平及相应的调整工作，在产品总装和大型机械的基本件装配中应用较多。例如，车床总装中，主轴箱主轴中心与尾座套筒中心的等高度校正等。

调整是指产品中相关零部件相互位置的具体调节工作。除了配合校正工作之外，调整可保证机器中运动零部件的运动精度，也可用于调节运动副的间隙。例如轴承间隙、导轨副间隙及齿轮与齿条的啮合间隙的调整等。

配作是指配钻、配铰、配刮、配磨等，这是装配中附加的一些钳工和机械加工工作。配钻用于螺纹连接；配铰多用于定位销孔加工；而配刮、配磨则多用于运动副的结合表面。配作通常与校正和调整结合进行。

（4）平衡

对运转平稳性要求较高的机器，为防止在使用过程中因旋转质量不平衡产生离心惯性力所引起的振动，需对回转零部件（有时包括整机）进行平衡作业。平衡方法有静平衡和动平衡两种。对直径较大且长度较小的零件（如飞轮和带轮等），一般采用静平衡法消除静力不平衡；对长度较大的零件（如电动机转子和机床主轴等），为消除质量分布不均匀所引起的力偶不平衡和可能共存的静力不平衡，则要采用动平衡法。对旋转体内部的不平衡，需要结合校正方法采取以下措施。

ⅰ. 用补焊、铆接、胶接或螺纹连接等方法加配部分质量；

ⅱ. 用钻、铣、磨或锉等方法去除部分质量；

ⅲ. 在预制的平衡槽内改变平衡块的位置和数量，加以平衡。

（5）验收

验收是在装配工作完成后出厂前，按照有关技术标准的规定，对机器进行全面的检验和试验。各类机械产品不同，其验收的内容也不同，验收的方法自然也不同，但只有各项验收指标合格后，才能进行涂装、包装和出厂。

4.1.3　装配精度与零件精度的关系

（1）装配精度的概念

装配精度是指机器装配以后，各工作面间的相对位置和相对运动等参数与规定指标的符合程度。

装配精度不仅影响机器或部件的工作性能，而且影响它们的使用寿命。对于机床，装配精度将直接影响在机床上加工零件的加工精度。装配精度是制定装配工艺规程的主要依据，也是确定零件加工精度的重要依据。因此正确处理好机器或部件的装配精度问题，是产品设计的一个重要环节。

（2）装配精度的种类

机器的装配精度是按照机器的使用性能要求而提出的，可以根据国际标准、国家标准、部颁标准、行业标准或其他有关资料予以确定。机器的装配精度一般包括以下四项。

① 尺寸精度　尺寸精度是指相关零部件的距离精度和配合精度。例如装配体中有关零件间的间隙；齿轮啮合中非工作齿面间的侧隙；相配合零件间的过盈量等。

② 相互位置精度　相互位置精度是指相关零件间的平行度、垂直度及各种跳动等。例如卧式铣床刀杆轴心线和工作台面的平行度，车床主轴前后轴承的同轴度等。

③ 相对运动精度　相对运动精度是指有相对运动的零部件间在运动方向和运动位置上的精度。例如车床溜板移动相对主轴轴心线的平行度；滚齿机滚刀垂直进给运动和工作台旋转轴心线的平行度等。

④ 接触精度　接触精度是指相互接触、相互配合的表面间接触面积大小及接触点的分布情况。例如齿轮侧面接触精度要控制沿齿高和齿长两个方向上接触面积大小及接触斑点数。接触精度影响接触刚度和配合质量的稳定性，它取决于接触表面本身的加工精度和有关表面的相互位置精度。

不难看出，各装配精度之间存在着密切关系，相互位置精度是相对运动精度的基础，尺寸精度和接触精度对相互位置精度和相对运动精度的实现又有较大影响。

（3）装配精度与零件精度的关系

各种机器或部件都是许多零件有条件地装配在一起的，各个相关零件的误差累积起来，就反映到装配精度上。因此，机器的装配精度受零件特别是关键零件加工精度的影响很大。一般来说，零件的精度越高，装配精度则越容易得到保证。

但是，零件的加工精度受工艺条件、经济性的限制，特别当装配精度要求较高时，不能简单按装配精度要求来加工。在适当控制零件加工精度的前提下，常常通过装配过程中的选配、调整或修配等手段，来达到较高的装配精度要求。当然，装配过程中能否进行有关零件的选配、调整或修配工作，还要看装配体结构设计的是否合理。

为了合理地确定零件的加工精度，必须对零件精度和装配精度的关系进行综合分析。而进行综合分析的有效手段就是建立和分析产品的装配尺寸链。

4.2　装配尺寸链

4.2.1　装配尺寸链的概念

装配尺寸链是产品或部件在装配过程中，由相关零件的有关尺寸（表面或轴线间距离）或相互位置关系（平行度、垂直度或同轴度等）所组成的尺寸链。

同工艺尺寸链一样，装配尺寸链也是由封闭环和组成环组成，组成环也分为增环和减环。由于装配精度是零部件装配后最后形成的尺寸或位置关系，因此装配尺寸链的封闭环就是装配所要保证的装配精度或技术要求，即封闭环不是某一零部件的尺寸，而是不同零部件之间的相对位置精度和尺寸精度。而对装配精度有直接影响的零、部件的尺寸和位置关系，都是装配尺寸链的组成环。装配尺寸链也具有封闭性和关联性的特征。装配尺寸链是制订装配工艺、保证装配精度的重要工具。

图 4-1(a) 所示的轴组件中，齿轮 1 两端各有一个挡板 2 和 5，右端轴槽装有弹簧卡环 4。轴 3 固定不动，齿轮在轴上回转。为使齿轮能灵活转动，齿轮两端面与挡板之间应留有间隙，图中将此间隙画在右边一侧（即 A_0）。A_0 与该组件中五个零件的轴向尺寸 $A_1 \sim A_5$

构成封闭尺寸组，形成该组件的装配尺寸链，如图 4-1(b) 所示。间隙 A_0 是通过装配最后形成的，为封闭环；$A_1 \sim A_5$ 为对封闭环 A_0 有直接影响的相关尺寸，是组成环。其中 A_3 为增环，A_1、A_2、A_4 和 A_5 为减环。

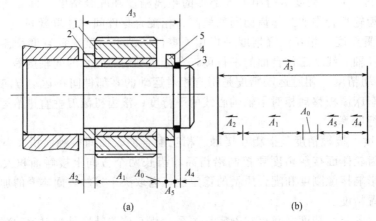

图 4-1　轴组件的结构及装配尺寸链

4.2.2　装配尺寸链的建立

装配尺寸链的建立是在装配图的基础上，根据装配精度的要求，找出与该精度有关的零件及其相应的有关尺寸，并画出装配尺寸链图。这是解决装配精度问题的第一步。只有所建立的装配尺寸链是正确的，求解它才有意义。

装配尺寸链中，封闭环属于装配精度，很容易查找。组成环是与装配精度有关的零部件上的相关尺寸，因为涉及的数量一般较多，而与该尺寸链无关的零部件尺寸也较多，因此组成环的查找是建立装配尺寸链的关键所在。

(1) 查找装配尺寸链的步骤

① 明确装配关系　看懂产品或部件的装配图，弄清各个零件的装配关系，弄懂各个零件或部件是如何确定其空间位置的，从而找出各个零件的装配基准。

② 确定封闭环　装配尺寸链的封闭环多为机器或部件的装配精度要求。明确装配精度要求，就能准确找到封闭环。

③ 查找组成环　装配尺寸链的组成环是相关零件上的相关尺寸。查找相关零件的方法一般是以封闭环两端所依的零件为起点，沿着封闭环位置的方向，以相邻零件的装配基准面为联系，由近及远地查找相关零件，直到找到同一零件或同一基准面把两端封闭为止。找到相关零件后，其上两装配基准面间的尺寸就是与该装配精度有关的尺寸，即组成环。

④ 画尺寸链图　当相关尺寸齐全后，即可像工艺尺寸链一样，画出尺寸链图，并确定组成环性质。

查找装配尺寸链时，关键要使整个尺寸链完全封闭。

(2) 查找装配尺寸链的原则

① 简化性原则　机械产品的结构通常都比较复杂，对装配精度有影响的因素很多，查找尺寸链时，在保证装配精度的前提下，可以不考虑那些影响较小的因素，使装配尺寸链适当简化。

图 4-2 表示车床前后两顶尖间的等高度要求。其装配尺寸链应表示为图 4-3(a) 所示。其中　A_0——前后两顶尖的等高度要求；

A_1——主轴锥孔中心线至箱体底面的距离；

A_2——尾座底板厚度；

A_3——尾座体孔轴线至尾座体底面的距离；

e_1——前顶尖轴线的平均位置与主轴箱体孔之间的同轴度；

e_2——后顶尖轴线与尾座套筒外圆轴线间的同轴度；

e_3——尾座套筒外圆与尾座体孔轴线间的同轴度；

e_4——床身上安装主轴箱体的平导轨与安装尾座底板的平导轨之间的平面度。

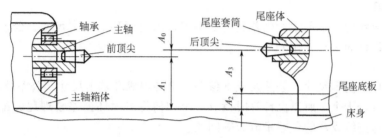

图 4-2   车床前后两顶尖间的等高度

该装配尺寸链中，A_0 为封闭环，A_1、A_2、A_3、e_1、e_2、e_3 和 e_4 为组成环。但由于 e_1、e_2、e_3、e_4 的数值相对 A_1、A_2、A_3 的误差而言是较小的，对装配精度影响也较小、故装配尺寸链可以简化成图 4-3(b) 所示的结果。

需要指明的是，在精密装配中，此类问题不可随意简化，应慎重考虑所有对装配精度有影响的因素。

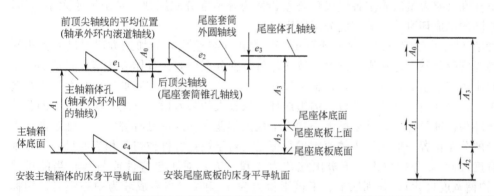

(a) 车床前后两顶尖等高度要求的装配尺寸链   (b) 车床前后两顶尖等高度要求的简化装配尺寸链

图 4-3   车床前后两顶尖间等高度要求的装配尺寸链

② 最短路线原则   由尺寸链的基本理论可知，在装配精度一定的条件下，组成环数越少，则各组成环所分配到的公差值就越大，零件加工越容易、越经济。因此，在产品结构设计时，在满足产品工作性能的条件下，应尽量简化产品结构，使影响产品装配精度的零件数尽量减少。

在查找装配尺寸链时，每个相关的零、部件只应有一个尺寸作为组成环列入装配尺寸链，即将连接两个装配基准面间的位置尺寸直接标注在零件图上。这样组成环的数目就等于有关零、部件的数目，即"一件一环"。

③ 方向性原则   在同一装配结构中，在不同位置方向都有装配精度的要求时，应按不同方向分别建立装配尺寸链，不同方向上的无关尺寸不可随意混淆。例如，蜗杆副传动结构

中，为保证正常啮合，要同时保证蜗杆副两轴线间的距离精度、垂直精度、蜗杆轴线与蜗轮中间平面的重合精度，这是三个不同位置方向的装配精度，因而需要在三个不同方向上分别建立尺寸链。

4.2.3　装配尺寸链的计算

4.2.3.1　装配尺寸链计算的类型

装配尺寸链的计算主要有三类计算问题。

（1）正计算

已知各组成环的基本尺寸、公差及上下偏差，求封闭环的基本尺寸、公差及上下偏差。主要用于产品设计的校对工作。

（2）反计算

已知封闭环的基本尺寸、公差及上下偏差，求各组成环基本尺寸、公差及上下偏差。由于组成环通常有若干个，所以反计算时就有一个如何将封闭环公差合理地分配给各组成环，以及如何确定这些组成环的公差带分布等问题。

组成环公差的大小一般按尺寸大小和加工的难易程度进行分配，主要有三种分配原则。

① 等公差分配原则　不考虑各组成环的尺寸大小及加工的难易程度，将封闭环公差平均分配给每一组成环，称为等公差分配原则。对于尺寸相近，加工方法相同的组成环可采用等公差分配原则。

$$T_{av,L} = T_0/(n-1)$$

② 等精度分配原则　各组成环取相同的精度等级，并以平均公差值为基础，按组成环尺寸大小由标准公差表最后确定各组成环公差，称为等精度分配原则。对于尺寸大小不同，加工方法相同的组成环可采用等精度分配原则。

③ 按实际可行性分配公差　对于实际的产品，由于各组成环的加工方法、尺寸大小和加工的难易程度等都不一定相同，此时可按实际可行性分配公差。具体方法是，先按等公差分配原则初步确定各组成环的公差，再根据尺寸大小、加工难易及实际加工可行性等进行调整。一般来说，尺寸较大和工艺性较差的组成环应取较大的公差值；反之，应取较小的公差值。当组成环为标准尺寸时，其公差大小和上下极限偏差在标准中已有规定，是确定值。

公差带的分布位置一般按照入体原则进行标注。对于被包容件或与其相当的尺寸（如轴径及轴肩宽度尺寸），分别取上、下极限偏差为 0 和 $-T_i$；对于包容件或与其相当的尺寸（如孔径及轴槽宽度尺寸），分别取上、下极限偏差为 T_i 和 0。当组成环为中心距时，则标注成对称偏差，即分别取上、下极限偏差为 $\frac{1}{2}T_i$ 和 $-\frac{1}{2}T_i$。

（3）中间计算

已知封闭环尺寸和部分组成环尺寸，求某一组成环尺寸。该方法常用于加工过程中基准不重合时计算工序尺寸。

4.2.3.2　装配尺寸链的计算公式

无论哪一类计算问题，其尺寸链的计算均有两种计算方法：极值法和概率法。极值法是在各环尺寸处于极端情况下来确定封闭环与组成环关系的一种方法。极值法简单、可靠，但反计算时求得的组成环公差较小，从而使零件加工困难和制造成本增加。实际上尺寸链中各组成环处于极端情况是极少出现的，因此当反计算求得的组成环公差过小时，常用概率法计算。概率法应用概率论原理来进行尺寸链计算。下面介绍直线装配尺寸链的计算公式。

（1）极值算法

用极值法解直线装配尺寸链的计算公式与第 2 章中工艺尺寸链的计算公式相同，具体计算公式见式(2-1)～式(2-8)。

（2）概率算法

尺寸链中各环参数间的关系如图 4-4 所示。

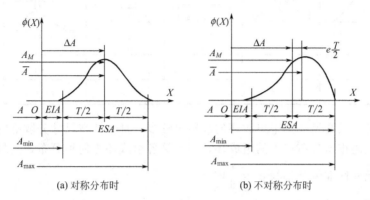

(a) 对称分布时　　　　　　　　(b) 不对称分布时

图 4-4　尺寸链中各环参数间的关系

① 封闭环的基本尺寸 A_0

$$A_0 = \sum_{i=1}^{m} \overrightarrow{A_i} - \sum_{i=m+1}^{n-1} \overleftarrow{A_i} \tag{4-1}$$

式中　A_0——封闭环的基本尺寸；

A_i——第 i 个组成环的基本尺寸；

n——包括封闭环在内的总环数；

m——增环的环数。

② 封闭环的公差 T_{0S}　在制造过程中，各组成环是彼此独立的随机变量，由概率论的知识可知，作为各组成环合成量的封闭环也是一个随机变量，且封闭环的标准偏差 σ_0 与各组成环的标准偏差 σ_i 之间存在下列关系。

$$\sigma_0 = \sqrt{\sum_{i=1}^{n-1} \sigma_i^2} \tag{4-2}$$

ⅰ. 当各组成环接近正态分布时，封闭环也接近正态分布。此时，封闭环的误差量为 $W_0 = 6\sigma_0$，即 $\sigma_0 = \dfrac{1}{6} W_0$。各组成环的误差量为 $W_i = 6\sigma_i$，即 $\sigma_i = \dfrac{1}{6} W_i$。将 σ_0 和 σ_i 带入式(4-2)，可得

$$W_0 = \sqrt{\sum_{i=1}^{n-1} W_i^2}$$

若取封闭环和组成环的误差量 W_0、W_i 分别等于公差值 T_{0S} 和 T_i，则上式可转化为

$$T_{0S} = \sqrt{\sum_{i=1}^{n-1} T_i^2} \tag{4-3}$$

ⅱ. 当各组成环呈非正态分布时，其误差量应为 $W_i = \dfrac{6\sigma_i}{k_i}$，即 $\sigma_i = k_i \dfrac{1}{6} W_i$。$k_i$ 称为组成环相对分布系数，它表示各组成环的分布曲线与正态分布曲线的相异程度，其值与分布曲线的形状有关，可由表 4-1 查取。

表 4-1　常见的尺寸分布曲线及其 e 和 k 值

分布特征	正态分布	三角分布	均匀分布	瑞利分布	偏态分布	
					外尺寸	内尺寸
分布曲线						
e	0	0	0	−0.28	0.26	−0.26
k	1	1.22	1.73	1.14	1.17	1.17

对于封闭环，只要尺寸链中组成环的环数足够多，且不存在尺寸分散范围比其他各组成环大很多而又偏离正态分布很大的组成环，则不管各组成环为何种分布，其封闭环总是接近正态分布。因此其标准偏差仍为 $\sigma_0 = \frac{1}{6}W_0$。

将 σ_0 和 σ_i 带入公式(4-2)，可得

$$W_0 = \sqrt{\sum_{i=1}^{n-1} k_i^2 W_i^2}$$

仍取封闭环和组成环的误差量 W_0、W_i 分别等于其公差值 T_{0S} 和 T_i，则上式可转化为

$$T_{0S} = \sqrt{\sum_{i=1}^{n-1} k_i^2 T_i^2} \tag{4-4}$$

式(4-4)中，若各组成环呈正态分布，且其公差值相等，即 $k_i = k = 1$，$T_i = T_{av,s}$，则可求得各组成环的平均公差 $T_{av,s}$ 为

$$T_{av,s} = T_i = \frac{T_{0S}}{k\sqrt{n-1}} = \frac{T_{0S}}{\sqrt{n-1}} = \frac{\sqrt{n-1}}{n-1}T_{0S} \tag{4-5}$$

将式(4-5)与用极值法求得的组成环平均公差 $T_{av,L} = \frac{1}{n-1}T_{0L}$ 相比较可知，在相同的装配精度要求下（即 $T_{0S} = T_{0L}$），由概率法求出的组成环平均公差比极值法求出的组成环平均公差大 $\sqrt{n-1}$ 倍。而且组成环数目越大，其平均公差扩大越多。由此可见，概率法适用于环数较多的尺寸链。

实际的概率法平均公差的扩大倍数比 $\sqrt{n-1}$ 要小一些，因为各组成环未必都是正态分布，其 $k_i > 1$。

ⅲ. 近似估算法。实际生产中，各组成环的误差分布情况往往难以准确确定，为简化计算，可近似假定各组成环误差为对称分布（即 $e_i = 0$）、公差带等于误差量（即 $T_i = W_i = 6\sigma_i$）以及各组成环的相对分布系数相等（即 $k_i = k$）。根据此假设，由公式(4-4)可得封闭环的当量公差 T_{0E} 为

$$T_{0E} = k\sqrt{\sum_{i=1}^{n-1} T_i^2} \tag{4-6}$$

式中，k 建议在 $1.2 \sim 1.7$ 范围内选取，一般取 $k = 1.5$。

应当指出，采用概率近似估算法要求尺寸链中组成环的数目不能太少。环数越多，近似估算法的实用性越大。

③ 封闭环的平均尺寸 A_{0M} 和中间偏差 ΔA_0。 根据概率论原理，封闭环的算术平均值等于各增环的算术平均值之和减去各减环的算术平均值之和，即

$$\overline{A_0} = \sum_{i=1}^{m} \overrightarrow{A_i} - \sum_{i=m+1}^{n-1} \overleftarrow{A_i} \tag{4-7}$$

ⅰ. 当各组成环呈对称分布，且误差分布中心与尺寸公差带中心重合时〔见图 4-4（a）〕，各环的算术平均值 $\overline{A}$ 等于其平均尺寸 A_M。结合式（4-7），可得封闭环的平均尺寸为

$$A_{0M} = \sum_{i=1}^{m} \overrightarrow{A_{iM}} - \sum_{i=m+1}^{n-1} \overleftarrow{A_{iM}} \tag{4-8}$$

即封闭环的平均尺寸等于各增环的平均尺寸之和减去各减环的平均尺寸之和。式中，各组成环的平均尺寸为

$$A_{iM} = \frac{A_{i\max} + A_{i\min}}{2}$$

将式（4-8）减去基本尺寸式（4-1），可得封闭环的中间偏差为

$$\Delta A_0 = \sum_{i=1}^{m} \Delta \overrightarrow{A_i} - \sum_{i=m+1}^{n-1} \Delta \overleftarrow{A_i} \tag{4-9}$$

即封闭环的中间偏差等于各增环的中间偏差之和减去各减环的中间偏差之和。式中，各组成环的中间偏差为

$$\Delta A_i = \frac{ESA_i + EIA_i}{2}$$

式中，ESA_i、EIA_i 分别为各组成环的上偏差和下偏差。

ⅱ. 当组成环呈非对称分布时〔见图 4-4（b）〕，各组成环的算术平均值 $\overline{A_i}$ 相对公差带中心尺寸（即平均尺寸 A_{iM}）产生一个偏移量 $e_i \dfrac{T_i}{2}$。e_i 称为相对不对称系数，表示各组成环误差分布的不对称程度，其值可查表 4-1。由图 4-4（b）可知，各组成环 $\overline{A_i}$ 和 A_{iM} 之间存在下列关系。

$$\overline{A_i} = A_{iM} + \frac{1}{2} e_i T_i = A_i + \Delta A_i + \frac{1}{2} e_i T_i \tag{4-10}$$

将式（4-10）代入式（4-7），并考虑封闭环仍为正态分布，即 $e_0 = 0$；$\overline{A_0} = A_{0M}$，可得封闭环的平均尺寸为

$$A_{0M} = \sum_{i=1}^{m} \left(\overrightarrow{A_{iM}} + \frac{1}{2} e_i T_i \right) - \sum_{i=m+1}^{n-1} \left(\overleftarrow{A_{iM}} + \frac{1}{2} e_i T_i \right) \tag{4-11}$$

将式（4-11）减去基本尺寸公式（4-1），可得封闭环的中间偏差为

$$\Delta A_0 = \sum_{i=1}^{m} \left(\Delta \overrightarrow{A_i} + \frac{1}{2} e_i T_i \right) - \sum_{i=m+1}^{n-1} \left(\Delta \overleftarrow{A_i} + \frac{1}{2} e_i T_i \right) \tag{4-12}$$

④ 封闭环的极限偏差 按式（4-13）、式（4-14）计算

上偏差

$$ESA_0 = \Delta A_0 + \frac{T_0}{2} \tag{4-13}$$

下偏差

$$EIA_0 = \Delta A_0 - \frac{T_0}{2} \tag{4-14}$$

⑤ 封闭环的极限尺寸 按式（4-15）、式（4-16）计算

最大极限尺寸

$$A_{0\max} = A_0 + ESA_0 \tag{4-15}$$

最小极限尺寸

$$A_{0\min} = A_0 + EIA_0 \tag{4-16}$$

4.3 装配方法及选择

4.3.1 完全互换装配法

装配机器或部件时，凡合格零件不经任何选择、修配和调整，就能达到规定的装配要求，称为完全互换装配法。完全互换装配法的实质是控制零件的加工误差来保证装配精度。完全互换装配法的优点是：装配过程简单，生产率高；对工人技术水平要求不高；有利于组织流水生产；容易实现零、部件的专业协作，降低成本；有利于产品的维修和配件供应。

完全互换装配法一般用于装配精度要求较低的尺寸链，或装配精度较高但环数少的尺寸链中。由于有上述优点，只要能满足零件的经济加工精度要求，无论何种生产类型首先考虑采用完全互换法装配。特别在大批量生产时，例如汽车、拖拉机、轴承及自行车等产品的装配中。

完全互换法的缺点是在一定的封闭环公差要求下，允许的组成环公差较小，即零件的加工精度要求较高。

完全互换法用极值法来计算装配尺寸链。当装配精度要求已经确定，进行装配尺寸链的计算时，若各组成环的公差和极限偏差都按前面介绍的原则来确定，则封闭环的公差和极限偏差要求往往不能恰好满足，为此需从组成环中选出一个组成环，其公差和极限偏差通过计算确定，使之与其他各环相协调，以满足封闭环的公差和极限偏差要求。这种被选定的组成环称为协调环。一般选取便于加工和便于采用通用量具测量的环作为协调环。

例 4-1 图 4-1(a) 是一个轴组件的结构简图，要求装配后的轴向间隙 $A_0 = 0.10 \sim 0.35$mm（即 $A_0 = 0^{+0.350}_{+0.100}$）。已知相关零件的基本尺寸为 $A_1 = 30$mm，$A_2 = 5$mm，$A_3 = 43$mm，$A_4 = 3$mm，$A_5 = 5$mm。弹簧卡环 4 为标准件，按标准规定 $A_4 = 3^{0}_{-0.05}$mm。试按完全互换法确定各尺寸的公差和上下极限偏差。

解 （1）建立并画出装配尺寸链，检验各环的基本尺寸

轴组件的装配尺寸链如图 4-1(b) 所示，其中 A_0 为封闭环，$A_1 \sim A_5$ 为组成环，各组成环中，A_3 为增环，其他各环为减环。完全互换法采用极值法计算装配尺寸链。

封闭环的基本尺寸由式(4-1) 计算为

$$A_0 = \overrightarrow{A_3} - (\overleftarrow{A_1} + \overleftarrow{A_2} + \overleftarrow{A_4} + \overleftarrow{A_5}) = 43 - (30 + 5 + 3 + 5) = 0$$

封闭环的基本尺寸符合规定要求，因此，各组成环的基本尺寸无误。

（2）确定各组成环的公差和极限偏差

为验证采用完全互换法的可行性，可先按"等公差"法计算出各环所能分配到的平均公差为

$$T_{av, L} = \frac{T_0}{n-1} = \frac{0.25}{6-1} = 0.05 \text{ （mm）}$$

按此平均公差和各组成环的基本尺寸查标准公差表，可估算出各组成环的平均公差等级约为 IT9～IT11。按此平均公差等级确定的公差可以加工，因此可以采用完全互换法进行装配。

由于本例中各组成环的加工方法不相同，因此不宜采用等公差和等精度原则分配各组成环公差，而应按实际可行性进行分配。考虑到 A_1 尺寸容易保证加工公差，故取其为 IT9 级公差；A_2 和 A_5 尺寸的加工公差较难保证，取其为 IT10 级公差。尺寸 A_3 在成批生产中常采用通用量具测量，故取为协调环。

根据以上确定的各组成环公差等级和基本尺寸查标准公差表，可得各组成环的公差为

$T_1 = 0.052$ (IT9)，$T_2 = 0.048$ (IT10)，$T_4 = 0.050$ (已知)，$T_5 = 0.048$ (IT10)

再按入体原则确定各组成环的上下极限偏差。

$$A_1 = 30_{-0.052}^{\ \ 0}\,mm,\ A_2 = 5_{-0.048}^{\ \ 0}\,mm,\ A_4 = 3_{-0.050}^{\ \ 0}\,mm,\ A_5 = 5_{-0.048}^{\ \ 0}\,mm$$

(3) 确定协调环的公差和极限偏差

根据式(2-6)可求出协调环 A_3 的公差为

$$\begin{aligned}
T_3 &= T_0 - (T_1 + T_2 + T_4 + T_5) = 0.250 - (0.052 + 0.048 + 0.05 + 0.048)\\
&= 0.052\,(mm)(IT8\sim IT9)
\end{aligned}$$

根据式(2-4)和式(2-5)可求得组成环 A_3 的上下极限偏差，即由

$$\begin{aligned}
ESA_0 &= ES\overrightarrow{A_3} - (EI\overrightarrow{A_1} + EI\overrightarrow{A_2} + EI\overrightarrow{A_4} + EI\overrightarrow{A_5})\\
&= ES\overrightarrow{A_3} - (-0.052 - 0.048 - 0.05 - 0.048)\\
&= ES\overrightarrow{A_3} + 0.198
\end{aligned}$$

可得 $ES\overrightarrow{A_3} = ESA_0 - 0.198 = 0.350 - 0.198 = 0.152$ (mm)

又 $EI\overrightarrow{A_3} = ESA_3 - T_3 = 0.152 - 0.052 = 0.100$ (mm)

因此 $A_3 = 43_{+0.100}^{+0.152}\,mm$

4.3.2 部分互换装配法

当装配精度要求较高，且尺寸链环数较多时，完全互换法就难以满足对零件的经济精度要求。因此在大批大量生产条件下，就可采用部分互换装配法（也称大数互换法）。装配时各组成环也不需要挑选或改变其大小和位置，但装配时有少数零件不能互换。为此，应采取适当的工艺措施，如更换不合格件或进行产品返修等。此法多用于装配精度要求较高和组成环数目较多的大批量生产的产品装配中，例如机床及仪器仪表等产品的装配。部分互换装配法用概率法解算装配尺寸链。

例 4-2 图 4-1(a) 是一个轴组件的结构简图，要求装配后的轴向间隙 $A_0 = 0.10 \sim 0.35\,mm$（即 $A_0 = 0_{+0.100}^{+0.350}$）。已知相关零件的基本尺寸为 $A_1 = 30\,mm$，$A_2 = 5\,mm$，$A_3 = 43\,mm$，$A_4 = 3\,mm$，$A_5 = 5\,mm$。弹簧卡环 4 为标准件，按标准规定 $A_4 = 3_{-0.05}^{\ \ 0}\,mm$。试按部分互换装配法确定各尺寸的公差和上下极限偏差。

解 (1) 建立并画出装配尺寸链

轴组件的装配尺寸链如图 4-1(b) 所示，其中 A_0 为封闭环，$A_1 \sim A_5$ 为组成环，各组成环中，A_3 为增环，其他各环为减环。部分互换装配法的装配尺寸链采用概率法计算。

(2) 确定各组成环的公差和极限偏差

由于缺乏各组成环误差分布情况的统计资料，因此采用概率法的估算公式求各组成环的平均当量公差。由式(4-6)可得

$$T_{av,E} = \frac{T_0}{k\sqrt{n-1}} = \frac{0.250}{1.5 \times \sqrt{6-1}} = 0.075\ (mm)$$

按此平均当量公差和各组成环的基本尺寸查标准公差表，可估算出各组成环的平均公差等级约为 IT10。

由于各组成环的加工方法不相同，因此应按实际可行性进行分配。考虑到 A_1 尺寸容易保证加工公差，故取其为 IT10 级；A_2 和 A_5 尺寸的加工公差较难保证，取其为 IT11 级。尺寸 A_3 在成批生产中常采用通用量具测量，故取为协调环。

查标准公差表，可得各组成环的公差为

$T_1 = 0.084$ (IT10)，$T_2 = 0.075$ (IT11)，$T_4 = 0.050$ （已知），$T_5 = 0.075$ (IT11)

再按入体原则确定各组成环的上下极限偏差为

$$A_1 = 30_{-0.084}^{0}\,\text{mm}, \quad A_2 = 5_{-0.075}^{0}\,\text{mm}, \quad A_4 = 3_{-0.050}^{0}\,\text{mm}, \quad A_5 = 5_{-0.075}^{0}\,\text{mm}$$

（3）确定协调环的公差和极限偏差

由式（4-6）可得

$$T_0 = k\sqrt{\sum_{i=1}^{n-1} T_i^2} = k\sqrt{T_1^2 + T_2^2 + T_3^2 + T_4^2 + T_5^2}$$

设 $k = 1.5$，由上式可求得 A_3 的公差为

$$T_3 = \sqrt{\left(\frac{T_0}{K}\right)^2 - (T_1^2 + T_2^2 + T_3^2 + T_4^2 + T_5^2)} = \sqrt{\left(\frac{0.25}{1.5}\right)^2 - (0.084^2 + 0.075^2 + 0.050^2 + 0.075^2)}$$

$$= 0.084 \ (\text{mm}) \ (\text{IT9} \sim \text{IT10})$$

近似计算中，设各组成环的误差为对称分布，即 $e_i = 0$，由式（4-9）可求得协调环 A_3 的中间偏差 ΔA_3，即

$$\Delta A_0 = \sum_{i=1}^{m} \Delta \overrightarrow{A_i} - \sum_{i=m+1}^{n-1} \Delta \overrightarrow{A_i} = \Delta \overrightarrow{A_3} - (\Delta \overrightarrow{A_1} + \Delta \overrightarrow{A_2} + \Delta \overrightarrow{A_4} + \Delta \overrightarrow{A_5})$$

由此求得 $\Delta \overrightarrow{A_3}$ 为

$$\Delta \overrightarrow{A_3} = \Delta A_0 + (\Delta \overrightarrow{A_1} + \Delta \overrightarrow{A_2} + \Delta \overrightarrow{A_4} + \Delta \overrightarrow{A_5})$$

$$= 0.225 + (-0.042 - 0.0375 - 0.025 - 0.0375) = 0.083\,\text{mm}$$

式中，ΔA_0 和 ΔA_i 由公式 $\Delta A = \frac{1}{2}(ESA + EIA)$ 求得。

协调环的上下极限偏差由式（4-13）求得为

$$ESA_3 = \Delta A_3 + \frac{1}{2}T_3 = 0.083 + \frac{1}{2} \times 0.084 = 0.125 \ (\text{mm})$$

$$EIA_3 = \Delta A_3 - \frac{1}{2}T_3 = 0.083 - \frac{1}{2} \times 0.084 = 0.041 \ (\text{mm})$$

因此 $A_3 = 43_{+0.041}^{+0.125}$ （mm）

由以上计算结果可以看出，在同样的封闭环公差（T_0）要求下，按部分互换装配法确定的各组成环公差等级比按完全互换法确定的公差等级要低，也就是说其加工比较容易。

4.3.3 选择装配法

在成批或大量生产条件下，若尺寸链环数不多，而装配精度要求很高时，采用完全互换法或部分互换法都将使零件公差过小，甚至超过了加工工艺的现实可能性，例如内燃机活塞与缸套的配合；滚动轴承内、外环与滚珠的配合等。在这种情况下，就不宜甚至不能依靠零件的加工精度来保证装配精度，而可以采用选择装配法。

选择装配法的实质是把各组成环公差放宽到经济可行的程度，装配时采用选择装配的办法，来保证规定的装配精度要求。

（1）直接选配法

直接选配法是由装配工人从许多待装配的零件中，用简单的量具和凭借经验选择合适的零件来进行装配。这种装配方法不需将零件分组，但工人选择零件需要较长的时间，而且装配质量在很大程度上取决于工人的技术水平，装配质量不稳定。因此，该法不适用于对节拍要求严格的大批大量流水线装配中。

（2）分组装配法

在大批大量生产中，如装配精度要求很高，组成环很少，则组成环公差很小，加工困难且不经济，可将各组成环公差扩大几倍，使之按经济精度加工；然后将零件按所要求的原公差分组，并按相应组进行装配，达到装配精度要求。这种装配方法称为分组装配法。例如汽车、拖拉机发动机的活塞销与活塞销孔的配合要求就是用分组互换法来达到的。

（3）复合选配法

复合选配法是上述两种方法的复合，即先将组成环公差扩大，零件加工后进行测量、分组，但分组数较少，每一组的零件数较多，公差范围较大。装配时在各对应组内凭经验进行选择装配。例如汽车发动机的汽缸与活塞的装配大多采用这种装配方法。

例 4-3 图 4-5（a）是发动机中活塞销与活塞销孔的配合情况，要求在冷态装配时有 0.0025～0.0075mm 的过盈量（即封闭环公差要求为 $T_0 = 0.005$mm）试按分组装配法确定分组数和各组成环的公差和极限偏差。

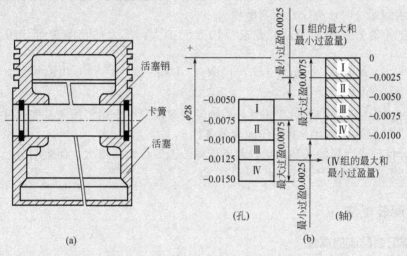

图 4-5　活塞销与活塞销孔的装配关系和分组尺寸公差带

解 首先计算各组成环的平均公差，以便分析本例采用分组装配法的合理性。

$$T_{av,L} = \frac{T_0}{n-1} = \frac{0.005}{3-1} = 0.0025 \text{（mm）}$$

根据此平均公差值和组成环基本尺寸查标准公差表，可知组成环的平均公差等级约为 IT2 级。显然，此公差等级太高，加工不经济，不宜采用互换装配法。生产中一般采用分组装配法。

（1）确定组成环加工的经济精度及其公差

活塞销外圆和销孔可分别在无心磨床和金刚镗床上加工，查工艺手册可知，它们的经济加工公差等级均为 IT6，相应的公差值为 0.013mm。

（2）扩大组成环公差

为了使组成环公差接近经济加工公差，将设计所要求的公差同方向扩大四倍，即将组成环公差由 0.0025mm 放大到 0.01mm。这样，活塞销直径的极限偏差由 $d = 28^{~~0}_{-0.0025}$mm 扩大到 $d = 28^{~~0}_{-0.010}$mm，活塞销孔的直径由 $D = 28^{-0.0050}_{-0.0075}$mm 扩大到 $D = 28^{-0.005}_{-0.015}$mm。

（3）测量和分组

零件加工后用精密量具测量尺寸，按其偏差大小分成四组，并涂上不同的颜色，以便按对应组装配时加以区别。具体分组情况见图 4-5（b）及表 4-2。

表 4-2　活塞销与活塞销孔的直径分组

组别	标志颜色	活塞销直径 d $\phi28_{-0.010}^{0}$	活塞销孔直径 D $\phi28_{-0.015}^{-0.005}$	配合情况	
				最小过盈	最大过盈
Ⅰ	红	$\phi28_{-0.00250}^{0}$	$\phi28_{-0.0075}^{-0.0050}$		
Ⅱ	白	$\phi28_{-0.0050}^{-0.0025}$	$\phi28_{-0.0100}^{-0.0075}$	0.0025	0.0075
Ⅲ	黄	$\phi28_{-0.0075}^{-0.0050}$	$\phi28_{-0.0125}^{-0.0100}$		
Ⅳ	绿	$\phi28_{-0.0100}^{-0.0075}$	$\phi28_{-0.0150}^{-0.0125}$		

（4）按对应组进行装配

由表 4-2 可以看出，零件分组后各组零件的配合过盈量仍符合原来规定的要求。

应用分组装配法时还应注意下列事项。

ⅰ．配合件的公差应相等，公差应按同方向扩大，扩大的倍数应等于分组数，如图 4-5（b）所示。

ⅱ．分组数不宜过多，以免增加零件的测量、分组、贮存、运输及装配时的工作量。一般分组数为 3～6 组。

ⅲ．分组后各组零件的数量要相等，以便装配时配套。否则将出现某些尺寸的零件剩余积压。为此，装配时常备有一些用作配套的备件。

ⅳ．配合件的表面粗糙度和形状公差不应随公差的扩大而增大，而应与分组后的公差大小相适应。

4.3.4　修配装配法

4.3.4.1　修配装配法的概念

修配装配法是先将尺寸链中各组成环按经济加工精度加工，装配时根据实测结果，将预先选定的某一组成环去除部分材料以改变其实际尺寸，使封闭环达到其公差和极限偏差要求。这个预先选定的环称为修配环，被修配的零件称为修配件。在单件小批生产中，当装配精度较高，而且组成环较多时，一般采用修配装配法。

4.3.4.2　修配装配法的种类

（1）单件修配法

单件修配法就是在装配时以预先选定的某一零件为修配件进行修配。图 4-2 中修配尾座底板的底面使车床前后两顶尖达到等高度要求的方法就属于单件修配法。

（2）合并加工修配法

合并加工修配法是将两个或多个零件合并在一起进行加工，并在装配时当做一个修配环进行修配的装配方法。合并加工减少了组成环数目，因而扩大了组成环的公差要求和相应减少修配环的修配量。以图 4-2 所示的车床尾座装配为例，当生产批量较小时，可采用合并加工修配法装配。即先把尾座和底板的接触面加工好，并配刮好横向小导轨，再将两者结合成一体，以底板底面为定位基准，镗尾座套筒孔，直接保证套筒孔轴线至底座底面的距离尺寸。图 4-6（a）和图 4-6（b）分别为该装配的原尺寸链和合并加工尺寸链。零件合并加工时，尺寸 A_2 和 A_3 合并为 $A_{2,3}$，尺寸链的组成环数目从三个减少为两个。

（3）自身加工修配法

自身加工修配法就是在机床装配时利用其自身的加工能力，以自己加工自己的方法达到装配精度要求。例如牛头刨床、龙门刨床及龙门铣床等的装配中，常以自刨、自铣工作台面来达到工作台面与滑枕或导轨在相对运动方向上的平行度要求。

采用修配法装配可以放宽零件的制造公差，获得较高的装配精度，但是修配工序比较费工，还要求技术熟练的工人。为了弥补手工修配的缺点，应考虑采用机械加工方法代替手工修配，例如采用电动或气动修配工具，或用"精刨代刮"、"精磨代刮"等机械加工方法。由于修配法有其独特的

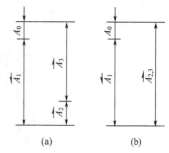

图 4-6　车床尾座装配时的原尺寸链和合并加工尺寸链

优点，又可采用各种减轻修配工作量的措施，因此单件小批生产中广泛采用，在成批生产中也采用较多。

4.3.4.3　修配环的选择和计算

（1）修配环的选择

首先应选择那些只与本项装配精度有关，而与其他装配精度项目无关的零件，并应选择其中易于拆装且修配面不大的零件作为修配环。

（2）修配环尺寸和极限偏差的确定

修配环的尺寸和极限偏差需通过装配尺寸链的计算来确定。既要保证它具有足够的修配量，又不使修配量过大。修配法的装配尺寸链一般采用极值法计算并以修配环作为协调环。

计算修配法的装配尺寸链时，首先应了解修配环被修配时对封闭环的影响，不同其尺寸

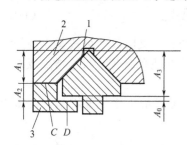

图 4-7　机床导轨间隙尺寸链
1—导轨；2—拖板；3—压板

链的解法也有所不同。其影响有两种情况：一种是使封闭环尺寸变大；另一种是使封闭环尺寸变小。图 4-7 所示的机床导轨间隙尺寸链中，导轨 1 与压板 3 之间的间隙 A_0 为封闭环，压板 3 为修配件，A_2 为修配环，且为增环。若修刮 D 面，则 A_2 增大，使封闭环尺寸 A_0 变大；若修刮 C 面，则 A_2 减小，使封闭环尺寸 A_0 变小。以下分别叙述这两种情况时的尺寸链计算。

① 修配环的修配使封闭环尺寸变大　为保证修配环的修配量足够且最小，封闭环设计时所要求的公差和极限尺寸与修配前实际值之间的相对关系应如图 4-8(a) 所示。图中 T_0、$A_{0\max}$ 和 $A_{0\min}$ 分别表示封闭环设计时所要求的公差和最大、最小极限尺寸；T_0'、$A_{0\max}'$ 和 $A_{0\min}'$ 分别表示修配前封闭环的实际公差和实际最大、最小极限尺寸；$Z_{\max}$ 为最大修配量。当封闭环的实际尺寸小于所要求的最小尺寸时，即 $A_0' < A_{0\min}$，可通过对修配环的修配，使封闭环尺寸逐步增大直至满足要求。相反当 $A_0' > A_{0\max}$ 时，如再进行修配，则封闭环尺寸更大，此时无法通过修配使封闭环尺寸达到要求。可见，这种情况下为保证修配量足够，应使 $A_{0\max}' < A_{0\max}$。考虑到 T_0' 是各组成环（包括修配环）经济加工公差的累积值，为一定值，因此当 $A_{0\max}'$ 减小时，$A_{0\min}'$ 也随之减小，最大修配量 $Z_{\max}$（即 $A_{0\min} - A_{0\min}'$）增大。因此为使修配量最小，应使 $A_{0\min} = A_{0\min}'$。根据这一关系，采用极值法计算尺寸链，可列出修配环被修配使封闭环尺寸变大时的极限尺寸关系式为

$$A'_{0\max} = A_{0\max} = \sum_{i=1}^{m} \overrightarrow{A}_{i\max} - \sum_{i=1}^{m} \overleftarrow{A}_{i\min} \tag{4-17}$$

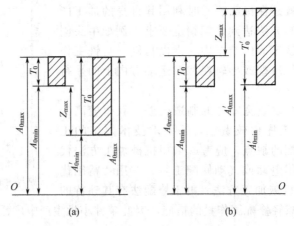

$$\text{图 4-8 \quad 封闭环的要求值实际值之间的相对关系}$$

通过式(4-17)，可求出修配环的一个极限尺寸。当修配环为图 4-7 所示的增环时，可求出其最大极限尺寸$\vec{A}_{\max}$；当修配环为减环时，可求出其最小极限尺寸$\overleftarrow{A}_{\min}$。修配环的一个极限尺寸确定后，另一个极限尺寸可按其公差大小进行确定。

为了使修刮面接触良好，通常在封闭环尺寸 $A_0' < A_{0\max}$ 时仍需对修配环作少量修刮，此时应将所求得的修配环尺寸再减去（对增环）或增加（对减环）一个最小修配量。

② 修配环的修配使封闭环尺寸变小 仿照前面的分析可知，此时封闭环设计时的要求值与修配前的实际值之间的相对关系应如图 4-8(b) 所示，即应使 $A_{0\min}' = A_{0\min}$。

修配环的一个极限尺寸可按式(4-18)求得。

$$A_{0\min}' = A_{0\min} = \sum_{i=1}^{m} \vec{A}_{i\min} - \sum_{i=1}^{m} \overleftarrow{A}_{i\max} \tag{4-18}$$

通过式(4-18)，可求出修配环的一个极限尺寸，修配环的另一极限尺寸可按其经济加工公差值确定。同样，求出修配环的尺寸后，应根据实际情况将求得的修配环尺寸增加或减小一个最小修配量。

③ 修配环最大修配量的确定 根据图 4-8 的相对关系并考虑最小修配量 $Z_{\min}$，可得出最大修配量 $Z_{\max}$ 的计算公式。

当修配使封闭环尺寸变大时 ［见图 4-8(a)］

$$Z_{\max} = A_{0\min} - A_{0\min}' + Z_{\min} \tag{4-19}$$

当修配使封闭环尺寸变小时 ［见图 4-8(b)］

$$Z_{\max} = A_{0\max}' - A_{0\max} + Z_{\min} \tag{4-20}$$

最大修配量也可用式(4-21)进行计算

$$Z_{\max} = T' - T_0 + Z_{\min} = \sum_{i=1}^{n-1} T_i - T_0 + Z_{\min} \tag{4-21}$$

例 4-4 图 4-2 中卧式车床前、后两顶尖等高度要求的简化装配尺寸链如图 4-6(a) 所示。已知各组成环的基本尺寸为 $A_1 = 202\text{mm}$，$A_2 = 46\text{mm}$，$A_3 = 156\text{mm}$。前、后两顶尖的等高度要求为 0～0.06mm（只允许尾座高），即 $A_0 = 0_0^{+0.06}\text{mm}$，$T_0 = 0.06\text{mm}$。若按修配法装配，试确定各组成环的公差、极限偏差及修配环的最大修配量。

解 若按等公差分配，则各组成环的平均公差为

$$T_{av,L} = \frac{T_0}{n-1} = \frac{0.06}{4-1} = 0.02 \ (\text{mm})$$

此组成环平均公差太小，加工比较困难，因此不宜采用完全互换法装配，可以采用修配法装配，具体计算步骤如下。

(1) 选择修配环

由于尾座底板的形状简单，表面积较小，便于修刮，因此选择其为修配件，尺寸 A_2 为修配环。

(2) 确定各组成环的公差和极限偏差

各组成环的公差按其经济加工精度确定。通常 A_1 和 A_3 用镗模加工，取 $T_1 = T_3 = 0.10\text{mm}$ (IT9)；尾座底板用半精刨加工，取 $T_2 = 0.16\text{mm}$ (IT11)。

A_1 和 A_3 是孔轴线至底面的位置尺寸，由于这两个尺寸的单向偏差不易控制，因此取其偏差按对称分布，即 $A_1 = 202 \pm 0.05$，$A_3 = 156 \pm 0.05$。

修配环 A_2 作为协调环，应通过尺寸链的计算来确定其极限偏差。

由图 4-6(a) 可知，修配环 A_2 为增环，修刮后使封闭环尺寸变小，按式(4-18)可求出 A_2 的一个极限尺寸

由
$$A'_{0\min} = A_{0\min} = \overrightarrow{A}_{2\min} + \overrightarrow{A}_{3\min} - \overleftarrow{A}_{1\max}$$

可得
$$\overrightarrow{A}_{2\min} = A_{0\min} - \overrightarrow{A}_{3\min} + \overleftarrow{A}_{1\max} = 0 - 155.95 + 202.5 = 46.1 \ (\text{mm})$$

又
$$A_{2\max} = A_{2\min} + T_2 = 46.1 + 0.16 = 46.26 \ (\text{mm})$$

因此
$$A_2 = 46^{+0.26}_{+0.10} \ (\text{mm})$$

实际生产中，为提高底板的接触精度，装配时还须作少量刮研，即修配环 A_2 需附加一最小修配量。一般取 $Z_{\min} = 0.10\text{mm}$。因此可得修配环 A_2 修刮前的尺寸为

$$A'_2 = 46^{+0.26}_{+0.10} + 0.1 = 46^{+0.36}_{+0.20}$$

(3) 确定修配环的最大修配量

由式(4-21)可得修配环的最大修配量为

$$Z_{\max} = T'_0 - T_0 + Z_{\min} = 0.36 - 0.06 + 0.10 = 0.4 \ (\text{mm})$$

式中 $T'_0 = T_1 + T_2 + T_3 = 0.10 + 0.16 + 0.10 = 0.36 \ (\text{mm})$

(4) 采用合并加工修配法进行装配

为减小修配量，也可采用合并加工修配法进行装配。即将组成环 A_2 和 A_3 合并为一个组成环 $A_{2,3}$，其装配尺寸链如图 4-6(b) 所示。$A_{2,3} = A_2 + A_3 = 46 + 156 = 202\text{mm}$，$A_1$ 和 $A_{2,3}$ 用镗模加工，取其公差为 $T_1 = T_{2,3} = 0.10\text{mm}$ (IT9)，$A_1 = 202 \pm 0.05$。修配环 $A_{2,3}$ 作为协调环，其极限偏差可仿照上面的计算确定。

由
$$A'_{0\min} = A_{0\min} = \overrightarrow{A}_{2,3\min} - \overleftarrow{A}_{1\max}$$

可得
$$\overrightarrow{A}_{2,3\min} = A_{0\min} + \overleftarrow{A}_{1\max} = 0 + 202.05 = 202.05 \ (\text{mm})$$

又
$$\overrightarrow{A}_{2,3\max} = \overrightarrow{A}_{2,3\min} + T_{2,3} = 202.05 + 0.10 = 202.15 \ (\text{mm})$$

因此
$$A_{2,3} = 202^{+0.15}_{+0.05} \ (\text{mm})$$

最小修配量取 $Z_{\min} = 0.10\text{mm}$，则修配环在修刮前的尺寸为

$$A'_{2,3} = 202^{+0.15}_{+0.05} + 0.1 = 202^{+0.25}_{+0.15} \ (\text{mm})$$

最大修配量为

$$Z_{\max} = T'_0 - T_0 + Z_{\min} = (T_1 + T_{2,3}) - T_0 + Z_{\min}$$
$$= (0.10 + 0.10) - 0.06 + 0.10 = 0.24 \ (\text{mm})$$

由本例可以看出，采用合并加工修配法可以减少修配环的最大修配量，从而提高装配

效率。

4.3.5　调整装配法

对于精度要求高且组成环数又较多的产品和部件，在不能用互换法进行装配时，除了用分组互换和修配法外，还可以用调整法来保证装配精度。在装配时，用改变产品中可调整零件的相对位置或选用合适的可调整零件，以达到装配精度的方法称为调整法。

调整法与修配法的实质相同，即各零件公差仍然按经济加工精度的原则来确定，选择某个环为调整环（也称为补偿环，此环的零件称为调整件），来补偿其他组成环的累积误差。但两者在改变调整环尺寸的方法上有所不同。修配法采用机械加工的方法去除调整环零件上的金属层；调整法采用改变调整环零件的相对位置或更换新的调整环零件，来保证装配精度的要求。常用的调整装配法有可动调整法、固定调整法和误差抵消调整法三种。

（1）可动调整法

可动调整法是通过改变调整件的相对位置来保证装配精度的方法。

图 4-9 所示为车床刀架进给机构中丝杠螺母副的间隙调整机构。当丝杠螺母副间隙过大时，可拧动中间螺钉 5，使楔块 3 向上移，迫使螺母 2、4 分别靠紧丝杠的两个螺旋面，以减小丝杠与螺母 2、4 之间的间隙。

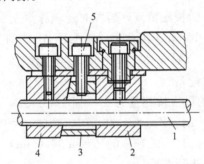

图 4-9　车床刀架进给机构中丝杠螺母副的间隙调整机构
1—丝杠；2,4—螺母；3—楔块；5—螺钉

采用可动调整法可获得很高的装配精度，并且可以在机器使用过程中随时补偿由于磨损、热变形等原因引起的误差，比修配法操作简便，易于实现，在成批生产中应用广泛。

（2）固定调整法

固定调整法是在装配体中选择一个零件作为调整件，根据各组成环所形成的累积误差大小来更换不同的调整件，以保证装配精度的要求。固定调整法多用于装配精度要求高的产品的大批大量生产中。

调整件是按一定尺寸间隔级别预先制成的若干组专门零件，根据装配时的需要，选用其中某一级别的零件来做补偿误差，常用的调整件有垫圈、垫片、轴套等。

（3）误差抵消调整法

在产品或部件装配时，通过调整有关零件的相互位置，使其加工误差（大小和方向）相互抵消一部分，以提高装配精度的方法称为误差抵消调整法。这种装配方法在机床装配时应用广泛，如在机床主轴部件的装配中，可通过调整前后轴承的径向跳动方向来控制主轴的径向跳动。

4.4 装配工艺规程的编制

4.4.1 概述

装配工艺规程是指导装配生产的主要技术文件，制定装配工艺规程是生产技术准备工作的主要内容之一。

装配工艺规程对保证装配质量、提高装配生产效率、缩短装配周期、减轻工人劳动强度、减小装配占地面积、降低生产成本等都有重要的影响。

(1) 装配工艺规程的编制内容

ⅰ. 分析产品装配图和零部件图，划分装配单元，确定装配方法。

ⅱ. 拟订装配顺序，划分装配工序。

ⅲ. 计算装配时间定额。

ⅳ. 确定各工序的装配技术要求、质量检查方法和检查工具。

ⅴ. 确定装配零部件的输送方法及所需要的设备和工具。

ⅵ. 选择和设计装配过程中所需的工具、夹具和专用设备。

(2) 装配工艺规程的编制原则

ⅰ. 保证产品装配质量，力求提高质量，以延长产品的使用寿命。

ⅱ. 合理安排装配顺序和工序，尽量减少钳工等手工劳动量，缩短装配周期，提高装配效率。

ⅲ. 尽量减少装配占地面积，提高单位面积的生产率。

ⅳ. 尽量减少装配工作所占的成本。

4.4.2 装配工艺规程的编制方法和步骤

(1) 研究产品装配图和验收技术条件

ⅰ. 审查图样的完整性、正确性，分析产品的结构工艺性，明确各零部件之间的装配关系。

ⅱ. 审查产品装配的技术要求和检查验收方法，找出装配中的关键技术，并制定相应的技术措施，分析与计算产品装配尺寸链。

(2) 确定装配方法和组织形式

① 装配方法　常用的装配方法主要有完全互换法、不完全互换法、调整法、分组法和修配法。装配方法随生产纲领和现有生产条件的不同而不同，要综合考虑加工和装配间的关系，使整个产品获得最佳的技术经济效果。表4-3列举了各种装配方法的适用范围和部分典型应用举例。

究竟采取何种装配方法来保证产品的装配精度要求，通常在设计阶段即应确定。因为只有在装配方法确定之后，才能通过尺寸链的计算，合理确定各个零部件在加工和装配中的技术要求。

② 装配的组织形式　装配的组织形式主要取决于产品的结构特点（包括尺寸、重量和复杂程度等）、生产纲领和现有生产条件，可分为固定式和移动式两种。

固定式装配是指全部装配工作在同一固定的地点完成。其特点是装配周期长，装配面积利用率低，并且需要技术水平较高的操作工人，多用于单件小批生产或重量大、体积大的产品的批量生产。固定式装配也可组织工人进行专业分工，按装配顺序轮流到各产品点进行装配工作，这种形式称为固定流水装配，多用于成批生产中结构较复杂、工序数量较多的产品，如机床、汽轮机的装配。

表 4-3 各种装配方法的适用范围和应用举例

装配方法	适用范围	应用举例
完全互换法	适用于零件数较少、批量很大、零件可用经济精度加工时	汽车、拖拉机、中小型柴油机、缝纫机及小型电机的部分部件
不完全互换法	适用于零件数稍多、批量大、零件加工精度需适当放宽时	机床、仪器仪表中某些部件
分组法	适用于成批或大量生产中，装配精度很高，零件数很少，又不便采用调整装配时	中小型柴油机的活塞与缸套、活塞与活塞销、滚动轴承的内外圈与滚珠
修配法	单件小批生产中，装配精度要求高且零件数较多的场合	车床尾座垫板、平面磨床砂轮对工作台台面自磨
调整法	除必须采用分组法选配的精密配件外，调整法可用于各种装配场合	机床导轨的楔形镶条、内燃机气门间隙的调整螺钉、滚动轴承调整间隙的间隔套、垫圈

移动式装配是指将零件、部件用输送带或输送小车，按装配顺序从一个装配地点有节奏地移动到下一个装配地点，各装配地点分别完成其中的一部分装配工作，全部装配地点工作的总和就是产品的全部装配工作。这种装配组织形式常用于产品的大批量生产，以组成流水作业线或自动作业线。根据零、部件移动的方式不同，移动式装配有连续移动、间歇移动和变节奏移动 3 种方式。

（3）划分装配单元和确定装配顺序

① 装配单元的划分　一般情况下装配单元可划分为零件、套件、组件、部件和机器五个等级。装配单元的划分是装配工艺规程编制中最重要的一个步骤，尤其是大批大量生产中结构复杂的产品装配。

② 装配顺序的确定　无论哪一级装配单元，都要选定某些零件或比它低一级的装配单元作为装配基准件。

各级装配单元装配时，先要安排装配基准件进入装配。装配基准件通常应是产品的机体或主干零、部件，应具有较大的体积、重量和足够的支撑面，以满足装入零、部件时的作业要求和稳定要求。然后再根据具体情况安排其他单元进入装配。如车床装配时，床身作为一个基准件先进入总装，其他的装配单元再依次进入装配。

装配顺序是由产品的结构和组织形式决定的。一般装配顺序的安排是：预处理工序在前，先基准后其他，先重大后轻小，先下后上，先内后外，先难后易，先精密后一般。

此外，还应考虑以下情况。

ⅰ．处于同一基准件方位的装配，应尽可能集中安排。

ⅱ．使用相同设备及工艺装备或有共同特殊装配环境要求的装配，应集中安排。

ⅲ．电线、油气管路的安装应与相应的工序同时进行。

ⅳ．易燃、易爆、易碎或有毒物质的零部件安装，应尽可能安排在最后，以减少安全防护工作量，保证装配工作的顺利完成。

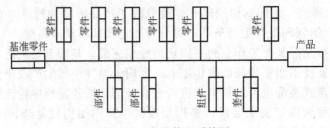

图 4-10　产品装配系统图

为了清楚表达装配顺序，对于结构比较简单、组成零部件较少的产品，需要绘制产品装配系统图（见图 4-10）；对于结构复杂而且组成零部件较多的产品，则还要绘制部件装配系统图（见图 4-11）。

绘制装配系统图时，先画一条横线，左端画出代表基准件的长方格，横线右端画出代表部件或产品的长方格。然后按装配顺序由左向

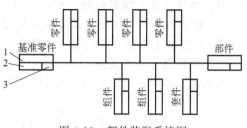

图 4-11　部件装配系统图

右，将代表直接装到基准件上的零件、套件、组件和部件的长方格从横线中引出，代表零件的长方格画在横线上面，代表套件、组件和部件的长方格画在横线下面。每一长方格内，上方（标号1）注明装配单元、零件、套件、组件和部件名称，左下方（标号2）填写装配单元、零件、组件和部件的编号，右下方填写装配单元、零件、组件和部件的数量（标号3）。

如果装配过程中，需要进行一些必要的配作加工，如焊接、配刮、配钻、冷压、热压、攻螺纹和检验等，则可在装配单元系统图中加以注明。此时装配系统图就成为装配工艺系统图，如图 4-12 所示。装配工艺系统图是编制装配工艺规程的主要文件之一，也是划分装配工序的依据。

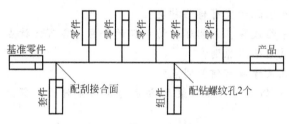

图 4-12　装配工艺系统图

（4）划分装配工序

装配顺序确定后，即可将装配工艺过程划分为若干工序，并确定各个工序的工作内容。

装配工艺过程是由站、工序、工步和操作组成。

站是装配工艺过程的一部分，是指在一个装配地点，由一个或一组工人所完成的那部分装配工作，每一个站包括一个或数个工序。

工序是站的一部分。装配工序的内容包括清洗、刮削、平衡、过盈连接、螺纹连接、校正、检验、试运转、油漆、包装等。

工步是工序的一部分，在每个工步中，所用的工具及组合件不变。但每个工步还可按技术条件分得更细，这主要取决于生产规模。

操作是指在工步进行过程中或工步的准备工作中的各个简单的动作。

在安排工序时，必须注意前一工序不得影响后一工序的进行；在完成某些重要工序或易出废品的工序后，均应安排检查工序；在流水式装配时，每一工序所需的时间应等于装配节拍或为其整数倍。

划分工序的内容包括：

ⅰ. 确定工序集中与分散的程度；

ⅱ. 确定工序数量、顺序和工作内容；

ⅲ. 确定各工序所需的设备及工具。如需要专业夹具与设备，还必须提交设备任务书；

ⅳ. 制定各工序装配操作范围和操作规范，如过盈配合的压入方法、变温装配的温度

值、紧固螺栓连接的预紧扭矩、配作要求等；

　　Ⅴ．制定各工序的装配质量要求及检测方法、检查项目等；

　　Ⅵ．确定各工序的时间定额，平衡各工序的装配节拍。

　　(5) 制订装配工艺文件

　　在单件小批生产时，通常不编制装配工艺卡片，工人按照装配图和装配工艺系统图进行装配即可。

　　在成批生产时应根据装配工艺系统图分别制定总装和部装的装配工艺过程卡片。卡片的每一工序内容应简要地说明工序的工作内容、所需设备和工夹具的名称及编号、工人技术等级、时间定额等。

　　大量大批生产时，还要为每一道工序制订装配工序卡片，详细说明该装配工序的工艺内容，以直接指导工人进行操作。

　　此外，还应根据产品的装配要求，制订检验卡、试验卡等工艺文件。有些产品还要有测试报告、修正曲线等。

习　题

4-1　什么叫装配单元？装配单元由哪些部分组成？

4-2　什么叫装配精度？装配精度有哪些种类？

4-3　说明装配尺寸链中组成环、封闭环、协调环的含意，各有何特点？

4-4　何谓装配尺寸链最短路线原则？

4-5　装配尺寸链与工艺尺寸链有何异同点？

4-6　装配方法一般分为哪几种？各种装配方法的实质是什么？简述各种装配方法的应用场合。

4-7　极大极小法解尺寸链与概率法解尺寸链有何不同？各用于何种情况？

4-8　图 4-13 所示为某发动机的活塞连杆组件的装配结构，已知活塞销与连杆小头孔的尺寸为 $\phi22\text{mm}$，按装配技术要求。规定其配合间隙为 0.0045～0.0095mm。现按分组法装配，试确定分组数、活塞销和连杆小头孔直径的分组尺寸（极限偏差）及各组最大和最小配合间隙，并列表说明。

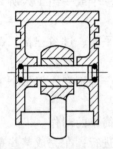

图 4-13　题 4-8 图

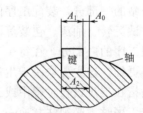

图 4-14　题 4-9 图

4-9　图 4-14 所示为键槽与键的装配结构。已知其尺寸为：$A_1 = 20\text{mm}$，$A_2 = 20\text{mm}$，$A_0 = 0^{+0.15}_{+0.05}\text{mm}$。

(1) 当大批量生产采用完全互换法装配时，试确定各组零件相关尺寸的公差及极限偏差。

(2) 当小批量生产采用修配装配时，试确定修配件、各组成零件相关尺寸的公差和极限偏差，并求出最大修配量。

4-10　编制装配工艺规程时应包括哪些内容？

5 过程设备零件的主要制造工序

5.1 原材料的准备

5.1.1 原材料的验收和管理

对过程设备制造来说，原材料主要包括工件材料（各种钢材、锻件、铸件等）和焊接材料。它们的规格和质量都应符合国家有关标准，设计与制造均应按相关标准执行。

原材料的实际质量是否符合标准是保证设备制造质量的基础，因此必须严格验收才能投产。忽视这项工作将带来极大的危害。材料的保管和发放也很重要，应避免保管不当（如焊条受潮等）而降低质量，或因管理制度不严造成错乱。一个取得设备制造权的企业，都必须具有相应的检验设备、技术人员和管理规章制度。

5.1.2 钢材的净化

5.1.2.1 净化的作用

原材料在轧制以后以及在运输和库存期间，表面常产生铁锈和氧化皮，粘上油污和泥土。经过划线、切割、成形、焊接等工序之后，工件表面会粘上铁渣，产生伤痕，焊缝及近缝区会产生氧化膜。这些污物的存在，将影响设备制造质量，所以必须净化。在设备制造中净化主要有以下目的。

ⅰ. 清除焊缝两边缘的油污和锈蚀物，以保证焊接质量。例如铝及其铝合金、低合金高强钢等，焊接前均需对焊缝两边缘进行净化处理。

ⅱ. 作为下道工序的工艺要求，为下道工序作准备。例如喷镀、搪瓷、衬里设备，多层包扎式和热套式高压容器制造中，表面净化是一道很重要的工序。

ⅲ. 保持设备的耐腐蚀性。点腐蚀是大部分金属的一种破坏形式，特别是为抗腐蚀性而施以钝化处理的金属，一旦钝化膜被破坏，微小的点腐蚀可能使整个设备遭到破坏。点腐蚀的产生与金属内的夹杂物和偏析有关，也与冷热加工中产生的伤痕、残余应力、塑性变形情况等因素有关。因此，对用铝及不锈钢等金属制造的设备零件（或整个壳体），应该进行酸洗和钝化，以消除制造过程中产生点腐蚀的各种因素，并重新产生一层均匀的金属保护膜，提高其耐腐蚀性能。

5.1.2.2 净化方法

最简单的净化方法是用砂布和钢丝刷打磨，或用手提砂轮磨制。这些方法由于劳动强度大、效率低，只用于局部清理。在现代工业生产中一般使用喷砂法、喷丸法、化学清洗法和火焰净化法等。

（1）喷砂法

喷砂是目前广泛用于钢板、钢管、型钢及各种钢制设备的净化方法。它能清除工件表面的铁锈、氧化皮等各种污物，并使之产生一层均匀的粗糙表面。

喷砂装置的工作原理如图 5-1 所示。来自压缩机贮气罐的压缩空气，经导管 7 从设置在混砂管 6 内的空气喷嘴喷入管 6 内，在空气喷嘴前缘造成负压，将砂粒经放砂旋塞 5 吸入与气流混合，然后经软管 4 从喷砂嘴 3 喷出，冲刷工件表面。

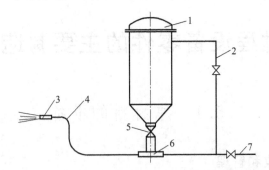

图 5-1　喷砂装置的工作原理
1—砂斗；2—平衡管；3—喷砂管；4—橡胶软管；5—放砂旋塞；6—混砂管；7—导管

压缩空气的压力一般为 0.5～0.7MPa，在喷砂嘴出口处其体积骤然膨胀，达到很高的速度，冲刷力很强。同时喷嘴也到受到很大的冲刷磨损，所以都用硬质合金、陶瓷等耐磨材料制成。砂粒采用坚硬的石英砂，要求清洁、干燥、不夹有污染金属表面的杂质，使用前需经筛选，以使其粒度均匀。

喷砂净化方法效率很高，质量好，但粉尘大。当前很多工厂都在密闭的喷砂室内进行，工人在室外控制。工件的移动、转动、喷砂嘴位置调节、沙粒的回收和筛分均实现了机械化，因而改善了劳动条件。如需进入室内操作，则必须穿防护服及戴防护面具。

（2）喷丸法

由于喷砂法严重危害人体健康，污染环境，目前国外已普遍采用喷丸法处理。抛丸是指用机械的办法把丸料（如钢丸等）以很高的速度和一定的角度抛射到工作外表上，让丸料冲击工件外表，然后在机器内部经过配套的吸尘器的气流清洗，将丸料和清除下来的杂质分别回收，并且使丸料能够再次应用的技术。例如，对不锈钢表面的处理，使表面产生压应力，可提高抗应力腐蚀的能力。表面粗糙度的不同要求，可通过选择抛丸机的型号、数量和安装位置来实现。

（3）化学净化法

金属表面的化学净化处理主要是对材料表面进行除锈、除污物、氧化、磷化及钝化处理。化学净化法包括用有机溶剂擦洗、碱洗和酸洗。

① 有机溶剂擦洗的方法　有机溶剂擦洗常用于设备和管道衬里（如衬橡胶）的表面，经喷砂净化后的进一步清洗。碱洗主要用于各种表面的去油污。酸洗是常用的方法，它可除去金属表面的氧化皮、锈蚀物、焊缝上残留的熔渣等污物。钝化主要作为酸洗后的防锈处理。

② 酸、碱洗的方法　是先将酸、碱液按一定的配方装入槽内，清洗时将工件放入浸泡一定时间，然后取出用水冲洗干净，以防止余酸的腐蚀。若工件过大不能放入槽内，则配制成酸膏涂刷在工件表面，一定时间后用水冲洗干净。酸、碱洗也可采用喷淋的方法，即用泵将洗液加压，经导管并由喷嘴喷出，冲刷工件表面，去除污物。酸、碱液的配方很多，表5-1 列出了其中的几种。

酸洗净化的效果最好，效率也高，但劳动条件差，车间应有良好的通风设备和污水处理措施，操作者应作特殊防护，当用氢氟酸作洗液时，更应加强防护。

（4）金属表面的氧化、磷化和钝化

金属表面进行氧化、磷化、钝化的目的是将清洁后的金属表面经化学作用，形成保护

130

表 5-1　化学清洗及钝化配方

序号	名　称	配方(质量分数)		溶液温度/℃	浸泡时间/min	备　注
1	碳钢去油	氢氧化钠 水玻璃 水	3%～5% 0.1%～3% 余量	70～90	10～30	—
2	碳钢酸洗去氧化皮	硫酸 盐酸 若丁 水	5%～10% 10%～15% 约0.5% 余量	50～60	30～60	若丁即邻苯二甲基硫脲,为缓蚀剂
3	不锈钢酸洗	浓硝酸 氢氟酸 水	20% 10% 70%	室温	15～30	—
4	不锈钢酸洗软膏	浓硝酸 浓盐酸 白土或滑石粉调成糊状	20% 80%	室温	30～40	—
5	不锈钢钝化	硝酸(比重1.42) 水	35% 65%	室温	30～40	—
		重铬酸钾 硝酸 水	0.5%～1% 5% 余量	室温	60	或加热至40～60℃加速钝化
6	Cr13型不锈钢碱、酸联合清洗	①碱洗 氢氧化钠 硝酸 ②水浸(碱洗后接着水浸) ③酸洗 硫酸 食盐	65%～80% 35%～20% 15%～18% 3%～5%	38～55 70～80	10～30 1～2	Cr13型不锈钢氧化皮十分致密牢固,此法清洗效果较好
7	铝及其合金碱法去油	氢氧化钠 水	5% 95%	60～70	2～3	—
8	铝及其合金酸洗	硝酸 氢氟酸 水	20% 10%～15% 70%～65%	室温	数秒钟	—

膜,以提高防腐能力和增加金属与漆膜的附着力。

①　氧化处理　金属表面与氧或氧化剂作用,形成保护性的氧化膜,防止金属被进一步腐蚀。黑色金属的氧化处理主要有酸性氧化法和碱性氧化法。前者经济,应用较广,耐腐蚀性和机械强度均超过碱性氧化膜。有色金属可以进行化学氧化和阳极氧化处理。

②　磷化处理　用锰、锌、镉的正磷酸盐溶液处理金属,使表面生成一层不溶性磷酸盐保护膜的过程称为金属的磷化处理。此薄膜可提高金属的耐腐蚀性和绝缘性,并能作为油漆的良好底层。

③　钝化处理　金属与铬酸盐作用,生成三价或六价铬化层,该铬化层具有一定的耐腐蚀性,多用于不锈钢、铝等金属。

(5)　火焰净化

火焰净化可以除油去锈。火焰可以烧掉油脂,但常留下烧不净的"碳灰"。在火焰加热和其后的冷却过程中,由于锈层和金属的膨胀量不同,故彼此产生滑移,导致锈与金属分离，再用钢刷刷净。

（6）设备净化处理

各种过程装备运行一段时间后都会产生污垢等，无论是大型设备如换热器、锅炉还是管道等都有这种现象，为了恢复、提高设备的工作效率，防止损失或因污垢引起的局部腐蚀，必须对设备进行净化处理。目前对设备净化处理方法有两大类：机械清洗和化学清洗。两种方法的对比情况见表 5-2。不同的清洗对象（设备）、不同的清洗目的（除锈、除油、除垢等）要选择不同的清洗剂。前面介绍的原材料的净化处理方法、清洗剂等工艺内容可作为设备净化处理的参考。

表 5-2　机械清洗和化学清洗的对比

清洗方法	机　械　清　洗	化　学　清　洗
优点	①清洗不含药剂，处理简单 ②用水量少 ③适用于大型装备 ④不腐蚀金属材料，除垢、除锈效果好	①可均匀地清洗结构复杂的设备表面 ②设备不需要解体，从而缩短工期 ③可发现金属表面龟裂、腐蚀等 ④局部性损耗少，可进行清洗后的钝化处理
缺点	①清洗结构复杂的设备困难 ②可能造成局部损伤 ③清洗装置规模大 ④必须解体才能清洗	①废液处理困难 ②清洗液如果选择错误会损伤或腐蚀设备基体 ③水洗时用水量大 ④不适合清洗封闭管线

5.1.3　钢材的矫形

设备制造所用的钢板、型钢、钢管等，在运输和存放过程中，由于自重、支承不当或装卸条件不良，会产生弯曲、波浪形或扭曲变形。这些变形给尺寸的度量、划线、切割都带来困难。而且会影响到成形后零件的尺寸和几何形状精度。例如钢板波浪度的存在，将使卷圆后筒节直径产生误差，增大了环缝对口错边量。同时波浪度也是形成筒节母线不直度的主要因素，因此应该矫平。当然不是所有的钢材都要矫形，当变形对划线及以后各工序的影响在允许范围内时，可以不矫形。例如一般中低压设备，壁厚在 12mm 以上时，钢板变形量小，很少进行矫平。但对热套容器筒节这样的零件，尺寸和几何形状精度要求都较高，即使钢板厚度为 50mm，矫平仍是很重要的工序。

此外，焊接工件也常产生各种变形，除工艺上采取措施避免之外，也需矫形。

钢材变形的原因是局部受力超过材料的屈服极限，使其"纤维"产生局部塑性伸长或缩短。因此矫形的实质就是使局部伸长的纤维缩短或局部缩短的纤维伸长，以恢复原状；或者使其他部分的纤维也伸长或缩短，产生与局部纤维相同的变形，从而达到矫形的目的。

矫形的方法有弯曲法、张力变形法和火焰加热法。

5.1.3.1　弯曲法矫形

弯曲法是钢材矫形最常用的方法，它是将工件的变形部位放在两支点之间，用压头压

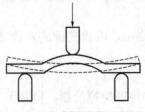

图 5-2　弯曲法矫形示意图

弯，使之产生一个反向变形，如图 5-2 所示。

钢材在受弯曲时，根据所受弯曲应力的大小，可处于弹性、弹塑性或全塑性弯曲状态，如图 5-3 所示。矫形时，通常都是将工件弯曲到弹塑性状态，弯曲结束后其变形只能部分恢复，使该处的纤维较原来的伸长或缩短，从而达到矫形的目的。

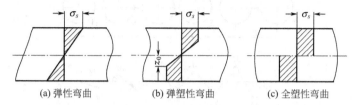

(a) 弹性弯曲 (b) 弹塑性弯曲 (c) 全塑性弯曲

图 5-3 材料理想弹塑性状态的弯曲应力图

（1）钢板的矫平

钢板的矫平通常在辊式矫板机上进行。表 5-3 为辊式矫板机的冷矫基本参数。

表 5-3 辊式矫板机的冷矫基本参数

辊数 n	辊间距 /mm	辊径 /mm	钢板最小 ($\sigma_s \leqslant 392MPa$) 厚度 /mm	辊身有效长度/mm								最大矫正速度 /m·s^{-1}	主电机最大功率 /kW	最大负荷特性 /J
				1200	1450	1700	2000	2300	2800	3500	4200			
				钢板宽度/mm										
				1000	1250	1500	1800	2000	2500	3200	4000			
				钢板最大厚度/mm										
17	80	75	1	5.5	5	4.5	4	4				1.0	130	12553
13	100	95	1.5	8	7	7	6	6				1.0	155	18244
13	125	120	2		10	9	8	8				0.5	130	50210
11	160	150	3		15	14	13	12				0.5	130	112973
11	200	180	4			19	18	17	16			0.3	245	251051
9	250	220	5				15	22	20			0.3	180	502101
9	300	260	6				32	28	25			0.3	210	784532
7	500	420	16					50	45	40		0.1	110	210503

矫板机的辊子数目可为七至十七个，它们的布置如图 5-4 所示。上下两列辊子交错排列，下列辊子安装在机座上，上列矫正辊安装在活动横梁上，可同时上、下移动，根据板厚和所需变形程度来调节列间距。上列两个边辊称为导向辊，可单独上、下调节。以保证钢板的顺利咬入和平直送出。

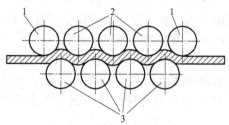

图 5-4 矫板机辊子配置图
1—边辊；2—上辊；3—下辊

矫正时，使钢板通过两列辊子之间，钢板在辊子压力的作用下受到多次反复的弯曲，如图 5-5 所示。

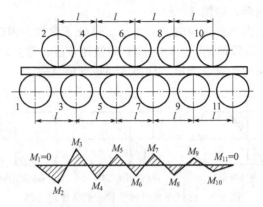

图 5-5　钢板矫平时的受力图

钢材通过各工作辊被矫正的过程说明如下。

每根工作辊与对面相邻两辊配合都能使钢材发生塑性弯曲而收到矫正效果，上工作辊能矫正上凸的变形，下工作辊能矫正下凹的变形。假设钢板最大凹凸不平的曲率为 $\pm 1/R$，$+R$ 表示向下凹，$-R$ 表示向上凸。钢材从左端进入后，下排第一个工作辊若调成这样，钢材通过时下凹的 $1/R$ 恰好被矫平，自然这时对上凸的变形无矫正效果，但原来的平直部分通过时则因弯曲超过弹性变形而新产生一个上凸的弯曲变形，曲率为 $-1/R_1$，而且 $|1/R_1| < |1/R|$；原来下凹但曲率半径不及 $1/R$ 者都因通过第一个下工作辊被矫形过度而产生上凸的弯曲，当然这些新曲率都小于 $|1/R_1|$。这样通过第一个下工作辊就消除了下凹的变形。钢材通过第一个上工作辊时，同样恰好把上凸曲率为 $-1/R$ 的弯曲变形矫平；原先被矫平的部分由于弹性已经提高，通过第一个上工作辊时仍可保持平直；原来就是平直的部分再次受到与第一次相反的弯曲，产生一下凹的变形，曲率半径为 $1/R_1'$，即使第一个上工作辊的下压量与第一个下工作辊的上顶量相同，由于已发生塑性变形而有些硬化，故 $|1/R_1'| < |1/R_1|$；其他部分的弯曲曲率均应比 $1/R_1'$ 小。这样，钢材通过上排第一个工作辊后，只剩下凹的变形，最大曲率降为 $1/R_1'$。下排第二个工作辊调成这样，使曲率为 $1/R_1'$ 的部分恰好矫平，钢材通过下排第二个工作辊后剩余的曲率将进一步减小，方向变为上凸。就这样，以后每经过一辊，曲率值就降低一次，方向改变一次，更接近平直要求，故只要有足够的辊数就可使钢材达到矫平要求。

为了提高矫平效果，矫板机的头两个辊子使钢板产生较大的变形，以使弯曲均匀，而后面的辊子使钢板的变形逐渐减小和平直，这样一次通过就能达到矫平要求。

矫板机的辊子直径、辊间距和辊子数三者对矫平效果影响很大。辊子间距相当于两支点间距，对某一钢板，辊子间距愈大，辊子使钢板弯曲变形所需的压力愈小，但在相同的下压量时矫平效果差。反之辊间距小，钢板弯曲变形所需压力加大，矫平效果好。但此时钢板与辊子间的接触应力加大，加速辊子的磨损并损伤被矫钢板，所以最小辊间距取决于辊子与钢板间允许的最大接触应力。辊间距按接触应力计算后，辊子直径可按 $D = (0.9 \sim 0.95)l$ 选择，并根据被矫板的强度、最大厚度和宽度校核。辊子数愈多则矫平精度越高，但机构越复杂。

由于薄板弯曲时所需的压力小，所以薄板矫平机的辊间距和辊子直径都小。但薄板不易矫平，故辊子数多。厚板则相反，辊间距和辊子直径都较大，辊子数少。

（2）型钢的矫形

型钢的矫形常在各种压力机上进行。其方法也是在两支点间加压力弯曲，使工件原始变形部位产生反向塑性变形。图 5-6 为型钢矫直机示意图，两支承块（支点）间距可以可以调节，冲压头靠液压推顶对工件施加压力。

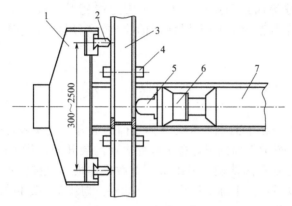

图 5-6　型钢弯曲矫直机

1—后横梁；2—支承块；3—工件；4—支承辊；5—冲压头；6—滑块；7—主缸

型钢也可以在辊式型钢矫直机上矫直，矫直机的工作原理与辊式矫板机相同，但矫正辊的形状应与型钢的断面相吻合，如图 5-7 所示。有些型钢矫直机的上、下两列辊子是对正排列的，而不是交错排列，这样更有利于矫正同时发生弯曲和扭曲变形的型钢。

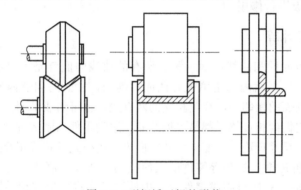

图 5-7　型钢矫正辊的形状

5.1.3.2　拉伸法矫形

拉伸法矫形主要用于端面较小的管材和线材。在设备制造中有色金属管可在拉床上矫直。弯曲件被拉直时，是以纤维最长处为准，使断面上各处的纤维最后相等。拉伸量最好使原来纤维最长处达到屈服，最短处产生的塑性拉伸量相对最大。

这种矫形方法最大的优点是，可以避免在弯曲法矫形时由于接触应力过大，使工件产生压痕。

5.1.3.3　火焰加热矫形

火焰加热矫形就是在工件局部（通常加热金属纤维较长的部位）进行加热，然后冷却来进行矫形。当金属局部受热时，其膨胀受到周围冷金属的限制而产生压缩应力，此压应力超过金属高温下的屈服极限，因而使被加热部位产生较大的塑性变形，当加热区冷却时，产生的收缩也受到周围冷金属的限制而产生拉应力。但此时该部位的温度已降低，屈服限升高，因而只产生较小的塑性变形。这样，从加热到冷却，被加热部位的金属纤维缩短了，从而达到矫形的目的。

火焰加热矫形时加热温度与材料厚度、工件结构及变形大小有关，一般为 600～900℃。

135

为了提高矫形效果，可以在加热之后紧接着喷水冷却，使加热部位产生更大的收缩量。

这种方法比较灵活，常用于各种构件的矫形。火焰加热矫形最适于在锅炉制造过程中因组装、焊接、运输等因素引起的变形，因为这些变形一般已不可能再采用机械矫正的方法进行矫正。对于加热会影响金属性能的构件，应用此方法时应该谨慎，以免产生不良影响。

5.2 划 线

把立体表面依次摊平在平面上，称为立体表面的展开。设备零件是一个空间的几何形体，其立体表面展开所得的平面图形，称为零件表面的展开图。将零件展开图按 1∶1 比例直接划在钢板上，或先划在薄铁板（或纸板）上做成样板，再按样板划线的过程，称为放样。在钢板上划好线以后，打上标记符号称为打标号。划线工序是包括展开、放样、打标号等一系列操作过程的总称。

划线是一道重要的工序，它直接决定着零件成形后的尺寸和几何形状精度，对以后的组对和焊接工序都有影响。划线常用到几何学和投影作图方面的知识，还要有金属成形工艺和设备组装焊接方面的经验。对形状比较简单的零件，可直接在钢板上展开划线，形状复杂或成批生产的零件，则先做成样板，然后按样板划线。对球片等近似展开成的样板，在试冲压成形之后，还要对样板进行修正。

5.2.1 零件的展开计算

零件的曲面有直线曲面和曲线曲面两种。所有的曲线曲面都是不可展开的。在直线曲面中，相邻两素线位于同一平面内才是可展开曲面。例如，柱面的相邻两素线是平行的两条直线，可以构成平面；锥面的相邻两素线是相交的两直线，也可组成平面。所以设备零件中常用到的圆柱、圆锥以及它们的相贯体，都是可展开的。这类零件从制造过程看，其特点是：用坯料制成零件后，中性层尺寸理论上不变。因此它们可以用公式计算或用投影作图准确展开。

球形、椭球形、折边锥形封头等零件的表面是曲线曲面，属于不可展开零件。这类零件在制造过程中的特点是：从坯料制成零件后，中性层尺寸将发生变化。因此在生产中，这类零件只能用近似方法展开或用经验公式计算。

5.2.1.1 可展零件的展开

例 5-1 某容器筒体的展开计算如图 5-8 所示。已知筒体长度 H、公称直径 D_g、中性层直径 D_m、壁厚 δ。

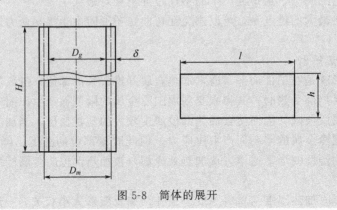

图 5-8 筒体的展开

解 圆柱形筒体展开后为矩形，所需确定的几何参数分别为长 l 和宽 h。计算时以中性层为准。则

$$l = \pi D_m = \pi (D_g + \delta)$$
$$h = H$$

此时需要注意的是根据现有钢板的宽度 B 和筒体的长度 H，来求所需要的筒节数量。

例 5-2 60°无折边锥形封头的展开计算如图 5-9 所示。已知大端直径 D_m，小端直径 d_m，半锥角 $\dfrac{\beta}{2} = 30°$。

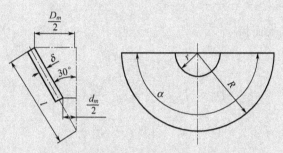

图 5-9 无折边锥形封头的展开

解 60°无折边锥形封头展开后的图形为扇形，需要确定的几何参数为展开后的圆心角 α，锥形封头展开后的小端半径 r 和大端半径 R。

$$\alpha = 360° \frac{r}{l} = 360° \sin \frac{\beta}{2} = 360° \sin 30° = 180°$$

$$R = l = \frac{D_m/2}{\sin 30°} = D_m$$

$$r = \frac{d_m/2}{\sin 30°} = d_m$$

5.2.1.2 不可展零件的展开

（1）等面积法

等面积法是假设零件中性层曲面的面积与零件的展开面积相等。这是一个可行的方法，因为金属在成形前后的体积不变，而且厚度变化很小，有变薄部分也有变厚部分，可以互相抵消。

① 椭圆形封头的展开

例 5-3 椭圆形封头的展开计算如图 5-10 所示。已知公称直径 DN、壁厚 δ、封头的曲面深度 h_g、封头直边高度 h。

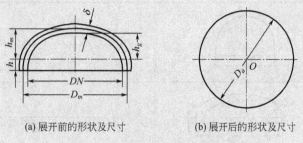

(a) 展开前的形状及尺寸　　　　(b) 展开后的形状及尺寸

图 5-10 椭圆形封头的展开计算

解 椭圆封头由半椭圆球面和直边圆柱面组成。它的展开图为一圆面。椭圆封头展开前

的表面积由直边部分的表面积和半椭球表面积组成，即

$$A_{展前} = A_1 + A_2 = \pi D_m h + \left(\pi a^2 + \frac{\pi b^2}{2e} \ln \frac{1+e}{1-e} \right)$$

式中　D_m——封头中性层直径；

　　　a——椭球中性层长轴半径，$a = \frac{1}{2} D_m$；

　　　b——椭球中性层短轴半径；

　　　e——为椭圆率，$e = \frac{\sqrt{a^2 - b^2}}{a}$。

椭圆封头展开后的表面积

$$A_{展后} = \frac{1}{4} \pi D_a^2$$

则

$$\frac{1}{4} \pi D_a^2 = \pi D_m h + \left(\pi a^2 + \frac{\pi b^2}{2e} \ln \frac{1+e}{1-e} \right)$$

可得

$$D_a^2 = 8ah + 4a^2 + \frac{2b^2}{e} \ln \frac{1+e}{1-e}$$

对标准椭圆形封头，$a : b = 2$，代入上式可得展开后圆面的直径为

$$D_a = \sqrt{1.38 D_m^2 + 4 D_m h}$$

② 其他几种封头的展开　根据面积相等的假设，同样可导出其他几种封头的展开直径，如表 5-4 所示。

表 5-4　几种封头的展开公式

封头名称	端面形状	展开直径公式
折边平底封头		$D_a = \sqrt{D_i^2 + 2\pi D_i r + 8r^2}$
球片封头		$D_a = \sqrt{D_m^2 + 4h^2}$
球形封头		$D_a = \sqrt{2D_m^2} = 1.414 D_m$
带直边球形封头		$D_a = \sqrt{2D_m^2 + 4D_m h} = 1.414 \sqrt{D_m^2 + 2D_m h}$
碟形封头		$D_a = 2\sqrt{D_m(h + r \cdot a) + 2R^2(1 - \sin\alpha) + 2r^2(\sin\alpha - \alpha)}$

（2）等弧长法

等弧长法是假设零件主断面上的中性层弧长在成形前后相等。显然这种假设与实际工艺过程不符合，计算出的展开尺寸偏大。但是计算较为简单，适于曲面面积较小的带折边锥形封头和膨胀节等零件的展开。

例 5-4 带折边锥形封头的展开计算如图 5-11 所示。已知大端中性层直径 D_m，小端中性层直径 d_m，折边中性层半径 r_m，直边高度 h，锥顶角 $\beta=90°$。

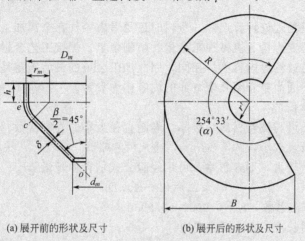

(a) 展开前的形状及尺寸   (b) 展开后的形状及尺寸

图 5-11　折边锥形封头的展开

解　带折边锥形封头展开成平面后，仍为扇形，展开后的圆心角 α 和小端半径 r' 的求解同例 5-2。

$$\alpha=360°\sin\frac{\beta}{2}=360°\sin\frac{90°}{2}\approx254°33'$$

$$r'=\frac{d_m/2}{\sin45°}=0.707d_m$$

利用等弧长法求展开后大端展开半径 R，展开后中性层处的半径等于展开前中性层处的弧长。

$$R=\overline{oc}+\overset{\frown}{ce}+h$$

对 90°折边锥形封头：

$$\overline{oc}=0.707D_m-0.414r_m$$

$$\overset{\frown}{ce}=0.785r_m$$

则　　　　　　　　　　　　　　$$R=0.707D_m+0.371r_m+h$$

（3）经验公式计算

很多工厂通过长期的生产实践，总结出一些经验公式或图表来确定展开尺寸，既简单又适于各工厂的条件和习惯。这些公式虽然形式不同，但结果相差不大。例如，某厂标准椭圆形封头的展开公式为：

$$D_0=KD_m+2h$$

式中，D_0 为包括了加工余量的展开直径；K 为经验系数，可查表 5-5。

表 5-5　经验系数 K 值

a/b	1.0	1.1	1.2	1.3	1.4	1.5	1.6	1.7	1.8	1.9	2.0	2.1	2.2	2.3	2.4	2.5	2.6	2.7	2.8	2.9	3.0
K	1.42	1.38	1.34	1.31	1.29	1.27	1.25	1.23	1.22	1.21	1.19	1.18	1.17	1.16	1.16	1.15	1.14	1.13	1.13	1.12	1.12

5.2.2 号料

工厂里把零件的展开图配置在钢板上的过程称为号料（或放样）。实际上它是划线的具体操作。号料过程中主要注意两个方面的问题：全面考虑各道工序的加工余量；考虑划线的技术要求。

5.2.2.1 加工余量

上述展开尺寸只是理论计算尺寸，号料时还要考虑零件在全部加工工艺过程中各道工序的加工余量，如成形变形量、机械加工余量、切割余量、焊接工艺余量等。由于实际加工制造方法、设备、工艺过程等内容不尽相同，因此加工余量的最后确定是比较复杂的，要根据具体条件来确定。下面简单介绍几个方面的内容作为参考。

（1）筒节卷制伸长量

筒节的卷制伸长量与被卷材质、板厚、卷制直径大小、卷制次数、加热等条件有关。

钢板冷卷时伸长量较小，约 $7 \sim 8mm$，通常可忽略。

钢板热卷伸长量较大，不容忽略，可用经验公式估算伸长量 Δl。

$$\Delta l = (1 - K)\pi D_m$$

式中　K——修正系数，$K = 0.9931 \sim 0.9960$。

热卷筒节展开后长度 l 的计算公式为

$$l = K\pi D_m$$

对 π 修正的 $K\pi$ 值可参见表 5-6。

表 5-6　$K\pi$ 值

材　　质	冷　　卷		热　　卷
	三辊	四辊	
低碳钢、奥氏体不锈钢	3.14	$3.137 \sim 3.14$	$3.12 \sim 3.129$
低合金钢、合金钢	3.14		

（2）边缘加工余量

主要考虑内容为机加工余量和热切割加工余量，包括焊接坡口余量。边缘机加工余量见表 5-7；钢板切割加工余量见表 5-8。

表 5-7　边缘加工余量　　　　　　　　/mm

不　加　工	机　加　工		要去除影响区
	厚度≤25	厚度≥25	
0	3	5	>25

表 5-8　钢板切割加工余量　　　　　　　　/mm

钢板厚度	火焰切割		等离子切割	
	手动	自动及半自动	手动	自动及半自动
<10	2	2	9	6
10～30	3	3	11	8
32～50	5	4	14	10
52～65	6	4	16	12
70～130	8	5	20	14
135～200	10	6	24	16

焊接坡口余量主要是考虑坡口间隙。坡口间隙的大小主要由坡口型式、焊接工艺、焊接方法等因素来确定。由于影响因素较多，坡口型式也较多，所以以实际焊接坡口余量（间隙）要由具体情况来确定，可参见 GB 985、GB 986。

（3）焊接变形量

对于尺寸要求严格的焊接结构件，划线时要考虑焊缝变形量（焊缝收缩量）。焊缝收缩量见表 5-9 和表 5-10。

表 5-9　焊缝横向收缩量近似值

接头型式	板　厚/mm						
	3～4	4～8	8～12	12～16	16～20	20～24	24～30
	焊　缝　收　缩　量/mm						
V 形坡口对接接头	0.7～1.3	1.3～1.4	1.4～1.8	1.8～2.1	2.1～2.6	2.6～3.1	—
X 形坡口对接接头	—	—	—	1.6～1.9	1.9～2.4	2.4～2.8	2.8～3.2
单面坡口十字接头	1.5～1.6	1.6～1.8	1.8～2.1	2.1～2.5	2.5～3.0	3.0～3.5	3.5～4.0
单面坡口角焊缝		0.8		0.7	0.6	0.4	
无坡口单面角焊缝		0.9		0.8	0.7	0.4	
双面断续角焊缝	0.4		0.3	0.2	—		

表 5-10　焊缝纵向收缩量近似值

焊　缝　型　式	焊缝收缩量/mm·m^{-1}
对接焊缝	0.15～0.30
连续角焊缝	0.20～0.40
断续角焊缝	0～0.10

对于一些简单结构在自由状态下进行电弧焊时，也可对焊缝收缩量等变形进行大致估算。单层焊对接接头焊缝纵向收缩量为

$$\Delta l = \frac{K_1 A_H L}{A}$$

式中　Δl——焊缝纵向收缩量，mm；

K_1——与焊接方法有关的系数，手工电弧焊 $K_1 = 0.052～0.057$，埋弧自动焊 $K_1 = 0.071～0.076$；

A_H——焊缝熔敷金属截面积，mm^2；

L——构件长度，如纵向焊缝长度比构件短，则取焊缝长度，mm；

A——构件截面积，mm^2。

5.2.2.2　划线技术要求

（1）划线要准确

由于划线精度直接影响零件精度，所以划线要求准确。例如划垂直相交线、等分线及等分角线时，应采用几何作图法，尽量不用角尺、量角器。至于划线公差无统一标准，各制造单位根据具体情况制定具体要求，来保证产品符合国家制造标准。图 5-12 为某厂对一般容器筒节划线公差的规定。长度差不大于±3mm；宽度差不大于±1mm；对角线差（$l_1 - l_2$）不大于 1mm；两平行线的不平行度不大于 1mm。这些规定都是相对于全长尺寸的，若再加

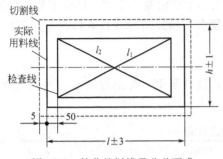

图 5-12　筒节的划线及公差要求

上相对长度关系则更为完善。

（2）留出必要的余量

划线时，必须如图 5-12 所示在板边划出切割线、实际用料线和检查线。实际用料线应按展开尺寸加焊缝收缩量和边缘加工余量来计算。此外，实际用料尺寸还应该考虑到焊缝间隙的影响（如电渣焊焊缝），以及筒节在弯卷和矫圆时的伸长量，特别是在四辊卷板机上热卷、热矫圆时，筒节圆周会产生较大的伸长。

筒体划线时加工余量与尺寸线之间的关系如下。

实际用料线尺寸＝展开尺寸－卷制伸长量＋焊缝收缩量－焊缝坡口间隙＋边缘加工余量

切割下料线尺寸＝实际用料线尺寸＋切割余量＋划线公差

（3）合理排料

展开图画在钢板上的时候，应该合理配置。首先应使钢材获得充分利用。例如在大的坯料之间配置小零件的坯料，充分利用边角余料，使钢材利用率达到 90% 以上。其次排料时还应考虑到切割方便，例如剪板机下料必须是贯通的直线等。

（4）合理配置焊缝

设备上的焊缝不但增加制造过程中的焊接和检验等工时，而且焊缝区是设备强度及耐腐蚀性较差的区域，因此应该尽量减少。但由于钢板的宽度和长度都是有限制的，所以很多零件必须拼焊而成。此时应考虑到设备组装和焊接时的技术要求，使焊缝配置合理。

例如，图 5-13 所示为一设备壳体，在进行划线前应在图纸上作出划线方案。筒体的纵焊缝数由筒体直径和钢板长度确定，焊缝应该互相平行，两相邻焊缝间的弧长距离应符合以下要求：碳钢和低合金钢不小于 300mm；不锈钢不小于 200mm；当板厚大于 20mm 时，不小于 800mm。否则由于焊缝区的刚度较大，使筒体不圆度加大并产生较大的棱角度，而且不易矫圆。筒节的长度由钢板的宽度确定，其最短一节长度为：碳钢和低合金钢不小于 300mm；不锈钢不小于 200mm。

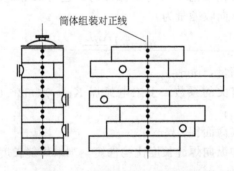

图 5-13　筒体划线方案示意图

划线方案确定后，便可在钢板上按配置方案划线，并划出中心线，以便装配时各筒节按此线对正。

另外，封头、管板的拼接焊缝数量，公称直径 DN 不大于 2200mm 时，拼接焊缝不多于 1 条；DN 大于 2200mm 时，拼接焊缝不多于 2 条。

当焊缝需要进行无损检测时，要使检验方便进行。例如需要进行超声波检测时，在焊缝两侧要留有适当的探头操作移动范围和空间。

5.2.3 标记和标记移植

在钢板上划好线以后，打上标记符号也是一件十分重要的工作。划线后要在图形轮廓上每隔 40～60mm 打一冲眼，装配中心线和接管中心线等处也要打上冲眼，应用油漆标出诸如指示性符号（如中心位置等）、工件编号、划线代号等，以指导切割、成形、组焊等后续工序。

5.3 切割及边缘加工

划线后的下一道工序就是按所划线条切割出零件的毛坯。常用的切割方法有机械切割、氧气切割、等离子弧切割和碳弧气刨。

5.3.1 机械切割

机械切割是常用的切割方法，它包括用普通锯床、砂轮锯、联合冲剪机、振动剪床、圆盘式和闸门式剪板机进行切割。锯切主要用于管子和型材的切断。联合冲剪机可用于型材、棒料及板材的剪切。振动剪床及圆盘式剪板机用于 4mm 以下薄板的曲线和直线剪切。闸门式剪板机用于板材的直线剪切，它分为平口式和斜口式两种。在设备制造厂以斜口闸门式剪板机应用最为广泛。

（1）斜口闸门式剪板机

闸门式剪板机有机械和液压传动两种结构。机械传动式剪板机的结构较复杂，它的上剪刀相对于下剪刀作上、下垂直运动。刀片的楔角为 90°，即前、后角均为零度，如图 5-14（a）所示。

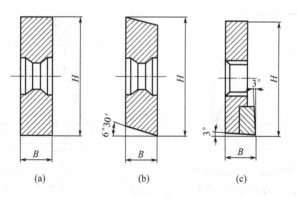

图 5-14 剪板机刀片形式图

液压剪板机传动平稳，结构紧凑，重量轻，维修方便，图 5-15 为其传动示意图。剪切时，下剪刀固定不动，上剪刀由上刀架带着绕偏心轴 7 作往复摆动，所以这种剪板机又称为摆式剪板机。剪板机的上剪刀刃作圆弧运动，为了避免刀具后面先与钢板接触，刀片有 6°30′ 的后角，如图 5-14（b）所示。调整偏心轴的方位，可以改变上、下剪刀之间的间隙，以适于剪切不同板厚的需要。

图 5-14（c）所示的刀片，只能承受较小的力，但刀片前、后角均为 3°，使刀刃锋利，两剪刀间的间隙也可减小，所以产生的附加弯曲力小，适于剪切 1mm 以下的薄板。

表 5-11 列出了几种剪板机的主要参数。

表 5-11　几种剪板机参数

可剪最大板厚 /mm	可剪板宽 /mm	剪刀斜角	每分钟行程次数	
			机械传动空载	液压传动满载
6	2000	1°30′	50	—
	2400		45	
10	2500	2°	45	—
	4000			
12	2500	2°	40	—
	4000			
16	2500	2°30′	—	8
	4000			8
20	2500	2°30′	—	6
	4000			5
32	2500	3°30′	—	4
	4000			3
40	2500	4°	—	3
	4000			3

（2）振动剪床

振动剪床可以作 4mm 以下钢板的直线或曲线剪切，还可剪切出钢板上的内孔。图 5-16 为振动剪床示意图，其工作部分是刃口很短（约 20~30mm）的两把剪刀。下剪刀固定装在床身上，上剪刀装在刀座上，刀座靠偏心轴经连杆带动，做 1500~2000 次/分钟的快速振动。板料在两剪刀之间，靠上剪刀的振动剪断。上剪刀的振动距离为 4~8mm。

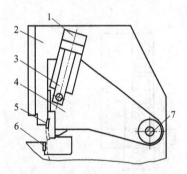

图 5-15　液压剪板机传动示意图
1—油缸；2—机架；3—柱塞；4—上刀架；
5—上剪刀；6—下剪刀；7—偏心轴

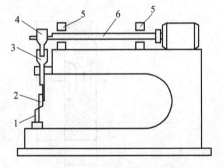

图 5-16　振动剪床示意图
1—下剪刀；2—上剪刀；3—刀座；
4—连杆；5—轴承；6—偏心轴

5.3.2　氧气切割

氧气切割简称气割，也称火焰切割。它在各工业部门都获得广泛应用。气割的设备简单、使用灵活，可以切割各种形状的零件，切割厚度由很薄到很厚（达 1000mm 以上），而且便于实现机械化和自动化，这些优点使它能完成机械切割所不能胜任的工作。

5.3.2.1　气割的过程

气割过程是利用氧—乙炔（或天然气、石油气）火焰，将金属预热到能在氧气流中燃烧的温度，然后送进高纯度、高速度的切割氧流，使金属在氧流中燃烧，金属燃烧生成的氧化物（熔渣）被切割氧流吹走而形成割缝。金属燃烧放出大量的热，将割缝前缘的表层金属预热，移动割炬（图 5-17），切割过程便连续进行。

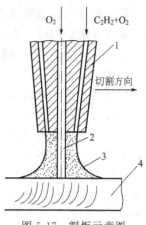

图 5-17　割炬示意图
1—割嘴；2—切割氧流；3—预热火焰；4—工件

5.3.2.2　气割的条件

由于氧气切割的过程是金属预热——金属元素的燃烧——氧化物被吹走的过程，而不是金属熔化被吹走的过程，因此必须符合下列条件的金属才能进行氧气切割。

（1）金属在氧气中的燃点须低于其熔点

这是氧气切割过程能正常进行的基本条件，符合本条件的金属才能保证其切割是燃烧过程，否则还未预热到燃点金属已熔化。

低碳钢的燃点约为 1350℃，而熔点约为 1500℃，所以具有良好的气割条件。钢中含碳量增加其熔点降低，燃点升高。含碳量为 0.7% 的钢，其燃点和熔点都约为 1300℃，含碳量进一步增加则钢的燃点高于其熔点而不能气割。铸铁、铜、铝的燃点比熔点高，也不能气割。

（2）金属氧化物的熔点须低于金属本身熔点

这样熔渣的流动性好，容易被吹走。否则氧化物黏结在切口上，阻碍切口金属与氧气流接触，使切割无法进行。

常用的几种金属及其氧化物的熔点见表 5-12。人们所熟知的铬镍不锈钢，就是由于其氧化物（Cr_2O_3）的熔点（1990℃）高于铬的熔点而不能气割。铝及其合金因其氧化物（Al_2O_3）的熔点（2050℃）高于铝的熔点（658℃）也不能气割。低碳钢的熔点为 1500℃，氧化物的熔点为 1370℃，符合此条件，故能气割。

表 5-12　各种金属及其氧化物的熔点

名称	熔点/℃		名称	熔点/℃		名称	熔点/℃	
	金属	氧化物		金属	氧化物		金属	氧化物
纯铁	1528	1300～1500	铜	1083	1230～1336	镍	1450	1990
低碳钢	1500	1300～1500	锰	1250	1560～1785	锌	419	1800
高碳钢	1300～1400	1300～1500	铝	658	2050	铅	657	2050
灰口铸铁	1200	1300～1500	铬	1550	1990	钛	1725	1850

（3）金属燃烧时放出的热量应足以维持切割过程的连续进行

这就要求金属燃烧时的放热量大且金属本身的导热性差，以满足将金属预热到燃点所需热量，使切割过程得以连续进行。

低碳钢燃烧时放出大量的热，而导热系数低 [$\lambda = 0.465J/(cm \cdot s \cdot ℃)$]，所以切割时可供预热热量的 70%～80%，预热火焰仅供给 15%～30%。铜燃烧时放出的热量小，导热系数高 [$\lambda = 3.92J/(cm \cdot s \cdot ℃)$]，所以不能气割。

综上所述，只有低、中碳钢和低合金钢能满足上述条件，因而能顺利地进行气割。含碳量大于 0.7% 的钢，须预热到 400～700℃ 才能进行气割，当含碳量大于 1%～1.2% 时，不能用一般方法气割。铸铁、高铬镍合金钢、铝、铜等都不能用一般方法气割。这些金属主要采用等离子弧切割。

5.3.2.3　氧气切割对金属性质的影响

（1）对切口边缘化学成分的影响

145

切割时在切口表面及近缝区，金属的化学成分有所改变。在切割含有碳、镍、铜、铬、硅、锰等元素的钢时，在切割边缘的表层中，碳、镍及铜的含量比钢种的原始含量高，而铬、硅含量减少。钢中含锰量不大时，锰能保持原始的含量。

各种合金元素在切割边缘表层的含量增多或减少，决定于它与氧的化合力。凡与氧的化合力比铁与氧的化合力弱的合金元素，在切割边缘中的含量增加。反之凡与氧的化合力比铁与氧的化合力强的合金元素，在切割边缘中的含量减少。

碳与氧的化合力比铁与氧的化合力大，按理它在切割边缘中的浓度应该减少，但实践证明，碳在切割边缘表层中的含量总是有所增高。这是因为在切割时，直接和氧流接触的金属，虽然发生了碳的烧损，但紧跟着切割氧流之后的预热火焰的外焰，含有一氧化碳和二氧化碳气体，这些气体与接近熔点的金属接触，发生渗碳过程，使切口边缘表层的含碳量增加。

（2）切口附近金属组织的影响

切割时切口边缘局部地经受加热冷却过程，切口附近的金属将发生组织变化。组织变化区的深度称为热影响区，它随切口附近金属单位体积内承受热量的增加而增大，可参见表5-13。由表可知，热影响区的深度随着含碳量的增加而增大。低碳钢在热影响区中不会产生淬硬现象，主要表现是晶粒粗大。但对于中碳钢和某些低合金高强钢，在热影响区会出现淬硬倾向，出现马氏体、屈氏体等组织。不仅加工困难，甚至会产生淬硬裂纹。因此对这些材料，必要时可在切割之前进行预热。

表 5-13　气割时切口热影响区深度

切割钢板的厚度/mm		5	25	100	250	800
切割速度/(mm/s)		400	250	150	100	40
热影响区深度/mm	0.3%C 碳钢	0.1～0.3	0.5～0.7	1.5～2.0	1.5～3.0	4～5
	0.5%～1.0%C 碳钢	0.3～0.5	0.8～1.5	2.5～3.5	3.5～5.0	6～8

（3）切口附近硬度的变化

金属组织的变化往往引起硬度的变化，因此含碳量较高的有淬硬倾向的钢，切口边缘会发生硬度增高现象。

5.3.3　等离子切割

5.3.3.1　等离子弧及其产生

一般气体是不导电的，但如果设法提高气体分子和原子的能量，例如提高气体温度，用射线照射等，就可使气体分离成电子和正离子。这一过程称为电离。完全电离了的气体就是等离子体，物理学上把它列为固体、液体、气体之后的物质第四态。

由于等离子体由电子和正离子组成，因此它具有很好的导电能力，可以承受很大的电流密度。从这一意义上说它是很好的导体。此外它又是具有可压缩性的气体。因此等离子体的基本特征是：它是能够传导电流的流动介质——导电流体。导电流体运动的特征是可以受磁场的影响。对温度高达几万度或者十几万度的等离子体，不可能用固体器壁来约束，但它可以被磁场约束。即等离子体的气体压力与外界磁场压力均衡时，等离子体也能处于平衡状态。

焊接电弧是外加电场使气体电离而产生的。这种电弧未受外界的约束，称为自由电弧。一般焊接电弧的弧柱温度取决于气体介质的电离势。同时也与电流大小有一定的关系。对某一定的气体介质，如空气，最初随着电流的增加弧柱温度也升高。但当电流继续增加，弧柱温度基本上不变，约为 6000～8000K，这是因为在一般的焊接电流范围内，随着电流的增加，弧柱面积亦随之增加，电流密度趋于不变。此外弧柱中电场强度小，气体的电离主要是热电离，由于受到温度的限制，弧柱区的气体未全部电离。

如果将焊接电弧压缩，使电流密度增大，温度升高，弧柱区气体完全电离，这就是等离子弧。

图 5-18 为等离子弧切割原理图。先在电极和喷嘴之间借助于高频振荡器的激发形成小电弧，切割时在电极和工件之间加一个高电压，并使电弧转移到电极与工件之间。电弧通过孔形为逐渐收缩的喷嘴时受到压缩，称为"机械压缩效应"。在喷嘴中通以高速流动的冷却介质，使弧柱外层受到强烈冷却，其电离度大大降低，甚至不能电离，故电流只能从中心通过，即弧柱截面减小，电流密度增加。这种作用，称为"热压缩效应"。此外，带电粒子在弧柱中流动——沿着弧柱的纵向电流，将产生环形磁场。这种磁场称为等离子体的固定磁场，将对电弧进一步压缩，称为"磁压缩效应"。以上三种压缩效应作用在弧柱上，使弧柱电流密度增加，能量集中，温度升高，直到与弧柱的热散失作用相平衡，便形成具有一定断面的稳定的等离子弧。

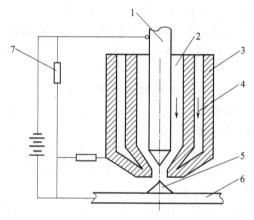

图 5-18　等离子弧切割原理示意图

1—钨极；2—气体；3—割嘴；4—冷却水；5—等离子弧；6—工件；7—高频振荡器

当冷却气体通过喷嘴时，被弧柱强烈加热为高温气体，与等离子弧一道从喷嘴高速喷出，形成等离子焰流。由于等离子焰流温度高，导热性好，可将大量的热传给工件。而且其速度快、冲刷力强、热影响区小，所以是切割各种材料的理想热源。

5.3.3.2　等离子弧的类型

根据电极的不同接法，等离子弧分为转移型、非转移型和混合型三种。

（1）转移型等离子弧（直接弧）

如图 5-19（a）所示，电极接电源负极，工件接电源正极，等离子弧产生在电极与工件之间。由于高温的阳极斑点直接落在工件上，工件受到的热量高而集中，所以适于切割各种金属材料，特别是较厚的材料。

（2）非转移型（间接弧）

如图 5-19（b）所示，电极接电源负极，喷嘴接电源正极，等离子弧产生在电极与喷嘴之间。它依靠从喷嘴喷出来的等离子焰流来熔化工件。这种型式不是靠阳极直接电加热工件，而是靠焰流传热。而且有部分热量必须耗于阳极的电加热和喷嘴的辐射损失，所以温度比转移型低，切割速度慢得多。但是非转移型切口质量好，容易控制，用于切割薄板及不导

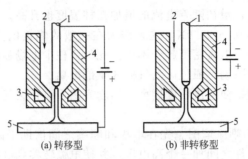

图 5-19　等离子弧的类型

1—电极；2—气体；3—水；4—割嘴；5—工件

电的材料，也常用于喷镀、焊接等工艺。

（3）混合型等离子弧

为综合上述两种类型的优点，现多作成混合型。可用一个电源分流于喷嘴和工件间，电流主要通过工件，或用两个电源共用钨棒分别向喷嘴和工件供电。

5.3.3.3　等离子弧切割技术的特点

等离子体能切割任何材料是其最突出的特点，因为任何物质在它的高温、大功率、强冲刷力作用下都会迅速被熔化吹走。因为等离子体维持的长度是有限的，故目前用机械移动割枪的装置可切厚度约为 100mm；手工操作为 60mm；空气等离子切割机只能切割 10mm 左右的板材。

由于等离子切割加大功率、提高气体流速并非易事，故不仅在增加切割厚度上受到限制，同时在提高切速上也受到限制，尤其在板厚增加时更明显。事实上，等离子切割用于中等厚度以下的板其切割速度快于普通气割。

等离子体的切口精度不如气割的氧气流，因喷嘴的形状及流量都要首先保证等离子体的形成及稳定，故等离子切割的切口精度和光洁度都不及气割，且切口较宽。

在使用灵活性方面等离子切割比气割稍有逊色，因为它基本上不能离开专门的切割场地，但在割枪所及的范围内仍不受工件形状、切口形状及空间位置的限制。

等离子切割的成本是目前设备制造用到的几种切割方法中最贵的一种，主要用于气割无法应用的不锈钢、铜、铝等工件，特别是厚板和曲线切口。

5.3.4　碳弧气刨

碳弧气刨是用碳棒作为电极产生电弧，利用电弧热将金属局部融化，同时用压缩空气流把融化的金属吹走，从而对金属进行"刨削"。其工作原理如图 5-20 所示。碳弧气刨主要用于挑焊根，开焊接坡口（特别是 U 形坡口），返修焊缝缺陷时清除焊肉，也可用于去毛刺、飞边、浇冒口等。

碳弧气刨所用的设备主要是气刨枪、碳棒和电源设备。最常用的气刨枪是侧面送风式气刨枪，图 5-21 为其结构简图。它的钳口处有 2～3 个小孔，工作时压缩空气从小孔喷出，喷出的气流吹向电弧的后侧，恰好吹到融化的金属上。这种刨枪只能朝一个方向刨削。

碳弧气刨所用的碳棒电极，要求耐高温，烧损小，以减少电极损耗和节约辅助时间。还要求导电性好，具有一定强度。最常用的是镀铜和包铜皮的实心碳棒。其断面有圆形和扁形两种。扁碳棒适于切割和刨削平面。

碳弧气刨采用直流电源，电源的特性与手工电弧焊相同。对一般钢材采用直流反接，这样可使得刨削过程稳定，刨槽光滑。刨削电流对刨槽尺寸影响很大，电流大则刨槽加深，宽

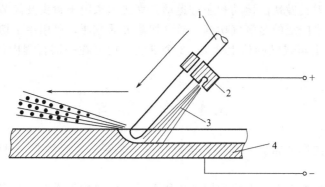

图 5-20　碳弧气刨示意图
1—碳棒；2—刨枪；3—压缩空气流；4—工件

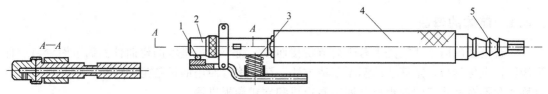

图 5-21　侧面送风式气刨枪
1—碳棒电极；2—喷嘴；3—弹簧；4—手柄；5—压缩空气接头

度也增大。而且刨削速度高，刨槽光滑。

压缩空气压力一般为 $0.40 \sim 0.60 MPa$。

实践证明，用碳弧气刨刨削低碳钢时，一般不会发生渗碳现象，因此用碳弧气刨挑焊根，开焊接坡口之后焊接，并不影响质量。

对于不锈钢，用碳弧气刨挑焊根和返修焊缝，也获得了普遍的应用。实践表明，碳弧气刨对不锈钢刨槽表层基本上不发生渗碳现象。但如果操作不当，就会有渗碳现象。例如，压缩空气压力过小，就出现黏渣。渣是吹出来的铁水，它的表面是氧化铁，内部是含碳量很高的金属。若渣黏在刨槽两边不加清理，则会融入焊缝，使得焊缝金属的含碳量显著增加，降低了焊缝抗晶间腐蚀的能力。因此必须严格控制操作工艺和规范，并在焊接前将焊渣清理干净。

无淬火现象的材料应用气刨时不需预热，但用于有淬火倾向的钢如低合金高强钢时要考虑预热，由于气刨的热过程比焊接快得多，故其预热温度应等于或稍高于焊接温度。以免气刨表面出现淬火、裂纹等缺陷。

导热能力强的铜、铝很难用气刨，尤其是厚板。

5.3.5　边缘加工

边缘加工有两方面的目的：一是按划线切除余量，以消除切割时边缘可能产生的冷加工硬化、裂纹、渗碳、淬火硬化等缺陷；二是根据过程设备的焊接要求，加工出各种形式的坡口。

边缘加工的方法有机械切削和热切割（包括氧气切割、等离子弧切割和碳弧气刨）。

机械切削加工的坡口尺寸准确，光洁度高，无热影响区，可加工各种金属材料，特别适合加工低合金高强钢、高合金钢等。常用的设备有刨边机和立式车床。刨边机为刨削钢板的专用机床，它的刨削长度很长，一般都达十几米，工作台宽大，可刨削筒节等板坯的边缘。

工作时工件固定，刀具做切削运动和送进运动。立式车床用于封头及筒节环缝坡口的加工。

热切割中用的最广泛的是氧气切割。氧气切割灵活方便，可用手工切割，也易于实现机械化和自动化。在小车式气割机上装 2～3 个割嘴，便可在一次行程中切割出 V 形或 X 形切口。

5.4 弯 曲

设备制造中弯曲作业很多，筒体、锥形封头、弯管、弯制法兰、衬圈等零件都需进行弯曲。

使坯料在一定长度上在定型曲面模具作用下进行弯曲称为模弯，它需要专门的模具。坯料在通用的工具（多为滚轮）作业下逐点连续弯曲称为滚弯。设备制造中零件批量少，通用性较强的滚弯是主要的。

5.4.1 筒体的弯曲

一台设备的筒体往往是由若干筒节拼接而成，筒节是最基本的弯曲件。筒节滚弯习惯称为滚圆，也称卷板，是筒节的基本制造方法。筒节滚弯使用的设备是卷板机，卷板机主要有对称式和不对称式三辊卷板机、四辊卷板机和立式卷板机等。

5.4.1.1 卷板机的工作原理

（1）对称式三辊卷板机

① 工作原理 图 5-22 为对称式三辊卷板机工作原理图，它的上辊可在垂直平面内上、下移动，两个下辊为主动辊，可正反旋转，并对称于上辊中心线排列。

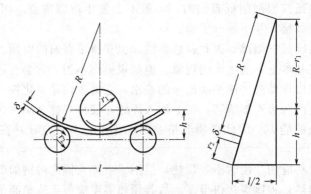

图 5-22 对称式三辊卷板机工作原理

弯卷时将钢板放入上、下辊之间，然后上辊向下将钢板压弯到一定程度。此时钢板弯曲部分的内层受压外层受拉，钢板中间部分弯矩最大，达到塑性弯曲状态。再驱动两下辊旋转，并借助于钢板与辊子之间的摩擦力使钢板左、右移动，同时上辊也随着转动。这样就使钢板连续通过上下辊的间隙，受到相同弯曲，产生相同的变形。即钢板变成了曲率相同的弧形板。一次行程之后，再将上辊下压一定距离（h 减小），又驱动下辊，使钢板进一步受到弯卷。上辊几次下压，就将钢板弯卷到需要的曲率半径。

钢板弯卷的可调量是上、下辊的垂直距离 h，h 取决于弯曲半径 R 的大小，其大小可由图 5-22 求得。

由
$$(R+\delta+r_2)^2 = (R-r_1+h)^2 + \left(\frac{l}{2}\right)^2$$

可得
$$h=\sqrt{(R+\delta+r_2)^2-\left(\frac{l}{2}\right)^2}-(R-r_1) \tag{5-1}$$

由式(5-1)也可求出钢板弯曲半径 R 与各参数之间的关系。

$$R=\frac{(r_2+\delta)^2-(h-r_1)^2-\left(\frac{l}{2}\right)^2}{2(h-r_1-r_2-\delta)} \tag{5-2}$$

式中　R——钢板的弯曲半径，mm；

$\quad\quad l$——两下辊间的中心距，mm；

$\quad\quad \delta$——钢板的厚度，mm；

$\quad\quad h$——上下辊中心距，mm；

$\quad\quad r_1$——上辊半径，mm；

$\quad\quad r_2$——下辊半径，mm。

② 直边的产生及处理　在对称式三辊卷板机上弯卷时，钢板移动的极限位置如图 5-23 所示。从图上可以看出板边缘 ce 段和 de 段都不可能通过最大弯矩 e 点处，因此不能受到最大弯曲而形成直边。

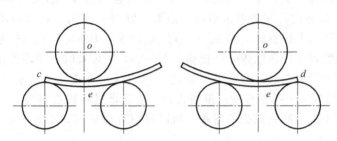

图 5-23　钢板弯曲时直边的产生

直边必须在卷圆之前采取预弯等工艺措施处理，对厚的钢板一般在压力机上冲压预弯，如图 5-24(a) 所示。这种方法需要较大型的压力机和模具。对较薄的钢板，常在三辊卷板机上借助于预弯模预弯，如图 5-24(b) 所示。也可采用预留直边待卷圆后切除的方法，如图 5-25 所示。这种方法要浪费直边部分的钢材，而且工艺上比较麻烦，它需要在预卷圆之后切除直边部分，再最后卷圆。这种方法的优点是它能完全消除直边。因此，常用于对筒体直径、不圆度、焊缝棱角度都有较严格要求时，如多层包扎容器的内筒和层板，热套容器等。

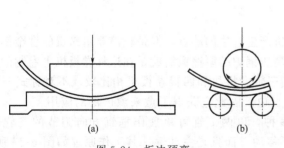

图 5-24　板边预弯

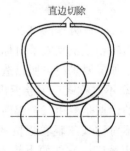

图 5-25　预留直边

由于直边的处理比较麻烦，特别是厚钢板更为突出，所以出现了其他形式的卷板机。

(2) 其他卷板机的工作原理

① 对称式四辊卷板机　图 5-26 为对称式四辊卷板机工作原理图。其上辊为主动辊，下辊可以垂直上、下调节，两侧辊可以沿 K 方向调节。

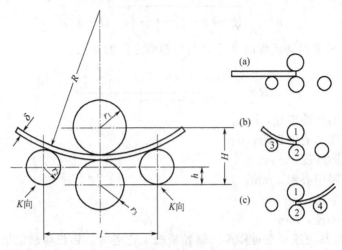

图 5-26　对称式四辊卷板机的工作原理

卷板时，将钢板置于上、下辊之间，升起下辊将板边紧压在上辊上，如图 5-26（a）所示。接着侧辊 3 沿 K 方向升起对板边预弯，如图 5-26（b）所示。预弯后适当减小下辊压力（以免钢板碾薄），驱动上辊旋转，则 1、2、3 三辊构成一个不对称式三辊卷板机对钢板进行弯卷。弯卷时升起侧辊 4 托住钢板，钢板移至图 5-26（c）位置时，上辊停止转动。将下辊向上适当加大压力后上升侧辊 4，弯曲另一板边。适当减小下辊压力后驱动上辊作反方向旋转，1、2、4 辊又构成一个不对称的三辊卷板机，对钢板进行再次弯卷。这样连续几次，直到弯成形为止。由于板边都可以受到弯曲，所以可使直边宽度减小到 1.5～2 倍板厚，通过矫圆便可消除。

对称式四辊卷板机的可调参量和弯曲半径的计算如下。由图 5-26 中的几何关系可得

上、下辊中心距
$$H = r_1 + r_3 + \delta \tag{5-3}$$

两侧辊与下辊的高度差
$$h = R + \delta + r_3 - \sqrt{(R + \delta + r_2)^2 - \left(\frac{l}{2}\right)^2} \tag{5-4}$$

式中　r_1——上辊半径，mm；

r_2——侧辊半径，mm；

r_3——下辊半径，mm；

δ——钢板厚度，mm；

l——两侧辊中心距，mm。

四辊卷板机克服了对称式三辊卷板机产生直边的缺点，但是辊筒要由昂贵的合金钢锻制而成，加工要求高，所以造价比较高。高压锅炉的厚壁锅筒就是在这种卷板机上卷制的。

② 不对称式三辊卷板机　与对称式三辊卷板机和四辊卷板机相比较，不对称式三辊卷板机的优点是只用三个辊筒，又能消除直边。因此它获得了愈来愈广泛的应用。

不对称式三辊卷板机的结构有很多种，以两下辊可单独作垂直方向调节的三辊卷板机应用最广。它的两下辊不但可上、下移动，而且是主动辊。其工作原理如图 5-27 所示。卷板时，将钢板置于上、下辊之间［图 5-27（a）］，升起一侧辊预弯板边［图 5-27（b）］，侧辊退回原位，驱动两下辊使钢板移至图 5-27（c）所示位置，升起另一侧辊，预弯另一板边［图 5-27（d）］，像对称式三辊卷板机一样弯卷钢板成筒节［图 5-27（e）］。

③ 立式卷板机　立式卷板机的优点是，热卷厚板时氧化皮不会落入辊筒与钢板之间，因而避免产生压痕。卷大直径薄壁筒节时，不会因钢板的刚度不足而下塌。其缺点是，卷制

过程中钢板与地面摩擦，薄壁大直径筒节还有拉成上、下圆弧不一致的可能。

图 5-28 为某种立式卷板机的示意图。轧辊 1 为主动辊，两侧压杆 2 可沿机器中心线 OO 平行移动，两压杆间的距离还可调节，压辊 3 可前、后调节。弯卷时，钢板放入轧辊 1 和压辊 3 之间，压辊 3 靠液压力始终将钢板紧压在轧辊 1 上，两压杆 2 向前将钢板压弯。然后压杆退回原位，驱动辊 1 使钢板移动一定距离，两压杆 2 再次向前将钢板压弯。这样依次、逐段将钢板压弯成圆形筒节。因此，这种立式卷板机不像卧式卷板机连续弯板，而是间歇地、分段地将钢板压弯成筒节。其特点是压弯力强，钢板一次通过便弯卷成形。

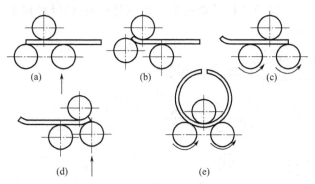

图 5-27 两下辊垂直移动三辊卷板机工作原理图

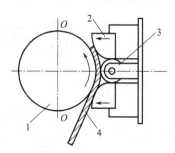

图 5-28 立式卷板机示意图
1—轧辊；2—压杆；3—压辊；4—工件

目前比较先进的卷板机已经实现数控，而且出现大型卷板机以适应大型装备的需要。

5.4.1.2 卷板机的结构及参数

卷板机的结构和传动形式比较多，下面介绍两种比较典型的卷板机的结构。

（1）对称式三辊卷板机

机器的两个下辊为驱动辊并起支承钢板的作用，其两端采用滑动轴承。辊轴的轴线不移动，但同向等速转动以带动钢板运动。图 5-29 是上辊的结构示意图。它可下压使钢板弯曲，上、下调节大都采用蜗杆蜗轮-螺母丝杠系统。当钢板滚成圆筒后就包住了上辊，此时筒节只能从一侧抽出，故一侧的轴承座必须是快拆快装结构。当拆去一侧轴承时，为平衡轴的重量，轴的另一侧须在轴承外延长一段，并在其尾端施加平衡力。由于上辊轴承要上、下移动并有单轴承支持的情况，故轴承与支座间最好用球面支持。

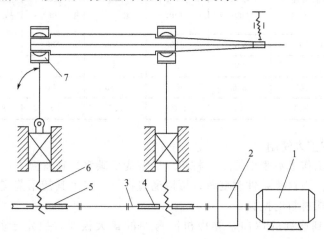

图 5-29 对称式三辊卷板机上辊结构示意图
1—电动机；2—减速器；3—蜗杆；4—蜗轮；5—螺母；6—丝杠；7—快拆轴承

153

滚圆时三根轴的轴线任何时候都要严格平行。为此，调节上辊轴上、下运动的两侧蜗杆蜗轮-螺母丝杠系统的参数应完全一样，由一根轴带动两个蜗杆，以保证两侧同步移动。为便于把两侧调到同位，该轴至少要分成两节再用联轴节联成整体，这样才能在出现不同位时断开联轴节，调一侧使之与另一侧同位。

（2）四辊卷板机

图 5-30 是某种四辊机的结构示意图。其特点是上辊为驱动辊，而下辊可上、下调节移动，两侧辊的作用是使钢板受上推力而弯曲，由上推量的大小来控制钢板的弯曲半径。两侧辊移动方向通常成 60°夹角。几乎所有上、下移动的传动机构都采用蜗杆蜗轮-螺母丝杠系统，但下辊的作用是压紧，故采用液压效果更好。

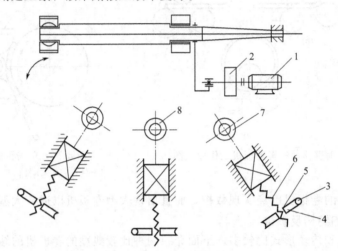

图 5-30　四辊卷板机传动结构示意图
1—电动机；2—减速器；3—蜗杆；4—蜗轮；5—螺母；6—丝杠；7—侧辊轴承；8—下辊轴承

卷板机的工作能力和卷制范围由卷板机的技术性能和主要工作参数来决定。几种卷板机的主要参数见表 5-14。

表 5-14　几种卷板机的主要参数

规格 最大板厚×最大板宽 /mm	上辊直径 /mm	下辊直径 /mm	下辊中心距 /mm	卷板速度 /m·s⁻¹	下辊升降 速度/m·s⁻¹	主电机 功率/kW	下辊升降电机 功率/kW
40×4000	550	530	610	3.35	100	80	40×2
50×4000	650	600	750	4	100	100	50×2
70×4000	700	666	800	3.45	100	125	65×2
95×4000	900	850	1000	3.5	100	80×2	液压系统

5.4.1.3　卷板机的扩大使用

卷板机的主要工作参数是根据某一材料（通常为低碳钢）在常温下，按一定的板厚、板宽等条件来设计的。当这些条件改变时，可以通过换算，扩大其使用范围。

（1）只改变钢板材料的换算

钢板弯卷时受到连续的弯曲，卷板机能弯曲的最大板厚，决定于其上辊能给予钢板的最大弯矩。因此，换算时是以不同使用条件下，卷板机所能给予钢板的最大弯矩相等为依据。

冷卷
$$\delta_2 = \delta_1 \left[\frac{(1.5 + K_{01}\delta_1/R_1)\sigma_{s1}}{(1.5 + K_{02}\delta_2/R_2)\sigma_{s2}} \right]^{1/2} \qquad (5-5)$$

热卷
$$\delta'_2 = \delta'_1 \left(\frac{\sigma'_{s1}}{\sigma'_{s2}} \right)^{1/2} \qquad (5-6)$$

式中　δ_1，δ_2——常温下设计、使用当量板厚，mm；

R_1，R_2——设计、使用最小弯曲半径，mm；

σ_{s1}，σ_{s2}——常温下设计、使用材料屈服极限，MPa；

K_{01}，K_{02}——设计、使用材料的相对强化模数（见表 5-15）；

σ'_{s1}，σ'_{s2}——700℃时设计、使用材料屈服极限，MPa；

δ'_1，δ'_2——700℃以上设计、使用当量板厚，mm。

表 5-15　几种钢材的相对强化模数 K_0 值

材　　料	K_0	材　　料	K_0
10,20	5	40,45,50,60,15Cr,20Cr,30Cr,40Cr,50Cr,20CrNi	8.8
20g,25,Q235,12CrMoV,15CrMo	5.8	高合金钢板（$\sigma_s \leqslant 784$MPa）	10
30,35	7	1Cr18Ni9Ti,1Cr18Ni12Ti	3

（2）板宽变化时当量板厚的换算

卷板机所允许的最大板厚是以它能弯卷的最大板宽为基准的。若所弯卷钢板宽度小于允许的最大值，则能弯卷的板厚还可增加，其换算公式如下。图 5-31 表示卷板机板宽改变时的几何关系。

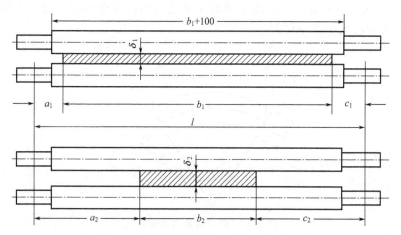

图 5-31　卷板机板宽改变时的几何关系

当弯卷条件为冷卷，$a_1 \neq c_1$，$a_2 \neq c_2$ 时

$$\delta_2 = \delta_1 \left[\frac{b_1(b_1 + 2c_1)(4a_1 l + 2b_1 c_1 + b_1^2)}{b_2(b_2 + 2c_2)(4a_2 l + 2b_2 c_2 + b_2^2)} \right]^{1/2} \qquad (5-7)$$

当弯卷条件为冷卷，$a_1 = c_1$，$a_2 = c_2$，$b_1 \approx l$ 时

$$\delta_2 = \delta_1 \left[\frac{b_1^2}{b_2(2l - b_2)} \right]^{1/2} \qquad (5-8)$$

当弯卷条件为冷卷，$b_1 = 2l - b_2$ 时

$$\delta_2 = \delta_1 \left(\frac{b_1}{b_2} \right)^{1/2} \qquad (5-9)$$

式中 δ_1 ，δ_2 ——设计、使用当量板厚，mm；

　　b_1 ，b_2 ——设计、最大使用板宽，mm；

　　a_1 ，c_1 ——设计板端至轴承中心距离，mm；

　　a_2 ，c_2 ——使用板端至轴承中心距离，mm；

　　　　 l ——两轴承中心间距，mm。

5.4.1.4　最小冷弯半径

钢板的弯卷有热卷和冷卷之分，热卷是将钢板加热到 950℃ 左右进行弯卷。热卷需要大型加热炉，而且在四辊卷板机上弯卷会将钢板碾长，影响卷圆直径，因此在卷板机能力足够时，都用冷卷。

钢板弯曲时的塑性变形程度可用变形率 ε 来表示。

图 5-32 为卷圆后筒节的一段弧长。按外侧相对伸长量计算变形率为

$$\varepsilon=\frac{l_1-l}{l}\times100\%=\frac{R_1\theta-R\theta}{R\theta}\times100\%=\frac{\delta}{D_m}\times100 \qquad (5\text{-}10)$$

式中 R ——弯卷后筒节中性层半径，mm；

　　R_1 ——弯卷后筒节外表面半径，mm；

　　D_m ——弯卷后筒节中性层的直径，mm；

　　　 l ——筒节中性层弧长，弯卷前后不变，mm；

　　l_1 ——弯卷后筒节外表面弧长，mm；

　　　 δ ——壁厚，mm；

　　　 θ ——取筒节上中性层弧长为 l 所对应的圆心角。

由式(5-10) 可知，钢板越厚，筒节的弯曲半径越小，则变形率越大。变形率的大小对金属再结晶后晶粒的大小影响很大。

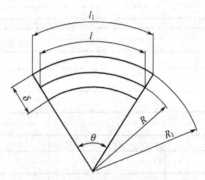

图 5-32　筒节弧长的几何参数

金属材料冷弯后产生粗大再结晶晶粒的变形率，称为金属的临界变形率。钢材的理论临界变形率范围为 5%～10%。冷卷时钢板的伸长率不能接近其临界变形率，否则在后续热加工工序中，再结晶晶粒长大会降低钢材的力学性能。在实际生产中，要求 $\varepsilon\leqslant5\%$ 。此外，某些钢材的冷变形度过大，会增加其应变时效倾向，并使冷加工硬化现象严重。

在 HG 20584—1998《钢制化工容器制造技术要求》中规定了常用金属材料的变形率范围。

① 碳素钢、16MnR　3%（单向拉伸），5%（双向拉伸）。

② 其他低合金钢　2.5%（单向拉伸），5%（双向拉伸）。

③ 奥氏体不锈钢　15%。

钢板弯卷时用最小冷弯半径 R_{min} 表示冷成形后的变形率比 ε 更为直观。

对于碳素钢和16MnR来说，要求变形率小于或等于3％，即 $\varepsilon \leqslant 3\%$。

则由 $\varepsilon = \dfrac{\delta}{D_m} \times 100 \leqslant 3\%$，可得 $\dfrac{\delta}{R_m} \times 100 \leqslant 6\%$，即 $R_{min} = 100\delta/6 = 16.7\delta$。

同理可求，当双向拉伸时，$R_{min} = 10\delta$。

对于其他材料，用最小冷弯半径 R_{min} 代替变形率 ε 可得：

其他低合金钢：$R_{min} = 20\delta$（单向拉伸）；$R_{min} = 10\delta$（双向拉伸）

奥氏体不锈钢：$R_{min} = 3.3\delta$

钢板冷弯卷制筒节时，筒节的半径要大于或等于最小冷弯半径 R_{min}，否则可以考虑进行热处理。

5.4.1.5　筒节弯卷的回弹估算

弯卷钢板在辊子压力作用下既有塑性弯曲，又有弹性弯曲，故钢板卸载后，会有一定的弹性恢复，称为回弹。

筒节在热弯卷时，回弹量很小，可不予考虑。筒节在冷弯卷时，回弹量较大。为了尽量控制回弹量，冷弯卷时要过卷，如图 5-33 所示。同时，在最终成形前要进行一次退火处理。

冷卷回弹量的计算较复杂。筒节回弹前的内径 D'_n 可按式(5-11)估算，过卷量 Δl 可按式(5-12)估算。

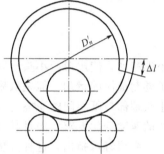

$$D'_n = \frac{1 - 2K_0\sigma_s/E}{1 + K_1\sigma_s D'_n/E\delta} D_n \qquad (5\text{-}11)$$

$$\Delta l = \frac{\pi}{2}(D_n - D'_n) \qquad (5\text{-}12)$$

图 5-33　冷弯卷的过卷

式中　D_n——筒节内径，mm；

$\quad\sigma_s$——钢材屈服极限，MPa；

$\quad K_0$——钢材的相对强化模数值，查表 5-16；

$\quad K_1$——钢材截面形状系数，矩形 $K_1 = 1.5$；

$\quad\delta$——钢板厚度，mm；

$\quad E$——钢材弹性模量，MPa。

5.4.2　锥形封头的弯曲

锥形壳体常作为化工容器的底部，称为锥形封头。它的曲率半径从小端到大端逐渐变大，它展开图是一扇形面。弯卷锥体的最大困难是，若无相对滑动，则要求卷板机辊筒表面的线速度从小端到大端逐渐变大，而且变化规律要适应于各种锥角和各种直径锥体的速度变化要求。这点在生产中是不现实的。其次，弯卷锥体还要求卷板机的辊间距（图 5-22 中的 h）应与其大端到小端曲率半径的变化相适应。这在结构上也需特殊处理。因此，目前没有专门的锥体卷板机，生产中锥形壳体的制造常用以下方法。

（1）分片压弯组焊或压弯成形

在锥体的扇形坯料上，均匀地划出若干条射线，如图 5-34 所示。然后在压力机或卷板机上按射线压弯，待两边缘对合后，将两对合边点焊牢，最后进行矫正和焊接。这种整体压弯成形适用于薄壁锥体。这种方法费工时，劳动量大。

（2）在卷板机上加辅助工具

在卷板机的活动轴承架上，装上图 5-35 所示的工具，或直接在轴承架上焊上两段耐磨块。弯卷时，将扇形板的小头端部紧压在堆焊的硬块上。由于小端与硬块间产生摩擦，阻止

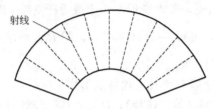

图 5-34　扇形坯料

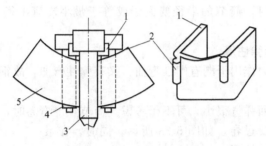

图 5-35　在卷板机上卷锥体

1—工具；2—硬块；3—上辊；4—下辊；5—扇形坯料

小端移动，使扇形板小头与辊子之间产生相对滑动，因而其移动速度较大头慢，这样就完成了卷制锥体的运动。但是从扇形板大头到小头，钢板与辊子间的摩擦力（带动钢板移动）和小头端部与硬块间的摩擦力（阻止钢板移动）都不能控制，因此其速度变化不可能满足卷锥体的速度变化要求，而且其曲率半径也有差别，故在卷制过程中和卷制后都要矫正。

必须着重指出，这种方法使卷板机承受很大的轴向力，因而大大加快了卷板机轴承等构件的磨损，甚至会损坏活动轴承等零件。

（3）卷板机辊子的倾斜

该方法是将卷板机上辊（对称式）或侧辊（不对称式）适当倾斜，使扇形板小端受到的弯曲比大端大，以产生较小的曲率半径而成为锥形。这一方法常用于锥角较小，板材不太厚的锥体弯卷。

5.4.3　管子的弯曲

5.4.3.1　管子弯曲的受力分析及缺陷

管子在弯矩 M 的作用下发生纯弯曲变形时，其外侧壁受拉伸，内侧壁受压缩，中性轴处不受拉压，如图 5-36（a）所示。当管子不是受纯弯曲，则其断面上还有剪切力存在。由于管壁厚度相对于管子直径要小得多，所以其正应力可视为沿厚度均匀分布，而切应力的矢量

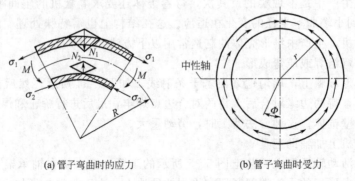

(a) 管子弯曲时的应力　　　　　　　　　(b) 管子弯曲时受力

图 5-36　管子弯曲时的受力分析

则与管壁切线方向一致，如图 5-36(b) 所示。

若横断面上管壁各点的位置用极坐标表示，极角从与中性轴垂直的轴线算起，由材料力学可知，正应力 σ 为

$$\sigma=\frac{M}{\pi R^2 \delta}\cos\phi$$

当 $\phi=0$ 和 $\phi=\pi$ 时，正应力达最大值，即

$$|\sigma_{\max}|=\frac{M}{\pi R^2 \delta}$$

式中　R——管子中性层半径，mm；

　　　δ——管子的壁厚，mm。

当管子达到塑性变形状态时，它所受的弯矩与钢板弯曲相似，即

$$M=\left(K_1+K_0\frac{d}{R}\right)W\sigma_s$$

式中　K_0——管子材料的相对强化模数，见表 5-16；

　　　K_1——几何形状系数，$K_1=1.7\dfrac{1-(d_i/d_o)^3}{1-(d_i/d_o)^4}$；

　　　d——管子的中性层直径，mm；

　　　R——管子的弯曲半径，mm；

　　　W——管子的抗弯截面系数，mm；

　　　d_i——管子的内直径，mm；

　　　d_o——管子的外直径，mm。

从上述管子弯曲时的受力分析可以看出：

ⅰ. 管子外侧受拉应力，最外侧处（$\phi=\pi$）应力最大，而且由于管子弯曲时的变形度都很大，所以最外侧壁受到极大的拉伸，减薄严重。

ⅱ. 内侧壁受压缩应力，最内侧处（$\phi=0$）应力最大，因此管壁增厚，当内侧壁在压应力作用下丧失稳定时，将产生褶皱，如图 5-37(a) 所示。

ⅲ. 由图 5-36(a) 来看，N_1 的合力从外侧壁垂直于中性轴方向作用于管壁，N_2 的合力从内侧面垂直于中性轴方向作用于管壁，它们都有将弯曲段管子压扁的趋势，因而使管子断面变成椭圆，如图 5-37(b) 所示。

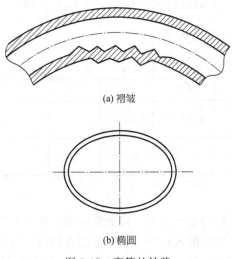

(a) 褶皱

(b) 椭圆

图 5-37　弯管的缺陷

综上所述，管子在弯曲时会出现外侧壁拉薄，内侧壁产生褶皱，断面变成椭圆，其至会产生裂纹等缺陷。这些缺陷的产生与相对弯曲半径 R/d 有很大关系。相对弯曲半径愈小，愈易产生各种缺陷。因此，从制造出合格的弯管来考虑，必须根据管子的材料和生产技术水平，规定出最小弯曲半径。不同管材、不同规格的管子弯曲半径，有关标准和资料作出了规定。如 GB 151《钢制管壳式换热器》中要求 U 形管弯管段的弯曲半径 R 应不小于两倍的管子外径。常用换热管的最小弯曲半径 R_{min} 按表 5-16 选取。对一般受压 $\leqslant 10MPa$ 的管子，当管径 $d\leqslant 100mm$ 时，最小弯曲半径 $R_{min}=3.5d$；当 $d>100mm$ 时，$R_{min}=4d$。

表 5-16　换热管最小弯曲半径 R_{min}

换热管外径	10	14	19	25	32	38	45	57
R_{min}	20	30	40	50	65	75	90	115

5.4.3.2　弯管方法

生产中弯管的方法很多，有冷弯和热弯、有芯弯管和无芯弯管、手工弯管和机动弯管等。其主要目的是在保证弯管的形状、尺寸的同时，要尽量减少和防止弯管时产生的不同缺陷。

（1）冷弯或热弯方法的选择

选择冷弯或热弯方法主要考虑如下内容。

ⅰ.管子的尺寸规格和弯管半径。

通常管子的外径大、管壁较厚、弯曲半径较小时，多采用热弯，相反则采用冷弯。冷弯和热弯的适用范围见表 5-17（其中，管子相对弯曲壁厚 $\delta_x=\delta/d_o$，相对弯曲半径 $R_x=R/d_o$，d_o 为管子外径），同时注意管子冷弯，热弯的特点及有关工艺要求。

ⅱ.管子材质为低碳钢、低合金钢可以冷弯或热弯；合金钢、高合金钢应选择热弯。

ⅲ.弯管形状复杂，无法冷弯时，可采用热弯。

ⅳ.不具备冷弯设备时、可采用热弯。

表 5-17　冷弯和热弯的适用范围

		无芯				有芯	
	$d_o<108mm$ （或 $DN<100mm$）	弯管机回弯	挤弯	简单弯曲	滚弯	$\delta_x\geqslant 0.05$	$\delta_x\geqslant 0.035$
冷弯		$\delta_x\approx 0.1$	$\delta_x\geqslant 0.06$	$\delta_x\geqslant 0.06$	$\delta_x\geqslant 0.06$		
	$R>4DN$	$R_x\geqslant 1.5$	$R_x\geqslant 1$	$R_x>10$	$R_x>10$	$R_x\geqslant 2$	$R_x\geqslant 3$
热弯	$DN<400mm$	充砂	热挤	—	—	热挤	
	中低压管路 $R\geqslant 3.5DN$	$\delta_x\geqslant 0.06$	$\delta_x\geqslant 0.06$	—	—	$\delta_x\geqslant 0.06$	
	高压管路 $R\geqslant 5DN$	$R_x\geqslant 4$	$R_x\geqslant 1$	—	—	$R_x\geqslant 1$	

（2）手工弯管

在进行手工弯管之前，管内必须充砂，以避免弯曲时产生褶皱、断面变扁等缺陷。对某些硬度较低的有色金属管，则可灌入松香、铅等低熔点物质，待弯曲后取出。充砂是最常用的方法，砂粒要求纯净、均匀，烘干后再灌入管内，以免加热时产生蒸汽发生爆炸的危险。

灌砂时要求密实，因此边灌边用锤子敲击管子，或用机械方法将砂捣实。管子两端用木塞堵紧或焊死。

弯曲可以用热弯，也可以用冷弯。一般小直径的管子，因弯曲弯矩小采用冷弯。而大直径的管子，多采用热弯。弯曲在平台上进行，需按弯管内侧面的弯曲半径，用钢板、钢条等作一胎具，然后用胎具逐段将管子弯曲，并用样棒检查弯曲角，达到要求即停止弯曲。热弯时先将管子的一段放入炉内加热到 950℃ 左右，保温一段时间，使管内砂子也达到这个温度，然后取出弯曲。弯好一段后再加热和弯曲另一段，直至弯曲完。弯曲时可以在外侧壁喷水，以使其壁厚不致变得太薄。

手工弯管劳动量大，生产率低。但不需特殊设备，并能弯曲各种弯曲半径和各种弯曲角的管子，所以应用较为广泛。

（3）冷弯机弯管

冷弯机是应用极其广泛的弯管设备，它是在冷态下管子内不灌任何填料，用芯棒或不用芯棒对管子进行弯曲。

① 有芯弯管　图 5-38 为有芯棒的有芯弯管机工作原理图。扇形轮 1 为主动辊轮，通过夹头 2 将管子固定在扇形轮的周边上，当扇形轮回转时，管子就缠绕在它的周边上，获得所需要的弯曲半径。芯棒 6、压紧辊 3 和导向辊 4 在弯管时相对位置不动，它们从管子内外两面支撑管壁。

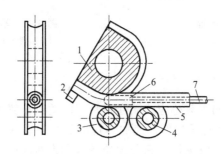

图 5-38　辊轮式弯管机有芯弯管
1—扇形轮；2—夹头；3—压紧辊；4—导向辊；5—管子；
6—芯棒；7—芯杆

为了保证弯管的质量，避免褶皱和断面变为扁圆，扇形轮和压紧辊都具有与管子外表面完全吻合的型槽，将管子外壁卡紧，同时芯棒从内表面将管壁支撑住。

芯棒的尺寸及其伸入管内的位置对弯管的质量影响很大。芯棒的直径 d 一般取为管子内径 d_i 的 90% 以上。通常比管内径小 0.5～1.5mm。芯棒的长度 L 一般取为 $(3\sim5)d$，d 大时系数取小值，d 小时系数取大值。芯棒伸入弯管区的距离 e 可按式(5-13) 选取。

$$e=\sqrt{2(R+d_i/2)Z-Z^2} \tag{5-13}$$

式中　Z——管子内径与芯棒间的间隙，mm。

必须指出，不同的管子直径需要不同的扇形轮、压紧辊、导向辊和芯棒，不同的弯曲半径需要不同的扇形轮，同一外径而壁厚不同的管子，则需用不同的芯棒。因此，要制造不同直径和各种弯曲半径的弯管，就必须配备很多套扇形轮、压紧辊和芯棒。在生产中为了降低设备费用和减少辅助时间，对各种直径的管子的弯曲半径，都作了一些规定，设计时应根据企业标准或设计规范选用。

考虑到冷弯时弯管将产生一定的回弹量，扇形轮的设计半径应比需要的弯曲半径小，其值可按经验确定。

② 无芯弯管　无芯弯管机比有芯弯管机简单，它省去了芯棒和芯棒的固定调整装置，因此应用最为广泛。当然也可在有芯弯管机上进行无芯弯管。无芯弯管机的工作原理与有芯弯管相同，只是没用芯棒支撑内管壁。为了防止弯管时产生椭圆断面等缺陷，无芯弯管机压紧辊的型槽为三圆弧或双圆弧结构，如图 5-39 所示。具体尺寸需按经验确定，但要求 b 略小于管子外直径，a 略大于管子外半径，$R_2 > R_1$。

此外，要求压紧辊的位置应在弯曲平面前一段距离，如图 5-40 中的 e，该值可在 $0 \sim 12\text{mm}$ 内调整。这样可使管子断面在弯曲平面前有一个预变形，其变形方向与弯曲时的变形相反，因而抵消或降低了弯曲时的变形，保证了弯管断面的正圆度。为便于装卸管子，压紧辊和导向辊的中心线应与扇形轮中心线倾斜 $3° \sim 4°$。

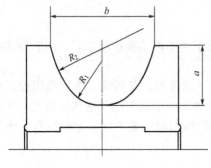

图 5-39　双圆弧形槽辊

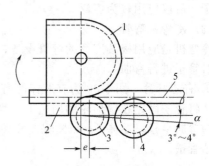

图 5-40　辊轮式弯管机无芯弯管

1—扇形轮；2—夹头；3—压紧辊；

4—导向辊；5—管子

（4）中频加热弯管

中频加热弯管是将特制的中频感应线圈套在管子的适当位置上，依靠中频电流（通常为 25000Hz）产生的热效应，将管子局部迅速加热到需要的高温（900℃），采用机械或液压传动，使管子边加热边拉弯或推弯成形。它分为拉弯式和推弯式两种。

中频加热弯管的优点是弯管机结构简单，不需模具，消耗功率小。转臂长度可调以弯曲不同的半径，可弯制相对弯曲半径 $R_x = 1.5 \sim 2$ 的管件。加热速度快，加热效率高，弯管表面不产生氧化皮。弯管质量好，椭圆变形和壁厚减薄小，不易产生褶皱。拉弯式可弯制 180° 弯头。其缺点是投资较大，耗电量大。

① 拉弯式中频加热弯管　图 5-41 为拉弯式中频加热弯管机示意图。套在感应圈内的待弯曲管子，靠导向辊保持它与感应圈和夹头同心。管子的一端用夹头固定在转臂上，另一端自由放在支承辊或机床面上。工作时，感应圈将管子局部加热到 $900 \sim 950℃$，然后转臂回转将管子拉弯，并紧接着拉弯之后喷水冷却。

中频加热弯管在较小的相对弯曲半径下，不用型槽辊轮及芯棒等模具，仍能保证较好的弯管质量。究其原因，主要有以下几个方面。

ⅰ. 管子在弯曲平面前后很小的长度上，在瞬时间被加热到高温。在电流频率为 2500Hz 或 8000Hz 时，基本上能将管壁烧透，使它在最大弯曲变形处的屈服限大大降低，塑性增高。这就为管子在此区域内的塑性变形创造了极有利的条件，并且还降低了弯管所需的动力。

ⅱ. 在加热弯曲之后紧接着强制喷水冷却，使管壁被急冷至 200℃ 左右，即管子在弯曲半径 R 刚形成之后，强度大为升高，可达原高温强度的 10 倍，因而能保持管子断面为正圆形。

ⅲ. 从理论上来说，拉弯式与其他弯曲方法不同，拉弯时管子内外侧壁都受到拉伸应力的作用，外侧受到的拉应力大，内侧受到的拉应力小，因而可完全避免褶皱的产生。并由于高温区窄，管壁的拉薄也不大。

② 推弯式中频加热弯管　推弯式中频加热弯管的原理如图 5-42 所示。它与拉弯式的不同点是它的动力在管子的末端。当感应圈将管子加热后，用液压力将管子直推向前。管子前端头夹持在转臂的夹头上，转臂无动力，空套在轴上。当管子末端受力向前推进时，管子推动转臂绕轴回转，同时管子被推弯成形。

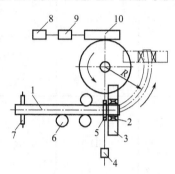 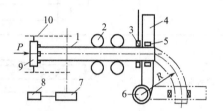

图 5-41　拉弯式中频加热弯管
1—管子；2—夹头；3—转臂；4—变压器；5—中频
感应圈；6—导向辊；7—支撑辊；8—电动机；
9—减速器；10—蜗轮副

图 5-42　推弯式中频加热弯管
1—管子；2—导向辊；3—感应圈；4—转臂；
5—夹头；6—立轴；7—变速箱；8—调速
电动机；9—推力挡板；10—链条

用拉弯式弯管比较容易成形，可弯薄壁管，但拉弯厚壁管时，外侧壁减薄较大。推弯式则可克服此缺点，而且由于高温区比较窄，使管壁不易丧失稳定，所以内侧壁也不易产生褶皱。

5.5　成　　形

5.5.1　封头的成形

过程设备封头的类型有平板形、锥形、碟形、椭圆形、球形等。常用封头的名称、端面形状、类型代号及形状系数见表 5-18。封头的成形方法有冲压成形、旋压成形和爆炸成形。当前国内以冲压成形应用最为广泛。

5.5.1.1　封头的冲压成形
（1）封头冲压成形工艺介绍
① 冷冲压和热冲压的选择　按冲压前毛坯是否预先加热可分为冷冲压和热冲压。其选择的主要依据如下。

ⅰ. 根据材料的性能选择。对于常温下塑性较好的材料，可采用冷冲压；对于热塑性较好的材料，可采用热冲压。

ⅱ. 根据毛坯的厚度 δ 与毛坯的直径 D_0 之比即相对厚度 δ/D_0 来选择冷、热冲压，见表 5-19。

在封头的冲压过程中，坯料的塑性变形很大，所以绝大多数封头都用热冲压。只有薄钢板（如 $\delta \leqslant 5mm$）为了避免加热时毛坯变形太大和氧化损失大，冲压时边缘易丧失稳定等原因而采用冷冲压。但在冷冲压之前，有些钢板也要进行软化处理。

表 5-18　常用封头的名称、端面形状、类型代号及形状系数

封头名称	断面形状	类型代号	常用形状参数
椭圆形封头	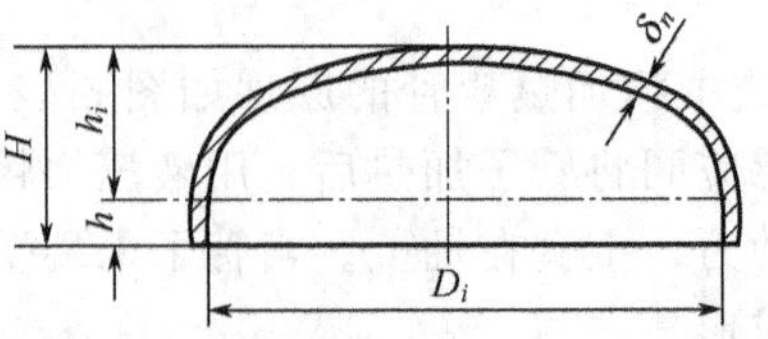	EH	$D_i/(2h_i)=2$
折边碟形封头	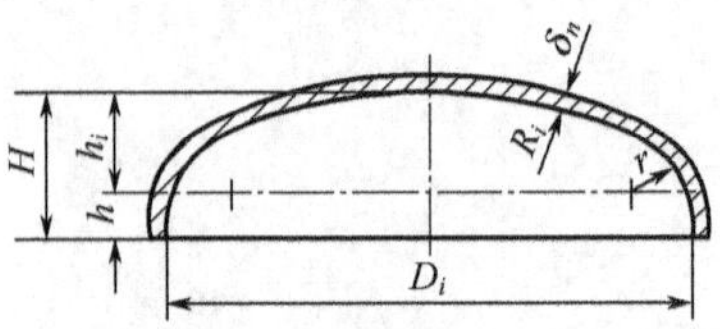	DH	$R_i=0.901D_i$ $r=0.173D_i$
球冠形封头	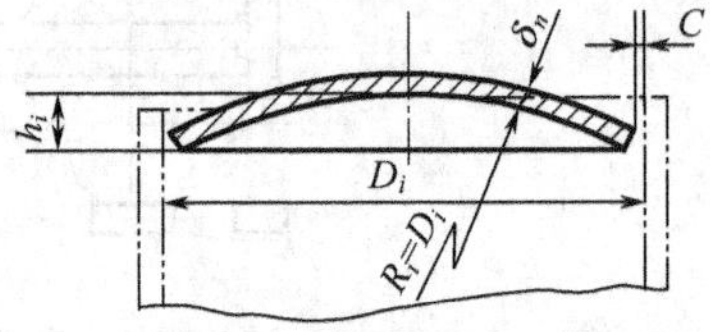	SH	$R_i=D_i$
折边平封头	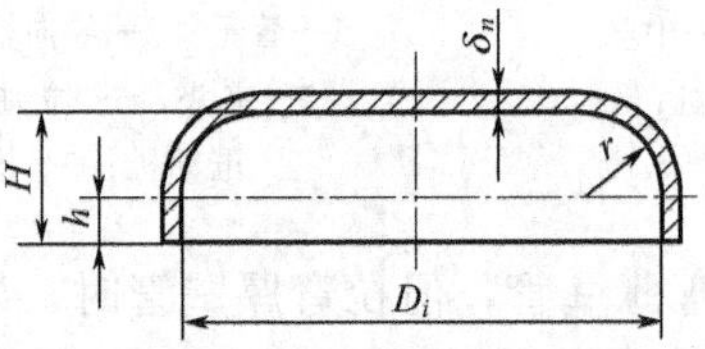	FH	$r \geqslant 3\delta_n$
大端折边锥形封头	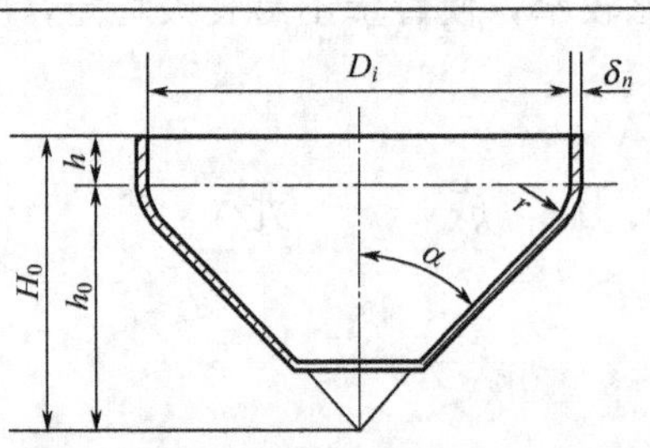	CH	$\alpha=30°$ $r=0.5D_i$
半球形封头	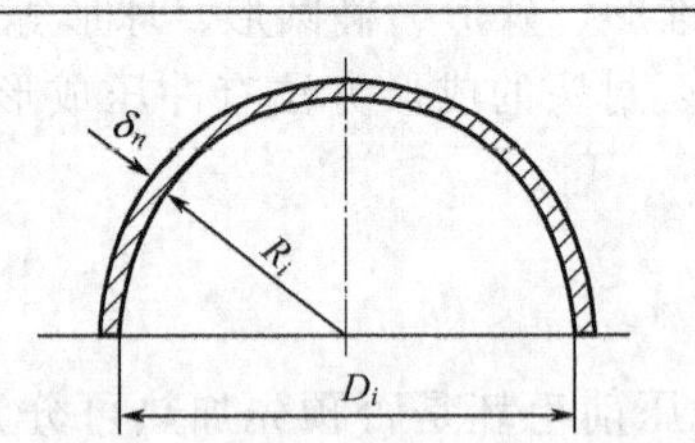	HH	$R_i=0.15D_i$

表 5-19　封头冷、热冲压与相对厚度的关系

冲压状态	碳素钢、低合金钢	合金钢、不锈钢
冷冲压	$\delta/D_0 \times 100 < 0.5$	$\delta/D_0 \times 100 < 0.7$
热冲压	$\delta/D_0 \times 100 \geqslant 0.5$	$\delta/D_0 \times 100 \geqslant 0.7$

② 封头制造过程简介　冲压法制造封头，大体要经过以下工序：

材料检验—划线—气割—坡口加工—组对焊接—加热—冲压—封头余量切割—检查。下

面对划线、加热和冲压这几个主要工序进行介绍。

ⅰ．划线。封头一般都采用整体冲压，在钢板上的展开划线如前所述，但是当钢板宽度不够时，允许拼焊后冲压。此时其焊缝的配置应符合以下规定：当封头由数块钢板焊制成时，对接焊缝至中心之距离 e 应尽量小于 $0.25DN$（DN 为封头公称直径），如图 5-43（a）所示。这主要是由于焊缝离边缘太近时，在冲压过程中焊缝在横向受到很大的拉应力。当封头由瓣片和顶圆板焊制成时，焊缝只允许在环向和径向配置，如图 5-43（b）所示。径向焊缝间最小距离 h 应大于 3δ（δ 为壁厚），且不小于 $100mm$，中心顶圆直径 d 应尽量小于 $0.5DN$。

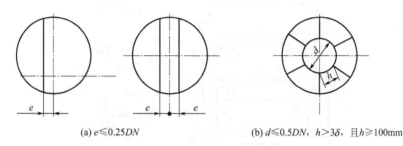

(a) $e \leqslant 0.25DN$　　　　　(b) $d \leqslant 0.5DN$，$h > 3\delta$，且 $h \geqslant 100mm$

图 5-43　拼接封头焊缝位置规定

在拼焊之后，焊缝的加强高度不能太高，否则冲压时焊缝与模具间产生很大的摩擦阻碍金属流动。而且若焊缝区的强度高于其他部位，冲压时会因变形不均匀而产生鼓包。

ⅱ．加热。从降低冲压力和有利于钢板变形来考虑，加热温度可高些。但温度过高会使钢材的晶粒显著长大，甚至形成过热组织，使钢材的塑性和韧性降低。严重时会产生过烧组织。几种常用封头材料的加热规范见表 5-20。

表 5-20　常用封头材料的加热规范

钢材牌号	加热温度/℃	终压温度/℃	冲压后的热处理温度/℃
Q235	≤1100	≥700	880～920
20R,20g	≤1100	≥750	880～910
16MnR,16Mng 15MnVR,15MnVg	≤1050	≥850	870～900
12CrMoV	≤960	≥900	890～920
12Cr1MoV	≤1100	≥850	880～910
0Cr18Ni9Ti	≤1150	≥950	—

钢板在加热的过程中，会产生氧化，造成材料的损耗。加热温度越高，加热时间越长，氧化也越严重。因此在保证钢板加热的温度分布均匀和不产生过大热应力的情况下，应缩短钢板的加热时间。生产上为了减少加热时间，常采用热炉装料的方法，并按一定的加热规范进行加热。

ⅲ．冲压过程。封头的冲压成形通常是在 $50 \sim 8000t$ 的水压机或油压机上进行。图 5-44 为水压机冲压封头的过程。将封头毛坯 4 对中放在下模 5 上，如图（a）所示。然后开动水压机使活动横梁 1 空程向下，当压边圈 2 与毛坯接触后，开动压边缸将毛坯的边缘压紧。接着上模 3 空程下降，当与毛坯接触时［见图（b）中Ⅰ］，开动主缸使上模向下冲压，对毛坯进行拉伸［见图（b）中Ⅱ］，至毛坯完全通过下模后，封头便冲压成形［见图（b）中Ⅲ］。最后开动提升缸和回程缸，将上模和压边圈向上提起，与此同时用脱模装置 6 将包在上模上的封头脱下〔见图（b）中Ⅳ〕，并将封头从下模支座下取出，冲压过程即告结束。对于低碳钢或普通低合金钢制成的一定尺寸（$6\delta \leqslant D_0 - D_m \leqslant 45\delta$，$D_0$为毛坯外径，$D_m$为封头中性层直径，$\delta$为封头厚度）的封头，均可一次冲压成形。

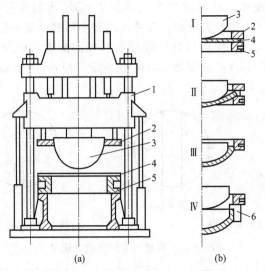

图 5-44　水压机冲压封头的过程
1—活动横梁；2—压边圈；3—上模；4—毛坯；
5—下模；6—脱模装置

为了降低工件和模具之间的摩擦力，常在模具上涂以润滑剂，特别是在压边圈表面、下模上表面和圆角处的摩擦最大。大多数的金属在压力加工时接触表面的压力都非常大，并且在塑性变形时，接触面间的摩擦系数又比一般条件下的摩擦系数大得多，因此涂润滑剂的作用非常大。润滑剂要求在较高温度和较高压力下也不丧失其润滑作用。根据工厂的经验，对碳钢可采用40％石墨粉＋60％机油；对不锈钢可用滑石粉＋机油＋肥皂水；对铝可用纯机油或工业凡士林。

（2）封头冲压时的应力和变形

① 应力状态和变形　封头冲压属于拉延过程，在冲压过程中各部分的应力状态和变形情况都不同，如图 5-45 所示为封头冲压应力状态。处于坯料边缘的平法兰 A 部分，由于冲头的下压力使它受径向的拉伸应力 σ_r，并向中心流动（产生径向应变），坯料外直径减小。

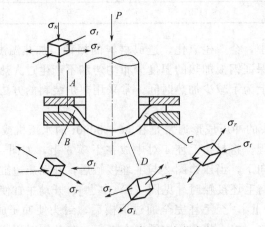

图 5-45　封头冲压应力状态

边缘金属沿切向收缩，因此在与径向应力垂直作用的方向上，将产生切向应力 σ_t，于是 A 处金属处于平面应力状态。切向压应力 σ_t 会使坯料边缘丧失稳定而产生褶皱。为了避免褶皱的产生，常用压边圈将边缘压紧，则在厚度方向产生了压应力 σ_n。即此时 A 处于三向受力状态。

处于下模圆角 B 处的金属，在受到切向压缩应力和径向拉伸应力的同时，还受到弯曲产生的应力。

在冲头与下模间的空隙 C 部分金属，同样地受到径向拉伸应力和切向压缩应力。这部分金属因厚度方向没有外力作用，处于自由状态，而且在靠近下模圆角处的切向压应力很大，所以薄壁封头在坯料外径缩小到此区时，容易起皱。

封头底部 D 处的金属，径向和切向都受到拉应力，有较小的伸长，所以其厚度略有减薄。

综上所述，封头在冲压过程中，坯料各部分的应力和变形状态不同，因而使成形后的封头壁厚变化不同。图 5-46 为一般碳钢热冲压椭圆封头壁厚变化情况。由图可见，底部曲率半径较大部分，由于径向拉伸应力和变形占优势，所以壁厚减薄。碳钢椭圆形封头减薄可达 8%～10%；球形封头可达 10%～14%。而直边和靠直边曲率半径较小部分，由于切向压缩应力和变形占优势，壁厚增加。而且愈接近边缘，增厚愈大。

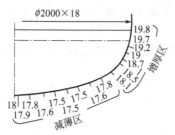

图 5-46　一般碳钢热冲压椭圆封头壁厚的变化

影响封头壁厚变化的因素很多，主要是冲压过程中，坯料所受应力和产生变形的大小和性质。因此，所有影响坯料受力状态和力学性能的因素，都会对壁厚变化有所影响。此外材料本身的性能也有影响，例如铝封头的减薄量比碳钢封头大得多。

② 径向应力分析　封头的冲压过程是毛坯在冲头压力作用下的拉深过程，所以下模又称为拉深环。在此过程中，金属将在冲头与下模之间流动。根据拉深过程的分析，在下模圆角起点处（下模圆角与其内圆表面相切处），由于冲头压力作用使坯料产生的拉应力 σ_r 是均匀分布的，其值与金属的变形抗力、封头直径、毛坯直径、摩擦力及弯曲力等因素有关。而且最大应力发生在坯料完全包裹下模圆角之时，约为冲头的直边部分进入到下模圆角的起点处。热冲压时拉应力 σ_r 的计算公式如下（几何关系见图 5-47）。

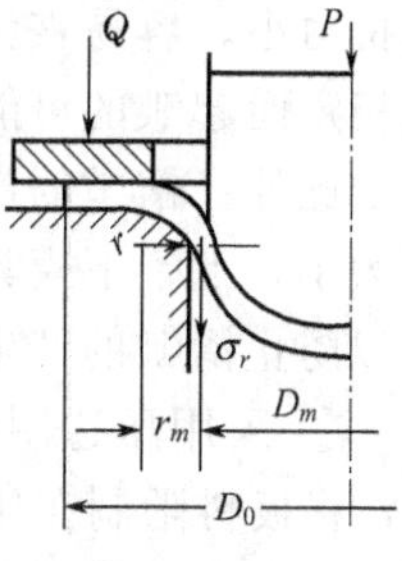

$$\sigma_r = \left(\sigma_s^t \ln \frac{D_0}{D_m} + \frac{2\lambda Q}{\pi D_m \delta} \right)(1 + 1.6\lambda) + \frac{\delta \sigma_s^t}{2r + \delta} \qquad (5\text{-}14)$$

式中　　σ_s^t——冲压温度下钢材的屈服极限，MPa；

D_0——坯料的瞬时外径，可近似等于坯料外径，mm；

D_m——封头中性层处的直径，mm；

λ——摩擦系数，钢在热变形时 $\lambda = 0.3\sim 0.4$，冷变形时 $\lambda = 0.18\sim 0.2$；

图 5-47　径向应力分析的几何关系

167

Q——压边力，N；

δ——板厚，mm；

r——下模圆角半径，mm。

当在高温热冲压时，材料处于全塑性状态，此时材料的屈服极限可用高温下的强度极限 σ_b' 来代替。

式(5-14)中括号内的第一项是为克服金属变形抗力使坯料产生塑性变形所引起的径向拉应力。它随 D_0/D_m 瞬时比值的减小而降低，随冲压过程中材料屈服极限的增高而增高。括号内的第二项是由于压边力 Q 的作用，在坯料上表面与压边圈之间和坯料下表面与下模之间的摩擦力引起的应力。它随压边力和摩擦系数的增大而增加。在冲压过程中，由于压边力引起的摩擦损失是冲压力的一部分损失，因此在保证不起皱的前提下，压边力愈小愈好。由此也可以看出，用润滑剂降低摩擦系数是很有意义的。公式的最后一项，是坯料在下模圆角处产生弯曲而引起的应力。圆角半径 r 愈小，板厚度愈厚，则坯料通过圆角时受到的弯曲程度愈大，产生的附加弯曲压力也愈大。

此外，在坯料拉深过程中，由于某种原因会产生局部受力和变形不均现象，使成形后的封头产生鼓包。鼓包是金属局部纤维的变形量大于其他部位引起的。例如，坯料边缘焊缝的加强高度太高，会因摩擦等原因产生较大的拉应力，使局部金属产生较大伸长而形成鼓包。又如坯料局部温度高于其他部位，此处金属变形抗力小，金属纤维将产生较大的伸长。

③ 切向压缩应力分析　根据应力状态的分析，冲压封头时坯料将产生切向应力，其计算公式如下。

$$\sigma_t = -\sigma_s \left(1 - \ln \frac{D_0}{D}\right) \tag{5-15}$$

式中　σ_s——钢材的屈服极限，MPa；

σ_t——切向压应力，MPa；

D——所计算切向应力作用点处的直径，mm。

从式(5-15)可以看出，最大切向应力在坯料的最外缘。从宏观来看，坯料外缘周边的压缩量为 $\Delta l = \pi(D_0 - D_m)$。由此可见，封头愈深，毛坯直径愈大，压缩量愈大。如球形封头的周边压缩量，比椭圆封头大。此压缩量向三个方向流动：增加边缘厚度；拉深时向中心流动，以补充径向拉薄；向外自由伸长。如果工件比较薄，或模具不当，或工艺不当，则坯料周边就会在切向压应力作用下丧失稳定而产生褶皱。褶皱是冲压封头中常出现的缺陷。

影响褶皱产生的主要因素是坯料的相对厚度 δ/D_m 和切向压应力的大小。相对厚度愈大，坯料边缘稳定性愈好，切向压应力只能将板边变厚。反之相对厚度小，板边对纵向弯曲的抗力小，容易丧失稳定而起皱。在相对厚度一定的条件下，切向压应力大，则坯料边缘丧失稳定而起皱的可能就越大。

此外，褶皱的产生还与毛坯加热的温度高低和均匀性，封头是否有焊缝及焊缝对口错边量大小，上、下模具间的间隙大小和均匀性，下模圆角大小和润滑情况等有关。采用压边圈可以防止褶皱的产生。

④ 采用压边圈的条件和压边力的计算　压边圈的作用是在板料侧面加了一个压缩应力 σ_n，将板料限制在压边圈与下模之间流动，并增加了板料对纵向弯曲的抗力而保持稳定。因此，确定在什么条件下采用压边圈是关系到封头质量好坏的重要因素。采用压边圈的条件主要决定于 D_0（封头外径）、D_n（封头内径）和 δ 的大小，也与各企业的生产工艺和经验

有关。

对于椭圆形封头热冲压时采用压边圈的条件为

$D_0 = 400 \sim 1200$mm 时，压边条件为 $D_0 - D_n \geqslant 20\delta$;

$D_0 = 1400 \sim 1900$mm 时，压边条件为 $D_0 - D_n \geqslant 19\delta$;

$D_0 = 2000 \sim 4000$mm 时，压边条件为 $D_0 - D_n \geqslant 18\delta$;

对于球形封头，压边条件为 $D_0 - D_n \geqslant (14 \sim 15)\delta$。

压边圈的压力是一个重要的参数，压力过大增大了摩擦力，即增大了拉应力，会将封头拉薄，甚至拉断；过小则不能防止褶皱产生。根据分析和实验可知，不产生褶皱的最适宜的压边力是一个变值，它应该随冲头向下行程的增加而逐渐加大，这就需要用液压、气动等特殊装置来实现，但由于结构复杂，在实际生产中还难于实现。当前生产中大多采用在冲压过程中压边力固定不变的方式。在这种情况下，压边力应选取保证封头成形不起皱的最低值。式(5-16)为某厂推荐的压边力计算公式。

$$Q = \frac{\pi}{4}[D_0^2 - (D_{xm} + 2r)^2]q \tag{5-16}$$

式中　Q——压边力，N;

　　D_{xm}——下模内径，mm;

　　　r——下模圆角半径，mm;

　　　q——单位面积压边力，N/mm^2，对于钢 $q = (0.011 \sim 0.0165)\sigma_s^t$，热冲压取小值，冷冲压取大值。

（3）冲压力的计算

如前所述，在冲压封头时，坯料在下模圆角起点处，产生均匀分布的径向拉应力。它是由冲头作用在板料上的冲压力所引起的。冲头的冲压力可按式(5-17)计算。

$$P = \sigma_r \pi D_m \delta = \pi D_m \delta \left[\left(\sigma_s^t \ln \frac{D_0}{D_m} + \frac{2\lambda Q}{\pi D_m \delta} \right)(1 + 1.6\lambda) + \frac{\delta \sigma_s^t}{2r + \delta} \right] \tag{5-17}$$

按式(5-17)计算冲压力影响因素很多，且在冲压过程中是变化的，比较复杂，目前计算冲压力常用下面的公式。

$$P = C\pi D_m \delta \sigma_s^t \ln \frac{D_0}{D_m}$$

式中　C——系数，一般取 $C = 1.6 \sim 2.0$，有压边圈、无润滑时取上限;

　　D_0——坯料的瞬时外径，可近似等于坯料外径，mm

　　D_m——封头的中径，mm

其他符号的意义同上。

由于加热后钢板的冷却速度与板厚有关，薄板冷却快，厚板冷却慢，所以 σ_s^t 值应考虑此因素。根据工厂经验推荐如下，对碳钢，当 $\delta \leqslant 18$mm 时，取 700℃时的 σ_s^t 值作计算依据;当 20mm$\leqslant \delta \leqslant 25$mm 时，取 750℃时的 σ_s^t 值，当 $\delta \geqslant 26$mm 时，取 800℃时的 σ_s^t 值。对不锈钢，取 850℃时的 σ_s^t 值作计算依据。

（4）薄壁封头和厚壁封头的冲压

① 薄壁封头的冲压　根据工厂经验，一般的碳钢和低合金钢封头，当 $8\delta \leqslant (D_0 - D_m) < 45\delta$ 时，比较好冲压。对于 $(D_0 - D_m) < 20\delta$ 的封头，通常不需要压边就能冲压成形。$8\delta \leqslant (D_0 - D_m) < 45\delta$ 的，用一般的压边圈压边就能一次冲压成形，而且质量好。$(D_0 - D_m) \geqslant 45\delta$ 的封头称为薄壁封头。这种封头不易成形，即使采用带有压边圈的一次冲压成形法，也会产生鼓包和褶皱。这类封头可以采用下列方法冲压成形。

ⅰ．多次冲压成形法。在冲压封头的过程中，若冲头与坯料接触的最大直径是 D_c，如图 5-48 所示，D_c 随着冲头向下行程的增加而逐渐增大。在坯料上有宽度为 l 的环形段，既不与封头接触也不与下模接触，因此容易丧失稳定。

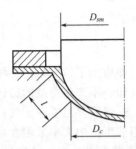

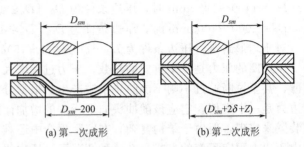

(a) 第一次成形　　　　(b) 第二次成形

图 5-48　封头冲压的不稳定段　　　　图 5-49　两次冲压成形法

多次冲压成形法就是用一个冲头，多个下模进行多次冲压成形。图 5-49 为用两次冲压成形法冲压 $\phi 2200 \times 10$ 的封头。第一次用比冲头直径小 200mm 的下模冲压成碟形，然后第二次用与封头规格相配合的下模冲压成规定的封头。因此这种方法主要还是利用原有的标准冲头和下模。同时第一次冲压时还可两块重叠在一起进行冲压。

采用多次冲压时，不稳定段 l 的宽度显著减小，因而减少了褶皱产生的可能性。表 5-21 为多次冲压时下模直径的推荐值。

表 5-21　封头多次冲压成形的下模直径

封头		椭圆形封头	球形封头	封头		椭圆形封头	球形封头
D_0/δ		$270\sim560$	$200\sim400$	D_0/δ		$560\sim800$	$400\sim600$
冲压次数		2	2	冲压次数		3	3
下模直径	第一次	$0.91D_{sm}$	$0.89D_{sm}$	下模直径	第一次	$0.89D_{sm}$	$0.88D_{sm}$
	第二次	—	—		第二次	$0.97D_{sm}$	$0.96D_{sm}$

ⅱ．有间隙压边法。开始冲压前，在压边圈与毛坯之间留有一定的间隙，称为有间隙压边法，如图 5-50 所示。冲压开始时，若作用在压边圈上的压力为 G，则作用在毛坯上的压边力 $Q=0$。当冲头向下拉深坯料时，其边缘部分向中心流动，并增厚和丧失稳定，进而受到压边圈的阻碍而形成压边力。随着冲头向下行程的增加，压边力将逐渐增大。这样，压边力的变化就接近于最佳压边力的变化规律，即与不产生褶皱所必须最小压力的变化相适应。

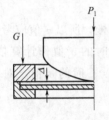

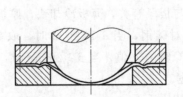

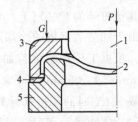

图 5-50　有间隙压边法　　　图 5-51　带坎拉深法　　　图 5-52　反拉深成形法
1—冲头；2—工件；3—压边圈；
4—垫圈；5—下模

有间隙压边法压边力 Q 的大小及变化与毛坯厚度及间隙大小有关。间隙过大压边力不足，会产生褶皱和鼓包，间隙过小则使封头壁厚减薄量较大，这就失去了有间隙压边的意义。间隙的大小需通过试验确定。

ⅲ. 带坎拉深法和反拉深成形法。带坎拉深法（见图 5-51）和反拉深成形法（见图 5-52），对冲压薄壁封头是最有效的方法。例如冷冲压 $\phi 400 \times 2$ 和热冲压 $\phi 2000 \times 8$ 的碳钢封头使用带坎拉深法和反拉伸法时，都不会产生褶皱。

这两种方法的共同特点是，在不增大压边力的情况下增大了径向拉应力，增加了坯料抗纵向弯曲的能力，降低了拉深比 D_0 / D_m，使毛坯不易产生褶皱。这两种拉深方法都需要特殊模具，反拉深的模具和冲压工艺都更为复杂，但它可冲压特别薄的封头。

② 厚壁封头的冲压 对于 $D_0 - D_m \leqslant 6\delta$ 的封头，可认为是厚壁封头。这类封头在冲压过程中，由于边缘较厚不易变形。特别是球形封头，在拉深时边缘急剧增厚，增厚率常达 10% 以上，使它通过下模圆角时的阻力大为增加，因而导致封头底部严重拉薄，甚至拉裂。此时冲压时必须增大模具间隙，或将边缘削薄成斜面，再进行冲压加工。

此外，对大型高压容器的厚壁封头，已日益普遍采用半球形封头。这种封头的冲压需要大吨位的水压机，而且冲压时壁厚减薄量很大，因此国外有的工厂采用将封头分为四瓣冲压，再用专用的装置切割边缘，最后组焊成形的方法。

③ 复合钢板封头的冲压 最常用的双金属板，是以碳钢或低合金钢为基板，以不锈钢为复板。目前以钛为复板的设备比较多。在冲压这类复合钢板封头时，应注意以下几点。

ⅰ. 复合钢板在加热时两层金属板的膨胀系数不同；在高温下两种金属具有不同的变形抗力，即在相同的应力下，产生的变形不同。因此双金属板会在两板的层间结合区产生附加应力。当这种应力大于两板间的结合强度时，结合区将产生裂纹。甚至部分地撕裂开而使复板产生褶皱。所以一般认为，凡是双金属板封头，不管多厚，冲压时都必须压边，以防止复板起皱。复合钢板结合区最常出现裂纹的部位是直边部分，因为这部分在冲压时的应力和变形最大。

ⅱ. 在高温下，由于金属原子活动能力加强，两种金属会相互渗透。例如，当钛作为复板时，会沿层间结合区产生脆性金属间化合物——FeTi，降低了两层金属板间的结合强度。促进层间裂纹的产生。

ⅲ. 复合钢板常用的复层材料为铬镍不锈钢或钛材。对于镍铬不锈钢来说，在高温（1000~1100℃）淬火时，能得到单相的奥氏体组织，而缓冷时会出现 α 相。在 450~850℃ 之间缓慢冷却时，则会使不锈钢产生晶间贫铬，引起晶间腐蚀。又如当以钛为复板时，温度高于 300℃，钛会快速吸氢。温度高于 600℃，钛会快速吸氧。温度高于 700℃，钛会快速吸氮。当温度高于 1000℃ 时，钛可直接和碳化合，生成大量的碳化钛，使钛材变脆，塑性、韧性降低。所以以钛为复层的复合钢板的冲压温度不宜过高，在 550~650℃ 为宜。

5.5.1.2 封头的旋压成形

整体冲压封头的优点是质量好，生产率高，因此适于成批和大量生产。其缺点是需要吨位较大的水压机，模具较为复杂，每一种直径的封头，就要有一个冲头。而且同一直径的封头，由于壁厚不同需要配置一套下模。因而为了生产各种规格的封头，就需要制配很多套模具。模具不但造价高，而且需要较大场地堆积和妥善管理。

随着炼油、化工装置向大型化发展，大型封头的需要也日益增多，于是给传统的整体冲压法带来了困难。例如要求大吨位大台面的水压机，模具成本也高，而大型封头的制造均属单件生产类型，故在经济上也不合算。分片冲压拼焊法也存在一些缺点：它也需要制作冲压封头球片的模具，组焊工作量大，工序多，工期长，成本高，质量不易保证，焊缝多且有时与在封头上开孔存在矛盾等。因此，目前采用旋压法生产大型封头已成为主要方法。

（1）旋压成形的特点

主要优点有以下几点：

ⅰ．适合制造尺寸大、壁薄的大型封头，目前已制造 $\phi5000mm$、$\phi7000mm$、$\phi8000mm$，甚至 $\phi20000mm$ 的超大型封头；

ⅱ．旋压机比水压机轻巧，制造相同尺寸的封头，比水压机约轻 2.5 倍；

ⅲ．旋压模具比冲压模具简单、尺寸小、成本低。同一模具可制造直径相同而壁厚不同的封头；

ⅳ．工艺装备更换时间短，占冲压加工的 1/5 左右，适于单件小批生产；

ⅴ．封头成形质量好，不易产生减薄和褶皱；

ⅵ．压鼓机配有自动操作系统，翻边机的自动化程度也很高，操作条件好。

不足之处有以下几点：

ⅰ．冷旋压成形后对于某些钢材还需要进行消除冷加工硬化的热处理；

ⅱ．对于厚壁小直径（小于等于 $\phi1400mm$）封头采用旋压成形时，需在旋压机上增加附件，比较麻烦，不如冲压成形简单；

ⅲ．旋压过程较慢，生产率低于冲压成形。

（2）旋压成形的方法

旋压法制造封头有单机旋压法和联机旋压法两种。

① 单机旋压法　单机旋压法是压鼓和翻边都在一台机器上完成。它具有占地面积小、不需半成品堆放地，生产效率高等优点。单机旋压法又分为有模旋压法、无模旋压法和冲旋联合法。

ⅰ．有模旋压法。这类旋压机具有一个与封头内壁形状形同的模具，封头毛坯被碾压在模具上成形，如图 5-53 所示。

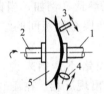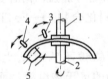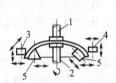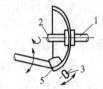

图 5-53　有模旋压法
1—右主轴；2—左主轴；3—外旋辊Ⅰ；4—外旋辊Ⅱ；5—模具

图 5-54　无模旋压法
1—上（右）主轴；2—下（左）主轴；3—外旋辊Ⅰ；4—外旋辊Ⅱ；5—内旋辊

这类旋压机一般都是用液压传动，旋压所需动力由液压提供。因此效率较高、速度快，封头旋压可一次完成、时间短。旋压的封头形状准确。在一台旋压机上可具有旋压、边缘加工等多种用途。但这类旋压机必须备有旋压不同尺寸封头所需的模具，因而工装费用较大。

ⅱ．无模旋压法。这类旋压机除用于夹紧毛坯的模具外，不需要其他的成形模具，封头的旋压全靠外旋辊并由内旋辊配合完成，如图 5-54 所示。下（或左）主轴一般是主动轴，由它带动毛坯旋转，外旋辊有两个或一个，旋压过程可数控。该装备构造与控制比较复杂，适于批量生产。

ⅲ．冲旋联合法。在一台装备上先以冲压法将毛坯压鼓成碟形，再以旋压法进行翻边使封头成形，这种封头成形方法称为冲旋联合法。图 5-55 所示是立式冲旋联合法生产封头的过程示意。图（a）表示加热的毛坯 2 放到旋压机下模压紧装置的凸面 3 上，用专用的定中心装置 5 定位，接着有凹面的上模 1 从上向下将毛坯压紧，并继续进行模压，使毛坯变成碟形，如图（b）所示。然后上下压紧装置夹住毛坯一起旋转，外旋辊 6 开始旋压并使封头边缘成形，内旋辊 4 起靠模支撑作用，内外辊相互配合，将旋转的毛坯旋压成所需形状，如图（c）所示。这种装置可旋压直径 $\phi1600\sim\phi4000$、厚度 18～120mm 的封头。这类旋压机虽然不需要大型模具，但仍然需要用比较大的压鼓模具来冲压碟形，功率消耗较大。这种方法大都采用热旋压，需配有加热装置和装料设备，较适宜于制造大型、单件的厚壁封头。

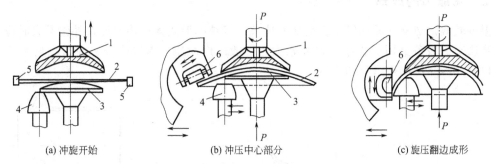

(a) 冲旋开始　　　　　　(b) 冲压中心部分　　　　　　(c) 旋压翻边成形

图 5-55　立式冲旋联合法生产封头的过程示意图

② 联机旋压法　联机旋压法是用压鼓机和旋压机先后对封头毛坯进行旋压成形的方法。首先用一台压鼓机，将圆形坯料逐点压成凸鼓形，完成封头曲率半径较大部分的成形。然后再用一台旋压翻边机，将其边缘部分逐点旋压，完成封头曲率半径较小部分的成形。

这种方法占地面积大，需半成品存放地，工序间的装夹、运输等辅助操作多。但是机器结构简单，不需大型胎具，而且可以组成封头生产线。因此目前采用此法仍然较多。

（3）封头的爆炸成形

封头的爆炸成形，是利用高能源炸药在极短时间内爆炸，放出巨大能量，产生几千到几万个大气压的冲击波，并通过水或泥土等介质作用在坯料上，迫使坯料产生塑性变形并通过下模而成形。封头的爆炸成形装置如图 5-56 所示。爆炸冲击波即代替了冲压法的设备拉伸力，也代替了冲头，下模则与拉环相类似。

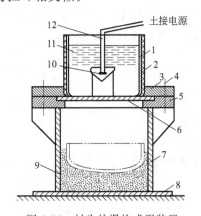

图 5-56　封头的爆炸成形装置

1—塑料布；2—竹圈；3—压板；4—螺栓；5—模具；6—毛坯；7—支架；
8—底板；9—砂；10—炸药包；11—水；12—雷管导线

坯料在爆炸成形过程中是瞬时完成塑性变形的。极高的变形速度使变形功几乎全部转化成热，金属自动升至高温，所以表面看这是冷成形，实际上是热成形，材料的塑性要比冷变形时好很多。

爆炸成形的特点是，封头成形质量好，可以达到要求的形状、尺寸及表面粗糙度，壁厚

173

减薄较小。封头经退火处理后，其力学性能可进一步得到改善。爆炸成形需要的设备和模具简单，成本较低，对塑性不太好的材料也可以得到成形良好的零件，如薄壁青铜和黄铜半球形封头，而这种零件用冲压法是无法制造的。封头爆炸成形具有一定的危险性，具体实施必须做好安全防护工作，并得到有关部门的认可和批准。

5.5.2 膨胀节的成形

温度较高的热交换器和管道上需要膨胀节。其结构形式多采用波形，补偿量大时应采用多波膨胀节。设备上用的膨胀节尺寸较大，一般采用冲压—焊接联合法制造（见图 5-57），也可以采用滚压法制造（见图 5-58）。

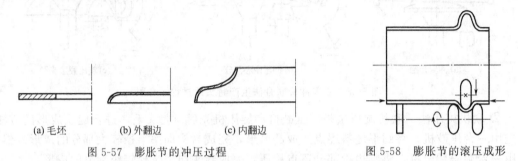

(a) 毛坯	(b) 外翻边	(c) 内翻边	

图 5-57　膨胀节的冲压过程　　　　　　图 5-58　膨胀节的滚压成形

冲压式膨胀节先冲成两半，然后组焊而成。冲压的坯料是一环形板，先在外周翻边，类似于冲压封头，然后在内孔翻边。内孔翻边时主要是控制内周厚度减薄量，即限制原始孔径与成品孔径差。

滚压式要先焊制一圆筒，其内径与膨胀节的内径相同，然后放在滚压机上滚压成形。滚轮形状和膨胀节的圆弧半径相同。滚轮下压时在筒体轴向上应加一推力，使轴向长度缩短，以便尽量使鼓出去的部分在轴向主要是弯曲变形。但在周向上必然会有拉伸变形，若能使轴向缩短量有富余去补偿周向拉伸，则滚压后膨胀节的壁厚减薄量较小。

管道上用的直径较小的膨胀节也可以采用仪表制造行业所用液压成形的多节波纹管，它是薄壁管在模具的限制下，在内部充高压液体鼓胀而成。

习　题

5-1　过程设备零件的主要制造工序有哪些？

5-2　钢材常用的净化方法有哪些？

5-3　简述在辊式矫板机对钢板进行矫平的过程。

5-4　什么叫划线工序？它包括哪些过程？

5-5　封头的旋压成形有哪些特点？

6 过程设备的焊接

6.1 焊接工艺基础

6.1.1 焊接的冶金过程

6.1.1.1 焊接冶金过程的特点和作用

在工业生产中，应用最广泛的焊接方法是熔化焊。熔化焊接是将被焊接金属局部迅速加热融化形成熔池，熔池金属由于热源的快速向前移动，随即冷却凝固形成焊缝而使被焊金属连接起来的一种热加工方法。在由母材和填充金属（焊条、焊丝）熔化形成的高温液态熔池中，液态金属内部以及其与周围介质发生的一系列激烈的物理过程和化学反应，称为焊接冶金过程。焊接冶金过程与一般金属冶炼过程的区别在于：它的温度高（电弧可达 6000～8000℃），反应时间短（熔池存在的时间一般仅几十秒钟），熔池体积很小，液态金属在熔池中搅拌均匀且与周围气体、熔渣等的接触面积相对比较大。

在焊接冶金过程中，由于氧化反应，许多有益金属元素可能被烧损；同时也可利用这些反应去除某些有害元素，甚至通过冶金反应添加一些合金元素以取得有益效果。焊接过程中，有害气体的溶解和析出是使焊缝出现裂纹、气孔的重要原因之一。如果采用厚药皮焊条或其他保护熔池的焊接方法，机械地把熔池与空气隔绝，则可防止某些裂纹和气孔的产生。

焊缝的性能受许多因素的影响，如母材和焊接材料（焊条、焊丝、焊剂、保护气体等）的化学成分、焊接方法、施焊环境、焊接前后的处理以及焊接接头的几何形状等。焊缝的化学成分是决定其性能的基础，而焊接冶金反应又对焊缝化学成分起重要作用。

6.1.1.2 焊接区内的气体

（1）气体的来源

焊接过程中，焊接区内充满大量气体。它们主要来源于以下四个方面。

ⅰ. 热源周围的气体介质，如空气。空气的主要成分是氧和氮，空气是焊缝中氮的唯一来源。

ⅱ. 焊条药皮。药皮中的造气剂和药皮中的高价氧化物在高温下发生分解，析出大量气体，如 O_2、H_2、CO_2 等。当使用潮湿焊条焊接时还将会析出水气。

ⅲ. 焊条和母材金属表面的杂质。油污、铁锈、油漆等杂质因受热析出气体，如 O_2、H_2、CO、CO_2、H_2O 等。

ⅳ. 高温蒸发产生的气体，如金属和熔渣的蒸气。

使用不同药皮的焊条，气体成分也不同。对于酸性焊条，气体的主要成分是 CO、H_2、H_2O 和少量的 CO_2、O_2、N_2；碱性低氢型焊条，气体的主要成分是 CO、CO_2 和少量的 H_2O、H_2。这些气体，由于高温分解成原子状态，极大地增加了它们的活性而与液态金属发生激烈反应。

（2）氮对焊缝金属的影响

氮进入焊缝后，常以一氧化氮（NO）和氮化物（M_nN、SiN、Fe_4N）形式存在。铁的氮化物是以针状夹杂物分布于焊缝金属中。它严重降低了焊缝的塑性和韧性（尤其是低温韧性），而强度和硬度则显著增加。因此对动载下工作的焊接结构是极为不利的。

氮一旦进入焊缝就很难排除。防止氮气唯一有效的办法是对熔池严加保护，防止空气的侵入。目前使用的焊条一般都有良好的气-渣联合保护作用，基本上能满足这一要求。

（3）氢对焊缝金属的影响

氢以原子状态溶解于液态金属中，其溶解度随温度的降低而下降，相变时溶解度发生急剧变化。由于焊接时冷却速度快，氢来不及逸出而过饱和地存在于焊缝金属中。

① 氢对焊接接头性能的影响　氢属于还原性气体。当电弧中有大量氢存在时，能防止金属的氧化和氮化，将铁从氧化物中还原出来。但一般情况下，焊接时析出的氢气量很少，同时还有不少的氧存在，实际上起不到还原作用。所以，焊缝中的氢属于有害气体，会引起一系列的焊缝缺陷。

ⅰ. 在焊缝和熔合区中形成微裂纹。这是由于过饱和氢原子在晶格缺陷处聚集成气态氢分子，造成局部巨大压力（甚至可高达一万个大气压）所致。

ⅱ. 在焊缝中形成氢气孔。

ⅲ. 焊接强度等级较高的低合金钢和中碳钢时，在近缝区形成冷裂纹。

ⅳ. 使屈服强度稍有升高，而塑性、韧性严重下降。

ⅴ. 在焊缝中形成氢白点。碳钢和低合金钢（尤其是含铬、镍、钼元素较多的合金钢）焊缝，若含氢量较多，在其拉伸或弯曲试件的断面上，会发现有光亮圆形或椭圆形的白点，其直径一般为 $0.5 \sim 5 mm$。在很多情况下，白点的中心有非金属夹杂物或气孔，呈现"鱼眼"状，故氢白点又称"鱼眼"。

白点是在试件受外力的过程中产生的，通常是在载荷达到或超过其屈服极限以后出现，具体情况视含氢量而定。若含氢量很低就不出现白点。纯铁、铬镍奥氏体焊缝不会出现白点。若塑性变形速度比较快（冲击试验等）也不产生白点。当塑性变形速度比较慢时易产生白点。

产生白点的原因说法很多。但主要与氢的扩散聚集有关。在试件受塑性变形时，促使原子氢向非金属夹杂物边缘或气孔中扩散聚集而成为分子氢。随着这个过程的进行，分子氢的压力不断增大，形成阻碍塑性变形的高压区，以致金属局部脆化。

白点对强度无明显影响，但使塑性严重下降。

② 控制氢的措施　主要有以下几点。

ⅰ. 限制焊接材料中的含氢量。清除焊件焊接区的油污、锈蚀和水分，尤其是当使用低氢型焊条时应注意；制定合理的焊接工艺；采用短弧焊接；严格烘干焊条等。

ⅱ. 通过冶金处理降低气相中氢的分压，以减少氢在液态金属中的溶解度。主要措施是：在药皮或焊剂中加入 CaF_2 和 SiO_2，使焊接时发生如下反应：

$$2CaF_2 + 3SiO_2 = 2CaSiO_3 + SiF_4$$

生成物 SiF_4 的沸点只有 $90℃$，在电弧中全部以气态存在，并与原子氢和水发生激烈反应生成 HF。使用碱性焊条时，SiO_2 含量很少，生成 SiF_4 可能性不大，但在电弧温度下，CaF_2 蒸汽可能直接与原子氢和水作用生成 HF。

ⅲ. 适当增加焊接材料的氧化性。从限制氢的角度考虑，希望气体具有一定的氧化性，以夺取氢生成稳定的 OH，比如：

$$CO_2 + H = CO + OH$$

在碱性焊条中含有较多的 $CaCO_3$，它受热分解出 CO_2，通过上述反应达到除氢的目的。CO_2 保护焊时，尽管 CO_2 中含有一定水分，但焊缝中含氢量很低，采用氩弧焊焊接不锈钢、铝、铜、镍时，为消除氢气孔也常在氩中加入少量（$\leqslant 5\%$）的氧，原因均在于此。

生成物 HF、OH 均比 H_2O 稳定且不溶于钢水，故上述措施可达到减少氢在液态金属中溶解度的目的，其中氟的脱氢能力比氧大得多。

ⅳ. 对易产生冷裂纹的焊件，常于焊后进行脱氢处理。焊后脱氢处理就是焊后把焊件加热到 350℃ 以上并经过一定时间的保温，其作用在于提高焊接接头塑性，减少白点。

（4）氧对焊缝金属的影响

氧对焊缝金属的直接作用是使焊缝金属中大量有益元素被氧化。一方面，氧在高温下分解成活泼的氧原子，直接氧化熔池中的金属元素，如

$$Fe+O=FeO \qquad Si+2O=SiO_2 \qquad Mn+O=MnO \qquad 2Cr+3O=Cr_2O_3$$

另一方面，熔池中的 FeO 能使其他比铁活泼的元素间接被氧化，如

$$FeO+Mn=MnO+Fe \qquad 2FeO+Si=SiO_2+2Fe \qquad 2FeO+C=CO_2+2Fe$$

由于上述氧化反应的结果，对焊缝质量有如下危害。

① 烧损合金元素　锰、硅等的合金元素都是为保证焊缝金属性能所必需的，故它们的烧损对焊缝的性能影响是很不利的。

② 阻碍焊接过程的顺利进行　一方面，上述氧化反应属吸热反应，因而将降低熔池温度对焊接不利；另一方面，有些金属的氧化物熔点很高，如铝、铬等，或黏度大，如硅等，不除去它们，金属继续加热或流动都很困难，因而使焊接过程难以顺利进行。

③ 产生气孔、夹杂物　FeO 是钢中产生气孔的因素之一。氧化物留在焊缝中即成为夹杂物。

④ 降低焊缝性能　由于氧化物在晶界上而使塑性、韧性、持久性和腐蚀性能等都会降低。

为最大限度地消除氧的有害作用，除加强保护、尽量采用短弧焊以外，在当前手工电弧焊中，利用熔渣与液态金属的冶金反应来进行脱氧。

6.1.1.3 熔渣的脱氧反应

（1）熔渣的酸、碱性

焊接熔渣是由金属氧化物、非金属氧化物及其他盐类组成。根据氧化物的性质可分为三类。

① 碱性氧化物　Na_2O、K_2O、CaO、MgO、BaO、FeO、MnO 等。

② 酸性氧化物　SiO_2、TiO_2、P_2O_5、B_2O_3 等。

③ 中型氧化物　Al_2O_3、Fe_2O_3、Cr_2O_3、V_2O_5 等。

中性氧化物的性质视熔渣的成分而定，可呈弱酸性，也可呈弱碱性。此外，熔渣中有时还有 CaF_2 等。为了鉴定熔渣的酸、碱性，通常采用如下定义

$$酸碱度\ K = \frac{各种碱性氧化物的总重量}{各种酸性氧化物的总重量}$$

当 $K>1.5$ 时为碱性渣，碱性渣系的焊条称为碱性焊条；当 $K<1$ 时为酸性渣，酸性渣系的焊条称为酸性焊条。渣的酸碱度对焊接冶金反应和渣的物理性质具有重要的影响。

（2）熔渣的脱氧反应

氧在熔池中主要以 FeO 形式存在。脱氧主要就是排除熔池中的 FeO。

常用脱氧方法有两种：

① 置换脱氧法（又称沉淀脱氧）　此法主要是在熔池中利用脱氧剂直接把 FeO 还原，而脱氧产物则由于相对密度小、熔点低、不溶于液态金属而由熔池中浮入熔渣中被排除。这是减少焊缝含氧量最后的具有决定意义的一环。

常用脱氧剂有锰、硅、铝、钛等。它们与氧的亲和力大于铁，故能起到脱氧作用。

ⅰ. 用锰、硅脱氧。反应式如下

$$Mn+FeO=Fe+MnO \qquad Si+2FeO=2Fe+SiO_2$$

为提高脱氧效果，应不断增加 Mn、Si 或不断排除 MnO、SiO_2。排除 MnO 较容易，而 SiO_2 由于熔点高、黏度大，不易排出，且易形成夹渣。现多采用同时加硅、锰的办法，并保持二者比例一定（以 Mn：Si＝3～7 为宜），以使 MnO 与 SiO_2 化合生成稳定的硅酸盐。这种硅酸盐熔点低、相对密度小，易浮到渣中，脱氧效果甚佳。

ⅱ. 用铝脱氧。用铝脱氧时，脱氧产物 Al_2O_3 不溶于液态金属而进入渣中。生成 Al_2O_3 时发生强烈的放热反应，使熔池温度升高，既提高生产率又可使电弧稳定。但用铝脱氧时，常产生大量飞溅，易生成夹杂物，焊缝成形不良，故不常采用。

ⅲ. 用钛脱氧。反应产物 TiO_2 不溶于液态金属，相对密度又轻，故易浮于渣中排除。

上述四种脱氧剂中，其脱氧能力从强到弱依次为铝、钛、硅、锰。用他们进行脱氧时的生成物中只有 MnO 是碱性氧化物，其余三种均为酸性氧化物。为此，酸性焊条常用锰脱氧，而碱性焊条常用硅、钛脱氧，以便脱氧生成物易结合成盐而进入熔渣中，提高脱氧效果。

置换脱氧是焊接时普遍采用的一种脱氧方法，但由于焊接时冷却速度快，脱氧生成物常来不及浮出熔池而形成夹杂物。

② 扩散脱氧法 FeO 是一种既溶于液态金属又溶于熔渣的碱性氧化物，FeO 在液态金属和熔渣中的比例处于平衡状态。设比例常数为 L，则

$$L=\frac{FeO\ 在液态金属中的含量}{FeO\ 在熔渣中的含量}=常数$$

若能不断减少熔渣中 FeO 的量，为维持平衡状态，则液态金属中的 FeO 将不断扩散过渡到熔渣中去，从而达到焊缝脱氧的目的。这种脱氧方法就称为扩散脱氧法。减少 FeO 最简便的方法就是当存在 SiO_2、TiO_2 等酸性氧化物时，使酸性氧化物与 FeO 结合成稳定的复合物 $FeO \cdot SiO_2$ 等，FeO 就不再参加反应，从而不断减少 FeO 的浓度。这种脱氧法只有酸性焊条才能实现。

可见，在酸性焊条中，既有置换脱氧又有扩散脱氧，而在碱性焊条中则只能采用强脱氧剂进行置换脱氧。

6.1.1.4 熔渣的脱硫、脱磷反应

硫和磷是钢中的有害杂质。焊缝中的硫、磷主要来自母材和焊接材料。

（1）熔渣的脱硫反应

硫在钢中主要以 FeS 形式存在。FeS 与铁在液态可无限互溶，而在固态仅有 0.01～0.02%FeS 溶于铁中。当焊接熔池结晶时，FeS 与铁形成低熔点的共晶体（熔点 988℃）聚集在晶粒周界，破坏了晶粒之间的联系，引起热裂纹。硫还易引起偏析，使金属的成分不均并降低材料的韧性、塑性和耐腐蚀性能。硫的危害性随含碳量的增加而加剧。为此，要求硫在焊缝金属中的含量越低越好。

在生产中可用 MnO、CaO 来脱硫。

① 用锰脱硫 用锰脱硫的反应式为

$$Mn+FeS=MnS+Fe$$

生成物 MnS 熔点高且不溶于液态金属，又以单个球存在，使硫不再产生有害影响。

在焊接生产中多利用熔渣中的 MnO 来脱硫，并不用纯锰。其反应式为

$$FeS+MnO=MnS+FeO$$

178

为使反应向右进行以达到脱硫目的，必须不断增加 MnO 或不断减少 FeO。措施是提高液态金属中锰的浓度，均有利于脱硫。

可见，要用锰脱硫，只有采用碱性焊条才能收到较好效果。

由于锰脱硫属放热反应，故只在熔池冷却过程中才进行。

② 用 CaO 脱硫　钙可与硫组成稳定的硫化物，此硫化物不溶于液态金属易于排出，是主要的脱硫方法。反应式为

$$FeS+CaO=FeO+CaS$$

不断增加 CaO 或不断减少 FeO 均有利于提高脱硫效果。对于碱性焊条，这些要求易实现，故实际上，碱度越高焊缝的含硫量越低。

如上所示，碱性渣比酸性渣的脱硫能力高，但由于反应时间短，而且由于焊接工艺上的要求，碱度不宜无限制提高，故焊接时脱硫效果并不理想。主要还是靠控制母材和焊接材料中的含硫量。

(2) 熔渣的脱磷反应

磷在钢中主要以 Fe_2P、Fe_3P 的形式存在，它们与铁的共晶体聚在晶粒交界处，减弱了晶粒之间的结合力，加上它本身硬而脆，故磷对钢的最大危害是增大冷脆倾向，恶化钢的机械性能，尤其是降低了冲击韧性。但对热裂纹的影响较硫为小。

脱除液态金属中 Fe_2P、Fe_3P 的反应分为两步进行。第一步，用熔渣中的 FeO 将磷化铁氧化，生成 P_2O_5，反应式为

$$2Fe_2P+5FeO=P_2O_5+9Fe$$

由于 P_2O_5 在高温下很不稳定，易发生如下反应

$$P_2O_5+5Fe \longrightarrow 5FeO+2P$$

而无法脱磷，故应立即使 P_2O_5 与碱性氧化物（CaO、MgO、MnO 等）化合生成复杂的磷酸盐，浮入渣中排除方可脱磷，故脱磷的第二步反应是

$$P_2O_5+3CaO \longrightarrow (CaO)_3 \cdot P_2O_5$$

为完成第二步反应，必须增加渣中游离的 FeO 和 CaO 的浓度，排除生成物 $(CaO)_3 \cdot P_2O_5$。碱性焊条中，游离的 CaO 较多，同时还含有 CaF_2，有利于脱磷。但碱性焊条中不允许含较多的 FeO，而且 FeO 含量高也不利于脱硫，故碱性焊条脱磷效果并不理想。至于酸性焊条则由于含 CaO 很少，其脱磷能力比碱性焊条更差。兼之磷的氧化还原反应是放热反应，只有在熔池降温区才有利于脱磷，而此时由于温度低，渣的黏度增加，故实际脱磷效果比脱硫还差。实际上有效办法仍是严格控制母材和焊接材料中的含磷量，尤其是药皮中的含磷量。

6.1.1.5　焊缝金属的掺合金

(1) 掺合金的目的

向焊缝掺合金的目的是：为了补偿焊接过程中合金元素由于氧化和蒸发而造成的损失，以维持焊缝金属的合金成分和力学性能；为了使焊缝金属得到某些特殊性能，如抗裂性、耐磨性、耐腐蚀性等。例如掺加一定量（过量反而有害）的锰、硅可提高强度和塑性；掺钛可细化晶粒提高塑性等。至于掺入大量或多种合金元素，如用堆焊法制造"双层金属"以达到耐磨、耐腐蚀、耐热等目的，则是一般焊缝掺合金的发展和典型应用。焊缝金属掺合金技术是一项具有很大实际意义的工作。

(2) 掺合金的方法

掺合金的方法很多，常用的有以下三种。

① 通过合金焊条芯掺合金　此法是把合金元素加入焊条芯。优点是可靠、掺入量稳定、

均匀、合金元素的利用率高。为减少其烧损可配合使用氧化性很小的碱性焊条，从而保证有较高的合金过渡系数。合金过渡系数可用下式表示

合金过渡系数＝该元素在焊缝中的实际含量/向焊缝掺入的该元素的计算含量

缺点是焊芯需专门熔炼，同时有些合金还不易轧制、拔丝。

② 通过合金药皮掺合金　此法是将要掺入的合金元素以铁合金的形式加入焊条药皮中，焊接时药皮中的铁合金熔化进入液态金属中。其优点是简便灵活，缺点是合金元素烧损严重，还可能有的残留于渣中，故合金元素的利用率低、合金过渡系数还受到焊接规范的影响，均匀性较差。

③ 通过管状焊条掺合金　管状焊条的结构是将低碳钢带卷制成圆管，管内充满要掺的铁合金粉末，管外涂上碱性药皮以防合金元素的烧损。焊接时，管内的铁合金粉末与低碳钢管和药皮一起熔化。它兼有以上两方法的优点，铁合金与铁粉的比例既可以任意调整，合金元素的烧损又不严重。缺点是焊条的制造工艺比较复杂。通常用于堆焊合金层，在一般焊接中较少采用。

6.1.2　焊接接头

6.1.2.1　压力容器焊接接头的分类

压力容器是典型的焊接结构。GB 150《钢制焊接压力容器》根据焊接接头在容器上的位置，即根据该焊接接头所连接两元件的结构类型以及由此而确定的应力水平，把压力容器中可能遇到的焊接接头分成 A、B、C、D 四类，如图 6-1 所示。

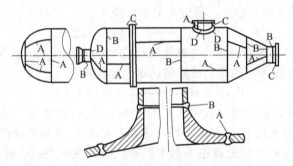

图 6-1　压力容器焊接接头分类

ⅰ. 圆筒部分的纵向接头（多层包扎容器层板层纵向接头除外）、球形封头与圆筒连接的环向接头、各类凸形封头中的所有拼焊接头以及嵌入式接管与壳体对接连接的接头，均属 A 类焊接接头。

ⅱ. 壳体部分的环向接头、锥形封头小端与接管连接的接头、长颈法兰与接管连接的接头，均属 B 类焊接接头，但已规定为 A、C、D 类的焊接接头除外。

ⅲ. 平盖、管板与圆筒非对接连接的接头，法兰与壳体、接管连接的接头，内封头与圆筒的搭接接头以及多层包扎容器层板层纵向接头。均属 C 类焊接接头。

ⅳ. 接管、人孔、凸缘、补强圈等与壳体连接的接头，均属 D 类焊接接头，但已规定为 A、B 类的焊接接头除外。

不同类别的焊接接头在对口错边量、热处理、无损检测、焊缝尺寸等方面有不同的要求。

6.1.2.2　焊接热过程与焊接接头的组织性能

（1）焊接热循环曲线

180

焊接热源的高温作用不仅使被焊金属熔化，而且使与熔池紧邻的母材也受到热作用的影响，这个受到焊接热作用影响的母材就称为热影响区，又称近缝区。焊接接头就是焊缝与热影响区的统称。

随着热源沿焊件的移动，焊件上某点的温度就经历着一个随时间由低而高达到最大值 t_{max} 后又由高而低的变化过程。焊接时这种温度随时间的变化关系称为"焊接热循环"。为了描述这种关系，可以用焊接接头上某点温度随时间变化的曲线，如图 6-2 所示。焊缝两侧的母材由于距焊缝的远近不同，经历的热循环也不一样，故图中出现了一组曲线。从这一组曲线中看出，焊接接头在焊接过程中经历了一个不均匀的加热与冷却过程，相当于经历了一次不同规范的特殊热处理，因而使其组织和力学性能不同。

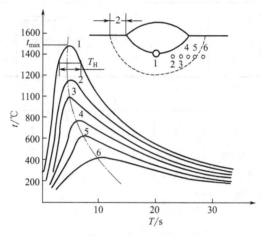

图 6-2　焊接接头上各点的热循环

（2）反映焊接热循环特征的基本参数

① 加热速度　在焊接条件下加热速度比热处理条件下要快得多。随着加热速度的提高，AC_1 和 AC_3 的温度也越高，奥氏体的均匀化和碳化物溶解过程也很不充分，因此必然影响到冷却过程中热影响区的组织与性能。

② 加热的最高温度 t_{max}　金属的组织与性能变化，除化学成分外主要与温度有关。焊接接头上某点在焊接时加热的最高温度不同，就会具有不同的组织与性能。例如在融合线附近的母材晶粒会产生严重的长大。因该处的最高温度对低碳钢而言可达 1300～1500℃。

③ 高温（或相变温度以上）停留时间 T_H　在相变温度以上停留的时间长，有利于奥氏体的均匀化过程。但在高温下停留时间过长，对某些金属来说将产生严重的晶粒长大（如采用电渣焊焊接低碳钢和某些合金钢）。

由图 6-2 可知，停留时间的长短可由热循环曲线的形状来决定。热循环曲线的形状与材料、具体焊接方法和焊接工艺等因素有关。在最高温度相同的情况下，热源越集中、热源移动速度越快，材料的导热系数越大；板越厚、材料初始温度越低的接头，其热循环曲线就越窄（停留时间越短），反之越宽（停留时间越长）。显然，高温下的停留时间决定热影响区的宽度。

④ 冷却速度 u_c 或冷却时间 T_c　焊接接头的冷却速度影响到焊缝及近缝区金属的组织与性能。从焊接热循环曲线可知，某温度的瞬时冷却速度就是曲线上该点的斜率，也就是说，冷却速度是温度的函数，故对整个焊接接头而言，各点的冷却速度是个变值。为使问题简化，取一定温度范围内的平均冷却时间来分析接头组织。

对于低碳钢和低合金钢，冷却时间 T_c 常采用 800℃冷到 500℃的冷却时间，可用 $\tau_{8/5}$ 表示。对冷却倾向较大的钢种则常采用 800℃冷到 300℃的冷却时间，可用 $\tau_{8/3}$ 表示。在大量试验的基础上，对于不同焊接方法，冷却时间可用式(6-1) 和表 6-1 的数据来进行计算。

表 6-1　冷却时间计算式中的各系数值（实验值）

焊接方法	指数 n	800～500℃的冷却时间					800～300℃的冷却时间				
		K	δ_0	α	t	β	K	δ_0	α	t	β
手工电弧焊	1.5	1.35	14.6	6	600℃	平焊:1 角焊:2	2	14.6	4.5	400℃	平焊:1 角焊:1.25
CO_2 气体保护焊	1.7	$\dfrac{1}{2.9}$	13	3.5	600℃	—	$\dfrac{1}{2.5}$	14	5	400℃	—
埋弧自动焊	$\delta<32$ 时: $2.5\sim0.05\delta$ $\delta>32$ 时: 0.95	$\dfrac{9.5}{10^{5-0.22\delta}}$ 950	12	3	600℃	—	$\dfrac{7.3}{10^{5-0.22\delta}}$ 730	20	7	400℃	—

$$T_c = \frac{KJ^n}{\beta(t-t_0)^2\left[1+\dfrac{2}{\pi}\arctan\left(\dfrac{\delta-\delta_0}{\alpha}\right)\right]} \tag{6-1}$$

式中　J——焊接线能量，J/cm；

　　　t——冷却时间内的平均温度，℃；

　　t_0——母材的初始温度，℃；

　　　δ——板厚，mm；

　　δ_0——板厚系数；

　　　K——线能量系数；

　　　n——线能量指数；

　　　α——系数；

　　　β——焊接接头系数。

从式(6-1) 中看到，冷却时间与焊接线能量、焊接处温度、板厚和焊接方法等因素有关。采用大的线能量，可以降低冷却速度；提高母材的初始温度也可降低冷却速度，初始温度很低（低温环境下施焊）冷却速度就加大；焊件结构也会影响冷却速度，最明显就是板厚的影响，厚板的冷却速度大于薄板。

（3）焊接接头的组织和性能

现以低碳钢为例，对照铁碳含金相图分析焊接接头组织和性能的变化。

① 焊缝金属的组织与性能　焊缝金属由熔池的液态金属凝固而成。熔池金属由高温冷却到室温要经过两次组织变化。第一次是从液态转变为固态（奥氏体）时的凝固结晶过程，称"一次结晶"；第二次是从固相线开始冷却到常温时发生的金相组织转变，称"二次结晶"。常温下看到的焊缝组织就是二次结晶的结果。

ⅰ. 焊缝金属的一次结晶。焊缝金属结晶时，上有液态熔渣覆盖，下有固态金属散热，基本上呈一种铸造组织。但它与一般铸造组织又不完全一样。首先，熔池金属通过熔池壁散热，熔池壁附近的液态金属，以垂直熔池壁的方向结晶，并朝熔池中心不断长大。因为散热方向主要垂直熔池壁，兼之熔池体积小，晶粒之间相互阻碍无法横向发展而得到柱状晶粒，如图 6-3 所示。其次，整个焊缝金属的结晶过程是有顺序地间断地进行，从而使宏组织呈厚度很小的层状组织。这种组织的晶粒比铸锭细小，但比轧材粗大。第三，焊接过程中焊条的摆动对熔池起到搅拌作用，有利于焊缝中气体、杂质的排除。

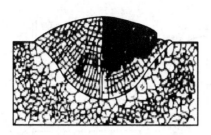

图 6-3　焊缝的一次结晶

左—结晶完成后；右—结晶过程中

　　焊缝金属的体积虽小，但化学成分并不均匀。从结晶的一般机理可知，在每个柱状晶粒的内部，结晶的中心部位（先凝固部分）总是熔点高的纯金属，而熔点较低的合金元素和杂质总是后凝固并处于晶粒的表面。这种存在于晶粒内部的化学成分不均匀现象叫做微观偏析，又称枝晶偏析。由于存在枝晶偏析，而使晶粒之间的联系在结晶过程中显得比较脆弱（由尚处于液态的低熔点物质和杂质构成），当存在焊接拉伸应变时，就成为热裂纹之源。液、固相线之间距离越大，枝晶偏析就越严重。从整个焊缝而言，由于各部分的温度不均匀，散热条件不一样，先结晶的区域析出的固相是熔点高的纯金属，而残余的液相中则是熔点较低的共晶体或杂质，最后凝聚在一起，从而造成焊缝内化学成分不均匀现象，称为宏观分析，又称区域偏析。区域偏析除与成分、部位等因素有关外，还与焊缝的形状系数有关。存在区域偏析的地方也是焊缝的薄弱区。区域偏析在焊缝中的部位与焊缝的形状系数 φ 有关。

$$\varphi = \frac{c}{h} \tag{6-2}$$

式中　　c——熔宽，mm；

　　　　h——熔深，mm。

　　当 $\varphi \leqslant 1$ 时，杂质将集中于焊缝中间，见图 6-4(a)，是焊缝的薄弱部分，易形成热裂纹；当 $\varphi > 1.3 \sim 2.0$ 时，由于焊缝有足够的宽度，则杂质将集中在焊缝上部，见 6-4(b)，它不会造成薄弱截面。焊接电流直接影响熔深，电流大，熔深就大。电弧电压则影响熔宽，电压大，熔宽就大。故正确选择电流与电压的比例，就能获得合乎要求的焊缝形状。

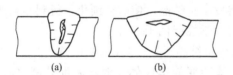

(a)　　　　　　(b)

图 6-4　不同形状焊缝中的区域偏析

　　焊缝金属产生偏析还与焊缝中所含合金元素有关。在焊接钢材时，硫、磷、碳是最易偏析的元素，且各元素之间也相互影响，如，碳能增加硫的偏析，锰却能减少硫的偏析。

　　ⅱ．焊缝金属的二次结晶。焊缝金属的二次结晶，即由奥氏体冷却到室温组织的转变过程，与热影响区的组织转变很相似。

　　② 热影响区金属的组织与性能　热影响区是指在焊接过程中，焊缝周围的母材受焊接热的影响（但未熔化）而发生金相组织和力学性能变化的区域。图 6-5 为焊接接头组织变化示意，可以查看热影响区各点上加热最高温度分布曲线和性能曲线。按最高加热温度的不同，低碳钢的焊接热影响区分为以下六个温度区。

　　ⅰ．半熔化区（熔合区）。熔合区是指焊接接头中焊缝向热影响区过渡的区域。焊接加

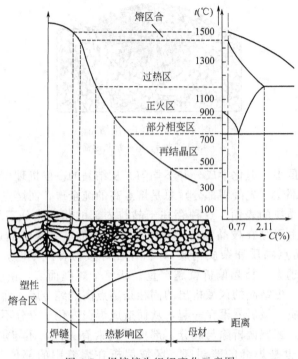

图 6-5 焊接接头组织变化示意图

热时，此区的温度在液相线和固相线之间，只有部分金属熔化，故称为半熔化区。其组织由部分铸态组织和晶粒粗大的过热组织组成。该区的塑性、韧性很差，化学成分不均匀，虽然半熔化区宽度只有 0.1～0.4mm，但对接头性能影响很大。

ⅱ. 过热区。此区的温度在固相线至 1100℃ 之间，宽为 1～3mm。由于加热温度高，奥氏体晶粒显著长大，冷却后得到晶粒粗大的过热组织，使其塑性、韧性明显下降。焊接刚度大的结构时，易在此区产生裂纹。过热程度与高温停留时间有关。气焊、电渣焊过热严重，电弧焊较轻。对同一种焊接方法而言，线能量越大，过热现象越严重。

ⅲ. 正火区（完全重结晶区）。此区的温度在 1100℃ 至 Ac_3 之间，宽度约 1.2～4.0mm。金属被加热到这个温度后将发生重结晶，使晶粒细化，得到相当于正火处理的均匀细小的组织，故称正火区。正火区的力学性能优于母材。

ⅳ. 部分相变区（不完全重结晶区）。此区温度在 A_1 至 A_3 之间。焊接时加热温度稍高于 A_{c1} 线时，便开始有珠光体转变为奥氏体，随着温度升高，有部分铁素体溶解到奥氏体中。冷却时，又由奥氏体中析出细微的铁素体，直到 A_{r1} 线，残余的奥氏体转变为珠光体，晶粒也很细。可见，在上述转变过程中，始终未溶入奥氏体的部分铁素体不断长大，变成粗大的铁素体组织。所以此区的金属组织是不均匀的，晶粒大小不同，力学性能不好。此区越窄，焊接接头性能越好。

ⅴ. 再结晶区。此区温度范围为 450～500℃ 到 A_{c1} 之间，未发生向奥氏体的转变。只有焊前经过冷塑性变形（冷弯、冷冲压、冷轧等）的母材金属，由于加工硬化，晶粒被破碎、晶格歪扭，当焊件被加热到此温度范围时才会发生再结晶，晶粒又重新恢复为原来的等轴晶粒，加工硬化得以消除，性能有所改善。若焊前未经冷塑性变形，焊接时便无此过程。

ⅵ. 蓝脆区。此区的温度范围为 200～500℃。特别是在 200～300℃ 时，自铁素体内析出非常细小的渗碳体，使强度稍增，塑性下降，冷却时可能出现裂纹。此区的显微组织与母材相同。

理论上分析热影响区存在上述六个区域，但在显微镜下观察时，一般只能见到过热区、正火区和部分相变区。

综上所述，熔合区和过热区是焊接接头中力学性能最差的部位，应尽量减小其宽度。影响各区宽度的主要因素有：焊接材料（如焊条、焊丝、焊剂）、焊接方法、焊接工艺参数、接头与坡口形式、焊后冷却速度等。例如用不同焊接方法焊接低碳钢时，热影响区的宽度有很大区别。

焊接热影响区在电弧焊焊接接头中是不可避免的。用焊条电弧焊和埋弧焊方法焊接一般低碳钢结构时，因热影响区较小，焊后可不进行处理直接使用。

对于重要的碳钢构件，合金钢构件或用电渣焊焊接的构件，焊后一般采用焊后正火处理。

6.1.3 焊接应力与变形

在焊接过程中，焊缝及其周围的金属都要由室温被加热到很高的温度，然后再快速冷却下来。在这个热循环过程中，焊件各个部分的温度不同，冷却速度也各不相同，使焊件在热胀冷缩和塑性变形的影响下，必将产生内应力和变形。

6.1.3.1 焊接应力

（1）焊接应力的产生

焊接应力的形成、大小和分布情况较为复杂。为简化问题，假定整条焊缝同时形成。当焊缝及其相邻区域的金属处于加热阶段时都会膨胀，但受到周围冷金属的阻碍不能自由伸长而受压，形成压应力。该压应力使处于塑性状态的金属产生压缩变形。随后在冷却到室温的过程中，焊缝及相邻区域金属的收缩又会受到周围冷金属的阻碍。不能缩短到自由收缩所应达到的位置，因而产生残余拉应力（即焊接应力）。图 6-6 所示为平板对接焊缝和圆筒形焊缝的焊接应力分布状况。

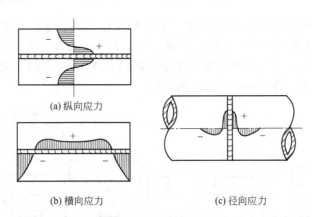

(a) 纵向应力

(b) 横向应力　　　　　(c) 径向应力

图 6-6　平板对接焊缝和圆筒形焊缝的焊接应力分布

（2）焊接应力对焊件使用性能的影响

多数情况下，焊缝及近缝区易产生焊接拉应力。拉应力会降低材料塑性，成为焊接接头产生裂纹或脆断的主要根源。对承受重载的零件危害很大。

若焊接应力为压应力，则主要降低受外压薄壁筒体或其他受压构件的稳定性，是使薄板焊后产生波浪变形的主要原因之一。

焊件中存在残余应力，会降低焊件的承载能力，同时易导致焊后甚至使用期间的变形。

由于焊接时焊件仅产生局部的体积变化，故焊接应力也仅是一个局部效应。通过应力测定表明，在焊缝两侧 200～300mm 以外就基本上不存在焊接应力。因此，只要母材塑性很好，这种局部效应对刚性不太大的焊件不会带来多大危害。但焊接应力的存在总归是不理想的，故应尽量降低其峰值甚至完全消除。

（3）降低焊接残余应力的措施

焊接应力与变形，从其产生原因来看二者有共同之处，都是由于焊接区局部收缩所引起的，因而有时焊接变形的减小会伴随焊接应力的降低，如采用不加外力的反变形、长焊缝的逆向分段焊、厚板的多层焊和锤击焊接区等方法。但二者又可能处于互相矛盾的情形，如焊接过程中用外力限制或工件自身刚性较大而不能自由收缩，使焊后工件变形很小，但此时内部却存在较大的焊接应力，采用刚性夹持进行焊接就是这样。再如，焊接过程中工件能自由收缩时，则焊后工件变形较大，此时焊接应力却较小。

降低焊接应力的措施包括设计和工艺两方面。

① 设计方面　可采取以下四种措施。

ⅰ．焊缝彼此尽量分散并避免交叉，以减小焊接局部加热，从而减少焊接应力。一般情况下，尽量不采用交叉焊缝，以免出现复杂的三向应力。但并非交叉焊缝绝对不可以有。在制造大型容器时，为便于采用自动化程度较高的工艺装备，提高生产率，对那些塑性较好的材料（低碳钢、16Mn 钢等）也常采用十字交叉焊缝结构。此外，对大型球形容器我国也规定了两种并行的焊缝拼接法（图 6-7）。但应尽可能避免设计交叉焊缝。

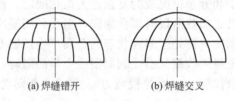

(a) 焊缝错开　　　　　(b) 焊缝交叉

图 6-7　球形容器两种拼接法

ⅱ．避免在断面剧烈过渡区设置焊缝。断面剧烈过渡区存在应力集中现象，断面粗细（厚薄）悬殊会造成刚性差异和受热差异悬殊，增大了焊接应力，故应避免。如圆角半径很小时的折边封头过渡区、非等厚连接处等属于断面剧烈过渡区。当不可避免时，应将厚件削薄实现等厚连接。图 6-8 各例均为较合理的结构。

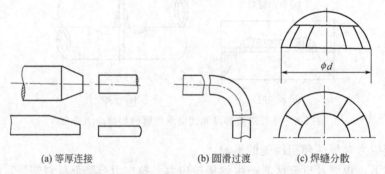

(a) 等厚连接　　　　(b) 圆滑过渡　　　　(c) 焊缝分散

图 6-8　减小焊接应力和应力危害性的结构

ⅲ．焊缝应尽量分布在结构应力最简单、最小处。这样布置焊缝，即使焊缝有缺陷也不致对结构承载能力带来严重影响。由于焊缝力学性能指标中塑性、韧性指标较差，强度指标中抗拉强度较差，而抗压、抗剪和硬度较好，故在零件动载应力大，拉伸应力大的地方不要布置焊缝。若受压、受剪则关系不大。对卧式容器环缝应尽量位于支座以外，纵缝则尽量位于壳体下部140°范围以外。

ⅳ. 改进结构设计，局部降低焊件刚性，减小焊接应力。厚度大的工件刚性大，为减小焊接应力可开缓和槽（见图6-9）；图6-10(a)为封闭焊缝，刚性较大，为防裂可改为图6-10(b)、(c)所示的结构。

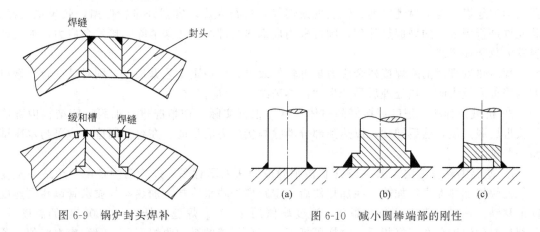

图6-9 锅炉封头焊补　　　　图6-10 减小圆棒端部的刚性

② 工艺措施　可采取以下三种措施。

ⅰ. 采用合理的焊接顺序。基本原则是让大多数焊缝在刚性较小的情况下施焊，以便都能自由收缩而降低焊接应力；收缩量最大的焊缝先焊；当对接平面上带有交叉焊缝时，应采用保证交叉点位部位不易产生裂纹的焊接顺序。图6-11就是采用合理焊接顺序的例子。

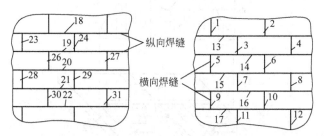

(a) 先焊所有纵向焊缝，后焊横向焊缝　　(b) 先焊所有横向焊，缝后焊纵向焊缝

图6-11 大面积拼板焊接顺序

ⅱ. 缩小焊接区与结构整体之间的温差。常用的办法有主要有整体预热，采用低的线能量，间歇施焊等。

ⅲ. 锤击焊缝。在每道焊缝的冷却过程中，用圆头小锤锤击焊缝，使焊缝金属受到锤击减薄而向四周延展，补偿焊缝的一部分收缩，从而减小焊接应力与变形。此法对裂纹倾向较敏感的焊件较为有效。

(4) 焊接残余应力的消除

对于有应力腐蚀和要求尺寸稳定的结构，承受交变载荷要求有较大抗疲劳强度的焊接结构，以及低温下使用的结构，为了防止低温应力脆性破坏，焊后一般都须消除焊接应力。只有当材料的塑性、韧性都很好时才可以不考虑消除焊接应力的措施。

① 进行焊后热处理　焊后热处理是消除焊接残余应力最常用的方法，其消除应力效果一般可达90%以上。它是利用材料在高温下屈服极限的降低，使应力高的地方产生塑性流

动，从而达到消除焊接应力的目的。一般采用消除应力退火。

消除应力的效果，除与温度有关外，还与保温时间有关。由于内应力的消除效果随时间延长而迅速降低，故过长的保温时间亦无必要。一般每毫米厚度 1～2min 为宜，最短不少于 30min，最长不必超过 3h，具体情况视钢种而异。

热处理一般在炉内进行。大型容器在炉内进行有困难而又必须整体热处理时，则可在容器内均匀地设置若干喷嘴（油、天然气或煤气）进行内烧，容器外进行保温，效果也很好。若允许进行焊缝区的局部热处理，则可采用局部热处理的方法来消除焊接残余应力，如大型容器的总装环焊缝。

焊后热处理对消除焊接残余应力虽有较好效果，但一则工艺繁琐，二则对某些合金钢材尤其当板厚较大时，热处理后易产生"再热裂纹"，故应慎重。

② 机械拉伸法　把已焊接好的整体结构，根据实际工作情况进行加载，使结构内部应力接近屈服强度，然后卸载，以达到部分消除焊接应力的目的。在容器制造中，可与水压试验一并进行。

③ 低温消除应力法　图 6-12 为低温消除应力法的示意图。焊缝两侧各用一个适当宽度的氧乙炔焰加热器进行加热，在加热器后一定距离处喷水冷却。加热器与喷水管以相同速度向前移动，这样可造成一个两侧高（温度峰值约 200℃）焊缝区低（约 100℃）的温度差，与焊接时的温度分布正好相反。这样可抵消一部分焊缝的纵向收缩变形，缓和应力峰值。若规范选择适当，此法可收到较好效果。对于焊缝比较规则的容器板壳结构有一定的实用价值。

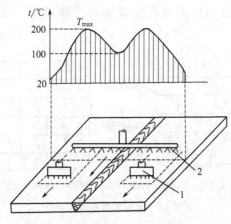

图 6-12　低温消除应力法
1—氧乙炔焰加热器；2—喷水装置

6.1.3.2　焊接变形

（1）焊接变形的种类

焊接变形的基本类型主要有五种。

① 收缩变形　焊件焊接后沿纵向（沿焊缝方向）和横向（垂直于焊缝方向）收缩引起的变形，使构件的纵向和横向尺寸缩小，如图 6-13(a) 所示。

② 角变形　V 形坡口对接焊后，由于焊缝截面形状上下不对称，焊缝收缩不均而引起的变形，如图 6-13(b) 所示。

③ 弯曲变形　长梁形工件焊缝偏于一侧边缘时，由于焊缝布置不对称，焊缝纵向收缩后引起工件向焊缝一侧弯曲，如图 6-13(c) 所示。

188

(a) 收缩变形　　(b) 角变形　　　(c) 弯曲变形　　　(d) 扭曲变形　　　(e) 波浪形变形

图 6-13　焊接变形基本形式示意图

④ 扭曲变形　由于焊缝在构件横截面上布置的不对称或焊接工艺不合理，使工件产生纵向扭曲变形，如图 6-13（d）所示。

⑤ 波浪形变形　焊接薄板时，由于焊缝收缩使薄板局部产生较大压应力失去稳定所导致的变形。如图 6-13（e）所示。

（2）减小焊接变形的措施

焊接变形对设备制造是不利的，其直接危害是降低制造精度，变形严重时甚至无法进行装配。由于变形或变形后的矫形，而使内部应力状态复杂化，增加了不少附加应力，降低了设备的许用载荷；对外压容器还易引起失稳，影响美观等。故应尽量减小变形，必要时焊后要进行矫形。

在设备制造中也有利用焊缝收缩来达到制造要求的，如多层扎式高压筒体结构就是利用焊缝横向收缩来包夹层板，但这毕竟只是个别现象。

减小焊接变形的措施主要有以下几个方面。

① 设计方面　尽量减少焊缝数量、焊缝长度和焊缝截面积；使结构中所有焊缝尽量对称于中性轴布置；结构上便于施焊时应采用胎膜夹具固定。图 6-14 是几种有利于减小焊接变形的结构设计举例。

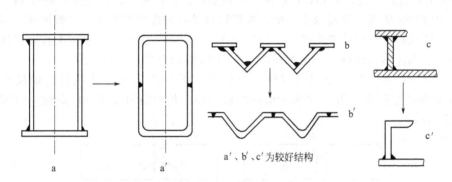

图 6-14　减小焊接变形的联合结构

② 工艺方面　可以采取以下三种措施。

ⅰ. 反变形法。焊前装配时，预先将焊件向将要变形的方向摆放或变形（图 6-15），那么焊后由于焊接变形而预先将反变形抵消，使焊件得到正确的形状。只要处理得当，残余变形极小。

ⅱ. 刚性夹持法。此法能提高焊件结构的刚性，故能减小变形。图 6-16 为几个采用刚性夹持法减小焊接变形的例子。常用的方法有：利用夹具刚性固定焊件进行焊接；两个相同焊件互相点固后再行焊接；设置临时拉杆提高焊件刚性。在焊接列管换热器的管束时常采用此法，其步骤是先将各管点固，然后将中心的一根管和周边 3～4 根管子全焊住，最后逐排顺序全面施焊，焊后基本无变形。此法对于焊后变形较大的奥氏体不锈钢、铝制焊件效果较好。缺点是残余应力大，不适合淬硬倾向较大的钢材，如强度级别较高的低合金钢、中碳

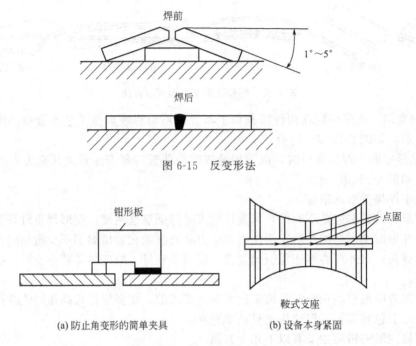

图 6-15　反变形法

(a) 防止角变形的简单夹具　　(b) 设备本身紧固

图 6-16　用夹具刚性固定减小焊接变形

钢等。

ⅲ．选用合适的焊接方法和焊接顺序。焊接速度高的焊接方法能减少焊件受热，减小焊缝冷却时的收缩区宽度，从而减小变形，如埋弧自动焊的焊接变形小于手弧焊和气焊。而电弧焊中，气体保护焊的焊接变形又小于普通电弧焊。又如焊接某些变形量大且允许快速冷却的材料如铝、奥氏体不锈钢等，也可在焊后立即喷水冷却以减小焊接变形。

采用合理的焊接顺序，尽量使焊缝自由收缩。图 6-17 表示三块钢板的焊接顺序，图 (b) 中 A 处易产生裂缝。图 6-18 表示梁的焊接顺序。长焊缝可采用分段退焊、跳焊、交替焊等，见图 6-19。

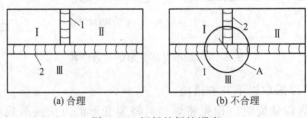

(a) 合理　　　　　　　　(b) 不合理

图 6-17　钢板的焊接顺序

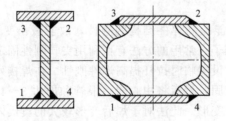

图 6-18　梁的焊接顺序

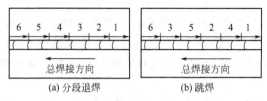

| (a) 分段退焊 | (b) 跳焊 |

图 6-19　长焊缝的焊接方法

（3）焊缝的矫形

当采用上述措施后焊接变形仍较大时，则应根据焊件的设计要求考虑进行焊后矫形。矫形方法有机械法（图 6-20）和火焰法（图 6-21）。机械法可用矫平机、压力机、卷板机、锤击等。

在选用矫形方法时，要特别注意钢种。对耐腐蚀设备不宜用锤击以防应力腐蚀，对具有晶间腐蚀倾向的 18-8 不锈钢和淬硬倾向较大的钢材不宜用火焰矫形；对冷裂倾向较大的高强钢要少用机械法矫形，因此法属冷塑性变形，易产生加工硬化。

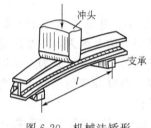

图 6-20　机械法矫形

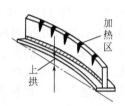

图 6-21　火焰法矫形

6.1.4　焊接缺陷及检验

焊接缺陷指焊接过程中在焊接接头中产生的不符合设计或工艺条件要求的缺陷。焊接缺陷的存在直接影响焊接接头的质量及焊接结构的安全使用。常见的焊接缺陷有裂纹、气孔、夹渣、未焊透、未熔合、焊瘤、咬边、烧穿等，见图 6-22。

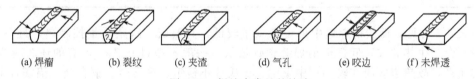

| (a) 焊瘤 | (b) 裂纹 | (c) 夹渣 | (d) 气孔 | (e) 咬边 | (f) 未焊透 |

图 6-22　焊缝中常见的缺陷

6.1.4.1　焊接裂纹

裂纹是焊接结构中比较普遍而又十分严重的一种缺陷。严重的裂纹明显地削弱容器的承载能力和耐腐蚀性能。即使开始并不很严重的裂纹，由于在裂纹尖端处存在应力集中，低温、交变或冲击载荷的作用会使裂纹扩展，从而有造成突然脆断的可能。由于裂纹而造成的事故在国内外都为数不少。随着断裂力学方面的研究进展，对于焊接裂纹引起的脆性破坏有了进一步的认识，能从量的方面确定在一定的工作条件下允许存在的裂纹（部位、形状和尺寸），声发射技术还能在施焊过程中和设备运转条件下监视裂纹的发生和扩展情况，从而对裂纹的认识更加全面。

焊接裂纹可能产生在焊缝区，也可能产生在热影响区或熔合处，有时出现纵向裂纹、有时出现横向裂纹，在断弧处还会出现弧坑裂纹。从形成裂纹的本质来看，大体上可分为热裂纹和冷裂纹两大类。

(1) 热裂纹

热裂纹又称结晶裂纹，是在焊缝凝固或高温时形成的。其外形特征具有晶间破坏的性质，在多数情况下裂纹面上有强烈氧化的颜色（深蓝色或黑色），多出现在焊缝上，个别情况下也出现于热影响区。热裂纹分微观裂纹和宏观裂纹两种，微观裂纹沿晶界分布。弧坑裂纹属热裂纹。

① 形成机理　前面提到，在焊缝凝固过程中当存在低熔点共晶体时，由于焊接冷却速度很快，故极易在晶界产生微观偏析，使晶粒之间由低熔点共晶体隔开。当晶粒已凝固，而晶界处于液态，变形阻力几乎为零时，若焊接拉伸应变很大，则可能使晶界被拉开，冷却后就成为裂纹。这种由于微观偏析而形成的裂纹称为为微观裂纹。但并不是说，焊缝中存在低熔点共晶体就必然开裂。因为如果低熔点共晶体数量很少而不连续，此时即使受到较大的焊接拉伸应变，但由于大部分晶粒已联系起来，应变可以由高温晶粒承受，故不至于开裂。如果低熔点共晶体量很大，则已被拉开的裂口可能被低熔点共晶体填满，故也不致产生裂纹。只有当这种低熔点共晶体既不很多也不太少，能在晶间形成一薄膜层时，才具备形成热裂纹的条件。

② 影响因素　热裂纹的形成与金属凝固温度范围的大小、在该温度范围内低熔点共晶体的数量及焊接拉伸应变情况等因素有关。前两个因素可归为冶金因素，主要决定于化学成分、杂质的分布情况、晶粒的大小及方向以及变形速度等。后一因素可归为力学因素，主要决定于金属的膨胀系数、焊接接头刚性、焊缝位置以及焊接温度分布情况等。从大多数情况看，焊缝金属中存在低熔点共晶体是形成热裂纹的必要条件。

ⅰ. 焊缝化学成分的影响。焊接中的许多低熔共晶体是焊接冶金反应的产物，因此，凡能产生低熔点共晶体的元素都是促进热裂的元素；凡能细化晶粒或产生高熔点化合物或能使低熔点共晶体呈球状或块状分布的元素均对抑制热裂纹有效。表 6-2 列出了合金元素对热裂纹倾向的影响。

表 6-2　合金元素对热裂纹倾向的影响

严重影响形成热裂纹	少量时影响不大，多量时促使热裂	降低焊缝的热裂倾向
碳、硫、磷、铜、氢、镍、铌	硅（>0.4%）、锰（>0.8%）、铬（>0.8%）	钛、锆、铝、稀有元素、锰（在 0.8% 以内）

由表 6-2 可见，低碳钢焊缝中由于含碳量较低，只要硫、磷杂质量控制严，且不含铜，则一般不会产生热裂纹；低合金钢焊缝含碳量低（一般不超过 0.2%），有的还含有少量抗热裂的元素，故热裂倾向亦较小；中碳钢、奥氏体不锈钢、镍合金、铜合金、铝镁合金等则由于碳、镍、铜、铝等都是易形成低熔点共晶体的元素，故这些材料在焊接时产生的裂纹多属热裂纹。

ⅱ. 焊接断面形状的影响。前面提到，深而窄的焊缝由于宏观偏析主要集中于焊缝中间，易形成热裂纹。为此在厚板埋弧自动焊时要特别注意调节焊接电流与电弧电压的比例，使焊缝形状系数大于 1.3～1.5。手弧焊时由于焊缝截面较小，电流值较低，不宜造成深而窄的焊缝，同时其区域偏析也不明显，故这方面的影响不突出。

ⅲ. 焊接工艺及焊件结构的影响。焊件结构和焊接工艺直接影响到焊接接头的拘束度，反映在焊接拉伸应变的大小上，故它对热裂纹的影响属于力学因素。

③ 预防热裂纹措施　预防热裂纹的基本措施是严格控制焊缝化学成分，限制碳、硫、磷含量。当上述措施还无法避免热裂纹时，就必须采取工艺措施，如焊前预热、用大的线能量施焊以及尽量降低焊件刚性等。

焊前预热就是在施焊前通过对焊件给予低温加热以降低焊缝金属与母材的温差，从而减小焊缝冷却速度。这有利于控制焊缝的组织转变，减小焊缝冷却过程中的拉伸应变量和变形速度，同时还可改善焊缝的结晶条件，减小化学成分的不均匀性，故对防热裂有效。

预热的要求与材料的化学成分（淬硬性）、板厚、结构刚性、焊缝型式、焊接方法及施焊环境、温度等因素有关。预热温度视具体材料而定，一般为 $100\sim500℃$。预热温度高，效果好，但温度太高施焊条件恶化，同时当含碳量高达 0.5% 以上时，即使预热到 $500℃$ 也达不到好效果。

预热有整体预热和局部预热两类。整体预热效果好，但对大型设备施工困难。当确需预热而整体预热有困难时，可采用局部预热。局部预热部位应在焊缝区外，即相当于提高母材热影响区的温度，才能达到降低温差的目的。局部预热可采用火焰或电阻圈预热等。

(2) 冷裂纹

① 冷裂纹的特点　冷裂纹是焊接高强钢、中合金钢和中碳钢等易产生的焊接缺陷。它与热裂纹有本质区别，其特点是：

ⅰ. 产生于焊缝金属凝固之后，一般在常温和马氏体转变温度以下产生。

ⅱ. 主要产生于热影响区，个别情况下产生于焊缝区。

ⅲ. 常具有延迟性。有的钢材不是焊后立即产生裂纹，而是在焊后几小时、几十小时甚至更长时间才产生。这类不是在焊后立即产生的冷裂纹又称延迟裂纹，它是冷裂纹中比较普遍的形态。由于它不能在制造过程中被检测出来，故更具有危险性。

ⅳ. 裂纹表面无明显氧化色彩，属脆性断口

② 产生原因　冷裂纹的产生就其本质而言，是焊件热影响区的低塑性组织、焊接接头中的氢气和焊接应力综合作用的结果。

ⅰ. 淬硬作用。易淬火钢在焊接时过热区会产生粗大的马氏组织，从而使热影响区金属的塑性下降，脆性增加，当受到大的焊接拉应力作用时就易开裂。一般而言，凡是靠添加合金元素增加淬硬性来提高其强度的材料，强度愈高，淬硬倾向愈大，产生冷裂纹的可能性就愈大。现有的大部分低合金高强钢都属于这类。从合金元素对钢材的强化程度来看，碳的强化能力最大，尤其当钢中有形成稳定碳化物的合金元素（钼、钒、钛、铌、铬等）同时存在时，钢的屈服强度提高更显著，而塑性却急剧下降，严重影响钢的焊接性能。其他合金元素对钢的强化能力大体按以下顺序由大到小排列：磷、铌、钒、钛、钼、铬、锰、硅、镍、铜、铝。

ⅱ. 氢的作用。在焊接高温作用下，氢以原子状态进入焊接熔池中。随着熔池温度的不断降低，氢在金属中溶解度急剧下降，在金属发生相变时其溶解度将发生突变。焊接时冷却速度很快，氢来不及逸出而残留在焊缝金属中。通常焊缝金属的碳当量总比母材要低一些，因此焊缝金属发生奥氏体转变的温度就较热影响区的母材高，这样，焊缝金属在发生奥氏体转变时，氢的溶解度突然下降，过饱和的氢就向尚未发生奥氏体转变的热影响区扩散，尤其靠近熔合线的热影响区就会聚集更多的氢。当温度进一步降低，热影响区也发生奥氏体转变时，氢的溶解度更低，而且扩散能力也较微弱，这样氢便以过饱和状态残存于热影响区的马氏体组织中，促使马氏体脆化。有些氢原子结合成氢分子，以气体状态进到金属的细微孔隙中并造成很大的压力，使局部金属产生很大的应力而形成冷裂纹。

氢在钢中的溶解度和扩散速度，随不同钢材、不同温度而异。氢在低碳钢中扩散速度很大，焊接时大部分可以逸出金属，不致残存于焊接接头中引起冷裂纹；氢在高合金钢中，如奥氏体不锈钢等，溶解度大，而扩散速度小，故不易聚集，也不会引起冷裂纹。只有在一些易淬火钢中，氢的扩散速度既来不及逸出焊缝，而又有可能扩散到热影响区并局部聚集，从而引起冷裂纹。在这种条件下，如果扩散速度稍快，则焊后会立即出现冷裂纹；若扩散速度

较慢或含氢量较少，则氢的聚集就要在焊后经过一段时间才可能出现。这样裂纹的出现就较焊接滞后了一段时间，即形成延迟裂纹。

ⅲ．焊接应力的作用。当焊接应力为拉应力并与氢的聚集及淬火脆化同时发生时，极易发生冷裂纹。

厚板焊接很容易在根部产生冷裂纹，一则由于厚板刚性大，二则厚板冷却速度快，促使产生淬火组织，从而产生较大的焊接应力所致。

综上所述，冷裂纹是上述三个因素综合作用的结果，排除或削弱其中任何一个因素都对冷裂纹有利。若仅存在某一因素的作用，冷裂纹也不致产生，这也是防冷裂的基本出发点。

③ 预防冷裂纹措施　可采取以下几种措施。

ⅰ．最大限度地降低焊缝金属的含氢量。除前面已提到的措施外，还可采取以 350～400℃的高温烘干焊条，保温 2～4h 的方法，焊接高强钢时，随焊随从炉内取用，以彻底去除潮气。焊后缓冷或焊后立即加热到一定的温度（一般为 200～300℃），并保持一定时间，以利于氢的扩散逸出及预防延迟裂纹。

ⅱ．采用预热、焊后热处理以及采用大线能量施焊均利于氢的逸出和降低淬火倾向。

ⅲ．严格控制母材含磷量，以防冷脆。

ⅳ．采取有利于降低焊接残余应力的措施。

（3）再热裂纹

再热裂纹是容器在焊后消除应力热处理或高温操作条件下产生的一种晶间裂纹。这种裂纹沿热影响区粗晶区的晶粒周界扩展，呈分枝状。裂纹扩展到焊缝或母材的细晶粒区就终止了。

再热裂纹在许多钢种中被发现过，其中包括奥氏体不锈钢、抗蠕变铁素体钢、低合金结构钢和镍基合金，尤其是低合金高强钢和含铬、钼元素较多的大截面焊缝中更突出。大截面焊缝（厚壁容器焊缝等）在进行多道多层焊时，为适应焊接过程中多次无损探伤的需要，必须进行多次热处理。每次热处理时间甚至长达 20h 或更多，累计热处理总时间甚至超过 100h，故这种再热裂纹更多见于壁厚容器焊缝中。

① 形成机理　再热裂纹的形成机理至今尚无明确定论。从现有资料来看可以认为，再热裂纹的形成与其他焊接裂纹的形成原因和机理是不同的。再热裂纹的产生与高温应力松弛有关。当焊接接头被加热到消除应力的温度范围内（约 550～700℃），材料的屈服强度降低，由弹性应变转变为塑性应变，使应力释放，从而消除了焊接残余应力。

热影响区中粗晶区的残余应力最高，相应地就要产生较大的塑性应变才能使应力降低。但有些钢中，该处的塑性在消除应力热处理前后有较大变化。热处理后晶界的塑性比晶内低，晶界成为薄弱环节，容易在此处引起开裂。

热处理前后粗晶区塑性的变化，主要与合金碳化物所处的状态有关。在焊接时，该区被加热到 1100℃以上，合金碳化物溶于奥氏体内并发生晶粒粗化。在焊后的快速冷却过程中，一般合金碳化物都来不及析出，对该区塑性无多大影响。但在随后的消除应力热处理中，受到 550～700℃的加热并经过一定时间的保温，这时合金碳化物（V_4C_3、NbC、Mo_2C、TiC 等硬化相）会弥散析出在位错线上，强化了晶内。与此同时，也有片状、条状碳化物析出于晶界，本来粗晶区的晶界上，低熔点杂质和某些微量元素相对含量就高，塑性较差，再加上硬脆碳化物的析集，故加重了晶界脆化。

② 影响因素　影响再热裂纹的因素很多，如母材的化学成分、拘束状态、焊接规范、焊条强度、消除应力退火规范和使用温度等。其中化学成分主要影响热影响区晶界塑性；拘束状态、焊接规范主要影响焊接残余应力大小；消除应力热处理规范或使

用温度主要影响再热作用下所引起的塑性应变量。因此，热影响区晶界的塑性应变能力、焊接残余应力和再热引起的塑性应变量是影响再热裂纹的三个基本因素，也是制定预防措施的基本出发点。

③ 再热裂纹预防措施　可采取以下几种措施。

ⅰ. 选用再热裂纹敏感性性小的母材，这是最基本的措施。

ⅱ. 采取一切有利于降低残余应力的措施。

ⅲ. 避免焊接残余应力与其他应力（结构应力、再热过程的热应力等）的复合。

ⅳ. 注意再热时热源气氛的选择。当使用重油加热时，须用钒含量低的重油以防由于氧化钒使界脆弱化。此外，要防止焊缝表面被碳化、氧化。

ⅴ. 在确保消除应力效果的前提下，尽量采用较低的再热温度和较短的保温时间。如果能以略低于预热温度的后热来代替再热，则以后热为好。

6.1.4.2　其他焊接缺陷

除焊接裂纹外，其他焊接缺陷主要有以下几种。

（1）未焊透

未焊透是指焊接时接头的根部未完全熔透的现象。未焊透一般出现在单面焊的坡口根部及双面焊的坡口钝边。未焊透在焊缝中的存在，不但大大降低焊缝的机械强度，同时容易延伸为裂纹性缺陷，导致构件破坏，尤其是连续性未焊透，更是一种极危险的缺陷。未焊透产生的原因主要是坡口角度或间隙太小、钝边过厚、坡口不洁、焊条太粗、焊速太快、焊接电流过小及操作不当等所致。

（2）未熔合

未熔合是指焊缝金属与母材之间，多焊道时焊缝金属之间彼此没有完全熔合在一起的现象。前者称为边缘未熔合，后者称为层间未熔合。由于未熔合面积降低了焊缝强度，相对而言，未熔合比未焊透更具有危害性。

未熔合产生的原因主要有焊接电流过小，焊条焊丝偏于坡口一侧或因焊条偏心使电弧偏于一侧，使母材或前一道焊缝金属未得到充分溶化就被填充金属所覆盖。当母材坡口或前一层焊缝表面有锈或脏物，焊接时由于温度不够，未将其熔化而覆盖上填充金属，也会形成层间或边缘未融合。

（3）焊瘤

焊瘤是指焊接过程中，熔化金属流淌到焊缝之外未熔化母材上所形成的金属瘤。产生原因主要是焊条熔化太快，电弧过长，运条不正确，焊速太慢等。

（4）咬边

基体金属与焊缝金属交界处的凹下沟槽称为咬边。过深的咬边将削弱焊接接头的强度，在咬边处产生应力集中，导致结构破坏。特别是焊接低合金高强度钢时，咬边的边缘被淬硬，常常是焊接裂纹的发源地。对于不允许存在的咬边，可将该处清理干净后进行补焊。

产生咬边的原因主要是电流太大，焊条角度不对，运条方法不正确，电弧过长，焊速太快等。

（5）凹坑

焊后在焊缝表面或焊缝背面形成的低于母材表面的局部低注部分。产生的原因主要有坡口尺寸不当，装配不良，电流与焊接速度选择不当，运条不正确等。

（6）气孔

焊接时，熔池中的气泡在凝固时未能逸出而残留下来所形成的空穴。气孔使焊接实际截面积减小，降低其强度和塑性，特别是韧性。产生的原因主要有工件不洁，焊条潮湿，电弧过长，焊速太快，电流过小，焊件含碳、硅量高等。预防措施：烘干焊条，仔细清理焊件的待焊表面及附近区域；采用合适的焊接电流、正确操作等。

（7）夹渣

焊缝中存在的非金属夹杂物称为夹渣。夹渣会降低接头强度和致密性。夹渣产生的原因主要有工件不洁，电流过小，焊缝冷却太快，多层焊时各层熔渣未清除干净等。

6.2　过程设备常用焊接方法

过程设备制造过程中常用的焊接方法主要有焊条电弧焊、埋弧自动焊、气体保护焊、电渣焊、窄间隙焊等。各种焊接方法的基础知识已在《金属工艺学》课程中有所介绍。本节主要介绍各种焊接方法的焊接设备和焊接工艺规范等内容。

6.2.1　焊条电弧焊

焊条电弧焊（又称手工电弧焊），是手工操纵焊条，利用焊条与被焊工件之间产生的电弧热量将焊条与工件接头处熔化，冷却凝固后获得牢固接头的焊接方法。

6.2.1.1　焊条电弧焊设备及工具

（1）设备

焊条电弧焊的主要设备是弧焊机。目前国内使用的弧焊机有三类：交流电焊机（弧焊变压器）、直流电焊机（弧焊发电机）和弧焊整流器。为了安全和便于引弧，弧焊机应有适当的空载电压，一般控制在 50～80V 之间；当焊条与焊件短路时，短路电流不应太大，以免引起弧焊机的过载，甚至损坏，一般短路电流不超过工作电流的 1.5 倍；在电弧受到短路、弧长变化的干扰时，弧焊机能自动迅速地恢复到稳定燃烧状态，以保证焊接过程稳定；焊接电流应能根据工件不同材料和厚度及不同焊接条件进行调节。此外，弧焊机应结构简单，维修方便。

① 交流弧焊机　交流弧焊机的外形如图 6-23 所示。交流弧焊机是一种特殊的变压器，其输出电压随输出电流（负载）的变化而变化。空载（不焊接）时其电压约为 60～80V，引弧以后电压会自动下降到电弧正常燃烧时所需的 20～30V。它可以自动限制短路电流，因而不怕引弧时焊条与工件的接触短路。它还可以根据工件的厚度及焊条直径调节电流的大小。调节电流一般分两级，一级是粗调，通过改变线圈抽头的接法来实现电流的大范围调节；另一级是细调，通过旋转调节手柄改变电焊机内可动铁芯或可动线圈的位置，将电流调到所需数值。

交流弧焊机结构简单，制造方便，价格便宜，使用可靠，维修容易，工作噪声小，但焊接时电弧稳定性差。

② 直流弧焊机　直流弧焊机的外形如图 6-24 所示。它由交流电动机和直流发电机组成，电动机带动发电机旋转，直流发电机发出满足焊接要求的直流电，其空载电压约为50～80V，工作电压为 30V 左右，电流调节也分粗调和细调两级。

发电机式直流弧焊机的电弧稳定性好，焊接质量好，但其结构复杂，制造成本高，维修较困难，使用时噪声大。

③ 弧焊整流器　它是用大功率硅整流元件组成整流器，将交流电转变成直流电，供焊接时使用。弧焊整流器弥补了交流弧焊机电弧稳定性差的缺点，又比发电机式直流弧焊机的结构简单，维修方便，噪声小，是一种很有发展前途的焊接电源。

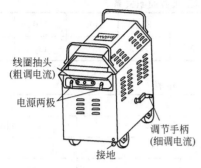

图 6-23　交流弧焊机的外形

图 6-24　直流弧焊机的外形

三类弧焊设备的比较见表 6-3。

表 6-3　三类弧焊设备比较

项目	交流电焊机	直流电焊机	弧焊整流器
稳弧性	较差	好	较好
电网电压波动的影响	较小	小	较大
噪声	小	大	小
硅钢片与铜导线的需要量	少	多	较少
结构与维修	简单	复杂	较复杂
功率因数	较低	较高	较高
空载消耗	较小	较大	较小
成本	低	高	较高
质量	小	大	较小

选择弧焊设备首先要考虑的是药皮类型和被焊接头、装备的重要性。例如，对于低氢钠型（碱性）焊条、重要的焊接接头、压力容器等装备的焊接，尽管成本高、结构较复杂，但必须选用直流弧焊机或弧焊整流器（即直流电源），因其电流稳定性好，易保证焊接质量。对于酸性焊条，一般的焊接结构，虽然交、直流焊机都可用，但通常都选择价格低、结构简单的交流电焊机。

另外，还要考虑焊件所需要的焊接电流大小、负载持续率等要求，以选择焊机的容量和额定电流。

（2）焊条电弧焊所用工具

① 焊钳、焊接电缆　焊钳的作用是焊接时用来夹持焊条。焊接电缆的作用是用于连接弧焊机。焊钳和焊接电缆主要考虑的是允许通过的电流密度。焊钳要求绝缘好、轻便。焊钳的技术参数见表 6-4。焊接电缆应采用多股细铜线电缆，电缆截面可根据弧焊机的额定焊接电流选择，额定电流与相应铜芯电缆最大截面积的关系见表 6-5。电缆长度一般不超过 30m。

表 6-4　焊钳技术参数

型号	额定电流/A	焊接电缆孔径/mm	适用焊条直径/mm	质量/kg	外形尺寸/mm
G325	300	14	2～5	0.5	250×80×40
G582	500	18	4～8	0.7	290×100×45

表 6-5　额定电流与相应铜芯电缆最大截面积关系

额定电流/A	100	125	160	200	250	315	400	500	630
电缆截面积/mm²	16	16	25	35	50	70	95	120	150

表 6-6　焊工护目遮光镜片选用表

工　种	焊接电流/A			
	≤30	>30～75	>75～200	>200～400
	遮光镜片号			
电弧焊	5～6	7～8	8～10	11～12
碳弧气刨	—		10～11	12～14
焊接辅助工	3～4			

　　② 面罩、手套　面罩和手套是为防止焊接时的飞溅、弧光及其辐射对焊工造成的伤害，起保护作用。面罩有手持式或头盔式两种。面罩上的护目遮光镜片可按表 6-6 选择，镜片号越大，镜片越暗。

　　此外焊条电弧焊所用的工具还有用于焊缝表面清理和除渣的钢丝刷和尖头锤等。

6.2.1.2　焊接规范的选择

　　焊接时，为保证焊接质量而选定的参数，称为焊接工艺参数，简称焊接参数。在焊接工艺过程中所选择的各个焊接参数的综合，一般称为焊接规范。焊接方法不同，焊接规范所包含的焊接参数也不完全相同，基本的焊接规范有焊接电流、焊接电弧电压、焊接速度（单位时间内焊接的焊缝长度）、焊接线能量、焊条（埋弧焊为焊丝）直径、多层焊的层数、焊接冷却时间、焊接预热温度等。

　　焊条电弧焊的焊工艺参数主要有：焊条直径、焊接电流、焊接速度、焊接线能量和电弧长度等。

　　（1）焊条直径

　　焊条直径主要取决于工件厚度，一般厚度较大的工件应选用直径较大的焊条。此外，焊条直径大小还与焊缝所处空间位置、接头型式和焊接层数等有关。例如立焊时，焊条直径不超过 5mm；仰焊或横焊时，焊条直径不超过 4mm；开坡口多层焊的第一层（打底焊）选用较小直径的焊条。平焊时，可选用较其他位置的焊缝直径大一些的焊条。平焊对接时，焊条直径可按表 6-7 选取。

表 6-7　平焊对接时焊条直径的选择

工件厚度/mm	≤1.5～2	3	4～12	8～12	>12
焊条直径/mm	1.6～2.0	2.5～3.2	3.2～4	4～5	5～6

　　对于重要焊接结构通常要作焊接工艺评定（参照 JB 4708—1992），同时考虑焊接线能量的输入，确定焊接电流的范围，再参照焊接电流与焊条直径的关系来确定焊条直径。焊接电流与焊条直径的关系见表 6-8。

表 6-8　焊接电流与焊条直径的关系

焊条直径/mm	1.6	2.0	2.5	3.2	4	5	6
焊接电流/A	25～40	40～65	50～80	100～130	160～210	200～270	260～300

（2）焊接电流

对于焊条电弧焊，焊接电流是最主要的焊接工艺参数，是影响焊接质量的关键。焊接电流过小，电弧燃烧不稳定，对工件加热不充分，易造成未焊透、未熔合、气孔、夹渣等缺陷；焊接电流过大，易使焊条发红，药皮崩落和失效，使其保护作用下降，产生气孔使焊缝力学性能下降，还会引起熔化金属飞溅严重，操作困难，影响焊接成形，使热影响区增宽、晶粒粗大。为此，焊接电流的选择，首先要保证焊接质量，其次在适当采用较大的焊接电流，提高生产效率。

一般情况下可根据焊条直径来选择焊接电流范围（表6-8），同时还要考虑板厚、接头型式、焊接位置、施焊环境温度、工件材质等因素。如板厚、T形接头、搭接、环境温度较低，由于导热快，电流应适当大些；非平焊位置，为了易成形电流要小些；不锈钢焊接时，为避免晶间腐蚀的产生，电流应小些等。

焊接电流的大小也可按如下的经验公式计算

$$I = Kd \tag{6-3}$$

式中　I——焊接电流，A；

　　　K——经验系数，一般为30～50；

　　　d——焊条直径，mm。

平焊时，K取较大值，其他位置焊缝的焊接，K取较小值。碱性焊条焊接时，焊接电流比酸性焊条小些。

对重要焊接结构如压力容器，要通过焊接工艺评定确定焊接线能量，合格后再最后确定焊接电流等工艺参数。一旦要求的焊接线能量给出，则在焊接工艺中评定中，就同时确定了焊接电流、焊接电弧电压和焊接速度的参数范围。

（3）电弧长度

电弧长度是指焊接电弧两端间（电极端头和熔池表面之间）的最短距离。电弧过长则不稳定、熔深浅、熔宽增加，易产生咬边等缺陷，同时空气容易浸入，易产生气孔，飞溅严重，浪费焊条，效率低。生产中尽量采用短弧焊接，电弧长度一般为2～6mm。

（4）电弧电压

焊接电弧电压的大小（一般约为20～30V）主要由电弧长度决定。电弧长则电弧电压高；反之电弧电压低。

（5）焊接速度

焊接速度是指单位时间内完成的焊缝长度。焊接速度的快慢由焊工根据焊缝尺寸和焊条特性自行掌握，没有具体规定。焊接速度的大小直接影响生产效率，为提高生产效率，在保证焊缝质量的基础上，应尽量采用较大的焊接速度（可达60～70cm/min）

（6）焊接层数

厚板焊接一般要开坡口，同时采用多层焊或多层多道焊，如图6-25所示。每层焊接厚度一般不超过5mm。焊条电弧焊一次最大熔透深度约为6～8mm。焊接层数可用式（6-4）估算。若计算值不为整数，则向上圆整，取整数。

$$n = \frac{\delta}{d} \tag{6-4}$$

式中　n——焊接层数；

　　　δ——工件厚度，mm；

　　　d——焊条直径，mm。

多层焊和多层多道焊的接头显微组织较细，相对热影响区也较窄，因此接头的塑性、韧性都较好。特别是对易淬火钢的焊接，后道焊接对前道焊缝有回火作用，前道焊接对后道焊接又起到了预热作用，可改善接头组织和性能。

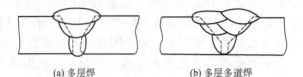

(a) 多层焊　　　　　　　　(b) 多层多道焊

图 6-25　多层焊与多层多道焊

对低合金高强度钢等钢种，焊接层数对接头性能有明显影响。焊缝层数少，每层焊缝厚度太大时，则焊接线能量增大，晶粒粗大，导致接头的塑性、韧性下降。

（7）焊接线能量

熔化焊时，由焊接能源输入给单位长度焊缝的能量，称为焊接线能量。焊接线能量可用式（6-5）进行计算。

$$q = \frac{UI}{v} \tag{6-5}$$

式中　U——电弧电压，V；

　　　I——焊接电流，A；

　　　v——焊接速度，cm/s；

　　　q——焊接线能量，J/cm。

焊接线能量综合了焊接电流、电弧电压和焊接速度这三大焊接参数对焊接热循环的影响。线能量增大时，热影响区的宽度增大，加热到高温的区域增宽，在高温的停留时间增长，同时冷却速度减慢。

手工电弧焊焊接低碳钢时，由于在正常的焊接规范范围内，焊接线能量对接头性能的影响不大，因此通常没有具体规定焊接线能量的大小。

对于低合金钢、不锈钢等钢种，焊接线能量过大时，接头性能可能不合格；太小时，对一些钢种易产生裂纹。因此，焊接能量应通过焊接工艺评定合格后，制订出焊接工艺规程，规定焊接线能量的范围。允许的焊接线能量范围越大，越便于焊接操作。例如，采用手工电弧焊、碱性焊条、焊接板厚为 10mm 的低合金钢板，水平位置对接接头、开 V 形坡口，对接间隙 3mm 时，焊接线能量的范围为 15～20kJ/cm。

6.2.2　埋弧自动焊

将焊条电弧焊焊接过程中的引燃电弧、焊丝送进及电弧移动等动作均由机械化和自动化来完成，且电弧埋在焊剂层下燃烧的焊接方法称为埋弧自动焊（也称熔剂层下焊接）。埋弧自动焊是压力容器等焊接结构的重要焊接方法之一。

6.2.2.1　埋弧自动焊设备

埋弧自动焊的设备可分为两部分，埋弧焊电源和埋弧焊焊机。图 6-26 是某种埋弧自动焊设备的组成图。

（1）埋弧焊电源

埋弧焊电源可采用直流电源（弧焊发电机或弧焊整流机）、交流电源（弧焊变压器）或交直流并用。直流电源电弧稳定，常用于焊接工艺参数稳定性要求高的场合。采用直流正接（焊丝接负极）时，焊丝的熔敷率较高；采用直流反接（焊丝接正极）时，焊缝熔深较大。

交流电源焊丝的熔敷率和焊缝熔深介于直流正接和直流反接之间，而且电弧的磁偏吹

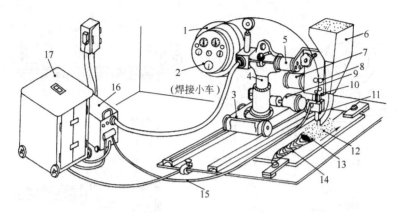

图 6-26 埋弧自动焊设备

1—焊丝盘；2—操纵盘；3—车架；4—主柱；5—横梁；6—焊剂漏斗；7—焊丝送进电动机；

8—焊丝送进滚轮；9—小车电动机；10—机头；11—导电嘴；12—焊剂；13—渣壳；

14—焊缝；15—焊接电缆；16—控制箱；17—焊接电源

（直流电弧焊时，因受到焊接回路中电磁力作用而产生的电弧偏吹）小。交流电源多用于大电流埋弧焊和采用直流时磁偏吹严重的场合。交流电源的空载电压一般要求在 65V 以上。

为提高生产效率，多丝埋弧自动焊得到了越来越多的应用。目前应用较多的是双丝和三丝埋弧自动焊，这时电源也可以采用直流、交流或交、直流并用。

（2）埋弧焊焊机

埋弧焊焊机可分为半自动焊机和自动焊机两类。半自动焊机的焊接速度是由操作者（焊工）来控制完成的，因此称为半自动焊机。自动焊机送丝速度和焊接速度的调节都由焊机自动完成。

表 6-9 列出了我国生产的埋弧自动焊焊机的主要技术数据，其中 MZ-1000 型焊机是使用最普遍的。常见的埋弧自动焊焊机的型式如图 6-27 所示（不带焊接电源）。

表 6-9 国产埋弧自动焊焊机的主要技术数据

技术规格	型　　号							
	NZA-1000	MZ-1000	MZ1-1000	MZ2-1500	MZ3-500	MZ6-2-500	MU-2×300	MU1-1000
送丝方式	变速送丝	变速送丝	等速送丝	等速送丝	等速送丝	等速送丝	等速送丝	变速送丝
焊机结构特点	埋弧、明弧两用焊车	焊车	焊车	悬挂式自动机头	电磁爬行小车	焊车	堆焊专用焊机	堆焊专用焊机
焊接电流/A	200～1200	400～1200	200～1000	400～1500	180～600	200～600	160～300	400～1000
焊丝直径/mm	3～5	3～6	1.6～5	3～6	1.6～2	1.6～2	1.6～2	焊带宽30～80mm厚0.5～1mm
焊丝速度/cm·min⁻¹	50～600（弧压反馈控制）	50～200（弧压35V）	87～672	47.5～375	180～700	250～1000	160～540	25～100
焊接速度/cm·min⁻¹	3.5～130	25～117	26.7～210	22.5～187	16.7～108	13.3～100	32.5～58.3	12.5～58.3
焊接电流种类	直流	直流或交流	直流或交流	直流或交流	直流或交流	交流	直流	直流
送丝速度调节方法	用电位器无级调速（用改变晶闸管导通角来改变电动机转速）	用电位器调整直流电动机转速	调换齿轮	调换齿轮	用自耦变压器无级调节直流电动机转速	用自耦变压器无级调节直流电动机转速	调换齿轮	用电位器无级调节直流电动机转速

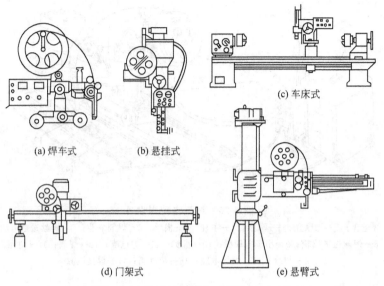

(a) 焊车式　　　(b) 悬挂式

(c) 车床式

(d) 门架式　　　(e) 悬臂式

图 6-27　常见的埋弧自动焊焊机型式

（3）辅助设备

埋弧自动焊焊机工作时，为了调整焊机接头与工件的相对位置使接头处在最佳施焊位置，或为了达到预期的工艺目的，一般都需要有相应的辅助设备与焊机相配合。埋弧自动焊的辅助设备大致有以下几种。

① 焊接夹具　使用焊接夹具的主要目的是使被焊工件能准确定位并夹紧，以便焊接。这样可以减少或免除定位焊缝，也可以减少焊接变形，并达到其他工艺目的。

② 工件变位设备　这种设备的主要功能是使工件旋转、倾斜，使其在三维空间中处于最佳施焊位置、装配位置等，以保证焊接质量、提高生产效率、减轻劳动强度。

③ 焊机变位装置　这种设备的主要功能是将焊接机头准确地送到待焊位置，也称做焊接操作机。它们大多与工件变位机、焊接滚轮架等配合工作，完成各种形状复杂工件的焊接。

④ 焊缝成形设备　这种设备的主要功能是为了防止熔化金属流失、烧穿，并使焊缝背面成形，经常在焊缝背面加衬垫。常用的焊缝成形设备除铜垫板外，还有焊剂垫。

⑤ 焊剂回收输送设备　这种设备的主要功能是用来自动回收并输送焊接过程中的焊剂。

6.2.2.2　焊接规范的选择

（1）焊接电流

若其他条件不变，焊接电流的变化对焊缝成形的影响如图 6-28 所示。

正常条件下，焊缝熔深与焊接电流大致成正比。

$$H = K_m I \qquad (6-6)$$

式中　H——焊缝熔深，mm；

　　　I——焊接电流，A；

　　　K_m——系数，mm/A。

K_m 随电流种类、极性、焊丝直径及焊剂的化学成分而异，表 6-10 列出了 K_m 值与焊丝直径、电流种类、极性及焊剂的关系。

在相同的焊接电流下，若改变焊丝直径，即改变了电流密度，焊缝的形状和尺寸也将随之改变，它们之间的关系见表 6-11。由表 6-11 可以看出，其他条件相同时，熔深与焊丝直

202

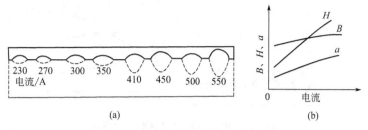

图 6-28 焊接电流对焊缝成形的影响

B—熔宽；H—熔深；a—余高

径约成反比关系，但这种关系在电流密度极高时（100A/mm²），将不存在，因为焊丝熔化量不断增加，熔池中充填金属增多，当熔宽保持不变时，则余高加大，使焊缝形状变坏，因而在提高电流的同时，必须相应地提高电弧电压。各种直径普通钢焊丝埋弧焊使用的电流范围见表 6-12。

表 6-10 K_m 值与焊丝直径、电流种类、极性及焊剂的关系

焊丝直径/mm	电流种类	焊剂牌号	K_m/mm·A^{-1}	
			T 形焊缝和开坡口的对接焊缝	堆焊和不开坡口的对接焊缝
5	交流	HJ431	1.5×10^{-2}	1.1×10^{-2}
2	交流	HJ431	2.0×10^{-2}	1.0×10^{-2}
5	直流反接	HJ431	1.75×10^{-2}	1.1×10^{-2}
5	直流正接	HJ431	1.25×10^{-2}	1.0×10^{-2}
5	交流	HJ430	1.55×10^{-2}	1.15×10^{-2}

表 6-11 电流密度对焊缝形状、尺寸的影响

项　　目	焊接电流/A							
	700～750			1000～1100			1300～1400	
焊丝直径/mm	6	5	4	6	5	4	6	5
平均电流密度/A·mm^{-2}	26	36	58	38	52	84	48	68
熔深 H/mm	7.0	8.5	11.5	10.5	12.0	16.5	17.5	19.0
熔宽 B/mm	22	21	19	26	24	22	27	24
形状系数 B/H	3.1	2.5	1.7	2.5	2.0	1.3	1.5	1.3

注：电弧电压 $U = 30 \sim 32V$，焊速 $v = 33cm/min$。

表 6-12 各种直径普通钢焊丝埋弧焊使用的电流范围

焊丝直径/mm	1.6	2.0	2.5	3.0	4.0	5.0	6.0
电流范围/A	115～500	125～600	150～700	200～1000	340～1100	400～1300	600～1600

（2）电弧电压

电弧电压与电弧长度成正比。当电弧电压和电流数值相同时，如果所用的焊剂不同，电弧空间的电场强度也不同，则电弧长度可能不同。在其他条件不变的情况下，改变电弧电压对焊缝形状的影响如图 6-29 所示。可见，随电弧电压增高，焊缝熔宽显著增大而熔深和余高略有减小。极性不同时，电弧电压对熔宽的影响不同。

埋弧焊时，电弧电压是根据焊接电流确定的。一定的焊接电流要保持一定范围的弧

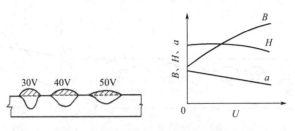

图 6-29　电弧电压对焊缝形状的影响
H—熔深；B—熔宽；a—余高

长，以保证电弧的稳定燃烧，因此电弧电压的变动范围是有限的。

（3）焊接速度

焊接速度对熔深和熔宽均有明显的影响。焊接速度较小时（如单丝埋弧焊，焊接速度小于 67cm/min），随焊接速度的增加，弧柱倾斜，有利于熔池金属向后流动，故熔深略有增加。但焊接速度增大到一定数值后，由于线能量减小，熔深和熔宽都明显减小。图 6-30 表示焊接速度为 67～167cm/min 时对焊缝成形的影响。

实际生产中，为了提高生产率同时保持一定的线能量，在提高焊接速度的同时必须加大电弧功率，从而保证一定的熔深和熔宽。

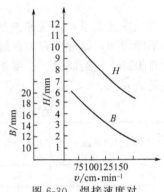

图 6-30　焊接速度对焊缝成形的影响
H—熔深；B—熔宽

例 6-1　单层压力容器筒体纵缝埋弧自动焊焊接规范。

筒体直径 $\phi \geq 1800mm$，板厚 10～60mm，内外纵缝均采用埋弧自动焊。

焊接规范：板厚为 10～14mm 时，参考表 6-13；板厚为 16～60mm 时，参考表 6-14。

例 6-2　单层压力容器筒体环焊缝埋弧自动焊焊接规范。

当 $\phi 1800mm >$ 筒体直径 $> \phi 500mm$ 时，外环焊缝的焊接规范参见表 6-14。

表 6-13　不开坡口双面自动焊参考规范

板厚 /mm	间隙 /mm	焊丝直径 /mm	层次	焊接电流 /A	电弧电压 /V	焊接速度 /m·h⁻¹	挑根深度 /mm	线能量 /kJ·cm⁻¹
10			1	600～640		37.5		17～18.1
			2	700～750		27.5	3～4	27.05～29
12	<1	5	1	620～660	34～36	34.5		1909～20.3
			2	800～850		27.5		30.9～32.8
14			1	640～680		32	5～6	21.25～22.58
			2	800～850		25		34～36.13

表 6-14　开坡口对接双面自动焊参考规范

板厚 /mm	焊接层次	焊丝直径 /mm	焊接电流 /A	电弧电压 /V	焊接速度 /m·h⁻¹	线能量 /kJ·cm⁻¹
8～14	—		650～700		32	23.43～25.23
16～60	第一层	5	700～750	36～40	37.5	21.53～23.07
	基余各层		800～850		25	36.91～39.22

6.2.3 气体保护焊

凡用气体来保护熔渣和熔池金属不受空气作用的电弧焊均称为气体保护电弧焊，简称气体保护焊或电气焊。

常用的保护气体有三类：惰性气体，如氩气和氦气；还原性气体，如氢气和氮气；氧化性气体，如二氧化碳等。

根据所用保护气体的不同，气体保护焊包括氩弧焊、氦弧焊、氮弧焊、二氧化碳气体保护焊和混合气体保护焊等多种。根据焊接过程中电极是否熔化，气体保护焊分为不熔化极气体保护焊和熔化极气体保护焊。不熔化极气体保护焊用钍钨棒或铈钨棒作为电极，故又称钨极气体保护焊。当利用惰性气体作为保护气体时，钨极气体保护焊就称为钨极惰性气体保护电弧焊，简称为 TIG（tungsten inert gas）焊，是国际上应用较广的焊接方法。目前中国主要以氩气作为保护气体，简称钨极氩弧焊，几乎可以焊接所有的金属及合金，是国内应用较广的一种焊接方法，尤其是手工钨极氩弧焊应用更广。熔化极气体保护焊用填充金属丝作为电极。

6.2.3.1 钨极氩弧焊

（1）手工钨极氩弧焊设备

手工钨极氩弧焊所使用的设备系统如图 6-31 所示。典型的通用钨极氩弧焊机技术数据见表 6-15。典型的手工钨极氩弧焊枪的（PQ1 型）技术数据见表 6-16，图 6-32 所示为 PQ1-150 型水冷式焊枪结构。

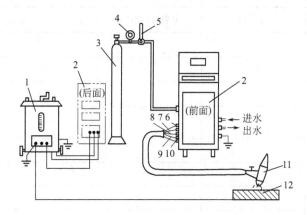

图 6-31　手工钨极氩弧焊设备系统

1—焊接电源；2—控制箱；3—氩气瓶；4—减压阀；5—流量计；6—焊接电缆；
7—控制线；8—氩气管；9—进水管；10—出水管；11—焊枪；12—工件

（2）手工氩弧焊焊接规范选择

钨极氩弧焊的焊接规范主要有焊接电流种类、极性、大小，钨极直径及端部形状，保护气体流量等，对于自动焊还有焊接速度和送丝速度。

① 焊接电流种类、极性及大小　手工钨极氩弧焊使用的电流种类有直流（正接、反接）和交流，它们的特点参见表 6-17。

使用直流电源时，电弧燃烧稳定。当用直流正接时，阴极斑点在钨极上，比较稳定，电子发射能力强，电弧稳定，同时，工件接正极，允许使用较大的焊接电流，这样，工件热量较多，温度较高，熔深也较大，适于合金钢和一些难熔金属的焊接。当用直流反接时，钨极是正极，温度较高，高温下钨极消耗加快，钨滴掉落在熔池中易造成焊缝夹钨；同时，阴极斑点在工件上，活动范围大，易散热，电子发射困难，电弧不够稳定，故一般少用。但在直流反接时，氩气的正离子以高速冲向工件并产生大量的热。氩气的正离子质量较大，可以使工件表面上高熔点的氧化膜冲破，这种现象叫做"阴极破碎"作用，这种作用是使像铝这样活性大的金属能进行熔化焊的重要条件。而在直流正接时，冲向工件的是电子，其质量较正离子小得多，无破碎作用。

表 6-15　典型通用钨极氩弧焊机技术数据

项　　目	手工交流氩弧焊机	手工交直流氩弧焊机	手工直流氩弧焊机	自动交直流钨极和熔化极氩弧焊机
型号	NSA-500-1	NSA2-300-1	NSA4-300	NZA18-500
电网电压/V	380（单相）	380（单相）	380（单相）	380（单相）
空载电压/V	80～88	70（直流），80（交流）	72	68（直流），80（交流）
工作电压/V	20	12～20	12～20	15～40
额定焊接电流/A	500	300	300	500
电流调节范围/A	50～500	50～300	20～300	50～500
引弧方式	脉冲	脉冲	高频	脉冲（钨极）
稳弧方式	脉冲	脉冲（交流）	—	脉冲（交流）
消除直流分量方法	电容器	电容器（交流）	—	电容器（交流）
钨极直径 mm	1～7	1～6	1～5	2～7
额定负载持续率%	60	60	60	60
焊接速度/cm·min^{-1}	—	—	—	8～130
焊丝直径/mm				0.8～2.5（不锈钢），2～2.5（铝）
送丝速度/cm·min^{-1}				33～1700
焊接电流衰减时间/s			0～5	5～15
气体滞后时间/s			0～15	0～15
氩气流量/L·min^{-1}	25	25	0～15	50
冷却水流量/L·min^{-1}	1	1	＞1	1
配用焊枪	PQ1-150 PQ1-350 PQ1-500	PQ1-150 PQ1-350	Q-4，Q-5 Q-6，Q-7	—
用途	焊接铝及铝合金	焊接铝及铝合金、不锈钢、高合金钢、紫铜等	焊接不锈钢、铜及其他有色金属（铝、镁及其合金除外）	焊接不锈钢、耐热合金及各种有色金属
备注	配用 400A，空载电压 80～88V 的弧焊变压器为电源	配用 ZXG3-300-1 交直流两用弧焊整流器为电源	—	TIG 焊时配用 ZDG500-1 型平、下降两用特性整流电源和下降特性 BX10-500 交流电源各一台

表 6-16　PQ1 型手工钨极氩弧焊枪技术数据

项目	PQ1-150	PQ1-350	PQ1-500
最大焊接电流/A	150	350	500
冷却方式	水冷	水冷	水冷
钨极直径/mm	1,2,3	3,4,5	2,3,4,5,6,7
喷嘴孔径/mm	6,9	9,12,16	11,12,14,16,18,20
喷嘴材料	高温陶瓷	高温陶瓷	镀铬紫铜

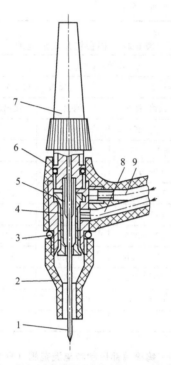

图 6-32　PQ1-150 型水冷式焊枪结构
1—钨极；2—陶瓷喷嘴；3—密封环；4—轧头套管；5—电极轧头；
6—枪体塑料压制件；7—绝缘帽；8—进气管；9—冷却水管

　　使用交流电源时，钨极和工件的极性变化为每秒 100 次（对工频电而言）。钨极和工件的温度和热量都是直流正接和反接时的平均值。它兼备直流反接时的"阴极破碎作用"和直流正接时钨极温度不太高的优点。虽然电弧不稳定，但采取一定措施后是可以解决的，故焊接氧化物熔点高、活性大的金属时推荐采用这种电源。

　　焊接电流的大小是决定熔深的最主要参数，一般要根据工件材料、电极直径、电流种类和极性等来选择（参见表 6-18）。有时还要考虑焊工技术水平（手工焊）等因素。

　　② 钨极直径及端部形状　钨极直径根据焊接电流大小、电流种类选择（参见表 6-19）。钨极端部形状是一个重要的工艺参数。根据电流种类选用不同的端部形状，如图 6-33 所示。小电流焊接时，选用小直径、小尖角钨极，可使电弧稳定，容易引弧；大电流焊接时，增大锥角可避免尖端过热熔化，减少损耗，并防止电弧向上扩展而影响阴极斑点的稳定性。减小钨极尖端角度，熔深减小、熔宽增大，反之则熔深增大、熔宽减小。

表 6-17 各种电流钨极惰性气体保护焊的特点

项 目	直 流		交流(对称的)
	正接	反接	
两极热量比例(近似)	工件70%,钨极30%	工件30%,钨极70%	工件50%,钨极50%
熔深特点	深、窄	浅、宽	中等
钨极许用电流	最大,例如3.2mm,400A	小,例如6.4mm,120A	较大,例如3.2mm,225A
阴极清理作用	无	有	有(工件为负的半周期时)
适用材料	氩弧焊:除铝、镁合金、铝青铜外其余金属;氦弧焊:几乎所有金属	一般不采用	铝、镁合金、铝青铜等

表 6-18 钨极许用电流范围

电极直径/mm	直流/A				交流/A	
	正接(电极—)		反接(电极＋)			
	纯钨	钍钨、铈钨	纯钨	钍钨、铈钨	纯钨	钍钨、铈钨
0.5	2～20	2～20	—	—	2～15	2～15
1.0	10～75	10～75	—	—	15～55	15～70
1.6	40～130	60～150	10～20	10～20	45～90	60～125
2.0	75～180	100～200	15～25	15～25	65～125	85～160
2.5	130～230	160～250	17～30	17～30	80～140	120～210
3.2	160～310	225～330	20～35	20～35	150～190	150～250
4.0	275～450	350～480	35～50	35～50	180～260	240～350
5.0	400～625	550～675	50～70	50～70	240～350	330～460
6.3	550～675	650～950	65～100	65～100	300～450	430～575
8.0	—	—	—	—	—	650～830

表 6-19 钨极端部形状和电流范围(直流正接)

钨极直径/mm	尖端直径/mm	尖端角度/(°)	电流/A	
			恒定直流	脉冲电流
1.0	0.125	12	2～15	2～25
1.0	0.2	20	5～30	5～60
1.6	0.5	25	8～50	8～100
1.6	0.8	30	10～70	10～140
2.4	0.8	35	12～90	12～180
2.4	1.1	45	15～150	15～250
3.2	1.1	60	20～200	20～300
3.2	1.5	90	25～250	25～350

③ 气体流量和喷嘴直径　在一定条件下,气体流量和喷嘴直径有一个最佳范围,此时保护效果最好,保护区最大。如气体流量过低,气流挺度差,排除周围空气的能力弱,保护效果不好;气体流量过高,容易形成紊流,使空气卷入,也会降低保护效果。同样,在流量

一定时，喷嘴直径过小，保护范围小，且因流速过高而形成紊流；喷嘴直径过大，气流流速过低、挺度小，保护效果也不好。一般手工氩弧焊喷嘴内径范围为 5～20mm，流量为25L/min。

④ 焊接速度　焊接速度的选择主要根据工件厚度，并与焊接电流、预热温度配合以保证所需的熔深和熔宽。高速自动焊时，还要考虑焊接速度对气体保护效果的影响。如图6-34所示。焊接速度太快，保护气流严重偏后，可能使钨极端部、弧柱、熔池暴露在空气中，因此必须采取相应措施，如加大气体流量或将焊炬前仰一定角度，以保持良好的保护作用。

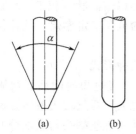

图 6-33　钨极端部形状

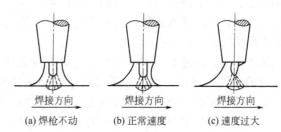

(a) 焊枪不动　　(b) 正常速度　　(c) 速度过大

图 6-34　焊接速度对氩气保护效果的影响

⑤ 喷嘴与工件距离　喷嘴与工件的距离越大，气体保护效果越差，但距离太近，会影响焊工视线，且容易使钨极与熔池接触，产生夹钨。一般喷嘴端部与工件的距离在 8～14mm 之间。

表 6-20 为不锈钢薄板手工钨极氩弧焊的参考焊接条件，表 6-21 为铝及铝合金自动钨极氩弧焊的参考焊接条件。

表 6-20　不锈钢薄板手工钨极氩弧焊焊接条件

板厚/mm	接头型式	钨极直径/mm	焊丝直径/mm	电流种类	焊接电流/A	氩气流量/L·min⁻¹	焊接速度/cm·min⁻¹
1.0	对接	2	1.6	交流	35～75	3～4	15～55
1.0	对接	2	1.6	直流正接	7～28	3～4	12～47
1.2	对接	2	1.6	直流正接	15	3～4	25
1.5	对接	2	1.6	交流	8～31	3～4	13～52
1.5	对接	2	1.6	直流正接	5～19	3～4	8～32
1.0	搭接	2	1.6	交流	6～8	3～4	10～13
1.0	角接	2	—	交流	14	3～4	18
1.5	丁字接	2	1.6	交流	4～5	3～4	7～8

表 6-21　铝及铝合金自动钨极氩弧焊焊接条件（交流）

板厚/mm	焊接层数	钨极直径/mm	焊丝直径/mm	焊接电流/A	氩气流量/L·mm⁻²	喷嘴孔径/mm	送丝速度/cm·min⁻¹
1	1	1.5～2	1.6	120～160	5～6	8～10	—
2	1	3	1.6～2	180～220	12～14	8～10	108～117
3	1～2	4	2	220～240	14～18	10～14	108～117
4	1～2	5	2～3	240～280	14～18	10～14	117～125
5	2	5	2～3	280～320	16～20	12～16	117～125
6～8	2～3	5～6	3	280～320	18～24	14～18	125～133
8～12	2～3	6	3～4	300～340	18～24	14～18	133～142

6.2.3.2 熔化极气体保护电弧焊

熔化极气体保护电弧焊是指采用可熔化的焊丝作电极，利用焊丝与工件之间产生的电弧作热源，熔化焊丝和母材金属，并利用气体作保护介质，以形成焊缝的气体保护焊方法。

在熔化极气体保护电弧焊中，利用惰性气体作为保护气体的熔化极惰性气体保护电弧焊（MIG，metal inter gas arc）应用较为普遍。特别是利用氩气作为保护气体的熔化极氩气保护电弧焊（可简称为熔化极氩弧焊）应用更加广泛。

（1）熔滴过渡

熔滴过渡是指电极末端金属（焊丝或焊条）熔化后，主要是以熔滴状（仅5%左右为雾状）形式通过电弧区过渡到焊缝熔池中去。它对熔化极氩弧焊的电弧稳定燃烧、气体保护效果和焊接质量都有很大的影响。

熔滴过渡有短路过渡、滴状过渡、射流过渡和混合过渡等几种形式。

① 短路过渡 焊丝末端熔化后形成液态金属滴并不断长大，经过短时间后，熔滴长大到与熔池金属相接触，使焊丝与熔池之间产生短路，电弧瞬间熄灭，焊丝端头液体金属靠短路电流产生的电磁收缩力及液体金属的表面张力被拉入熔池。随后焊丝端头与熔池分开，电弧重新引燃并加热与熔化焊丝，为下一次短路过渡作准备，如图6-35所示。此过程进行的极为迅速，一般短路时间少于1/50s。当手弧焊采用薄皮焊条、小电流或短弧的情况下易形成短路过渡。

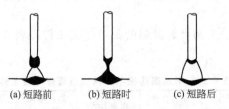

(a) 短路前　　(b) 短路时　　(c) 短路后

图6-35　短路过渡示意图

② 滴状过渡 焊丝末端溶化后形成的液态金属滴在焊丝末端长大到一定程度时，依靠重力将熔滴缩颈拉断，熔滴落入熔池。如图6-36所示。这种形式过渡速度很快，每秒可达5~50个熔滴。

③ 射流过渡 当焊丝末端的电流密度很大时，熔滴尺寸与焊丝直径相近或更小，熔滴以肉眼难以分辨的高速（每分钟数百个熔滴）射向熔池，这种过渡形式称为射流过渡，如图6-37所示。射流过渡时，熔滴位置容易控制，且容易指向到水平角焊缝和仰焊焊缝中；电弧很稳定，可获得良好的焊缝形状和接头质量。在熔化极氩弧焊中都采用射流过渡。

为获得稳定的射流过渡，在熔化极氩弧焊中应注意以下几点。

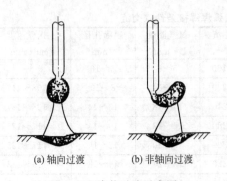

(a) 轴向过渡　　　　(b) 非轴向过渡

图6-36　滴状过渡示意图

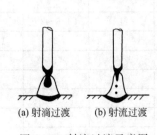

(a) 射滴过渡　　(b) 射流过渡

图6-37　射流过渡示意图

ⅰ．只有当焊丝的电流密度达到一定值后，才能实现射流过渡，对一定直径的焊丝，都有一个实射流过渡所需要的最低电流值，称为临界电流。因此焊接电流应大于焊丝临界电流，见表 6-22。

表 6-22　不同材料和不同直径焊丝进行熔化极氩弧焊时的临界电流

项目	低碳钢				不锈钢			铝		
焊丝直径/mm	0.80	0.90	1.20	1.60	0.90	1.20	1.60	0.80	1.20	1.60
保护气体	98% Ar+2% O_2				99% Ar+1% O_2			Ar		
临界电流值/A	150	165	220	275	170	225	285	95	135	180

ⅱ．电弧电压应与焊接电流相适应。当电流增大时，电弧电压亦应提高。也就是说，电源应具有平稳或上升特性。

ⅲ．应采用直流反接（焊丝接正极），它既具有"阴极破碎"作用，电弧又较交流电源稳定。

ⅳ．焊接不锈钢、低合金钢时，为了提高电弧稳定性，避免产生焊丝两边熔化不良，咬肉、焊缝不整齐甚至出现气孔等缺陷，宜在氩气中加入少量的氧或 CO_2（称为"富氩"）。一般焊不锈钢等高合金钢时，Ar+（1～2）% O_2；焊低合金钢时，Ar+（5～20）% CO_2。

（2）熔化极气体保护电弧焊设备

熔化极气体保护电弧焊有半自动焊和自动焊两种，其设备组成如图 6-38 所示。主要包括焊接电源、送丝系统、焊枪（手工焊）或行走系统（自动焊）、供气系统、冷却水系统、控制系统几个部分。

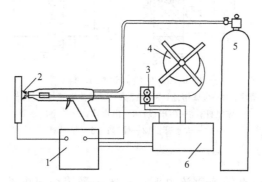

图 6-38　熔化极气体保护电弧焊设备的组成
1—焊机；2—保护气体；3—送丝轮；4—送丝机构；5—气源；6—控制装置

① 焊接电源　熔化极气体保护电弧焊使用的电源主要有直流焊接电源和脉冲电流（又称为脉冲电流熔化极气体保护电弧焊）。

脉冲电流的波形如图 6-39 所示。焊接电源提供的电流由两部分组成：维弧电流和脉冲电流。维弧电流用以保持电弧不致熄灭并使焊丝末端加热熔化，脉冲电流使瞬时电流达到并超过射流过渡所需临界电流值，造成熔滴以射流形式过渡。一般每输入一次脉冲电流，熔滴过渡一次。这两部分电流分别由两个电源来供给，它们是并联的。

脉冲电流熔化极气体保护电弧焊的特点如下。

ⅰ．溶滴过渡可控，平均电流比连续电流喷射过渡的临界电流低。

ⅱ．适合于各种材料、各种位置工件的焊接，既可以焊薄板，又可用于厚板焊接。

ⅲ. 生产率高、质量好，同时焊接电流调节范围宽，包括从短路过渡到喷射过渡的所有电流区域。

ⅳ. 设备较复杂、成本高，对操作者要求较高。

② 焊枪　熔化极气体保护焊的焊枪分为半自动焊焊枪（手握式）和自动焊焊枪，两者构造基本相同。自动焊焊枪的载流容量大（可达1500A），工作时间长，一般采用内部水冷却。

③ 送丝系统　送丝系统主要由送丝机（包括电动机、减速器、校直轮、送丝轮）、送丝软管、焊丝盘等组成。

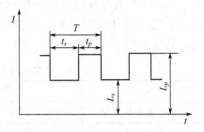

图 6-39　脉冲焊焊接电流波形示意
T—脉冲周期；t_p—脉冲电流持续时间；
t_s—维弧时间；I_p—脉冲电流；
I_s—维弧电流（基值电流）

6.2.4　电渣焊

电渣焊是利用电流通过液体熔渣所产生的电阻热进行焊接的方法。根据使用的电极形状不同，电渣焊可分为丝极电渣焊、板极电渣焊、熔嘴电渣焊等。

6.2.4.1　电渣焊设备

丝极电渣焊设备主要包括电源、机头及成形块等，见图6-40。

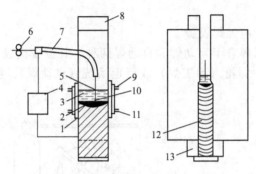

图 6-40　电渣焊过程示意图
1—水冷成形滑块；2—金属熔池；3—渣池；4—焊接电源；5—焊丝；6—送丝轮；
7—导电杆；8—引出板；9—出水管；10—金属熔滴；
11—进水管；12—焊缝；13—起焊槽

（1）电源

丝极电渣焊可用交流电源或直流电源，一般多采用交流电源。为了保证稳定的电渣过程，避免产生电弧放电或电渣-电弧的混合过程，电渣焊用的电源必须是空载电压低、感抗小，为平特性电源。电渣焊变压器应该是三相供电，其次级电压应具有较大的调节范围。

（2）机头

机头主要由送丝机构、摆动机构和上下行走机构组成。送丝机构的作用是将焊丝从焊丝盘以恒定的速度经导电嘴送向熔渣池，送丝速度可均匀无级调节。对于直径为2.4mm和3.2mm的焊丝，其送丝速度约在17～150mm的范围。摆动机构是为了扩大单根焊丝的焊接工件厚度。焊丝的摆动是由作水平往复摆动的机构，通过整个导电嘴的摆动来实现的。摆动的幅度、摆动的速度以及摆动到两端时停留时间应能调节，一般是采用电子线路来控制摆动动作。行走机构是用来带动整个机头和滑块沿焊缝作垂直移动。摆动距离、行走速度可均匀控制、调整。

（3）水冷成形（滑）块

滑块是强制焊缝成形的冷却装置，焊接时随机头一起向上移动，其作用是保持熔渣池和金属熔池在焊接区内不致流失，并强制熔池金属冷却形成焊缝。滑块一般由紫铜板制成。成形块有固定式和移动式（成形滑块）两种。

6.2.4.2 焊接规范选择

电渣焊的主要焊接工艺参数包括焊接电压、焊接电流、焊接速度、装配间隙和渣池深度。

（1）焊接电压

电渣焊的焊接电压的选择与接头型式、焊接速度、所焊厚度有关系，推荐采用的焊接电压见表 6-23。

表 6-23　焊接电压与接头型式、焊接速度、所焊厚度的关系

项目			丝极电渣焊每根焊丝所焊厚度/mm					熔嘴电渣焊熔嘴焊丝中心距/mm					管极电渣焊每根管极所焊厚度/mm		
			50	70	100	120	150	50	70	100	120	150	40	50	60
焊接电压/V	对接接头	焊速 0.3~0.6m/h	38~42	42~46	46~52	50~54	52~56	38~42	40~44	42~46	44~50	46~52	40~44	42~46	44~48
		焊速 1.0~1.5m/h	43~47	47~51	50~54	52~56	54~58	40~44	42~46	44~48	46~52	48~54	44~46	44~48	46~50
	丁字接头	焊速 0.3~0.6m/h	40~44	44~46	46~50	—	—	42~46	44~50	46~52	48~54	50~56	42~48	46~50	—
		焊速 0.8~1.2m/h	—	—	—	—	—	44~48	46~52	48~54	50~56	52~58	46~50	48~52	—

（2）焊接电流和焊接速度

在电渣焊过程中，焊丝送进速度和焊接电流成严格的正比关系。由于焊接电流波动较大，在给定工艺参数时，常给出焊丝送进速度以代替焊接电流。丝极电渣焊的焊丝送进速度可按式(6-7)计算。

$$v_f = \frac{0.14\delta(C_0 - 4)v_w}{n} \tag{6-7}$$

式中　v_f——焊丝送进速度，m/h；

v_w——焊接速度，m/h；

δ——工件厚度，mm；

C_0——装配间隙，mm；

n——焊丝数量，根。

一般情况下焊丝直径为 3mm，焊接速度 v_w 可根据生产经验按表 6-24 选取。

（3）装配间隙

对于对接接头及丁字接头的焊缝，工件装配间隙＝焊缝宽度（C）＋焊缝横向收缩量，具体数值可根据经验由表 6-25 选取。

（4）渣池深度

渣池深度根据焊丝送进速度由表 6-26 确定。

表 6-24　各种材料和厚度的焊接速度

项目	材料	焊接厚度 /mm	丝极电渣焊 对接接头	熔嘴(管极)电渣焊	
				对接接头	丁字接头
非刚性固定	A3,16Mn,20	40～60	1.5～3	1～2	0.8～1.5
		60～120	0.8～2	0.8～1.5	0.8～1.2
	25,20MnMo, 20MnSi,20MnV	≤200	0.6～1.0	0.5～0.8	0.4～0.6
	35	≤200	0.4～0.8	0.3～0.6	0.3～0.5
	45	≤200	0.4～0.6	—	—
	35CrMo1A	≤200	0.2～0.3	—	—
刚性固定	A3,16Mn,20	≤200	0.4～0.6	0.4～0.6	0.3～0.4
	35,45	≤200	0.3～0.4	0.3～0.4	—
大断面	25,35,45, 20MnMo,20MnSi	200～450	0.3～0.5	0.3～0.5	—
	25,35,20MnMo,20MnSi	＞450	—	0.3～0.4	—

表 6-25　各种厚度工件的装配间隙

装配间隙/mm	工件厚度					
	50～80	80～120	120～200	200～400	400～1000	＞1000
对接接头	28～30	30～32	31～33	32～34	34～36	36～38
丁字接头	30～32	32～34	33～35	34～36	36～38	38～40

表 6-26　渣池深度与送进速度的关系

焊丝送进速度/m·h^{-1}	60～100	100～150	150～200	200～250	250～300	300～450
渣池深度/mm	30～40	40～45	45～55	55～60	60～70	65～75

注：本表适用于按表 6-23 选定焊接电压，按表 6-25 选定装配间隙的电渣焊接。

6.3　过程设备常用钢材的焊接

6.3.1　金属材料的焊接性

6.3.1.1　焊接性概念

金属材料的焊接性是指被焊金属在采用一定的焊接方法、焊接材料、工艺参数及结构形式的条件下，获得优质焊接接头的难易程度。

金属材料的焊接性不是一成不变的，同一种金属材料，采用不同的焊接方法、焊接材料及焊接工艺（包括预热和热处理等），其焊接性可能有很大的差别。例如，化学活泼性极强的钛，焊接是比较困难的，曾一度认为其焊接性很不好。但自氩弧焊的应用比较成熟后，钛及其合金的焊接结构已在航空等工业部门广泛应用。随着等离子弧焊接、真空电子束焊接、激光焊接等新的焊接方法相继出现和应用，使钨、钼、钽、铌、锆等高熔点金属及其合金的焊接都已成为可能。

焊接性可分为工艺焊接性和使用焊接性。工艺焊接性是指在给定的焊接工艺条件下，产生各种焊接缺陷的倾向，特别是出现各种裂纹的可能性；使用焊接性是指在给定的焊接工艺条件下，焊接接头的力学性能及其他特殊性能（如耐高温、耐腐蚀、抗疲劳等）。

金属材料这两方面的焊接性可以通过理论估算和试验的方法来确定。目前常用的理论估算法主要用于工艺焊接性的估算，如钢的碳当量公式，低合金钢焊接冷裂纹敏感性估算；焊接连续冷却组织转变图法（CCT 图法）；焊接热影响区最高硬度法等，这里主要介绍钢的碳当量公式。焊接性的试验方法主要用来评定焊接接头或焊接结构的使用性能。

6.3.1.2 钢材焊接性的估算方法

由于钢的裂纹倾向与其化学成分有密切关系，因此，可以根据钢的化学成分评定其焊接性的好坏。通常将影响最大的碳作为基础元素，把其他合金元素的质量分数对焊接性的影响折合成碳的相当含量，并据此含量的多少来判断材料的工艺焊接性和裂纹的敏感性。硫、磷对钢材的焊接性能影响也很大，在各种合金钢材中，硫、磷含量都受到严格的限制。

碳的质量分数和其他合金元素折合成碳的相当含量之和称为碳当量，作为粗略地评定钢材焊接性的一种参考指标。计算碳当量的公式很多，国际焊接学会（IIW）推荐的碳钢和低合金结构钢的碳当量计算公式为

$$w(C)_{当量} = w(C) + \frac{w(Mn)}{6} + \frac{w(Cr) + w(Mo) + w(V)}{5} + \frac{w(Ni) + w(Cu)}{15} (\%)$$

式中，化学成分中的元素含量均取上限，表示在钢中的质量分数。适用于中、高强度的非调质低合金高强钢（$\sigma_b \leqslant 500 \sim 900 MPa$），也适用于含碳量偏高的钢种 $[w(C) \geqslant 0.18\%]$。这类钢的化学成分的范围为：$w(C) \leqslant 0.2\%$，$w(Si) \leqslant 0.55\%$，$w(Mn) \leqslant 1.5\%$，$w(Cu) \leqslant 0.5\%$，$w(Ni) \leqslant 2.5\%$，$w(Cr) \leqslant 1.25\%$，$w(Mo) \leqslant 0.7\%$，$w(V) \leqslant 0.1\%$，$w(B) \leqslant 0.006\%$。

碳当量越高，裂纹倾向越大，钢的焊接性越差。一般认为，$w(C)_{当量} < 0.4\%$ 时，钢的淬硬和冷裂倾向不大，焊接性良好；$w(C)_{当量} = 0.4\% \sim 0.6\%$ 时，钢的淬硬和冷裂倾向逐渐增加，焊接性较差，焊接时需要采取一定的预热、缓冷等工艺措施，以防止产生裂纹；$w(C)_{当量} > 0.6\%$ 时，钢的淬硬和冷裂倾向严重，焊接性很差，一般不用于生产焊接结构。

碳当量公式仅用于对材料焊接性的粗略估算，因为钢材的焊接性除了受化学成分影响之外，还受结构刚度、焊后应力条件、环境温度等因素的影响。在实际生产中确定钢材的焊接性时，除初步估算外，还应根据实际情况进行抗裂试验及焊接接头使用焊接性的试验，为制定合理的工艺规程提供依据。

6.3.1.3 钢材焊接性的试验方法

（1）常规力学性能试验

焊接接头的力学性能试验主要是测定焊接接头在不同载荷作用下的强度、塑性和韧性。焊接接头主要力学性能试验项目如下。

① 焊接接头的拉伸试验　焊接接头的拉伸试验按 GB 228—1987《金属拉力试验法》标准规定进行。拉伸试验一般采用横向试样。横向焊接接头的拉伸试验可以作为接头抗拉强度的尺度，但不能评价接头的屈服点与伸长率。

② 焊接接头的冲击试验　焊接接头的冲击试验按照 GB/T 299—1994《金属夏比缺口冲击试验方法》的规定进行。焊接接头的冲击试验有带 V 形缺口或 U 形缺口两种试样。V 形试样缺口较尖锐，应力集中大，缺口附近体积内金属塑性变形难以进行，参与塑性变形的体积小，它对材料脆性转变反应灵敏，断口分析清晰，目前国际上应用比较广泛。U 形缺口的冲击试样，对于材料脆性转变反应不灵敏，目前正逐步被淘汰。

③ 焊接接头的弯曲试验　焊接接头的弯曲试验按照 GB/T 2653—2008《焊接接头弯曲验法》的规定进行。焊接接头的弯曲试验主要用来评定焊接接头的塑性和致密性。

④ 焊接接头应变时效敏感性试验 焊接构件在制造与服役过程中，某些工序或工况条件使接头承受不同程度的塑性变形，例如焊后冷作成形、矫正等。随着时间的延长，有的焊接接头的冲击韧性有下降的趋势，甚至发生脆化，这种现象称为冷作时效脆化。

GB 2655—1989 规定了测定焊接接头应变时效敏感性的试验方法。

⑤ 焊接接头及堆焊金属硬度试验法 焊接接头及堆焊金属的强度、塑性、韧性、耐磨性以至抗裂性均与硬度相关。GB/T 2654—2008《焊接接头及堆焊金属硬度试验方法》规定了在室温下测定焊接接头各部位（焊缝、熔合线、热影响区）和堆焊金属硬度的试验方法。

(2) 焊接接头抗脆断性能试验

脆性断裂是指构件在断裂前没有明显塑性变形的断裂破坏形式。影响金属材料、焊接接头产生脆性断裂的原因是多方面的，主要由材料的组织、成分、性能，存在的缺陷（尤其是裂纹），厚壁材料内部呈平面应变状态，制造工艺中的成形、焊接、热处理等工艺不合理，工作温度等因素。

焊接接头或材料（带有缺陷）的抗脆性能与温度的关系非常密切，同一处焊接接头或同一种材料，在不同的温度下表现出不同的性能。按照国家标准 GB 6803—1986 做落锤试验，当试验温度逐渐降低到某一温度时，则会产生无塑性变形的完全断裂（脆断），这一温度称为无塑（延）性转变温度（nil ductility transitiom temperature，NDT），它表示材料在接近屈服强度并存在小缺陷的情况下，发生脆性破坏的最高温度，高于此温度一般不会发生脆性破坏。当温度低于 NDT 温度时，材料产生脆性断裂。

进行落锤试验时，还存在弹性断裂转变温度（fracture transition elastic temperature，FTE）和塑性（延性）转变温度（fracture transition plastic temperature，FTP）。当温度达到 FTE 后，其断裂强度不管缺陷尺寸如何，都达到或超过材料屈服极限；而当温度达到 FTP 后，材料只有受到相当于拉伸强度 σ_b 的作用时才会拉断，断裂完全是塑性的。

从大量试验数据中看到，对于低合金高强度钢来说，NDT、FTE、FTP 存在下列关系。

$$FTE = NDT + 33℃$$
$$FTP = NDT + 66℃$$

由此可见，如果温度高于 FTE，则裂纹不会在名义应力低于屈服应力下扩展。对于压力容器而言，一次应力均限制在屈服应力以下，所以在高于 FTE 温度时，一般都允许满负荷运行。

除落锤试验以外，可用于评定材料、焊接接头抗脆断性能的试验方法还有宽板拉伸试验、断裂韧性试验和 V 形缺口系列冲击试验。

除以上介绍的方法外，评定焊接接头使用焊接性的试验方法还有焊接接头疲劳及动载试验、焊接接头抗腐蚀试验、焊接接头高温性能试验。

6.3.2 碳素钢的焊接

(1) 低碳钢的焊接

低碳钢含碳量较少，其含碳量低于 0.25%，塑性很好，淬硬倾向小，不易产生裂纹，所以焊接性最好。焊接时通常不需采取特殊的工艺措施，即能获得优质焊接接头。但在焊接较厚或刚性很大的构件时，应考虑焊后热处理；低温环境下焊接刚性大的结构时，应考虑焊前预热，例如在低于 0℃ 的环境温度焊接厚度大于 50mm 的钢板时，应将其预热至 100～150℃。

低碳钢几乎可采用所有的焊接方法进行焊接，并都能保证焊接接头的良好质量。常用的焊接方法有焊条电弧焊、埋弧自动焊、CO_2 气体保护焊、电渣焊等。

几种常用低碳钢选用焊条情况见表 6-27。几种常用低碳钢埋弧焊选用焊接材料情况见表 6-28。

表 6-27　常用低碳钢手弧焊焊条选用

钢号	焊条选用		施焊条件
	一般结构	焊接动载荷,复杂和厚板结构,重要压力容器,在较低温下焊接	
Q235	E4313(J421),E4303(J422),E4301(J423),E4320(J424),E4311(J425)	E4316(J426),E4315(J427),E5016(J506),E5015(J507)	一般不预热
Q255			一般不预热
Q275	E4316(J426),E4315(J427)	E5016(J506),E5015(J507)	—
08,10,15,20	E4303(J422),E4301(J423),E4320(J424),E4311(J425)	E4316(J426),E4315(J427),E5016(J506),E5015(J507)	一般不预热
25	E4316(J426),E4315(J427)	E5016(J506),E5015(J507)	厚板结构预热150℃以上
20g,22g	E4303(J422),E4301(J423)	E4316(J426),E4315(J427),E5016(J506),E5015(J507)	一般不预热
20R	E4303(J422),E4301(J423)	E4316(J426),E4315(J427),E5016(J506),E5015(J507)	一般不预热

表 6-28　常用低碳钢埋弧焊焊接材料选用

钢号	埋弧焊焊接材料选用	
	焊丝	焊剂
Q235	H08A	HJ430 HJ431
Q255	H08A	
Q275	H08MnA	
15,20	H08A,H08MnA	HJ430 HJ431 HJ330
25	H08MnA ,H10Mn2	
20g,22g	H08MnA ,H08MnSi,H10Mn2	
20R	H08MnA	

（2）中碳钢的焊接

含碳量在 0.25%～0.60% 之间的中碳钢,有一定的淬硬倾向,焊接接头容易产生低塑性的淬硬组织和冷裂纹,焊接性较差。中碳钢的焊接结构多为锻件和铸钢件或进行补焊。

中碳钢焊件通常采用焊条电弧焊和气焊进行焊接。

中碳钢的焊接主要有以下几个特点。

ⅰ.大多数情况下需要预热和控制层间温度,以降低冷却速度,防止产生脆性的马氏体组织。预热温度：35 和 45 钢为 150～250℃；含碳量更高,可为 250～400℃。

ⅱ.焊后最好立即进行消除残余应力的热处理,特别是在厚度大、刚性大的结构或工作条件较苛刻的情况下,更应考虑。消除残余应力的回火温度一般为 600～650℃。

ⅲ.焊接沸腾钢时应注意向焊缝过渡锰、硅、铝等脱氧剂元素,以防止减少气孔的产生。

ⅳ.应选择低氢焊接材料。特殊情况下可以选用铬、镍不锈钢焊条焊接,不需预热,焊缝奥氏体组织塑性好,可以减少焊接接头的残余应力,避免热影响区冷裂纹的产生。

如果选用碳钢或低合金钢焊条，而焊缝与母材不要求等强度时，可以选用强度等级比母材低一等级的低氢焊条。例如母材强度为 490MPa 级，则焊条可选用 J426 或 J427，代替J506 或 J507。若母材与焊缝强度要求相等时，35 钢可选用 J506，J507；45 钢可选用 J556，J557；55 钢可选用 J606，J607。

（3）高碳钢的焊补

高碳钢的含碳量大于 0.60%，其焊接特点与中碳钢基本相同，但淬硬和裂纹倾向更大，焊接性更差。其焊接过程常会出现以下现象。

ⅰ．焊接过程中碳和硅等石墨化元素会大量烧损，且焊后冷却速度很快，不利于石墨化，焊接接头易出现白口及淬硬组织。

ⅱ．裂纹倾向大。由于铸铁是脆性材料，抗拉强度低、塑性差，当焊接应力超过铸铁的抗拉强度时，会在热影响区或焊缝中产生裂纹。

ⅲ．铸铁中含有较多的碳和硅，它们在焊接时被烧损后将形成 CO 气孔和硅酸盐熔渣，极易在焊缝中形成气孔和夹渣缺陷。

鉴于铸铁的焊接性差，一般铸铁不宜作焊接结构件，在铸铁件出现局部损坏时往往进行焊补修复。目前铸铁的焊补方法主要是采用电弧焊或气焊，也可采用钎焊或电渣焊。

根据焊件在焊接前是否预热，铸铁的焊补分为热焊法和冷焊法。

① 热焊法 热焊法指在焊接前将工件全部或局部加热到 600～700℃，并在焊接过程中保持一定温度，焊后在炉中缓冷。用热焊法时，焊件冷却缓慢，温度分布均匀，有利于消除白口组织，减小应力，防止产生裂纹。但热焊法成本高，工艺复杂，生产周期长，劳动条件差。一般仅用于焊后要求切削加工或形状复杂的重要铸件，如气缸体等。手弧焊时采用碳、硅含量较低的 Z208 型灰铸铁焊条和 Z238 型铁基球墨铸铁焊条。

② 冷焊法 冷焊法是指工件在焊前不预热或预热温度较低（400℃以下）。此法可以提高生产率，降低焊补成本，改善劳动条件，减少工件因预热时受热不均匀而产生的应力和工件已加工面的氧化。但焊补质量有时不易保证。焊接时，应选用小电流、分段焊、短弧焊等工艺，焊后立即轻轻锤击焊缝，以减小应力，防止产生裂纹。冷焊时常用低碳钢焊条 E5016（J506）、高钒铸铁焊条 EZV（Z116）、纯镍铸铁焊条 EZNi（Z308）、镍铜铸铁焊条 EZNiCu（Z508）。

6.3.3 低合金钢的焊接

低合金钢是在碳素钢的基础上，通过添加少量多种合金元素（一般总量在 5% 以内），以提高其强度或改善其使用性能的合金钢。根据所加元素的不同，其强度等级相差很大。随着强度等级不同，焊接性能上差异也较大。

在焊接结构中常用的低合金钢有低合金高强度钢（高强钢）、低温用钢、耐蚀钢及珠光体耐热钢四类。

6.3.3.1 低合金高强度钢的焊接

这类钢的主要特点是强度高、塑性、韧性也较好，广泛用于制造压力容器、桥梁、船舶、飞机和其他装备。中国低合金结构钢按其屈服强度可以分为九级：300、350、400、450、500、550、600、700、800MPa。下面介绍两种典型的低合金高强度钢的焊接。

（1）16Mn 钢的焊接

16Mn 钢属 350 MPa 级的低合金钢，一般都在热轧状或正火状态下使用，其基体组织为铁素体＋珠光体。16Mn 钢是低合金高强度钢中应用最广泛的钢种。16Mn 钢按其用途可以分为压力容器用、锅炉用钢、焊接气瓶用钢及桥梁用钢等，分别在牌号后标注 R、g、HP

及 q 等，如 16MnR、16Mng 等。

16Mn 钢是在低碳钢基础上加入了少量的合金元素，其加工性能与低碳钢相似，具有较好的塑性和焊接性。由于加入了少量合金元素，其淬硬倾向比低碳钢大。因此在较低温度下或刚性大、厚壁结构的焊接时，需要考虑预热措施，预防冷裂纹的产生。不同环境温度下16Mn 钢焊接的预热温度见表 6-29。

表 6-29　16Mn 钢焊接的预热温度

板厚/mm	预热温度/℃
≤16	不低于 −10℃不预热,低于 −10℃预热 100~150℃
16~14	不低于 −5℃不预热,低于 −5℃预热 100~150℃
25~40	不低于 0℃不预热,低于 0℃预热 100~150℃
>40	均预热 100~150℃

鉴于 16Mn 钢比低碳钢淬硬性倾向大，采用焊条电弧焊时一般都用抗裂性较好的碱性焊条。对于板厚小于 20mm 的焊件，在正常焊接条件下可采用强度等级与母材相当或稍高的酸性焊条。

由于 16Mn 钢是用铝、钛脱氧的细晶钢，对过热不敏感，具备采用大线能量施焊的条件，采用大线能量有利于避免淬硬性组织的出现。

（2）18MnMoNb 钢的焊接

18MnMoNb 钢属 500MPa 级的低合金钢，以正火＋回火状态供货。对于板厚特别大的钢板，可在调质状态下供货。18MnMoNb 钢以中国富有的资源为合金元素，是中温、中高压、厚壁压力容器的主要用钢。具有较好的综合力学性能，可工作在 450℃以下。

18MnMoNb 钢含有较多合金元素，含碳量也较高，焊接时淬硬性倾向较大，可焊性较16Mn 钢差。焊接时易产生延迟裂纹，必须采取一定工艺措施和正确选用焊接材料方可保证焊接质量。

① 工艺措施　可以有以下几种。

ⅰ．焊接 18MnMoNb 钢时，除电渣焊外，应采取预热措施。预热温度一般推荐 200~300℃。焊后或中断焊接时，应立即进行 250~350℃ 的后热处理。

ⅱ．为保证焊接接头的性能和质量，应采用大线能量施焊，否则容易出现淬硬组织而降低韧性。由于 18MnMoNb 钢属细晶粒钢，能采用大线能量施焊。手工电弧焊时，焊接线能量一般在 20kJ/cm 以下；埋弧自动焊时，焊接线能量一般在 35kJ/cm 以下。多层焊时层间温度应控制在预热温度和 300℃之间。

ⅲ．18MnMoNb 钢焊后要进行热处理。焊后热处理随不同焊接方法稍有差异。手弧焊时，退火温度为 650±10℃，保温 4h 空冷；埋弧焊时，退火温度以 600~650℃为宜；电渣焊后应进行 900~980℃正火＋630~670℃回火处理或调质处理。

② 正确选择焊接材料　为了最大限度地降低焊缝中氢的浓度，宜选用碱性低氢型焊条并严格烘干。手工电弧焊时，焊条可选 J607、J607Ni、J607RH；埋弧焊时，选用焊剂HJ250、焊丝 H08Mn2MoA；电渣焊时，选用焊剂 HJ431、焊丝 H10Mn2MoA；CO_2 气体保护焊时，选用焊丝 H08Mn2SiMoA。

6.3.3.2　低温用钢的焊接

低温用钢主要用于制造低温下工作的容器、管道等装备。低温用钢可分为无镍和含镍为主钢两大类。中国的低温压力容器用钢（见表 6-30）为无镍的，最低使用温度为−30～−90℃。在钢中加入合金元素 Ni 可以改善钢的低温韧性。含镍的低温用钢常称为镍钢，最低使用温度为−70～−170℃。

（1）低温用钢的焊接特点和工艺

低温用钢由于含碳量低，其淬硬倾向和冷裂倾向小，具有良好的焊接性，但应注意焊缝和粗晶区的低温脆性。为避免焊缝金属和热影响区形成粗晶组织而降低低温韧性，焊接时要求采用小的焊接线能量。焊接电流不宜过大，宜用快速多道焊的方法以减轻过热，并通过多层焊的重热作用细化晶粒。埋弧自动焊时，焊接线能量应控制在 28～45kJ/cm。

焊接低温用钢的焊条见表 6-31，焊接 16Mn（用于−40℃）低温用钢时，可采用 E5015-G 或 E5016-G 高韧性焊条。

表 6-30 低温压力容器用低合金厚钢板的牌号和化学成分（GB 3531—1983）

牌　号	化学成分/%								S	P
	C	Mn	Si	V	Ti	Cu	Nb	RE	不大于	
16MnDR	≤0.20	1.20～1.60	0.20～0.60						0.035	0.035
09MnTiCuREDR	≤0.12	1.40～1.70	≤0.40		0.03～0.08	0.20～0.40		0.15（加入量）	0.035	0.035
09Mn2VDR	≤0.12	1.40～1.80	0.20～0.50	0.04～0.10					0.035	0.035
06MnNbDR	≤0.07	1.20～1.60	0.17～0.37				0.02～0.05		0.030	0.030

表 6-31 低温钢焊条

焊条牌号	焊条型号	焊缝金属合金系统	主要用途
W707		低碳 Mn-Si-Cu 系	焊接−70℃工作的 09Mn2V 及 09MnTiCuRE 钢
W707Ni	E5515-C₁	低碳 Mn-Si-Ni 系	焊接−70℃工作的低温钢及 2.5%Ni 钢
W907 Ni	E5515-C₂	低碳 Mn-Si-Ni 系	焊接−90℃工作的 3.5% Ni 钢
W107 Ni		低碳 Mn-Si-Ni-Mo-Cu 系	焊接−100℃工作的 06MnNb、06AlNbCuN 及 3.5% Ni 钢

埋弧自动焊时，可用中性熔炼焊剂配合 Mn-Mo 焊丝，可用碱性熔炼焊剂配合含镍焊丝，也可采用碱性非熔炼焊剂配合 C-Mn 焊丝，由焊剂向焊缝渗入微量 Ti、B 合金元素，以保证焊缝金属获得良好的低温韧性。

（2）3.5%镍低温用钢的焊接

目前国外含镍的低温用钢有 2.25%镍钢、3.5%镍钢、5%镍钢和 9%镍钢四种。其最低使用温度依次降低。其中 3.5%镍钢广泛用于乙烯、化肥、橡胶、液化石油气及煤气等工程中低温设备的制造。下面主要对 3.5%镍钢的焊接性能进行介绍。

3.5%镍钢一般为正火或正火＋回火状态使用，其最低使用温度为−101℃。3.5%镍钢经调质处理后，组织和低温韧性得到进一步改善。3.5%镍钢依靠降低 C、S、P 含量，加入 Ni 等合金成分，并利用热处理细化晶粒，确保低温韧性。

由于 3.5%镍钢有应变时效倾向，当冷加工变形量在 5%以上时，要进行消除应力的热处理以保证低温韧性。

3.5%镍钢可以采用手工电弧焊、熔化极气体保护焊及埋弧自动焊进行焊接。为保证焊接产品的低温韧性，应注意控制焊接线能量，手工电弧焊在 20kJ/cm 以下；熔化极气体保护焊在 25kJ/cm 左右。

由于 3.5% 镍钢的含碳量低，所以其淬硬倾向不大。但当板厚在 25mm 以上，且刚性较大时，焊前要预热 150℃ 左右，层间温度也要保持相同。

6.3.3.3　耐蚀钢的焊接

耐蚀钢是指能够耐大气腐蚀和海水腐蚀的钢材。国产耐蚀钢如 16CuCr、12MnCuCr、09MnCuPTi 等，是以 Cu、P 为主，配以 Cr、Mn、Ti、Nb、Ni 等合金元素。Cr 能提高钢的耐腐蚀稳定性，Ni 与 Cu、P、Cr 共同加入时，能加强耐腐蚀效果。磷会使冷脆敏感性增加，由于碳会加重磷的危害，因此焊缝中含磷时要严格控制碳的含量。一般碳和磷的含量都控制在 0.25% 以下时，钢的冷脆倾向不大。

耐蚀钢虽含有铜、磷等合金元素，但含量较低，所以焊接时不会产生热裂纹，冷脆倾向也不大，焊接性较好。耐蚀钢的焊接工艺与强度级别较低（$\sigma_s = 343 \sim 392$MPa）的热轧低合金钢相同。

6.3.3.4　珠光体耐热钢的焊接

珠光体耐热钢是一种以铬、钼为主加元素的中温低合金耐热钢，使用温度 500～580℃ 左右。在化工、石油设备中广泛用作锅炉材料，如 12CrMo、15CrMo、Cr5Mo 等。其可焊性与低碳调质钢类似。主要问题是淬火倾向大，含铬量越高越突出，易引起冷裂。

（1）焊前预热

采用手弧焊、埋弧焊进行珠光体耐热钢的焊接时，焊前均应预热。当采用电渣焊时，由于加热、冷却缓慢，可不预热或降低预热温度，但引弧板应加高。气体保护焊打底时，可降低预热温度或不预热。若母材含铬量超过 2.5%，则通常在整个焊接过程中直至热处理前，接头均应保持规定的预热温度。若必须中断预热，则应先经 650～700℃ 短时间的退火处理，以免接头开裂。

（2）焊后热处理

根据不同使用要求，可采用不同的焊后热处理。一般情况下，对含铬量较低，截面尺寸不大且经过预热者，焊后可不进行热处理，但需保温缓冷。厚壁管道，常于焊后进行 700～750℃（AC_1 以下）的退火处理，保温后缓冷。电渣焊焊后则宜进行正火处理。

珠光体耐热钢的预热温度和后热温度见表 6-32。

表 6-32　珠光体耐热钢的预热温度和后热温度

母材钢号	焊条牌号	预热温度/℃	焊后回火温度/℃
12CrMo	热 200，热 207	150～300	670～710
15CrMo	热 307	250～300	680～720
2.25 Cr-1Mo	热 400，热 407	250～350	720～750
12Cr1MoV	热 310，热 317	250～350	720～750
15Cr1Mo1V	热 327，热 337	250～350	730～750
12Cr5Mo	热 507	300～400	740～760

（3）焊接材料选择

珠光体耐热钢属专用钢，在选择焊接材料时应注意使焊缝的化学成分接近母材，以保证热强度和耐腐蚀等使用要求。

手弧焊时，一般选用低氢型的耐热钢焊条。对于铸件补焊或焊后不要求热处理的焊件，为防裂，常采用含铬、镍量较高的奥氏体不锈钢焊条，此时焊缝强度较低但塑性好。当要求焊件承受较大温差或在高温下长期工作时，则不宜选用奥氏体钢焊条，因二者线膨胀系数相差较大，且长期在高温下工作，焊缝中易引起碳的扩散。埋弧焊、电渣焊时，焊丝的成分应尽量与母材接近，且最好选用焊剂 HJ250。采用 CO_2 气体保护焊时，焊丝成分应与母材一致，但由于 CO_2 属氧化性气氛，锰、硅烧损较大，故焊丝中锰、硅含量应适当提高。

当为异种钢焊接时，如不同种类的耐热钢进行焊接时，应按铬含量较低的母材选用焊接材料；若为耐热钢与低碳钢进行焊接时，则应选用耐热钢焊条。

无论选用哪种焊接材料均应严格烘干，焊接坡口应去油、水分和锈污等。

6.3.4 不锈钢及高合金耐热钢的焊接

不锈钢和高合金耐热钢都属于高合金钢范围。加入的合金元素量一般都在 10% 以上，主加元素为铬、镍，此外有锰、钼、钛、铌、钨、硅、铝、氮等。这类钢多呈单相组织，耐腐蚀性和耐热性（高温稳定性和高温强度）都很优良，在化工设备制造中广泛采用。

6.3.4.1 不锈钢的焊接

根据钢的组织不同，不锈钢可分为铁素体不锈钢、马氏体不锈钢和奥氏体不锈钢。

6.3.4.1.1 铁素体不锈钢（Cr17，Cr28 等）的焊接性能

铁素体不锈钢焊接中的主要困难是焊接接头脆化。若接头刚性较大，则焊后可能产生裂纹。

铁素体不锈钢的特点是无淬硬性，在焊接高温作用下也不发生组织转变，仅是晶粒急剧长大。本来这类钢常温下韧性就低，焊接时晶粒长大就更增加了它的脆性。含铬量越高，高温下停留时间越长，脆性也就越严重。同时，这类钢还存在 475℃脆性；在 650～950℃高温下长时间保温还会有一种硬而脆的"σ"相析出，这些因素进一步促使晶界脆化。此外，这类钢的高温强度低，也给焊接带来困难。

为保证焊接质量，一般可适当预热（最高不超过 100～150℃），以便在韧性、塑性都较高的条件下施焊。在焊接工艺上，为防止过热，宜采用低线能量和选用含钛的纯奥氏体钢焊条。

这类钢不能用焊后热处理来细化晶粒。

6.3.4.1.2 马氏体不锈钢（2Cr13 等）的焊接特点

马氏体不锈钢具有强烈的淬硬倾向，一般由高温奥氏体状态空冷即可淬硬，焊接残余应力较大，易产生冷裂纹，可焊性差。随着含碳量的提高和冷却速度的加快，其淬硬倾向更强烈。为此在焊接时要求焊前预热，预热温度 200～400℃，并进行层间保温，采用大线能量；焊后常经 700℃以上的退火处理（若用奥氏体焊条，则焊后可不经热处理，但热影响区有淬硬层）。此外，应采取有效措施，消除氢的来源并适当降低焊件刚性。采用含铌的焊条对防延迟裂纹很有效。

6.3.4.1.3 18-8 型奥氏体不锈钢（1Cr18Ni9Ti 等）的焊接特点

18-8 型奥氏体不锈钢（简称 18-8 型钢）的韧性、塑性都较好，焊前不需预热，焊后不需热处理，可焊性良好。18-8 型钢属专用耐腐蚀钢，焊接中的突出问题是可能出现晶间腐蚀和热裂纹，使焊缝耐腐蚀性能降低。

（1）焊接接头的晶间腐蚀

晶间腐蚀是由于晶粒边界耐腐蚀能力迅速降低而出现的一种腐蚀现象。其特点是：在腐蚀介质作用下，晶粒内部虽仅呈微弱腐蚀，工件表面也看不出什么明显的损坏，但晶界却迅速被溶解并不断深入，完全破坏了晶粒之间的联系，最终导致结构早期破坏和性能显著下

降。它是 18-8 型钢一种危险性很大的破坏形式。

① 晶间腐蚀产生的原因 对 18-8 型钢而言，产生晶间腐蚀较有说服力的解释是由于晶界出现"贫铬区"造成的。

碳在奥氏体中的溶解度随温度的降低而降低。18-8 型钢中碳含量约为 0.08%，而室温时的溶解度只有 0.02%。就是说，常温下碳是以过饱和状态固溶于奥氏体中，并且由于扩散速度慢而不析出。焊接时，由于热作用，钢中过饱和的碳就会在晶粒边界首先析出，并与铬结合形成碳化铬，如 $Cr_{23}C_6$ 等。碳化铬中铬的浓度很高，可达 95%，比 18-8 型钢中铬的浓度高得多。虽然碳化铬中碳的浓度也比 18-8 型钢中碳的浓度高，但由于碳在奥氏体中的扩散速度比铬的扩散速度高得多，铬来不及补充晶界由于形成碳化铬而损失的铬，结果晶界的铬含量就随碳化铬的不断析出而不断降低，当铬含量降低到钝化所需要的最低浓度（12%）时，即称为"贫铬"，此时的电极电位急剧降低，失去耐腐蚀能力。如果此时焊缝接触腐蚀介质，就会与周围金属形成微电池腐蚀，虽腐蚀仅发生在晶粒表面，但却会迅速深入内部，形成晶间腐蚀，带来严重后果。

② 晶间腐蚀的影响因素 晶界贫铬是固态下原子扩散的结果，故除化学成分之外，温度和时间是主要的影响因素。

当温度很低时，碳原子也无力扩散，碳化物不可能产生，也就不会产生晶界贫铬现象。温度升高，碳化物析出能力增加，与此同时，铬原子扩散到晶界去补充的能力也增强了，但铬的扩散能力不及碳，故当温度升高时，晶界贫铬的倾向增加，当温度很高时，例如超过 1000℃，碳化物不稳定，或者不会析出来，或者析出来也会重新融入到奥氏体中去，故不会造成晶界贫铬。因此，18-8 型钢只有在适当的温度区间受热时才容易产生晶界贫铬现象，过高和过低的温度都不会出现晶界贫铬。最易产生晶间腐蚀的温度区间称为敏化温度区，实验结果表明，焊接接头的敏化温度区范围为 450～1000℃。其中最为敏感的温度范围为 600～650℃。晶界贫铬与温度、时间的关系如图 6-41 所示。

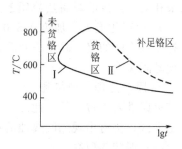

图 6-41 晶界贫铬与温度、时间的关系

尽管在 450～1000℃ 温度区间内容易产出晶界贫铬，但若经历时间极短，碳来不及扩散到边界，不能形成碳化物，则不会发生贫铬现象，图 6-41 中曲线 I 的左上方未发生贫铬。曲线 II 的（虚线部分是假设的）右边，当时间足够长时，则铬已充分扩散到晶界进行补充，至少晶界已达到钝化所需的铬浓度，使晶界贫铬消失，即该区域为补足铬区。由曲线 I、II 所包围的区域为贫铬区。

③ 预防晶间腐蚀的措施 预防晶间腐蚀，可采取以下三方面的措施。

ⅰ.通过母材或焊接材料调整焊缝化学成分，使晶间不形成或少形成碳化铬，主要措施如下。

低碳法 控制焊缝含碳量低于 0.08%（低碳）或 0.03%（超低碳），可大大降低碳化铬的析出量，不致造成晶间贫铬，这是控制焊缝化学成分的有效措施。如选择母材为低碳不锈钢 0Cr18Ni9Ti 或超低碳不锈钢 00Cr18Ni9Ti 等；相应地选择焊接材料为低碳不锈钢焊条 E0-19-10-×× 和超低碳不锈钢焊条 E00-19-10-×× 等。当然此法对用材的冶炼要求比较高。

加稳定剂法（替铬法） 加入比铬亲碳能力更强的合金元素，使碳与这些合金元素优化形成碳化物析出，起到稳定奥氏体内铬含量的作用，避免了贫铬，这些加入元素称为"稳定剂"。钛、钒、钨、钼等均可作为稳定剂加入。稳定剂可通过母材加入，如 1Cr18Ni9Ti，这类 18-8 型钢称为稳定型，也可以通过焊接材料加入。此法在冶金上没有多少困难，简单易行，得到广泛的应用。

双相法 通过焊接材料向焊缝掺入铁素体形成元素（钛、铝、硅等），使焊缝呈奥氏体-铁素体双相组织，从而提高抗晶间腐蚀能力。因为铬在铁素体内浓度大，扩散速度也大，这样当奥氏体晶界形成碳化铬后，铬就能从铁素体内迅速扩散到晶界，补充因形成碳化铬而带来的损失，防止贫铬区的出现。同时铁素体在奥氏体内能打破贫铬区的连续性，减轻晶间腐蚀的危害。

从总的耐腐蚀能力上看，单相组织最好。为此加入的铁素体量应加以控制，以免损害铬的耐蚀能力，一般控制铁素体相在 5%～10%。此法既简单易行，又能预防热裂纹，在生产中经常使用。

ⅱ. 工艺方面的措施主要有以下几个几种。

• 以快焊块冷为原则，尽量采用较大的焊接速度、短焊弧，不横向摆动。多层焊时，层间要完全冷却后再焊下一层，并允许用水激冷焊缝；

• 电源采用直流反接，并且电流应比焊接碳钢小 15%～20%；

• 施焊时应保证第一层熔透，如果坡口较深，则宜选用细一些的焊条，使焊条能伸到根部；

• 与腐蚀介质接触的那侧焊缝尽可能安排在最后施焊，以免它受另一侧焊缝热作用的影响而增大晶间腐蚀倾向；

• 不准敲打焊件，不得在焊缝旁边引弧，防止焊渣熔滴掉落在焊件上。

ⅲ. 焊后措施 当焊接过程中出现了贫铬区可能造成晶间腐蚀时，可采用焊后热处理工艺来补救。常用的焊后热处理工艺主要有以下两种方法。

• 稳定化退火。加热到 850℃保温 2h 后空冷，使碳化物充分析出，铬也得以充分扩散以补充贫铬区的铬，减少晶间腐蚀的产生。这样处理后，即使再度加热到敏化温度区也不会出现晶间腐蚀。

• 固溶处理。加热到 1050～1150℃，使焊接时析出的碳化铬重新分解溶入奥氏体内，经淬火即进入未贫铬区。此法工艺较复杂，仅适于小件。经固溶处理的焊缝若再度加热到敏化温度区，仍有出现晶间腐蚀的可能。

(2) 焊接热裂纹

① 焊接热裂纹产生的原因 有以下两方面原因。

ⅰ. 低熔点共晶体的存在是 18-8 型钢产生热裂纹的主要原因。奥氏体不锈钢中含有镍等合金元素及钢中存在的有害元素硫、磷都是生成低熔点共晶体的元素，如生成的 $Ni+Ni_3S_2$ 共晶的熔点为 645℃，$Ni+Ni_3P$ 共晶的熔点为 880℃。当产生低熔点共晶体并形成高温下的液态膜层时，若焊接接头承受一定的拉应力，则液态膜层很可能成为热裂纹产生的裂纹源，直到扩展成热裂纹。

ⅱ. 18-8 型钢的线膨胀帐系数大，为低碳钢的 1.5 倍，而导热性又差，其导热系数仅为低碳钢的 1/3，因而焊接变形大，易产生较大的焊接残余应力。同时它在焊接过程中又无相变，受热后晶粒长大，方向性增强，不能承受较大的塑性拉伸应变。

当上述两个因素同时作用时，就易产生热裂纹。

② 预防措施 可采取以下几种措施。

ⅰ. 控制化学成分，使焊缝呈奥氏体-铁素体双相组织。同时加入钛、铝等变质剂，细化晶粒，改善偏析，提高抗塑性应变能力。

ⅱ. 选用碱性焊条，采用低线能量施焊，快焊快冷；多层焊时待焊缝冷到 60℃后再焊下一层，采用短弧焊，焊条不作横向摆动，以防过热；最好选用氩弧焊方法。

ⅲ．正确进行焊件结构设计，尽量减少焊接残余应力。基本出发点是采用易焊透不易过热且刚性较小的结构。为此尽量不用搭焊；尽量采用减少焊缝填充金属量的坡口型式。

6.3.4.2 高镍稳定型奥氏体耐热钢的焊接特点

高镍稳定型奥氏体耐热钢的焊接性能比 18-8 型钢差，无论焊缝或热影响都易产生热裂缝。

(1) 产生热裂纹的原因

① 高的铬含量　由于这类钢的铬含量比较高，故不需太高温度就易形成脆性相"σ"的析出。如 Cr25Ni20 钢（常称 25-20 钢），当焊缝金属中含 4%～5%的硅或 5.5%左右的钼或 20%～30%的铬时，"σ"相甚至在单层焊后即可析出，从而引起裂纹。

② 高的镍含量　这类钢不仅镍的含量高，而且其他合金成分也很复杂，极易形成二元或多元低熔点共晶体，偏析严重，凝固温度范围也大，易在晶间形成液态膜层，导致晶间开裂。

③ 与 18-8 型钢一样，这类钢由于热变形，对接接头会产生较大的拉伸应变。

(2) 提高焊接质量的几项措施

① 控制焊缝化学成分以防热裂　这方面较好的措施是以 6%～7%的锰代替镍，主要原因是生成的 MnS 熔点高。但这样会损害焊缝的高温性能。由于铁素体的高温性能差，这类钢中也不允许存在奥氏体-铁素体双相组织。保持焊接接头的高温性能与防热裂之间的矛盾正是这类钢焊接的主要困难。

可以采取下措施来防热裂：向焊接金属中加 2%～5%的钼或采用高碳焊条（含碳量有时可达 0.4%～0.5%），以兼顾既抗热又保持较好高温性能。高碳能抗热裂主要是当含碳量在 0.4%以上时，"σ"相的析出倾向减少。

② 严格控制焊接热过程及有关工艺措施　焊接这类钢的工艺措施与焊接 18-8 钢相近，只是要求更加严格。

6.3.5　有色金属及合金的焊接

6.3.5.1 铝及铝合金的焊接

铝具有密度小、耐腐蚀性好、很高的塑性和优良的导电性、导热性以及良好的焊接性等优点，因而铝及铝合金在航空、汽车、机械制造、电工及化学工业中得到了广泛应用。

(1) 铝及铝合金焊接时存在的主要问题

ⅰ．铝及铝合金表面极易生成一层致密的氧化膜（Al_2O_3），其熔点（2050℃）远远高于纯铝的熔点（657℃），在焊接时阻碍金属的熔合，且由于密度大，容易形成夹杂。

ⅱ．液态铝可以大量溶解氢，铝的高导热性又使金属迅速凝固，因此液态时吸收的氢气来不及析出，极易在焊缝中形成气孔。

ⅲ．铝及铝合金的线膨胀系数和结晶收缩率很大，导热性很好，因而焊接应力很大，对于厚度大或刚性较大的结构，焊接接头容易产生裂纹。

ⅳ．铝及铝合金高温时强度和塑性极低，很容易产生变形，且高温液态无显著的颜色变化，操作时难以掌握加热温度，容易出现烧穿、焊瘤等缺陷。

(2) 焊接方法

根据铝易氧化，导热系数大、热容量大等特点，要求采用热量集中的高能量焊接方法。真空电子束焊、氩弧焊和等离子弧焊都很理想，目前以氩弧焊用得最为普遍，电阻焊应用也较多。电阻焊焊接铝合金时，应采用大电流、短时间通电，焊前必须清除焊件表面的氧化膜。对于薄件，可采用交流电源的钨极氩弧焊。如果对焊接质量要求不高，薄壁件也可采用气焊。对于厚件，则以采用直流反接的熔化极氩弧焊较好。

（3）工艺措施

为保证焊接质量，铝及铝合金在焊接时应采取以下工艺措施。

ⅰ. 焊前清理，去除焊件表面的氧化膜、油污、水分，便于焊接时的熔合，防止气孔、夹渣等缺陷。

ⅱ. 对厚度超过 5~8mm 的焊件，预热至 100~300℃，以减小焊接应力，避免裂纹，且有利于氢的逸出，防止气孔的产生。

ⅲ. 焊后清理残留在接头处的焊剂和焊渣，防止其与空气、水分作用，腐蚀焊件。可用 10％的硝酸溶液浸洗，然后用清水冲洗、烘干。

6.3.5.2 铜及铜合金的焊接

（1）铜及铜合金焊接时存在的主要问题

铜及铜合金的焊接性较差，焊接时存在的主要问题如下。

① 难熔合　铜的导热系数大，其热导系数约为低碳钢的 6~8 倍，焊接时大量的热被传导出去，焊件难以局部熔化，填充金属和母材不能很好的融合，产生焊不透的现象，热影响区很宽。因此焊接时要求焊接热源集中，且焊前必须预热。

② 裂纹倾向大　铜在高温下易氧化，形成的氧化亚铜（Cu_2O）与铜形成低熔点共晶体（Cu_2O+Cu）分布在晶界上，容易产生热裂纹。

③ 焊接应力和变形较大　铜及铜合金的线膨胀系数和收缩率都较大，因此焊接变形大。若焊件的刚性大，限制了焊件的变形，则焊接应力大。

④ 容易产生气孔　气孔主要是由氢气引起的，液态铜能够溶解大量的氢，冷却凝固时，溶解度急剧下降，来不及逸出的氢气即在焊缝中形成氢气孔。

此外，焊接黄铜时，会产生锌蒸发（锌的沸点仅 907℃），一方面使合金元素损失，造成焊缝的强度、耐蚀性降低，另一方面，锌蒸气有毒，对焊工的身体造成伤害。

（2）焊接方法

铜及铜合金在焊接时常用的焊接方法有氩弧焊、气焊和手工电弧焊。其中氩弧焊是焊接紫铜和青铜最理想的方法，黄铜焊接常采用气焊，因为气焊时可采用微氧化焰加热，使熔池表面生成高熔点的氧化锌薄膜，以防止锌的进一步蒸发，或选用含硅焊丝，可在熔池表面形成致密的氧化硅薄膜，既可以阻止锌的蒸发，又能对焊缝起到保护作用。

（3）工艺措施

为保证焊接质量，在焊接铜及铜合金时还应采取以下工艺措施。

ⅰ. 为了防止 Cu_2O 的产生，可在焊接材料中加入脱氧剂，如采用磷青铜焊丝，即可利用磷进行脱氧。

ⅱ. 清除焊件、焊丝上的油、锈、水分，减少氢的来源，避免气孔的形成。

ⅲ. 厚板焊接时应以焊前预热来弥补热量的损失，改善应力的分布状况。焊后锤击焊缝，减小残余应力。焊后进行再结晶退火，以细化晶粒，破坏低熔点共晶体。

6.3.5.3 钛及钛合金的焊接

（1）钛及钛合金的性能

钛的熔点为 1668℃，密度为 4.51g/cm³（约为铁的一半）。在退火状态下，工业纯钛的抗拉强度为 350~370MPa，延伸率为 20％~30％。

钛合金的最大优点是比强度大，而且有较好的韧性、焊接性和良好的耐腐蚀性。在氧化性、中性及有氯离子的介质中，其耐腐蚀均超过不锈钢，甚至超过 1Cr18Ni9Ti 钢的十倍。钛在高温和低温下都具有良好的性能，例如铝在 150℃、不锈钢在 310℃时就会失去原有性能，而钛在 550℃ 时，性能还保持不变。钛在超低温下（如−253℃）也能保持良好的性能。

（2）钛及钛合金焊接时存在的主要质量问题

① 极易氧化、氮化和脆裂　钛的化学性能极为活泼，在常温下能与氧生成致密的氧化膜而保持高的稳定性和耐腐蚀性。钛在 300℃ 以上即可快速吸氢，600℃ 以上快速吸氧，700℃ 以上快速吸氮。在熔融状态下能和几乎所有元素起作用。氢是钛中最有害的元素之一，它能降低钛的塑性和韧性，导致脆裂。当冷却时，氢来不及逸出而聚成气孔。故一般要求钛中含氢量在 0.01%～0.05% 以下。若母材和焊接材料的含氢量大，则应预先作脱氢处理。钛在 600℃ 以上就会急剧地跟氧、氮化合，生成二氧化钛和氮化钛（硬度极大）。当加热到800℃ 以上时，二氧化钛即溶解于钛中并扩散深入到金属钛的内部组织中去，形成 0.01～0.08mm 的中间脆性层。温度越高，时间越长，氧化、氮化也越严重，焊接接头的塑性就急剧降低。为此，一般要求钛中含氧量在 0.1%～0.15% 以内。钛还易与碳形成脆性的碳化物，降低塑性和可焊性。钛一旦沾污铁离子即会变脆，因此在使用钢、铁制的工具、夹具等辅助装备时，严禁与坡口处接触。

② 钛易过热　钛的熔点高（1680℃）属难熔金属，在焊接时需要高温热源。钛的导热系数低，仅为碳钢中的一半，热量不易散失，过热倾向严重。钛在 885℃ 时产生同素异构转变，由 α-钛（密排六方晶格）转变为 β-钛（体心六方晶格），温度再高，β-钛的晶粒便会急剧地跳跃式长大，使性能迅速变坏。当结构刚性大时，由于焊接拉应力的作用，还会导致产生裂纹。

（3）保证焊接质量的措施

为保证钛及钛合金的焊接质量，在焊接时应采取以下工艺措施。

ⅰ. 严格控制钛材中的碳含量（$w_C \leqslant 0.1\%$）。

ⅱ. 采用无氧化性的焊接方法。可采用氩弧焊和等离子弧焊，而不用气焊、CO_2 气体保护焊和一般的焊条电弧焊。氩弧焊时，采用直流正接，以保证熔透。

ⅲ. 严格焊前清理。焊前清理对焊接质量的影响很大，材料表面的氧化皮、油污及富集气体的金属层等，在焊接过程中易产生气孔和非金属夹杂，使焊接接头塑性、抗腐蚀性能降低，必须彻底清除。

ⅳ. 对焊缝及近缝区金属严加机械保护。焊接钛材时，不仅要像焊铝那样严格保护熔池不被氧化、氮化，而且还必须对 300℃ 以上的热影响区也进行良好保护；不仅正面保护，而且还要进行背面保护，以防背面在高温时被氧化或吸氢。这点与前面所述任何一种金属的焊接都不相同，这是钛焊接时的关键之一。在进行焊接接头设计时也要注意这点。

ⅴ. 尽量选用低线能量施焊。在保证焊缝成形良好的条件下，尽量选用低线能量。多道焊时，应在前道焊缝冷却后才焊下一道，以防过热。也可采用急冷法来防止焊接区晶粒长大。当板厚大于 8mm 时，应开坡口进行多道焊，但焊接规范不变，否则易过热氧化。

6.3.6　异种钢的焊接

异种钢的焊接是指将两种（或两种以上）不同的金属材料通过焊接手段使它们形成焊接接头的过程。在过程设备制造中经常遇到的是不锈钢与低碳钢（或低合金）组成的焊接接头，复合板的焊接也属于异种钢的焊接。采用这种结构，可以做到在节约贵重钢材的同时不降低设备的使用寿命。图 6-42 为其结构示例。

6.3.6.1　奥氏体不锈钢复合钢板的焊接

不锈钢复合钢板是较厚的（厚约 6～30mm）低碳钢或低合金钢与较薄的（厚约 1.5～6mm）不锈钢复合轧制而成的双金属板。较厚层称为基层，以满足强度要求；较薄层称为复层，以满足腐蚀等性能要求。

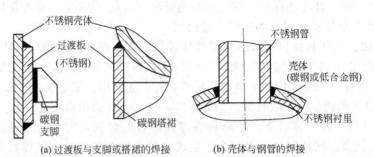

图 6-42　异种钢焊接结构示例

（1）不锈钢复合钢板的焊接特点

不锈钢复合钢板焊接时的关键是交界处的焊接。为保证不锈钢不失去它原有的综合性能。复层与基层应分别进行焊接。但无论焊基层或复层都要涉及交界处，如当用低碳钢焊条焊基层时，在交界处就会熔化复层，从而使合金元素掺入焊缝，以致焊缝金属硬度增加，塑性降低，甚至产生裂纹；当用不锈钢焊条焊接复层时，在交界处也会熔化基层，使焊缝合金成分稀释，从而降低焊接金属的耐腐蚀能力。为防止产生上述问题，就必须单独考虑交界处的焊接问题。解决的办法是选用适合交界处焊接的焊条，称为过渡层焊条。

（2）过渡层焊条的选择

过渡层焊条应满足两个要求：既不使基层侧的熔合线处出现淬硬组织，又不使复层侧的焊缝耐腐蚀性能降低。要二者兼顾是比较困难的，一般都趋向于主要照顾耐腐蚀性能要求，为此多选用比复层铬、镍含量高 1~2 级的不锈钢焊条。

（3）焊接中的几个其他问题

① 不锈钢复合钢板的焊接坡口　不锈钢复合钢板最常用的是 V 形坡口，通常坡口开在基层一侧，其装配间隙、坡口角度与低碳钢相同。在进行坡口设计时，要注意打底焊不能在复层或太靠近复层，见图 6-43（a），否则焊接时将由于合金元素掺入基层而形成淬火组织，严重时可能出现横向裂纹，图 6-43（b）所示是合理结构。

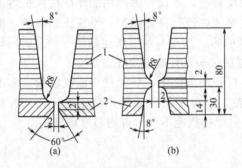

图 6-43 复合板深环缝焊坡口
1—低合金钢层板；2—不锈钢内筒

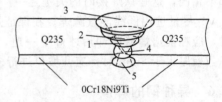

图 6-44　复合钢板焊接顺序

② 不锈钢复合钢板的焊接工艺　不锈钢复合钢板的焊接顺序是：先焊基层底焊缝并把基层填满。反过来铲焊根，清理检验合格后再焊过渡层和复层。例如复层为 0Cr18Ni9Ti，基层为 Q235 的复合钢板在焊接时的顺序如图 6-44 所示，先焊基层 1、2、3，再焊第 4 层（过渡层），最后焊第 5 层（复层）。

在焊接过渡层时，为减少合金稀释率，在保证焊透的条件下应尽可能用低线能量施焊。对溅落在复层坡口上的碳钢焊条熔滴等应仔细清除干净。

228

为保证复层焊接质量,焊前装配时应以复层为基准,防止错边过大。定位焊应在基层侧。

6.3.6.2　异种钢的对接接头焊接

异种钢对接接头的焊接与复合钢板的焊接很相似,关键是要在非奥氏体钢一侧的坡口表面用比母材高1~2级的奥氏体不锈钢焊条堆敷奥氏体过渡层(图6-45),以便将它们转化到奥氏体钢同类材料的焊接上,使问题得到简化。例如图6-45所示的0Cr18Ni9Ti钢板与Q235钢板的对接。为保证焊缝的耐腐蚀性要求,第一步应选用高Cr高Ni的焊条焊接Q235一侧以减少Q235对过渡层的稀释(异种金属焊接时,将熔入焊缝的母材引起焊缝中合金元素所占比例的变化,称为"稀释"),如图6-45(a)所示,选用E1-26-21Ni-15焊条焊接,形成过渡层后,再如图6-45(b)所示选用E0-19-10-15焊条焊满整个焊缝,使焊缝中Cr、Ni的含量保证在13%和8%左右,以与母材0Cr18Ni9Ti相近,从而达到焊缝的耐腐蚀要求。

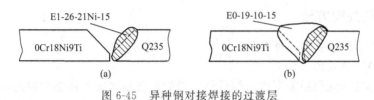

图6-45　异种钢对接焊接的过渡层

6.4　焊后热处理

焊后热处理是指将焊接完成后的装备的整体或局部均匀加热到金属材料相变点以下的温度范围内,保持一定时间,然后均匀冷却的过程。焊后热处理是过程设备制造过程中一道非常重要的工序,通过焊后热处理可以消除或降低焊接残余应力,稳定焊件的形状和尺寸,改善焊接接头和结构件的性能,对于保证过程设备的最终制造质量,提高设备的安全可靠性,延长设备的使用寿命具有非常重要的作用。

6.4.1　压力容器进行焊后热处理的条件

中国GB 150—1998《钢制压力容器》对需要进行焊后热处理的情况进行了规定。

① 容器及其受压元件符合下列条件之一者,应进行焊后热处理。

ⅰ.钢材厚度 δ_s 符合以下条件者应进行焊后热处理:

• 碳素钢、07MnCrMoVR厚度大于32mm(如焊前预热100℃以上时,厚度大于38mm);

• 16MnR及16Mn厚度大于30mm(如焊前预热100℃以上时,厚度大于34mm);

• 15MnVR及15MnV厚度大于28 mm(如焊前预热100℃以上时,厚度大于32mm);

• 任意厚度的15MnVNR、18MnMoNbR、13MnNiMoNbR、15CrMoR、14Cr1MoR、12Cr2Mo1R、20 MnMo、20 MnMoNb、15CrMo、12Cr1MoV、12Cr2Mo1和1Cr5Mo钢;

• 对于钢材厚度 δ_s 不同的焊接接头,上述厚度按薄者考虑;对于异种钢材的焊接接头,按热处理要求严者确定;

• 除图样另有规定外,奥氏体不锈钢的焊接接头可不进行热处理。

ⅱ.图样注明有应力腐蚀的容器,如盛装液化石油气、液氨等的容器。

ⅲ.图样注明盛装毒性为极度或高度危害介质的容器。

② 冷成形或中温成形的受压元件,凡符合下列条件之一者应于成形后进行热处理。

ⅰ.圆筒钢材厚度 δ_s 符合以下条件者:

- 碳素钢、16MnR 的厚度不小于圆筒内径 D_i 的 3%；
- 其他低合金钢的厚度不小于圆筒内径 D_i 的 2.5%。

ⅱ. 冷成形封头应进行热处理。当制造单位确保成形后的材料性能符合设计、使用要求时，不受此限。

除图样另有规定外，冷成形的奥氏体不锈钢封头可不进行热处理。

③ 需要焊后进行消氢处理的容器，如焊后随即进行焊后热处理时，则可免做消氢处理。

④ 改善材料力学性能的热处理，应根据图样要求所制定的热处理工艺进行。母材的热处理试板与容器（或受压元件）同炉热处理。

当材料供货与使用的热处理状态一致时，则整个制造过程中不得破坏供货时的热处理状态，否则应重新进行热处理。

6.4.2 焊后热处理方法

焊后热处理方法主要有以下几种。

（1）炉内整体热处理

炉内整体热处理就是把需要进行焊后热处理的设备整体放入加热炉内进行热处理。其优点是被处理的焊接构件温度均匀，比较容易控制，残余应力的消除和焊接接头的性能的改善都比较有效，而且热损失小。缺点是需要有较大的加热炉，设备投资较大。

GB 150—1998《钢制压力容器》规定，焊后热处理应优先采用炉内加热的方法，其操作应符合以下规定。

ⅰ. 焊件进炉时炉内温度不得高于 400℃；

ⅱ. 焊件升温到 400℃后，加热区升温速度不得超过 $5000/\delta_s$ ℃/h（δ_s 为焊接接头处钢材厚度，mm）且不得 超过 200℃/h，最小可为 50℃/h；

ⅲ. 升温时，加热区内任意 5000mm 长度内的温差不得大于 120℃；

ⅳ. 保温时，加热区内最高与最低温度之差不宜超过 65℃；

ⅴ. 升温及保温时应控制加热区的气氛，防止焊件表面过度氧化；

ⅵ. 炉温高于 400℃时，加热区降温速度不得超过 $6500/\delta_s$（℃/h），且不得超过 260℃/h，最小可为 50℃/h；

ⅶ. 焊件出炉时，炉温不得高于 400℃，出炉后应在静止空气中继续冷却。

（2）炉内分段加热处理

当被处理的焊接设备体积较大，不能进行整体热处理时，或者设备上局部区域不宜加热处理时，可以在加热炉内分段热处理。分段热处理时，其重复加热长度应不小于 1500mm。炉内部分的操作应符合上述焊后热处理规范，炉外部分应采取保温措施，使温度梯度不致影响材料的组织和性能。

炉内的加热燃料有工业煤气、天然气、液化石油气、柴油等。

（3）炉外整体焊后热处理

对不能进入加热炉的大型装备（如大型球罐等），在安装现场组焊后，可将其整体加热，在炉外进行整体焊后热处理。由于是大型设备，而且在现场进行热处理，因此进行炉外整体热处理时应注意以下几个问题。

ⅰ. 由于把底座上面的设备整体加热，考虑到热胀冷缩产生的变形和热应力，必须防止其对本体结构、支撑结构、底座等产生不利影响。

ⅱ. 由于是对大型设备进行加热，采用的热源，均匀加热所需的循环、搅拌装置以及炉外产生的热量等问题都应特别注意安全保护措施。

ⅲ. 为提高效率和保证温度均匀，对大型设备必须有良好的隔热保温措施。为防止支柱一类支撑结构的热传递引起的不利后果，要注意对这些结构的保温处理。

ⅳ. 炉外整体热处理与炉内整体热处理相比较，要做到均匀加热比较困难，为确认整个设备的加热情况是否达到工艺要求，应注意有足够数量且正确配置的温度检测装置，以保证热处理效果。

（4）炉外局部焊后热处理

炉外局部焊后热处理主要是对设备的局部，如焊接区域、修补焊接区域或易产生较大应力、变形的部位进行局部热处理。由于温度分布的不均匀，总体来说很难取得整体焊后热处理的效果。但由于其操作工艺相对简单方便，而且只要适当注意加热范围、加热温度及保温方法的工艺内容，就能达到较好的效果。因此在实际生产中仍然应用较多。

GB 150—1998《钢制压力容器》规定，B、C、D 类焊接接头，球形封头与圆筒相连的 A 类焊接接头以及缺陷焊补部位，允许采用局部热处理方法。局部热处理时，焊缝每侧加热宽度不小于钢材厚度 δ_s 的 2 倍；接管与壳体相焊时加热宽度不得小于钢材厚度 δ_s 的 6 倍。靠近加热区的部位应采取保温措施，使温度梯度不致影响材料的组织和性能。

6.4.3 焊后热处理工艺和规范

（1）焊后热处理工艺

焊后热处理一般选用单一高温回火或正火加高温回火处理。对于气焊和电渣焊的焊后热处理采用正火加高温回火热处理。这是因为气焊和电渣焊焊缝及热影响区的晶粒粗大，需要细化晶粒，故采用正火处理。而单一的正火不能消除残余应力，需再进行高温回火以消除应力。绝大多数场合是选用单一的高温回火。热处理的加热和冷却不宜过快，力求内外壁均匀。

（2）焊后热处理规范

焊后热处理规范主要包括加热温度、保温时间、升温速度、冷却速度、进出炉温度等工艺参数。表 6-33 列出了常用钢号焊后热处理的推荐规范（详见 JB/T 4709—1992《钢制压力容器焊接规范》）。

表 6-33　常用钢号焊后热处理的推荐规范

钢　　号	需焊后热处理的厚度/mm		焊后热处理温度/℃		回火最短保温时间/h
	焊前不预热	焊前预热100℃以上	电弧焊	电渣焊	
Q235-A·F，Q235-A 10，20，20R，25	>34	>38	580～620 回火	900～930 正火 580～620 回火	
09Mn2VD 09Mn2VDR 09MnNbDR	—	—	580～620 回火	900～930 正火 580～620 回火	①当厚度 $\delta \leqslant 50$mm 时，为 $\dfrac{\delta}{25}$(h)，但最短时间不少于 0.25h ②当厚度 $\delta > 50$mm 时，为 $\dfrac{150+\delta}{100}$(h)
16Mn，16MnR 16MnD，16MnDR	>30	>34	580～620 回火	900～930 正火 580～620 回火	
15MnV，15MnVR	>28	>32	540～580 回火	900～930 正火 540～580 回火	
20MnMo	—	—	580～620 回火	—	
15MnVNR	—	—	540～580 回火	900～930 正火 540～580 回火	
15MnMoV 18MnMoNbR 20MnMoNb		任意厚度	600～650 回火	950～980 正火 600～650 回火	

钢 号	需焊后热处理的厚度/mm		焊后热处理温度/℃		回火最短保温时间/h
	焊前不预热	焊前预热100℃以上	电弧焊	电渣焊	
12CrMo	—	任意厚度	600~680 回火	890~950 正火 600~680 回火	① 当厚度 $\delta \leqslant 125$mm 时,为 $\dfrac{\delta}{25}$(h),但最短时间不少于 0.25h
15CrMo 15CrMoR	—	任意厚度	600~680 回火	890~950 正火 600~680 回火	② 当厚度 $\delta > 125$mm 时,为 $\dfrac{375+\delta}{100}$(h)

习　题

6-1　焊接区内的气体来源有哪些?

6-2　焊接接头由哪些部分组成?

6-3　降低焊接应力的措施有哪些?

6-4　焊接缺陷有哪些种类?

6-5　焊接热裂纹产生的原因是什么?如何预防热裂纹?

6-6　焊接冷裂纹产生的原因是什么?如何预防冷裂纹?

6-7　什么叫钢材的焊接性?钢材的焊接性如何估算?

6-8　简述 18-8 型奥氏体不锈钢产出晶间腐蚀的原因。

6-9　压力容器进行焊后热处理的条件是什么?

6-10　压力容器进行焊后热处理方法有哪些?

7 典型过程设备的制造工艺

7.1 压力容器的组对

压力容器的组对是指将压力容器的零部件,按一定的技术要求对合好并加以点焊的过程。压力容器的组对,包括筒节纵缝的组对;筒节之间、筒节与封头之间环缝的组对;法兰接管、支座与筒体之间的组对。在容器的组对中,以筒体的环缝和纵缝的组对较困难。由于筒体的直径较大,重量大,制造中存在各种误差,而组对要求都比较高,组对时既要照顾到整个对合面的结合,又要逐段进行压平点焊,而且对合与点焊(或者是焊接)是交错进行的。因此,组对中的具体操作很多,劳动强度大,劳动条件差,生产率低。为了保证质量,提高劳动生产率,改善劳动条件,出现了许多机械化的组对工艺装备。

7.1.1 组对技术要求

筒节和封头等零件在制造过程中,由于划线、切割、边缘加工、成形等工序中,都会产生误差,使零件在尺寸和几何形状上都存在误差。为了保证设备制造的质量和便于施焊,必须提出一些技术要求,综合地限制零件制造和组对中产生的误差。

在设备制造中,对所有对接焊缝在组焊方面的重要技术要求是:限制焊缝的对口错边量和棱角度(焊接的角变形)。因为容器在承受工作压力时,焊缝棱角度和对口错边量都会引起附加弯曲应力。对钢制焊接容器,主要有以下要求。

(1) 筒体纵缝对口错边量应符合以下规定

① 单层钢板 $b \leqslant 10\%\delta$,且 b 不大于 3mm(δ 为壁厚, b 为对口错边量),见图 7-1(a)。

② 复合钢板 $b \leqslant 10\%\delta$,且 b 不大于 2mm,见图 7-1(b)。

(2) 筒体环缝对口错边量应符合以下规定

① 单层钢板 两板厚度相等,壁厚 $\delta \leqslant 10$mm 时, $b \leqslant 20\%\delta$;壁厚 $\delta > 10$mm 时, $b \leqslant 10\%\delta + 1$mm,且 b 不大于 6mm,见图 7-2(a)。

当两板厚度不等时,应将厚板边缘按规定削薄。

② 复合钢板 $b \leqslant 10\%\delta$,且 b 不大于 2mm,见图 7-2(b)。

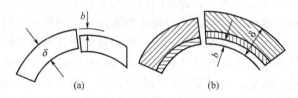

图 7-1 纵缝对口错边量

(3) 对接焊缝的棱角度应符合以下要求

对接焊缝形成的棱角度 E 不得大于 $0.1\delta + 2$mm,且 E 不大于 5mm,如图 7-3 所示。检

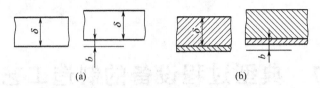

图 7-2　环缝对口错边量

查时，纵缝用弦长等于 1/6DN（DN 为筒体公称直径）且不小于 400mm 的外样板或内样板检查，环缝用长度不小于 400mm 的样板检查。

（4）筒体同一断面上最大直径与最小直径之差值 e 应符合以下规定

ⅰ．受内压时，$e \leqslant 1\%DN$，且 $e \leqslant 25mm$；

ⅱ．受外压或真空时，$e \leqslant 0.5\%DN$，且 $e \leqslant 20mm$；

ⅲ．常压时，$e \leqslant 1\%DN$。

当筒体上有开孔补强时，直径的测量应在距补强圈边缘 100mm 以外的位置。

（5）筒体不直度 Δl 应符合以下规定

当筒体长度 $H \leqslant 20m$ 时，$\Delta l \leqslant 2H/1000$，且 Δl 不大于 20mm；当筒体长度 $H > 20m$ 时，$\Delta l \leqslant H/1000$，且 Δl 不大于 30mm，如图 7-4 所示。

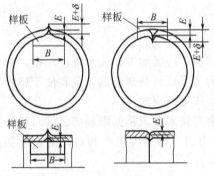

图 7-3　焊缝形成的棱角度

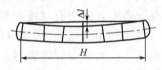

图 7-4　筒体不直度

7.1.2　组对工艺装备

容器的组对和焊接的过程是，先进行筒节纵缝的组对和焊接，然后是筒体环缝的组对和焊接，最后再焊上接管、支座等。从整个制造工艺过程来看，纵缝的组对要求比环缝高得多，但纵缝的组对比环缝简单。因为引起纵缝对口错边量的主要因素是两板边缘的对合精度，即决定于组对本工序的误差。而环缝的对口错边量，除组对本工序的误差——两筒节的不同轴度之外，还取决于两对口边的直径误差。

棱角度主要是由于焊接工序之后，焊缝的内外两面收缩不均而产生角变形。筒节直边的存在是产生纵缝向外棱角度的直接原因，而板边预弯过度，则是产生纵缝向内棱角度的直接原因。对口错边量的存在将使棱角度增大。所以棱角度也是几种因素综合引起的。

组对时，为了保证对口错边量符合要求，并消除棱角度的产生，需用各种手工工具或机械化装置，校正两板边的偏移、对口错边量和对口间隙。最简单的工具是直接在相互组对的筒节上焊钢条、角钢等筋板，然后用杠杆或螺栓拉紧。图 7-5 说明薄壁筒节组对纵焊缝时用杠杆校正的方法。校正力较大时可用螺纹类工具，有的用一般的螺栓，如图 7-6（a）所示。有的制成专用工具，如图 7-6（b）、（c）所示，有时利用导链提供拉力也属于这一类。这种方法劳动量大，而且装焊好之后须将筋板割除，割除后的斑痕还须磨平。

采用螺旋顶圆器进行筒体的调圆和对口，如图7-7所示，可避免在筒体上焊筋板和采用杠杆等工具，但劳动量仍然很大，而且螺旋调节速度慢，生产效率仍较低。

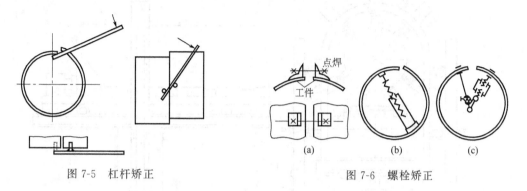

图 7-5 杠杆矫正　　　　　　　　　　　　　　图 7-6 螺栓矫正

图7-8为单缸油压顶圆器，它好像一个油压千斤顶，其活塞与活动顶头连成一体，当高压油进入油缸时，推动活塞，顶头便将筒节顶圆。这种装置可提高生产效率，减轻劳动强度，而且推顶力大，能校正较厚的筒节。

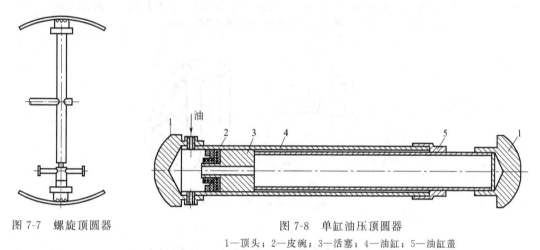

图 7-7 螺旋顶圆器　　　　　　　　　图 7-8 单缸油压顶圆器
1—顶头；2—皮碗；3—活塞；4—油缸；5—油缸盖

由于环缝的组对较为复杂，工作量大，所以除上述类型的工具外，还出现了许多机械化的装置。这些装置的结构不同，但共同点都是用夹压工具或顶圆器将两对合板边对齐、压平，以保证对口错边量的要求；从筒节的轴向推顶，保证焊缝间隙要求，便于将对合好的焊缝点焊。

图7-9为某种筒体环缝组对装置，它是靠油压柱塞3推动Ⅱ形压头1从外部将对口环缝的两边缘压平。环缝间隙靠轴向油缸7由轴向推顶压紧保证。油缸2固定在油缸框架4上，它可以根据被组对筒节的直径大小，靠框架升降油缸10作上下调节。筒体放在辊轮架6上，辊轮架可在导轨9上行走。组对时先将两筒节吊在辊轮架上，移动辊轮架，使两筒节的对合焊缝与Ⅱ形压头对正，然后开动各油压缸进行组对和点焊。第一道焊缝组对好之后，吊上另一筒节，移动辊轮架，使第二道焊缝与Ⅱ形压头对正进行组对，这样依次组对其他筒节。

图7-10为装配接管用的磁性装配手，用磁力将接管与筒体固定在一起，在点焊时，可代替手工扶持接管，以减轻劳动强度。这种装配手也可用于其他小零件与筒体间的点焊。

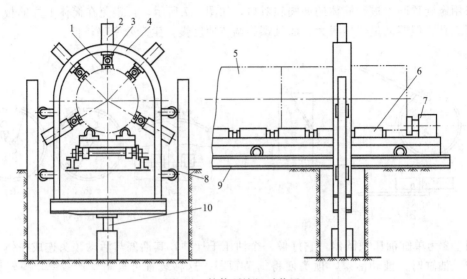

图 7-9　筒体环缝组对装置

1—Ⅱ形压头；2—油缸；3—油压柱塞；4—油缸框架；5—筒体；6—辊轮架；7—轴向油缸；

8—导向辊；9—导轨；10—框架升降油缸

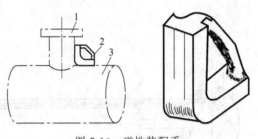

图 7-10　磁性装配手

1—接管；2—磁性装配手；3—筒体

7.2　列管式换热器的制造

7.2.1　列管式换热器的制造过程

在化工生产过程中换热器的应用十分广泛，其类型与结构也很多。列管式换热器的特点是结构坚固，适应性大，因此在当前的化工生产中仍是主要的类型。

图 7-11 为一个固定管板式换热器结构简图。这种换热器的结构简单，造价低，因此获得了广泛应用。但是它的管外清洗很困难，因此壳程内应走清洁和不结垢的流体。而且温差应力大时也不能使用。

在列管式换热器制造中，筒体、封头等零件的制造工艺与一般容器制造基本相同，只是制造要求不同。由于列管式换热器筒体内部要装入较长的管束，管束上还有折流板，为了防止流体短路，折流板与筒体内壁间的装配间隙比较小。因此，其筒体的制造精度要求比一般容器高。

GB 151—1999《钢制管壳式换热器》中，对圆筒壳体制造的有关技术要求如下。

ⅰ．用钢材卷制时，内直径允许偏差可通过外圆周长加以限制。其外圆周长允许上偏差

236

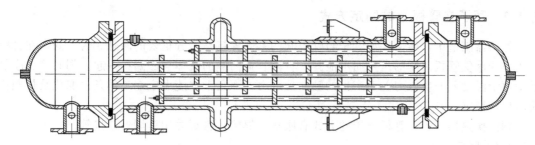

图 7-11　固定管板式换热器结构简图

为 10mm，下偏差为零。

ⅱ. 圆筒同一断面上，最大直径与最小直径之差 $e<0.5\%DN$，且 $DN\leqslant1200mm$ 时，其值不大于 5mm；$DN>1200mm$ 时，其值不大于 7mm。

ⅲ. 圆筒直线度允许偏差为 $L/1000$（L 为圆筒总长），且 $L\leqslant6000mm$ 时，其值不大于 4.5mm；$L>6000mm$ 时，其值不大于 8mm。

ⅳ. 直线度检查，应通过中心线的水平和垂直位置，即沿圆周 0°、90°、180°、270°四个部位测量。

显然这些要求都比一般压力容器要高。

列管式换热器制造中突出的问题是管板的制造及管子与管板的连接。

管板由机械加工完成，它的孔径和孔间距都有公差要求。其钻孔工作量很大，钻孔可以划线钻孔，钻模钻孔，多轴机床钻孔，比较先进的是采用数控机床钻孔。当采用划线钻孔时，由于精度较差，必须将整台换热器的管板和折流板重叠起来进行配钻。钻后从管板到折流板依次编上序号和方位号，以便组装时按钻孔时的顺序和方位排列。这样可以保证换热管的顺利穿入。折流板应按整圆下料，待钻孔后拆开再切割成弓形。

固定管板式换热器的制造和装配顺序如下。

ⅰ. 将一块管板垂直立稳作为基准零件；

ⅱ. 将拉杆拧紧在管板上；

ⅲ. 按图样要求定距管和折流板穿在拉杆上；

ⅳ. 穿入全部换热管；

ⅴ. 套入筒体；

ⅵ. 装上另一块管板，并将全部管子的右端引入此管板孔内，校正后将管板与筒体点焊好；

ⅶ. 在辊轮架上焊接管板与筒体连接环缝；

ⅷ. 管子与管板胀接或焊接。若采用焊接，则先点焊再将换热器竖直，使管板处于水平位置，以便于施焊。

ⅸ. 装接管、支座。接管可根据具体操作情况在筒体套入前定位开孔，其至装焊在筒体上；

ⅹ. 壳程水压试验，目的在于检查胀管质量，管子本身的质量，筒体与管板连接的焊缝质量，筒体的纵、环缝质量等；

ⅺ. 装上两端封头；

ⅻ. 管程水压试验，主要检查管板与封头连接处的密封面，封头上的接管、焊缝质量；

ⅹⅲ. 清理、油漆。

7.2.2　管子在管板上的固定方式

换热器制造中，如何保证管子与管板间的紧固连接是十分重要的问题。管子固定在管板孔内应能承受管板两侧的压差而不泄露，否则管板两侧的流体会渗漏在一起。同时管子应能承受由于温度差介质压力差而产生的轴向拉脱力，而且上述能力应在工作条件变化及长期作用时保持稳定。

钢制换热器管子与管板连接的方式有胀接、焊接、胀焊并用、爆炸连接等。

7.2.2.1　胀接

胀接是用胀管器插入管口，并顺时针旋转，将穿入管板孔内的管子端部胀大，使管子达到塑性变形，同时管板孔也被胀大，产生弹性变形。胀管器退出后，管板产生弹性恢复，使管子与管板的接触表面产生很大的挤压力。因而管子与管板牢固的结合在一起，达到既密封又能抗拉脱力两个目的，如图 7-12 所示。

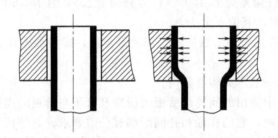

图 7-12　管子在管板上的胀接

为了增加管子在管板上的胀接强度，提高抗拉脱能力，常在管板孔内开两道沟槽，当管子胀大产生塑性变形时，管壁金属被挤压嵌入槽内。也可采用翻边胀管器，它在胀管的同时，将伸出管板孔外的管子端头，约 3mm 滚压成喇叭口，如图 7-13 所示。因而提高了抗拉脱能力。

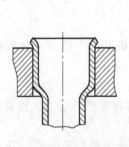

图 7-13　翻边胀接

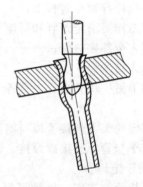

图 7-14　滚压胀管

图 7-14 为滚压胀管，这种胀管器是靠机械传动，使胀管头作锥形运动，将管子端部滚压胀大。胀管头可以更换，使与被胀接管径相适应。这种方法适用于不能用一般方法胀接的小直径管子的胀接，特别是那些不宜用焊接方法的小管。

为了保证胀管质量，在管子与管板的连接结构和胀管操作方面，应注意以下几点。

ⅰ. 胀管率应适应。胀管率又称胀度，控制胀管率实际上就是控制管子、管板的变形率。控制变形率在生产中比较方便、直接的检测方式是测量胀管前的管板孔、管子外径、管子内径和胀接后的管子内径。计算胀管率可用以下两种计算公式。

$$K = \frac{[(d_2 - d_1) - (D - d)]}{D} \times 100\% \qquad (7\text{-}1)$$

$$W = \frac{[(d_2 - d_1) - (D - d)]}{2\delta} \times 100\% \qquad (7\text{-}2)$$

式中　K——内径增大率，%；

　　　W——壁厚减薄率，%；

　　　D——胀管前管板孔直径，mm；

　　　d——胀管前管子外径，mm；

　d_1, d_2——胀管前、后管子内径，mm；

　　　δ——胀管前管子壁厚，mm。

不同的胀接接头型式，不同规格及不同材质的管子（同时还要考虑管板尺寸、材质等），都存在不同的胀管率。例如，对于 20 钢钢管，规格为 $\phi 25 \times 2.5$ 时，取 $W = 4\% \sim 8\%$，相当于 $K = 0.8\% \sim 1.6\%$。管子直径大，壁薄取小值，直径小，壁厚取大值。在制造过程中，胀管率过小，称为欠胀，不能保证必要的连接强度和密封性。胀管率过大称为过胀，它会使管壁减薄量大，加工硬化严重，甚至发生裂纹。过胀还会使管板也产生塑性变形，因而降低胀接强度，而且过胀后不能恢复。

由于管板孔与管子外壁间的间隙对胀管率影响很大，因此设计时应根据管子外径正确确定管板孔的直径和公差，并在机械加工中保证此公差。在胀管时，则应按管径选用合适的胀管器，胀入深度应适当。

ⅱ. 管板的硬度应比管子端部硬度高 HB20～30，否则在胀接时管板也发生较大的塑性变形，不能产生必要的弹性恢复，不能保证胀接强度。因此，所选管板材料的力学性能应比管子高。并将管子端部进行退火处理，以降低其硬度。

ⅲ. 管子与管板结合面必须光洁。管子端部不得有油污和铁锈，所以胀接前必须用抛光砂轮磨光。磨光时管子转动速度应均匀，直至呈现金属光泽为止。磨光长度不得小于管板厚度的两倍。

管板孔表面与沟槽的粗糙度一般为 Ra 25。粗糙度低，胀接后的密封性好，但给机械加工带来很多麻烦，因为钻孔的粗糙度一般达不到 Ra 12.5。而且实践证明粗糙度 Ra 25 已能满足胀接质量要求，只有在工作介质的渗透性较强时，管板孔才要求 Ra 12.5。此外，孔的表面不能有深的划痕，特别是不允许存在贯穿管板的划痕。

ⅳ. 胀接不得在气温低于 $-10℃$ 的条件下进行。因为气温过低可能会影响材料的力学性能，不能保证胀接质量，甚至发生裂纹。

在列管式换热器制造中，胀管法用得很普遍，而且工厂都有丰富的经验。但是由于它是用胀管器将管子滚压胀大，所以当管径较小，管壁较厚时，胀管器的胀杆和滚柱直径都较小，产生的挤压力小，不能保证胀接质量。特别是管径小、管壁厚和管板厚而强度较高时，更无法胀接。例如当管子为 20 钢，规格为 $\phi 16 \times 3mm$，管板为 18MnMoNb，厚度为 180mm 时就不能用胀管法。对直径大于 60mm 的管子，由于不能保证有足够的抗拉脱力，也很少采用胀接法。

7.2.2.2　焊接

焊接法就是把管子直接焊接在管板上。此法目前应用较为广泛。由于管孔不需要开槽，而且对管孔的粗糙度要求不高，管子端部不需要退火和磨光，因此制造加工简单。焊接结构强度高，抗拉脱力强。在高温高压下也能保证连接处的密封性能和抗拉脱能力。特别是在工作温度高于 300℃和温度有波动时，采用焊接法较为可靠。此外，对不锈钢等管子与管板硬度相同时，不宜胀紧，以采用焊接法较好。小直径厚壁管和大直径管子，难于用胀管法时，也可用焊接法。管子与薄管板的连接也应采用焊接方法。

焊接法的缺点是当换热管与管板连接处焊接之后，管板与管子中存在的残余热应力与应力集中，在运行时可能引起应力腐蚀与疲劳破坏。此外，管子与管板孔之间的间隙中存在的不流动液体与间隙外的液体有着浓度上的差别，还容易产生间隙腐蚀。

除有较大振动及有间隙腐蚀的场合，只要材料可焊性好，焊接可用于其他任何场合。

焊接法的结构形式如图 7-15 所示。图中，l_1 为换热管最小伸出长度，l_2 为最小坡口深度，其值与换热管的规格有关。图 7-16 为内孔焊的一种结构形式，这种接头形式的优点在于它是一个对接焊缝，没有角接和搭接焊缝常产生的缺陷。而且焊缝强度高，特别是从疲劳强度观点考虑，无疑是最好的。它可以从根本上消除间隙引起的腐蚀。这种结构形式的缺点是，管板需特殊加工，比较难于焊接，需用专门的焊接设备，对管子与管板孔的尺寸公差要求较高，缺陷返修困难等。但由于这种结构形式能获够得强度高、质量好的焊缝，因而当管子承受高压、振动、循环负荷及强腐蚀介质的情况下，仍获得一定的应用。

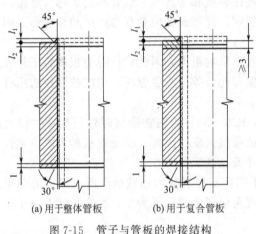

(a) 用于整体管板   (b) 用于复合管板

图 7-15　管子与管板的焊接结构

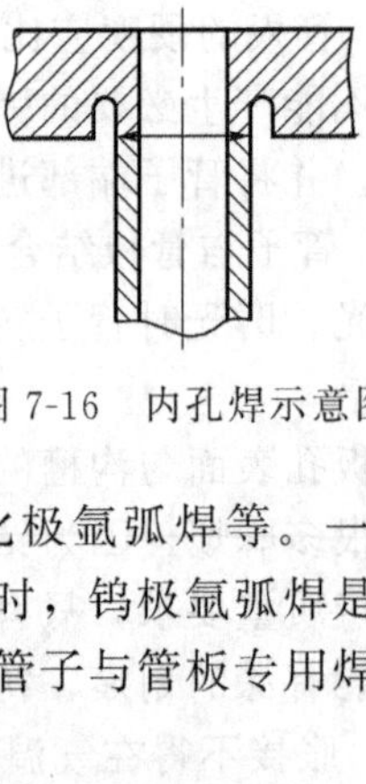

图 7-16　内孔焊示意图

管子与管板的焊接方法，可用手工电弧焊、钨极氩弧焊、熔化极氩弧焊等。一般情况下，手工电弧焊和熔化极氩弧焊快而经济，但在管径很小排列紧密时，钨极氩弧焊是主要的方法。而内孔焊通常是机械化的钨极氩弧焊。近年来还发展了数控管子与管板专用焊机。

7.2.2.3　胀焊并用

在高温高压下工作的换热器，由于管端工作条件恶劣，不论胀接或焊接都难于满足要求，当温度高达 350～400℃时，由于胀接应力松弛，使胀接失效。焊接法可承受高温高压，但在高温循环应力作用下，焊口易产生疲劳裂纹。而且间隙内的腐蚀会加快接头的损坏。内孔焊虽然可以消除这些缺点，但费用较高，应用不广。因此，在这种条件下工作的换热器中，焊接加胀接结构，获得了较为广泛的应用。实验表明，采用这种结构能够提高管子与管板接头的抗疲劳性能，消除间隙产生的腐蚀和应力腐蚀，所以使用寿命比单纯胀接或焊接长得多。

至于先胀后焊还是先焊后胀，虽无统一规定，但一般认为以先焊后胀为宜。因为若先胀后焊，则焊接时胀口的严密性将在高温作用下遭到破坏。而且高温高压下的管子，大多管壁较厚，胀接时需用润滑油，润滑油进入接头缝隙，很难洗净，焊接时会使焊缝产生气孔，严重影响焊缝质量。先焊后胀的主要问题是可能产生裂纹。实践证明，只要胀接过程控制得当，焊后胀接可以避免焊缝产生裂纹。

7.2.2.4 爆炸胀接

（1）基本原理

爆炸胀接是利用炸药爆炸瞬间所产生冲击波的巨大压力，迫使管子产生高速塑性变形，把管子与管板胀接在一起。如图 7-17 所示，柱状炸药装置在管端中心，一般用雷管起爆，为了防止爆炸时冲击波直接冲击管子，并均匀有效的传递压力，在炸药和管壁之间的环形空间，装有缓冲层。缓冲层可用颗粒状的黏性物，也可用塑料和橡胶管。

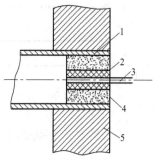

图 7-17　爆炸胀接
1—管子；2—炸药；3—引爆器；4—缓冲层；5—管板

（2）影响爆炸胀接质量的因素

爆炸胀接是管子与管板之间的机械连接，而不是冶金连接。检验其质量好坏的指标，仍是抗拉脱力的大小和密封性能。

影响抗拉脱力的因素有：炸药用量，爆胀长度，管板孔内的开槽数，管子外壁与管板孔间的间隙等。炸药用量对胀接质量影响很大，过少胀接不牢，过多则增加管子轴向伸长量，甚至会炸坏管子。炸药量应根据管子与管板的材质、尺寸和炸药种类来选择，一般靠经验来确定。爆胀长度长，则抗拉脱力大，但太长会造成管子鼓胀。管板孔内开槽可以提高胀接强度，在采用机械胀管时，随着工作温度升高，胀接应力松弛，抗拉脱力下降。爆炸胀接时，由于它能将较多的金属（管壁）挤入槽内，因而能在较高温度下保持其抗拉脱力。从理论上讲，槽数多抗拉脱力大，但因管板材料强度有限，一般开两条槽已足够。在炸药用量一定的情况下，管子与管壁间间隙增大，则抗拉脱力下降，间隙过大甚至会使管子产生裂纹。管板孔间距的影响是：孔间距愈大，抗拉脱力愈大；当孔间距大于某一定值时，单孔爆炸与多孔同时爆炸没有区别，小于此值则稍有影响。

影响密封性能的主要因素，是管子与管板孔的粗糙度。粗糙度愈低，密封性能愈好。

爆炸胀接的优点是，可用于不同材料、各种管径的胀接，生产率高，工艺装备简单。由于爆炸胀接不用润滑油，因此用爆炸胀接加密封焊，可避免先胀后焊的缺点，发挥其优点，效果良好。

7.2.2.5 爆炸焊接

（1）基本原理

爆炸焊接是利用炸药为能源的一种高能焊接工艺，管子与管板的爆炸焊接是它的一种应用。现以爆炸复合为例，简述爆炸焊接原理。

图 7-18 为爆炸复合安装图，在复板与基板之间保持有一定的距离，复板上有缓冲层，炸药铺在缓冲层上。在炸药爆炸的瞬间，复板以极高的速度冲向基板，并与基板发生倾斜碰撞。若将倾斜碰撞时复板的速度、压力、碰撞角和碰撞点的移动速度控制在一定的范围内，就会形成喷射碰撞，在复板与基板之间产生冶金结合——即焊接。

所谓喷射碰撞，是当复板以极大速度冲向基板时，在碰撞区产生巨大的压力，使该区表层金属和污物变成熔融状态，由于两板以一定的夹角高速合拢，熔融物被气流夹带着向外喷射，形成喷射流，如图 7-19 所示。喷射碰撞可使碰撞金属的表层产生冶金结合，所以它是进行爆炸焊接的基本条件。

冶金结合是在结合面区域的相邻金属原子间，必须建立起力的作用，这就要求结合金属表面清洁而又紧密的贴合。由于金属表面都比较粗糙和有氧化膜，因此一般情况下要达到冶

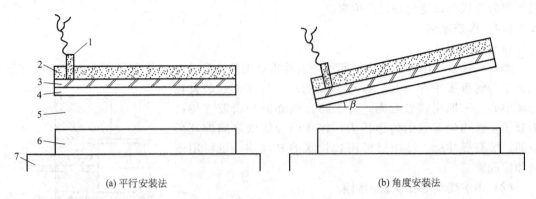

(a) 平行安装法　　　　　　　　　　　　(b) 角度安装法

图 7-18　爆炸复合安装图

1—雷管；2—炸药；3—缓冲层；4—复板；5—间隙；6—基板；7—基础

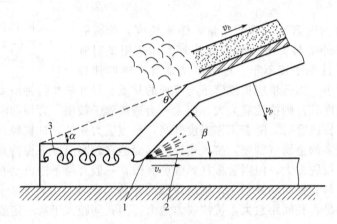

图 7-19　爆炸过程瞬时图

1—碰撞点；2—喷射流；3—焊接界面

金结合是非常困难的。在爆炸焊接中，由于在碰撞点形成喷射，破碎和清除掉两接触表面的脏物，露出清洁表面。接着在爆炸产生的高压力作用下，两表面间产生冶金结合。

倾斜碰撞能形成喷射的条件如下。

ⅰ. 复板速度 v_p 须加速到必要的碰撞速度，以使碰撞点前缘在瞬间产生的压力，相当大的超过金属的屈服强度。这个压力，估计为金属静态屈服强度的 10～12 倍，称为临界压力。在这样大的压力下，碰撞区的金属处于熔融状态，这是形成喷射的基本条件。

ⅱ. 碰撞点的移动速度 v_s 必须小于声波在金属中的传播速度（简称金属的声速），这是因为喷射产生的清洁作用速度低于金属的声速。若碰撞点的移动速度超过金属的声速，则清除表面污物的过程还未完成，就已经发生碰撞。

ⅲ. 若碰撞点的移动速度超过金属的声速时，碰撞角 β 必须大于某一临界角，使碰撞点的移动速度降低。同时，碰撞角也直接影响到复板的碰撞速度，从此意义上说，不管碰撞点的移动速度如何，碰撞角都必须大于某一临界角。

爆炸复合有平行安装法与角度安装法两种，如图 7-18 所示。通常对大面积的复合采用平行安装法，此时为使碰撞点的移动速度低于金属的声速，应选择低爆速炸药。一般应使 $v_b \leqslant 1.2c$（v_b——炸药的爆炸速度；c——金属的声速）。根据分析认为，碰撞点的移动速度在低于金属声速的条件下，可能会出现好的焊接质量，但适于焊接的最佳条件为碰撞点的移动速度是碰撞金属声速的 0.5～0.75。

242

当采用角度安装法时，由于可以降低碰撞点的移动速度，因而可采用高爆速的炸药。此时，复板的安装角很重要，各参数间的关系如下（参见图7-19）。

$$v_p = v_b \cdot \sin(\beta - \alpha) \qquad (7-3)$$

$$v_s = v_b \cdot \sin\theta / \sin\beta \qquad (7-4)$$

式中　v_p——复板碰撞速度，m/s；

　　　v_b——炸药爆炸速度，m/s；

　　　v_s——碰撞点移动速度，m/s；

　　　α——复板安装角，(°)；

　　　β——碰撞角度，$\beta = \alpha + \theta$，(°)；

　　　θ——弯曲角，与材料性能有关，(°)。

从上述关系可以看出，碰撞角 β 随着安装角 α 和弯曲角 θ 的增大而增大；碰撞角 β 增大，则可使碰撞点移动速度 v_s 降低，并使碰撞速度 v_p 增加。因此，使 β 角大于某一临界值，便可满足形成喷射碰撞所要求的 v_p 值和 v_s 值。

（2）管子与管板的爆炸焊接结构

根据上述基本原理，当采用高爆速炸药时，可用图7-20所示的结构。图7-20（a）为将管板孔作成锥形，此时锥形部分的长度应大于管板厚度的一半以上，其余部分仍为圆柱面，以保持管子与管板同心。锥孔的夹角为10°～20°。由于在管板上加工出锥形孔较为麻烦，也可采用图7-20（b）所示的结构形式，将药包与缓冲层做成锥形。这样也能使用高爆速炸药而使碰撞点的移动速度小于金属的声速。

在使用低爆速炸药时，可用图7-21所示的结构。它相当于爆炸复合的平行安装法，因此为了获得喷射碰撞，要求炸药的爆炸速度与金属声速的关系为：$v_b \leqslant 1.2c$。

此外，由于在爆炸焊接时管子末端有能量损失，使管子末端的速度比其他部分小，并可能低于焊接所需要的碰撞速度，这种现象称为"管端效应"。因此，在爆炸焊接前应使管端从管板孔中稍伸出一点，使管端效应发生在管板孔之外，而在焊接区都能得到均匀的碰撞速度。

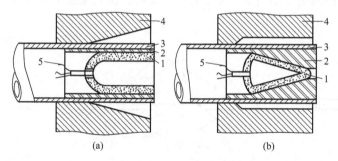

图7-20　管子与管板爆炸焊接结构
1—炸药；2—缓冲层；3—管子；4—管板；5—起爆器

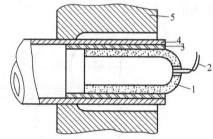

图7-21　低爆速炸药爆炸焊接结构
1—炸药；2—引线；3—缓冲层；
4—管子；5—管板

7.2.3　机械化穿管简介

在换热器制造中，穿管虽然简单，但工作量大，劳动强度高。当管子数量少时可采用手工穿管，数量大时最好用机械化穿管。机械化穿管的基本原理是：由一对或几对特制的辊子带动管子作转动或往复旋转，管子转动的同时作平行向前推进被插入管板孔和折流板孔。为了便于插入孔内，管端塞有锥形导向头。通常辊子机构和待穿管子都装在能作上下升降和左右移动的小车上，以便调节辊子相对于管板的位置，使所穿的管子能对准各个管板孔。

管子的旋转和推进机构有下述两种形式。

（1）管子往复旋转并平行推进

穿管时，管子被引入几对胶辊之间，当胶辊转动时靠摩擦力使管子向前推进。胶辊在转动的同时，还沿其轴向作相对往复平移。这样，就使管子向前推进的同时，作往复旋转。胶辊的运动如图 7-22 所示。

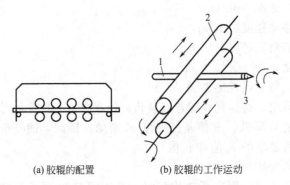

(a) 胶辊的配置　　　　　　(b) 胶辊的工作运动

图 7-22　往复旋转式穿管运动示意图

1—管子；2—胶辊；3—导向头

（2）管子转动并平行推进

这种形式的机构是一对或几对主动旋转的双曲线辊子，如图 7-23 所示。两个辊子的轴线互相交错一定的角度，管子的轴线与双曲线辊子轴线间的夹角为 α。当双曲线辊子旋转时，它与管子接触点的速度为 V，若无相对滑动，则管壁在该接触点的速度也为 V。将 V 分解为沿管子切向速度 V_t 和轴向速度 V_n，则

$$V_t = V\cos\alpha \tag{7-5}$$

$$V_n = V\sin\alpha \tag{7-6}$$

显然，切向速度使管子旋转，而轴向速度则使管子作平行推进运动。从而完成了穿管所必需的复合运动。

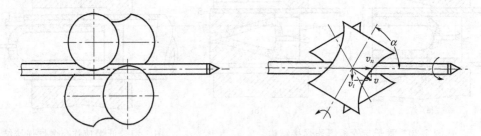

图 7-23　转动式穿管示意图

7.3　高压容器制造

7.3.1　高压容器制造综述

高压容器广泛用于化工、炼油等工业部门，如合成氨、合成尿素、合成甲醇、聚乙烯、加氢反应器、原子能反应堆壳体、水压机的蓄势器等。其操作压力都在 10MPa 以上，通常都是大而壁厚的重型设备。为了构成所需壁厚，出现了各种高压容器的制造方法和结构形

式。总的来说高压容器可分为单层结构和多层结构两大类，每一类又有多种制造方法和结构形式，如表 7-1 所示。

表 7-1   高压容器制造方法及结构形式

单层容器	多层容器
单层卷焊式、整体锻造式、半片筒体冲压拼焊式、锻焊式、铸锻焊式、电渣重熔式	多层包扎式、热套式、绕板式、扁平钢带倾角错绕式、型槽钢带缠绕式、绕丝式

当前大型高压容器的制造方法及结构形式中，以单层卷焊、多层层板包扎和热套式应用最为广泛。当然其他几种制造方法和结构形式都各有特点，下面就其中几种作简要介绍。

7.3.1.1   制造方法

（1）单层卷焊式高压容器

单层卷焊式高压容器的制造与中低压容器的制造基本相同，它是用厚钢板在大型卷焊机上弯卷成筒节，经纵焊缝的组焊和环焊的坡口加工后，再将各筒节之间，筒节与封头之间的环焊缝组焊起来，便成为高压容器。

（2）电渣重熔式高压容器

电渣重熔式高压容器属单层容器，它是筒体成形的一种新技术。它是用带状焊条（板电极）在一个与电渣焊相似的熔池中，连续融化焊接而成，如图 7-24 所示。熔焊首先在一个基环上开始，基环固定在转盘上。在熔焊时，转盘带着基环既作旋转又作轴向移动，于是焊道便形成连续的螺旋形。新熔焊的金属堆焊在已凝固的金属上，而且两焊道边缘互相融合，逐渐形成容器的筒壁。

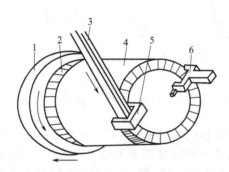

图 7-24   电渣重熔式

1—转盘；2—基环；3—板电极；4—熔焊筒体；5—电渣熔模；6—切削装置

熔池的形成靠一只 Ⅱ 形水冷却夹层的电渣熔化焊接模具。为使熔池工作稳定，电极的融化速度、工件的旋转速度和轴向移动速度必须协调一致。熔敷金属从熔池出来以后，是红热状态，须经冷却装置强制冷却。凝固后的金属，用切削装置进行内外圆表面的车削。一般的焊道深度（轴向宽带）为 30～50mm，壁厚为 30～300mm。材料可以是碳钢，低合金钢、不锈钢等，都能保证容器有足够好的力学性能。

（3）多层包扎式高压容器

层板包扎式高压容器是将薄钢板（一般 6～8mm）弯卷成瓦状片，然后将它们包扎和焊接在内筒之外，形成厚壁筒节。厚壁筒节经纵焊缝坡口的加工和环缝组对焊接，便成为高压容器筒体，其结构如图 7-25 所示。在每次包扎一层层板时，都利用靠油压拉紧的钢绳，将所包层板扎紧，然后进行其纵缝的点焊，点焊后将钢绳松开，取下筒节进行纵缝焊接，由于钢绳的勒紧力和焊缝的收缩力，使每一层层板都紧密贴合在所包层的表面，并产生一定的预

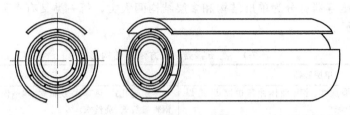

图 7-25　多层包扎筒节

应力。

（4）绕板式高压容器

绕板式高压容器是在一个内层筒节外面，连续绕上若干层 2～5mm 厚，与内筒一样宽的钢板，绕完后在外面包扎一层约 10mm 厚的瓦状片，并将瓦状片的纵缝焊接而成为一个保护罩。因此，绕板容器的筒节是由内筒、绕板层、外筒（保护罩）组成。其筒节绕制如图 7-26 所示。筒节制造好之后，经环缝坡口的加工和组焊而成为筒体。

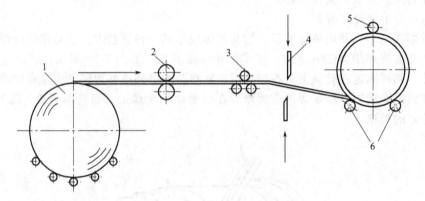

图 7-26　绕板装置示意图

1—钢板滚筒；2—夹紧辊；3—矫正辊；4—剪板机；5—加压辊；6—驱动辊

绕板式高压容器是在多层包扎式筒体的基础上发展起来的，两者的内筒相同，所不同的是多层绕板式筒体是在内筒外面连续缠绕若干层 3～5mm 厚的薄钢板而构成筒节，绕板层只有内外两道纵焊缝。为了使绕板开始端与终止端能与圆筒形成光滑连接，一般需要有楔形过渡段。

（5）扁平钢带倾角错绕式高压容器

扁平钢带倾角错绕式高压容器是在一个已焊好的内层筒体上，用 4～16mm 厚、40～200mm 宽的钢带，以一定倾角（15°～30°）依次作螺旋形缠绕。钢带的始末两端分别与底封头和端部法兰相焊接。绕完一层以后，又以与上一层交错的倾角缠绕第二层，如图 7-27 所示。这样，逐层以一定倾角交错缠绕，直到构成所需壁厚。

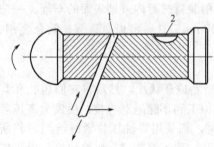

图 7-27　扁平钢带倾角错绕式

1—扁平钢带；2—内筒

这种容器没有深的纵向和环向焊缝，不但节省了焊接工时，还可避免深焊缝产生的各种缺点。由于是交错缠绕，使环向和轴向受力达到等强度设计。但因倾角缠绕，造成环向强度削弱，爆破压力低于其他形式的容器。目前这种结构一般用于直径 1000mm 以下的高压容器。

7.3.1.2 单层和多层容器特点比较

单层容器和多层容器在制造工艺和结构上都各有特点，应用最广泛的是单层卷焊式和层板包扎式容器，都具有一定的代表性，因此下面以它们为例进行比较。

（1）制造工艺

单层卷焊容器的制造过程简单，工序少，生产率高，生产中机械化程度高。层板包扎式的制造工艺过程繁琐，工序多，周期长。

（2）工艺装备

单层卷焊式要求有大型的卷板机，大型的加热炉和热处理设备。层板包扎式所用的层板包扎装置和卷板机等，都不是大型的和复杂的装置，所以一般中、小型的工厂也能制造这种容器。

（3）所使用钢板及其性质

单层卷焊式须用优质的厚钢板，而厚钢板（特别是超厚板）的轧制比较困难，质量不易保证，厚板的抗脆裂性能也比薄板差，价格较高。层板包扎式所用层板为薄板，质量均匀而且易保证，抗脆性破坏性能好。层板包扎式还可节约贵重金属，当工作介质有腐蚀性时，内筒用耐腐蚀材料，而层板用一般钢材。

（4）安全性

层板包扎式的安全性较单层卷焊式高，因为层板不但抗脆裂性好，而且不会产生瞬时性的脆性破坏。即使个别层板存在缺陷，也不至延展至其他层。此外，每一筒节的层板上都钻有透气孔，若内筒发生腐蚀性破坏，介质由透气孔漏出也易于发现。

（5）导热性

多层容器由于层间间隙的存在，所以导热性比单层容器小得多，高温工作时热应力大。

（6）焊缝

层板包扎式没有深的纵焊缝，但是它的深环焊缝难于进行热处理。

7.3.2 热套式高压容器制造

7.3.2.1 概述

热套式高压容器是按容器所需总壁厚，分成相等或大约相等的 2～5 层圆筒，用 20～55mm 的中厚板分别卷制成筒节。热套好的筒节经环焊缝坡口的加工和组焊以及进行消除应力热处理等，即成为高压容器筒体，如图 7-28 所示。

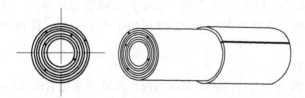

图 7-28　热套筒节

热套式高压容器已有较长的历史，但过去的热套容器是预应力容器，即热套之后，内层筒体受外压力，外层筒体受内压力。当工作时，容器在工作介质压力作用下，其应力分布比单层容器均匀。因此其过盈量是按所需要的预应力大精确计算的，为了保证预应力的大小，要求套合面作十分精密的机械加工，以保证最佳过盈量。由于最佳过盈量都比较小，允许的加工误差就更小，在大直径的容器上，要保证这种过盈量是十分困难的。例如，ϕ3200×150

的热套容器，由壁厚 50mm 的三层筒节套合成，若要求内筒内壁的环向预应力为 $\sigma_t = 160MN/m^2$，并按中、内筒套合后就获得内筒所需预应力，则直径过盈量为 5mm。若按内、中、外筒套合后获得内筒所需预应力，则此过盈量还要分至两套合面。因此，要在筒体各断面，以及每一断面的各方位上都保证这样的过盈量是很困难的，也是不经济的。故这类容器多年来未得到发展。

随着压力容器向大型化发展，高压容器的直径和壁厚都愈来愈大，以致传统的单层卷焊式难于加工，层板包扎式则更显得工艺繁琐和效率较低。于是热套容器又以新的设计观点（不作为预应力容器）而得到很快的发展，直至当前已成为大型高压容器的主要结构形式之一。

热套式容器的主要特点如下。

ⅰ. 设计时可以选择较大的过盈量，一般为套合直径的 $0.1\%\sim0.2\%$，并允许它有较大的误差范围。因而省去了精密的机械加工，甚至可以不进行机加工。因为过盈量较大，套合应力大，因而对套合面之间的紧密贴合较为有利。套合后所存在的较大套合应力，通过热处理消除，故不影响容器的安全使用。实验证明，套合应力通过热处理后，绝大部分都被消除，残余套合应力一般在 $60MN/m^2$ 左右。

ⅱ. 热套容器采用中厚板，中厚板比厚板的抗脆裂性能好，材质均匀，以获得和保证高强度。

ⅲ. 热套容器比单层容器安全。中厚板套合的容器没有深的纵焊缝；每层筒节都可按单层容器严格要求进行制造和检验，如单层筒节纵焊缝进行 100% 射线探伤，可进行单筒节或整体热处理等；即使内层筒体发生破裂，不会扩展到外层，并在每一筒节外层板上钻有警报孔，内部介质泄出也易于发现。

ⅳ. 在制造工艺方面可以充分发挥工厂能力，不需大型工艺装备便可制造很厚的容器。

ⅴ. 与层板包扎式相比，其钢材利用率高，生产率高，成本低。

ⅵ. 热套容器的不足之处：中厚板的抗脆裂性能不如 $6\sim8mm$ 的薄板好；仍存在深环焊缝的焊接问题；导热性不如单层容器，容器的当量导热系数为单层的 63%，所以高温条件下工作时温差应力较大；套合面不进行机加工的容器，对筒节的制造公差、钢板的表面质量及厚度偏差都有较高要求；在制造过程中加热次数较多，钢材经多次加热后，其力学性能有所下降；还需要较大型的加热炉和热处理设备。

7.3.2.2 热套容器的制造工艺过程

（1）结构简图

热套容器的结构很多，以年产 30 万吨合成氨的合成塔壳体为例，图 7-29 为其结构简图。它是一个三层热套容器，直径为 $\phi3200mm$，壁厚为 $3\times50=150$，材料为 18MnMoNbR，重量约为 3000kN。

（2）制造工艺过程

热套容器制造中的一个关键问题，是如何保证设计所规定的过盈量和套合面之间的均匀紧密结合，以使筒体套合应力均匀和导热性好。为此，必须要求套合面的尺寸和几何形状准确。

在当前的生产中，有套合面机械加工和不机械加工两种工艺路线。显然前者由于套合面经过切削加工，可以消除前面各个工序所产生的各种误差，并较容易保证过盈量，所以其套合面贴合的好，套合应力均匀。当然套合面机加工需要大型立式车床，而且较费工时，多用于小直径超高压及不进行热处理消除预应力的容器。而一般大直径容器，趋向于不机械加工。

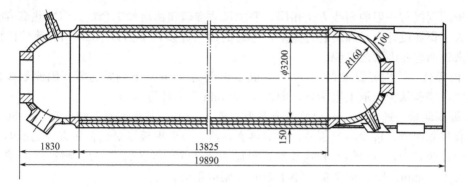

图 7-29　氨合成塔结构简图

　　不机械加工的热套容器，由于套合面之间的贴合不如机械加工容器好，所以套合应力的分布也不如机械加工容器均匀。因此，必须采取各种工艺措施，保证套合面的紧密贴合。热套容器制造工序流程如图 7-30 所示。

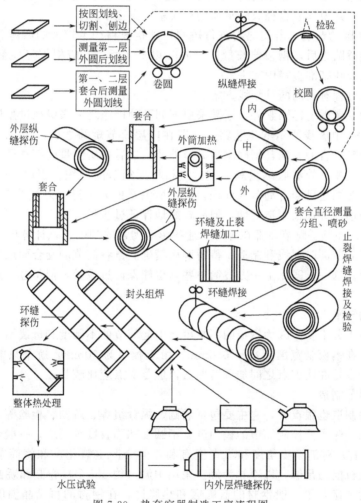

图 7-30　热套容器制造工序流程图

7.3.2.3　主要工序及技术措施

（1）钢板的测厚及划线

钢板的划线与一般的划线方法相同，要求尺寸准确和留出加工余量。但在热套容器的制造中，为了保证设计内径和套合过盈量，考虑的因素较多，下面以 $\phi3200$mm 筒体的内层筒节为例来说明这些因素之影响。

① 内径公差　内径要求为 $\phi3200^{+6}_{\ 0}$，其上偏差为 6mm，下偏差为零。因此划线尺寸应适当放大，经验认为以取上限为宜，即以 $\phi3206$mm 作为计算依据。

② 板厚测量　通常 50mm 板厚的公差为正负 1.2mm，某板实测的结果为 48～50.2mm。在一般容器划线时，极少测量板厚，但对热套容器，应考虑板厚对套合面直径的影响。一般划线以中径为基准，则内筒的划线基准直径应为 $\phi3206+50\pm\Delta$，Δ 为实测板厚的偏差，实测尺寸大于 50mm，则 Δ 取负值；小于 50mm 则取正值。

③ 套合应力产生的影响　因为套合应力较大，有时内筒内壁的周向应力接近于材料的屈服限，因此套合后内筒的内径被压缩小，外筒则被胀大。根据经验，对 $\phi3200$mm 的容器，经两次套合后，内筒的内径压缩达 6mm。于是划线基准直径应再加大 6mm，为 $\phi3212+50\pm\Delta$。

④ 焊缝收缩量　筒节焊缝的收缩量每条焊缝约为 1.5mm。因此应根据筒节的纵焊缝数算出其总收缩量，并换算成直径收缩量加到划线基准直径中。

⑤ 卷圆和矫圆的影响　若用热卷进行矫圆，则钢板将产生较大的碾薄和伸长，例如用四辊卷板机热卷矫圆之后，钢板伸长量达 20mm 以上。所以，应根据经验数据换算成直径上的伸长量，从划线基准直径中减去。

（2）与工艺过程有关的两种划线方案

划线时，除了考虑上述因素外，还需采取下列两种措施之一来保证过盈量。

ⅰ．按图 7-30 中虚线所示的工艺路线。即在内层筒节矫圆之后，在上、中、下三个断面上，取两个相互垂直的方向，精确测量筒节外径，然后按所测量内筒外径和所要求的过盈量，并考虑板厚误差、焊缝收缩量等影响，进行中层筒节的划线。当内、中层筒节套合之后，用同样的方法测量已套合筒节的外径，再按所测量的外径进行外层筒节的划线和制造。这种方案较为繁琐，会加长制造周期，但能较好地保证过盈量。

ⅱ．内、中、外三层筒节，都在考虑上述各影响因素的基础上，计算出各层的划线基准直径，然后所有筒节同时划线和制造，待矫圆后精确测量各筒节的套合面尺寸，最后再进行选择配合和套合。这一方案比上一方案简单些，也能保证过盈量，但是过盈量的波动比上一方案大。

（3）钢板的矫平

钢板的矫平十分重要，因为钢板的不平度将引起筒节的不圆度和母线不直度。通常要求钢板不平度为，在钢板全宽度上小于 0.5mm。由于板厚为 50mm，矫平只能在大型水压机上进行，其方法也是在两支点之间加压弯曲法，但是支点应比较长。

（4）单层筒节制造

单层筒节的制造也很重要，它主要包括卷圆、纵缝组焊、矫圆、检验等工序。

卷圆和矫圆工序主要控制筒节的棱角度、不圆度和不直度等要求。一般热卷矫圆（工件加热至 950℃左右）对消除棱角度和不直度有利，但会产生氧化皮和将筒节碾薄、圆周碾长，所以若卷板机能力足够，以冷卷为好。采用中温（约 550℃）卷圆和矫圆，也是较好的措施。这一温度区避开了一般钢材的蓝脆区和热脆区，在钢材的再结晶温度以上，塑性较好，氧化也较小。根据工厂经验，采用冷卷中温矫圆，不但矫圆效果好，而且筒节周长变化很微小。

筒节矫圆以后，其几何形状基本定型，因此矫圆是一道重要工序。经矫圆和磨锉以后的筒节应满足以下要求。

ⅰ. 棱角度 E 应符合表 7-2 之规定。棱角度用弦长等于 1/3 设计直径、且不小于 400mm 的圆弧样板进行检查。

表 10-2　筒节棱角度允许值

棱角 E/mm	$E \geqslant 1.5$	$1.5 > E \geqslant 1.25$	$1.25 > E \geqslant 1$	$1 > E \geqslant 0.75$	$0.75 > E \geqslant 0.5$	$0.5 > E \geqslant 0.2$	$E < 0.2$
$\dfrac{\text{棱角 } E \text{ 的弧长}}{\text{套合面圆周长}}$%	0	3	4	5	6	7	不计

棱角度对套合面之间的紧密贴合影响最大，它主要出现在焊缝处，是由于小段直边和对口错边量的存在，焊缝的收缩变形，卷圆时焊缝强度高于其他部位等因素引起。在套合时，棱角度不会因套合应力的作用而消除，因而形成层间间隙。在工艺上，除了采取两次预弯直边，尽量减小错边量，仔细矫圆等措施外，纵焊缝应进行机械加工或磨锉，使纵焊缝的圆弧曲率与筒身一致。这一操作很重要，因为磨锉消除了错边、小段的平直部分、棱角、焊缝加强高、咬边等圆面的不连续部分。这些部分都是造成局部应力集中、产生疲劳裂纹和附加弯曲应力的根源。实验表明，经过磨锉的热套容器，其疲劳强度比保留焊缝加强高的容器提高了 2.1～2.5 倍。此外，磨锉还可消除焊缝表层存在的裂纹，以及便于磁粉探伤。

ⅱ. 筒节不圆度不能太大。套合时，筒节的不圆度在套合应力作用下，会向正圆方面调整，一般不会引起层间间隙。因此，套合后套合筒节的不圆度，比单层筒节小。但是，不圆度太大会使套合应力不均匀，甚至由于不圆度在套合中引起的附加弯曲应力过大，而出现反常的应力状态，即内筒内壁应为压缩应力，但因不圆度过大，在该点出现拉伸应力。

此外，不圆度过大还会使套合时的间隙不均匀，影响套合操作，甚至无法套合。因此对每一筒节，在上、中、下三个断面上测量，同一断面上的最大最小直径差，应不大于 0.5% 的设计直径。

ⅲ. 单层筒节的平直度。平直度用长度不小于筒节长度的直尺检查，将直尺沿轴线靠在筒身上，测量其间隙不得大于 1.5mm。

（5）套合

套合通常是从内向外，即先内层和中层筒节套合再与外层筒节套合。套合时应注意以下几点。

ⅰ. 套合操作应靠筒节自重自由套入，不允许强力压入。

ⅱ. 套合前应根据套合面各方位的直径，考虑套合间隙均匀定出两筒节相互套合方位。并使各层筒节的纵焊缝开，错开角度不小于 30°。

ⅲ. 确定加热温度。外筒加热温度高，膨胀大，利于套合的顺利进行。但套合温度应不影响材料的力学性能，特别是调质钢和正火加回火的钢材，加热温度应低于回火温度。一般情况可比其最后热处理温度低 20～25℃。在上述前提下，外筒加热温度可按下式估算：

$$D_{2i}[1 + \alpha(t - t_0)] \geqslant D_{1o} + \Delta_1 + \Delta_2 \tag{7-7}$$

$$t \geqslant \frac{D_{1o} + \Delta_1 + \Delta_2 - D_{2i}}{D_{2i}\alpha} + t_0 \tag{7-8}$$

式中　t——外筒加热温度，℃；

　　t_0——环境温度，℃；

　　D_{2i}——外筒内径，mm；

　　D_{1o}——内筒外径，mm；

　　α——钢材线膨胀系数；

Δ_1——直径过盈量，mm；

Δ_2——最小套合间隙，根据各厂条件确定，mm。

通常加热温度约为 500～600℃。

ⅳ．层间间隙检查。套合后两层间的间隙（即套合面间的间隙），是在筒节端部用塞尺检查。间隙的存在会造成容器在使用过程中应力不均，使壳体某些部位处于高应力状态下运行，降低了容器疲劳强度，影响其使用寿命。

当间隙的径向尺寸较小时，随着工作压力的逐渐升高，内层筒体膨胀变形，层间间隙逐渐减小以至消失，引起筒体应力状态的重新分布，即整个筒体在高压下的应力状态接近单层容器的应力状态。因此为保证设备质量，间隙的径向尺寸必须小于 1.5mm，单个间隙的最大面积，不得大于 0.4％的套合面积。当间隙的径向尺寸小于 0.2mm 时，它的应力状态与单层容器相当，可以不计。

此外，筒节中部存在的间隙，由于无法检查，所以只有靠采取工艺措施来避免。例如筒节不直度必须小于 1.5mm，棱角度 E 必须小于 1.5mm 等要求，也就是对最大间隙的限制。

ⅴ．外筒加热。外筒加热速度约为每小时 100℃，升温至 500～540℃之后，保温 50min，出炉后迅速套合。为防止冷却，可采用一个随工件一起加热的保温套，或直接在炉车上套合，还可将筒节置于地炉（井式炉）内加热，套合操作也在炉内进行。

（6）环缝组焊

筒体的环焊缝属于深槽焊缝，均为 U 形外焊缝，如图 7-31 所示。筒节套合好之后，按图车削出焊接坡口。由于容器是多层结构，在层间间隙处，焊接时可能产生夹渣、未熔合等缺陷，而且焊接后焊缝冷却收缩，层间间隙有扩大的倾向。因此当容器使用温度很高或很低时（例如大于 450℃或小于 −40℃），或工作压力经常波动，须采用止裂焊缝，如图 7-32所示。

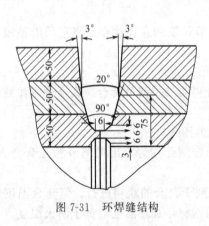

图 7-31　环焊缝结构

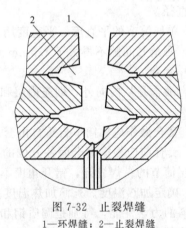

图 7-32　止裂焊缝

1—环焊缝；2—止裂焊缝

（7）检验

热套容器制造过程中，除尺寸和几何形状的检查外，检查项目还很多，与筒体制造有关的检验项目如下。

① 钢板探伤　筒体所用钢板需经过超声波探伤，结果应符合 JB/T 4730.3—2005 的规定。

② 焊缝探伤　有以下几项要求。

ⅰ．筒体环焊缝焊接后及水压试验后，需经 100％的射线或超声波探伤。

ⅱ．所有单层筒节的纵焊缝焊接后，需经 100％的射线或超声波探伤。中层及外层筒节的纵焊缝在套合后，还需经过100％的射线或超声波探伤。

ⅲ．内层筒节及最外层筒节的焊缝在水压试验后，还需经100％的射线或超声波探伤。

探伤结果应符合下述要求。

所有纵焊缝、环焊缝应符合 JB/T 4730—2005 的相关规定；所有单层筒节纵焊缝的内、外表面及筒体环焊缝的内、外表面，在磨锉后需作磁粉探伤。环缝的内表面及内层筒纵缝的内表面，在水压试验后还要作磁粉探伤。

必须指出，在一般情况下，所有纵、环焊缝的磁粉探伤及射线或超声波探伤，只需在焊接后进行一次即可。上述焊缝探伤项目是根据工厂经验，为确保设备质量提出来的。因为在水压试验后，热套容器的内层筒可能发生较大的弹性变形，某些局部地方还会产生塑性变形，使原来允许存在的缺陷可能扩大超过允许值，也有可能产生新的缺陷。因此水压试验后，内、外层筒的纵、环焊缝还要做射线或超声波探伤，筒体内表面的纵、环焊缝还需要做磁粉探伤。

此外套合以后，外层套合筒节将产生膨胀变形，也有可能发生缺陷的扩展，因此每次套合后的外筒纵缝，也需再进行探伤。

③ 力学性能测试　每台产品应在任意筒节的纵焊缝延长部位焊上一块焊接试板，以便作为焊接接头进行力学性能试验。调质处理的筒体和封头，则应附上一块母材热处理试板，其处理工艺与被检查工件一致，作为检查工件热处理后的力学性能试板。

④ 水压试验　制造完工的容器，按图样要求进行水压试验。

（8）热处理

热处理的目的主要是消除焊接应力和套合应力。比较好的情况是整个过程只须两次加热，即第一次加热用来消除纵焊缝焊接应力兼套合加热；第二次加热用来消除环焊缝焊接应力兼消除套合应力。

由于材料和条件不同，加热次数也不同。例如在直径为 $\phi 3200mm$ 合成塔的制造过程中，共需五次加热，这是因为：

ⅰ．18MnMoNbR 钢板的缺口敏感性高，经火焰切割后切口有淬硬倾向，为了防止预弯时产生裂纹，在切割后钢板需经 580℃ 保温 1h 的软化退火。

ⅱ．采用了中温矫圆兼消除筒节纵焊缝焊接应力的热处理，这主要是由于卷板机能力不够，冷矫不能消除棱角度等缺陷。

ⅲ．焊接环焊缝时有焊缝收缩应力，如果套合应力不预先消除则焊缝中的应力比较复杂。因此，为了慎重而采取先消除套合应力后焊环缝。

经这样五次加热，使钢材的强度限和屈服限降低很多。

习　题

7-1　简述固定管板式换热器的制造和装配过程。

7-2　为什么管板与管子连接设计者优先选用焊接？

7-3　简述爆炸胀接的基本原理。

7-4　简述单层和多层容器的制造特点。

7-5　氨合成塔制造时，为什么共需五次加热？

8 过程设备的质量检验

8.1 质量检验的目的、内容及方法

8.1.1 质量检验的目的

质量检验是确保过程设备制造质量的重要措施,它对指导设备制造工艺及确保设备在生产中的安全运行起着十分重要的作用。因此,每个设备制造厂都建立了从原料到制造过程及最终水压试验的一系列检验制度,并设有专门的检验机构和人员。具体说来过程设备的检验有以下目的。

ⅰ. 及时发现材料中或焊接等各种工序产生的缺陷,以便及时修补或报废,减小损失.

ⅱ. 为制定工艺过程提供依据和评定工艺过程的合理性。例如,在采用新钢种、新焊接材料、新焊接工艺时,在设备制造前须作工艺试验;对试件的质量进行鉴定,就能为设备的制造工艺提供技术依据;对新产品的质量进行鉴定,便可评定所选工艺是否恰当。

ⅲ. 作为评定产品质量优劣等级的依据。

8.1.2 质量检验的内容和方法

设备制造过程中的检验,包括原材料的检验、工序中的检验及试压。具体内容及方法如下。

(1) 原材料和设备零件尺寸及几何形状的检查。

原材料和设备零件的尺寸及几何形状应符合图样和相关标准规范的规定。

例如焊缝的外形尺寸应符合图样要求,焊缝高度不低于母材,焊缝与母材应圆滑过渡。焊缝与热影响区表面不得有裂纹、气孔、弧坑、夹渣及超过 0.5mm 的咬边。

钢板厚度检查应在距离顶角不小于 100mm 和距离边缘不小于 20mm 处测量,任何点的测量厚度差值不得超过 GB/T 4709—2006《热轧钢板和钢带的尺寸、外形、重量及允许偏差》等标准的规定值。

优质钢板的波浪度和瓢曲度不大于 10mm;普通碳素钢和低合金钢板的波浪度和瓢曲度不大于 15mm。

(2) 破坏性试验

破坏性试验包括原材料和焊缝的化学成分分析、力学性能试验和金相组织检查。

对钢材或焊缝一般不进行化学成分分析,但如果对材料的化学成分不清,或采用新钢种、新工艺,以及认为有必要时,也要进行分析。化学成分分析可按 GB/T 222—2006《钢的成品化学分析允许偏差》及 GB/T 20066—2006《钢和铁化学成分测定用试样的取样和制样方法》进行。

力学性能试验是设备制造中经常进行的项目。对原材料,包括钢板、钢管、型钢等,在有合格证明书时,可以不检验,但是证明书不全或认为有必要时,也要进行检验。对设备的破坏性试验,是用产品所带焊接试板进行。试板如图 8-1 所示。焊接试板应和产品一起焊接

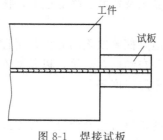

图 8-1　焊接试板

和进行热处理。

力学性能试验项目主要包括拉伸试验、弯曲试验、压扁试验（钢管）、冲击试验、应变时效冲击试验和低温冲击试验。各种力学性能试验可按相应的试验规范和标准进行。

金相组织检查的目的是检查金属的金相组织及其内部显微缺陷。其方法包括宏观和微观组织检查。

宏观组织检查，即低倍组织检查，包括酸蚀、断口等检查。酸蚀检查是将试样切断的断面磨削至 $Ra0.32\mu m$，经酸蚀处理，然后用 5～10 倍的放大镜检查其低倍组织情况，可以清楚地看到焊缝各区的界限、未焊透、裂纹、偏析、严重的组织不均等缺陷。对原材料则可检查其有无裂纹、缩孔、气孔、一般疏松、偏析、夹杂物等缺陷。断口检查是在试样的侧面，沿宽度方向切出深度等于 1/3 试样宽度的刻槽，然后用落锤法击断，再用放大镜观察其断口。所能检查的缺陷与酸蚀法基本相同。

显微组织检查是将厚度小于 1.5cm，面积小于 $4cm^2$ 的试片，经磨削、抛光、酸蚀、洗净等处理之后，用 50～1500 倍率的金相显微镜观察和照相，以确定其显微组织状态。

（3）无损检测

原材料及焊缝表面和内部缺陷的检验，其检验方法是无损检测。它包括射线探伤、超声波检测、磁粉检测、着色检测等。

（4）设备的试压

设备的试压包括水压试验、气压试验、气密性试验等。它是设备的设计和制造过程的综合性检查，不但在设备制造工程中，而且在运转期间经检修之后均要进行。

上述这些检验项目，对某一个化工设备而言，并不一定要求全部进行。对原材料一般都有合格证明书，因此它的检验除必要的抽查之外，往往根据后续工序要求进行。例如钢板厚度在施工时一般不进行检查，但对制造热套容器的钢板，为保证过盈量则须逐张测量。

在过程设备制造中，焊缝的检验是最重要的检验项目，而无损检测是检测焊缝中存在缺陷的主要手段，它贯穿整个设备制造过程。这也是本章所讨论的重点。

8.2　无损检测

8.2.1　无损检测的概念和种类

（1）无损检测的概念

所谓无损检测，是指在不破坏工件的条件下，发现工件中存在缺陷的检验方法。无损检测（non-destructive testing，NDT）属于非破坏性检查，在我国，又被称为无损探伤，是一门新兴的学科，涉及电学、光学、声学、分子物理、有机、无机化学等基础理论知识。无损检测技术在材料加工、零件制造、产品组装直至产品使用整个过程中，不仅起到保证质量、保障安全的监督作用，还在节约能源及资源、降低成本，提高成品率和生产效率方面起到了积极的促进作用。

现代无损检测与评价技术不但要探测缺陷的有无，而且还要给出材料的定量评价，如缺陷的形状、大小、位置、取向、分布和内含物等，以及对有缺陷的材料和产品的质量评价。如内部的残余应力、组织结构、涂层厚度等。

（2）无损检测的分类

有人按照不同的原理和不同的检测方法及信息处理方式，详细地统计了各种无损检测方法，总共达 70 余种，常用的无损检测种类见图 8-2。

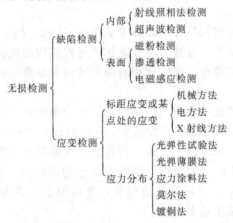

图 8-2　无损检测的分类

最重要的五种常规检测方法包括射线检测（RT）、超声波检测（UT）、磁粉检测（MT）、渗透检测（PT）和涡流检测（ET）。其中射线检测（RT）和超声波检测主要用来检测设备及焊缝的内部缺陷，磁粉检测、渗透检测和涡流检测。主要用来检测设备及焊缝的外部缺陷。

8.2.2　常用的无损检测方法简介

8.2.2.1　射线检测

目前射线检测包括 X 射线、γ 射线、高能 X 射线检测和中子射线检测。它们的基本原理相同，只是射线源不同。其中前两种应用较普遍。

（1）射线检测的原理

射线能用于检测是由于它有以下基本性质，直线传播，能透过可见光不能透过的物质，如金属等，在所透过的物质中有衰减作用和衰减规律，能使照相软片感光。

X 射线或 γ 射线就本质而言与可见光相同，都属于电磁波。但因波长不同，所以性质也有所差异。X 射线的波长为 1019～0.006Å。γ 射线的波长为 1.139～0.003Å。波长愈短，射线愈硬，穿透力愈强。反之，穿透力愈弱。

图 8-3 为 X 射线检测的原理图，射线源发出的射线照射到工件上，并透过工件照射到暗盒中的照相软片上，使软片感光。

利用射线检测时，若被检工件内存在缺陷，缺陷与工件材料不同，其对射线的衰减程度不同，且透过厚度不同，透过后的射线强度则不同。如图 8-3 所示，若射线原有强度为 J_0，透过工件和缺陷后的射线强度分别为 J_δ 和 J_x。胶片接受的射线强度不同，冲洗后可明显地反映出黑度差部位，即能辨别出缺陷的形态、位置等。

透过工件后的射线强度为：$J_\delta = J_0 e^{-\mu\delta}$

透过缺陷后的射线强度为：$J_x = J_0 e^{-\mu(\delta-x)}$

透过后射线强度之比为：$\dfrac{J_x}{J_\delta} = e^{\mu x}$

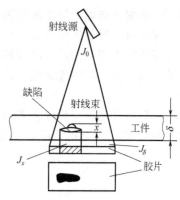

式中 μ——衰减系数；

    x——透照方向上的缺陷尺寸；

    e——自然对数的底。

可见沿射线透照方向的缺陷尺寸 x 越大，衰减系数 μ 越大，则有无缺陷处的强度差越大，J_x/J_δ 值越大，在胶片上的黑度差越大，越易发现缺陷所在。

图 8-3 X 射线检测原理

（2）射线检测的特点

ⅰ．在灵敏度范围内缺陷直观，结果可靠，故可作为最终评定依据。

ⅱ．能将评定结果保留下来，供今后分析用。

ⅲ．检验时间长，费用高，生产高参数容器（如三类容器）时拍片量很大，对生产安排造成困难。

ⅳ．厚壁容器上显得透照厚度有些不足，即使采用 γ 射线、虽透照厚度提高但灵敏度却下降，特别对裂纹方向敏感，射线垂直于裂纹平面时难于发现，对细小裂纹也不易查出。

ⅴ．灵活性差，有的接头和设备上的焊缝不易拍片。

ⅵ．要注意安全防护，特别是 γ 射线，防止检验人员和其他生产人员受到大剂量的照射。

8.2.2.2 超声波检测

（1）超声波的特点

超声波即是频率高于 20000Hz 机械波（声波的频率范围在 20～20000Hz 之间），超声波的特征如下。

ⅰ．具有良好的方向性。在超声检测中超声波的频率高、波长短，在介质传播过程中方向性好，能较方便、容易地发现被检物中是否存在缺陷。

ⅱ．具有相当高的强度。超声波的强度与其频率的平方成正比，因此其强度相当高。如 1MHz 的超声波能量（强度）相当于 1kHz 声波强度的 100 万倍。

ⅲ．在两种传播介质的界面上能产生反射、折射和波形转换。目前国内广泛采用的脉冲反射式超声检测法就是利用了这一特点。

ⅳ．具有很强的穿透能力。超声波可以在许多金属或非金属物质中传播，且传播距离远、传输能量损失少、穿透力强，是目前无损检测中穿透力最强的检测方法，如可穿透几米厚的金属材料。

ⅴ．对人体无伤害。

（2）超声波检测原理

用于检测的超声波发生器是利用压电晶体的压电效应制成的。某些物质的晶体，如石英、钛酸钡、锆酸铅等，当在某晶体方向制取晶片并在两端面镀银引出导线后，向导线输入高频电压，则晶片就会在轴向发生相应频率的伸缩应变—振动，即产生了超声波；反之，若高频声波—振动传到晶片上，晶片的伸缩应变又会在端面上出现相应频率的电信号。前一种效应可以用来产生超声波，后一种效应可接收超声波。也就是说压电晶片是电能和机械能的相互换能器，它是探头的关键元件。

探头与工件间的接触面与晶片轴线垂直，即超声波是垂直于接触面输出的称为直探头，超声波倾斜于接触面输出的称为斜探头。钢板检测多用直探头，焊缝检测用斜探头。

探头可以发射连续声波、也可以发射脉冲波，两种都可以用于检测。探头发射完脉冲波后就等待反射回来的波并将其转换成电信号，一个探头兼有发射与接收的功能，故用一个探头就可以工作。发射连续超声波的探头无法再兼接收，必须与另一个用于接收信号的探头配合工作。

虽然各种超声波检测仪都是检测和显示由缺陷反射的信号，但显示方式各不相同，检测焊件经常用 A 型显示，探头兼有发射与接收的功能，其原理如图 8-4 所示。

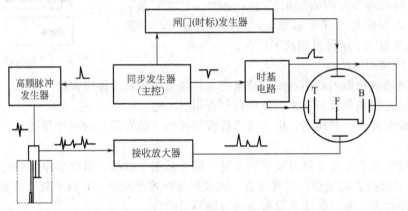

图 8-4   A 型显示超声检测原理

起主控作用的同步发生器规律地发出脉冲信号，指使高频脉冲发生器相应发出一个脉冲，此高频脉冲在探头内转换成超声波脉冲输入工作。同步器的脉冲同时使时基电路工作，让荧光管的扫描器作水平扫描，使接收放大器收到的信号按时间先后展开在荧光屏上。放大器的放大信号控制荧光屏上的垂直偏转。高频脉冲发生器发出的信号首先到达，在扫描开始处产生一个垂直脉冲 T（一般在左边），称为始脉冲或面波；由工件底板反射回来的超声波经探头转换成的电信号最晚，它造成的垂直脉冲位置向右移动（尽量调到最右侧），称为底脉冲或底波 B。若工件内无缺陷，则荧光屏上只有 T 和 B；若有缺陷，则由其界面上反射回来的信号介于 T 和 B 之间，称为缺陷脉冲或伤波 F。由于电信号的传播速度比声波传播速度大很多，故荧光屏上各波的时间差可以认为全是声程差造成的，这样，T、F、B 在屏上的距离就与表面、伤面、底面的距离成比例。因此，F 的存在和位置也就反应了缺陷的存在与位置。

超声波检测仪 A 型显示的仪器结构简单且使用非常灵活，探测焊缝较方便，但不能清楚地显示出缺陷的形象，B 型显示的医用超声检测仪（"B"超）虽能显示出内部形象，但尚未广泛用于金属结构内部缺陷的检测上。

（3）超声波检测的特点

ⅰ. 快速。超声检测时立即就可以判断有无缺陷，并很快可以判断缺陷性质，当仪器和钢板表面都正常时几乎不用准备时间。

ⅱ. 轻便。超声波检测仪体积小，重量轻，可以方便地随时随地检查。

ⅲ. 价廉。超声波检测的物质消耗很少，工时也较少。

ⅳ. 灵敏。超声波检测对微小裂纹也较敏感，这是射线透照法不能相比的。

ⅴ. 探测厚度大。超声波检测可探测数米深的缺陷，就压力容器制造来说，超声波检测在厚度上是足够的。

ⅵ. 超声波检测对缺陷的判断不够明确可靠。

ⅶ. 超声波检测不便留下缺陷的判断凭据，现虽可以记录下检验时伤波特点，但使用也不方便。

ⅷ. 超声波检测存在盲区。用反射法（如单探头）检测时，接近表面的缺陷若声程时间在脉冲时间内，则伤波与面波或底波会重合、难以分辨出伤波而形成盲区。而这种接近表面的缺陷危害性更大，更需要探测出来。用透射法（双探头）可以克服此缺点，但灵活简便的程度会下降。

8.2.2.3 磁粉检测

（1）基本原理

磁粉检测只适宜用于导磁性很好的铁磁性材料，如铁、钴、镍及其合金。这种材料的工件被磁化的部分，其内部磁力线在无缺陷（主要是裂纹）处是均匀的，遇到缺陷时由于缺陷的磁导率低很多，磁力线会发生弯曲挤向磁导率高的部分。当材料磁化接近饱和时，磁力线会在缺陷处逸出工件而形成漏磁，如图 8-5 所示。这种漏磁能吸住磁粉，聚集形成磁痕，故凡出现磁痕的地方就表示该处有缺陷存在，磁粉滞留的形状与缺陷形状接近。通过对磁痕的分析即可评价缺陷。

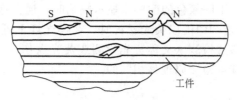

图 8-5　磁粉检测原理

显然，外露性缺陷最易产生漏磁，缺陷在磁力线方向上断面及厚度愈大愈易形成漏磁，隐藏的缺陷愈靠近表面愈可能产生漏磁，磁场强度大的工件愈接近磁饱和愈容易产生漏磁。只有产生漏磁后才能显示缺陷。因此，要使磁粉检测灵敏度提高，首先要使磁场强度提高，磁化方向要取有利方向（垂直裂纹面），当缺陷方向不明时，要使磁化方向旋转，或两个互相垂直方向都磁化，以免漏检。磁粉检测通常能探出工件表面上宽度 0.01mm，深度 0.03mm 以上的缺陷。

（2）磁粉检测技术要点

① 磁化方式　可以用永磁铁、电磁铁或通电螺旋管甚至直接向工件导入强电流来磁化工件，通电方式又分交流和直流两种，交流有集肤效应，对表面（深 1.5mm）缺陷更敏感，直流可以查出更深（6～7mm）的缺陷。互相垂直的两个方向同时磁化称为联合磁化。

② 磁粉要求　磁粉要有较高的磁导率和较低的矫顽力，通常用 Fe_3O_4 和 Fe_2O_3 粉制造，平均粒度 5～10μm，最大不超过 50μm，为便于观察有的还制成荧光型。单纯用磁粉称干法，其优点是灵敏度高，因为干粉灵活，但形状复杂的工件有时不好涂撒；将磁粉与油（低黏度）制成悬浮液称为湿法，其特点与干法相反。

③ 工件表面要求　被检表面应有必要的光洁度和光滑度，否则表面上的沟纹（如粗加工刀纹、螺纹）会造成假象。

④ 退磁　工件磁化后常有不同程度的剩磁，当需要退磁时应在退磁机上退磁（磁力探伤机有此功能），或放在任何能逐渐减弱的交流磁场中退磁。

（3）磁粉检测有如下几个特点。

ⅰ. 适用于能被磁化的材料（如铁、钴、镍及其合金等），不能用于非磁性材料（如铜、铝、铬等）。

ⅱ. 适用于材料和工件的表面和近表面的缺陷，该缺陷可以是裸露于表面，也可以是未裸露于表面。不能检测较深处的缺陷（内部缺陷）。

ⅲ．能直观地显示出缺陷的形状、尺寸、位置，进而能做出缺陷的定性分析。

ⅳ．检测灵敏度较高，能发现宽度仅为 $0.1\mu m$ 的表面裂纹。

ⅴ．可以检测形状复杂、大小不同的工件。

ⅵ．检测工艺简单，效率高、成本低。

8.2.2.4　渗透检测

（1）渗透检测的基本原理

当被检工件表面存在有细微的肉眼难以观察到的裸露开口缺陷时，将含有有色染料或者荧光物质的渗透剂，用浸、喷或刷涂方法涂覆在被检工件表面，保持一段时间后，渗透剂在存在缺陷处的毛细作用下渗入表面开口缺陷的内部，然后用清洗剂除去表面上滞留的多余渗透剂，再用浸、喷或刷涂方法在工件表面上涂覆薄薄一层显像剂。经过一段时间后，渗入缺陷内部的渗透剂又将在毛细作用下被吸附到工件表面上来，若渗透剂与显像剂颜色反差明显（如前者多为红色，后者多为白色）或者渗透剂中配制有荧光材料，则在白光下或者在黑光灯下，很容易观察到放大的缺陷显示。

当渗透剂和显像剂配以不同颜色的颜料来显示缺陷时，通常称为着色渗透检测（又称着色检测或着色检测）。当渗透剂中配以荧光材料时，在黑光灯下可以观察到荧光渗透剂对缺陷的显示，通常称为荧光渗透检测（又称荧光检测或荧光探伤）。因此，渗透检测是着色检测和荧光检测的统称。其基本检测原理是相同的。

（2）渗透检测的特点

ⅰ．适用材料广泛，可以检测黑色金属、有色金属，锻件、铸件、焊接件等；还可以检测非金属材料如橡胶、石墨、塑料、陶瓷、玻璃等的制品。

ⅱ．渗透检测是检测各种工件裸露出表面开口缺陷的有效无损检测方法，灵敏度高，但未裸露的内部深处缺陷不能检测。

ⅲ．设备简单、操作方便，尤其对大面积的表面缺陷检测效率高，周期短。

ⅳ．所使用的渗透检测剂（渗透剂、显像剂、清洗剂）有刺激性气味，应注意通风。

ⅴ．若被检表面受到严重污染，缺陷开口被阻塞且无法彻底清除时，渗透检测灵敏度将显著下降。

8.2.2.5　涡流检测

（1）涡流检测的原理

涡流检测是建立在电磁感应原理基础之上的一种无损检测方法，它适用于导电材料。当把一块导体置于交变磁场之中，在导体中就有感应电流存在，即产生涡流。由于导体自身各种因素（如电导率、磁导率、形状，尺寸和缺陷等）的变化，会导致涡流的变化，利用这种现象判定导体性质、状态的检测方法，叫涡流检测。

在涡流检测中，是靠检测线圈来建立交变磁场，把能量传递给被检导体，同时又通过涡流所建立的交变磁场来获得被检测导体中的质量信息。所以说，检测线圈是一种换能器。检测线圈的形状、尺寸和技术参数对于最终检测是至关重要的。在涡流检测中，往往是根据被检测工件的形状，尺寸、材质和质量要求（检测标准）等来选定检测线圈的种类。常用的检测线圈有三类。

① 穿过式线圈　穿过式线圈是将被检测试样放在线圈内进行检测的线圈，适用于管、棒、线材的检测。由于线圈产生的磁场首先作用在试样外壁，因此检出外壁缺陷的效果较好。

② 内插式线圈　内插式线圈是放在管子内部进行检测的线圈，专用来检查厚壁或钻孔

内壁的缺陷，也用来检查成套设备中管子的质量，如换热器管的在役检验。

③ 探头式线圈　探头式线圈是放置在试样表面上进行检测的线圈，它不仅适用于形状简单的板材、板坯、方坯、圆坯、棒材及大直径管材的表面扫描检测，也适用于形状较复杂的机械零件的检查。与穿过式线圈相比，由于探头式线圈的体积小、场作用范围小，所以适于检出尺寸较小的表面缺陷。

(2) 涡流检测的特点

涡流检测是以电磁感应原理为基础的一种常规无损检测方法，适用于导电材料。其特点如下。

ⅰ. 检测时，线圈不需要接触工件，也无需耦合介质，所以检测速度快。

ⅱ. 对工件表面或近表面的缺陷，有很高的检出灵敏度，且在一定的范围内具有良好的线性指示，可用作质量管理与控制。

ⅲ. 可在高温状态、工件的狭窄区域、深孔壁（包括管壁）进行检测。

ⅳ. 能测量金属覆盖层或非金属涂层的厚度。

ⅴ. 可检验能感生涡流的非金属材料，如石墨等。

ⅵ. 检测信号为电信号，可进行数字化处理，便于存储、再现及进行数据比较和处理。

ⅶ. 对象必须是导电材料，只适用于检测金属表面缺陷。

ⅷ. 检测深度与检测灵敏度是相互矛盾的，对一种材料进行 ET 时，须根据材质、表面状态、检验标准作综合考虑，然后再确定检测方案与技术参数。

ⅸ. 采用穿过式线圈进行涡流检测时，对缺陷所处圆周上的具体位置无法判定。

ⅹ. 旋转探头式涡流检测可定位，但检测速度慢。

表面缺陷检测法不单用于焊缝，也用于重要锻件、铸件的半成品和成品检验，高压管的裂纹检查用这类方法较好，尤以磁粉检测为最优越适用。

8.2.3　无损检测的对比和选用

8.2.3.1　材料的缺陷及适用的检测方法

在工程技术中普遍认为：①没有缺陷的材料是不存在的，而所有的装置、设备又都是选用不同材料来制作零件，然后安装而成的。⑪不产生缺陷的（缺陷的多少、轻重不一）加工方法是没有的，而所有的零部件都是经过多种加工工序制造出来的。

在对材料或结构进行无损检测时，无论在什么情况下，首先检测对象要明确，才能确定应采用怎样的检测方法和检测规范来达到规定的目的。为此，必须预先分析被检工件的材质、成形方法、加工过程和使用经历，必须预先分析缺陷的可能类型、方位和性质，以便有针对性地选择恰当的检测方法进行检测。

根据检测目的或被检测对象的重要性，需要用来描述材料和构件中缺陷状态的数据相应地有多有少，且任何一种检测方法都不可能给出所需要的全部信息。因此，从发展的角度来看，有必要使用两种或多种无损检测方法，并使之形成一个检测系统，才能比较满意地达到检测目的，对大型复杂设备的检测就更是如此。

就缺陷的检出而言，各种检测方法都有各自的适用范围，各种加工工艺和材料中常见的缺陷见表 8-1。同时就一个成功的无损检测工艺设计而言，还应考察被检对象的许多情况，主要包括以下几点。

ⅰ. 材料的特性（磁性、非磁性、金属、非金属等）。

ⅱ. 零（部）件的形状（管、棒、板、饼及各种复杂的形状）。

ⅲ. 零（部）件中可能产生的缺陷的形态（体积型、面积型、连续型、分散型）。

ⅳ. 缺陷在零（部）件中可能存在的部位（表面、近表面、或中部）。

表 8-1　各种加工工艺和材料中常见的缺陷

材料与工艺		常见的缺陷
加工工艺	铸造	气泡、疏松、缩孔、裂纹、冷隔
	锻造	偏析、疏松、夹杂、缩孔、白点、裂纹
	焊接	气孔、夹渣、未焊透、未融合、裂纹
	热处理	开裂、变形、脱碳、过烧、过热
	冷加工	表面粗糙度、缺陷层深度、组织转变、晶格扭曲
金属型材	板材	夹层、夹灰、裂纹等
	管材	内裂、外裂、夹杂、翘皮、折叠等
	棒材	夹杂、缩孔、裂纹等
	钢轨	白核、黑核、裂纹
非金属材料	橡胶	气泡、裂纹、分层
	塑料	气孔、夹杂、分层、黏合不良等
	陶瓷	夹杂、气孔、裂纹
	混凝土	空洞、裂纹等
复合材料		未黏合、黏合不良、脱黏、树脂开裂、水溶胀、柔化等

就缺陷类型来说，通常可分为体积型和面积型两种。表 8-2 为不同的体积型缺陷及其可采用的无损检测方法，表 8-3 为不同的面积型缺陷及其可采用的无损检测方法。

表 8-2　不同的体积型缺陷及其可采用的无损检测方法

缺陷类型	可采用的无损检测方法
夹杂、夹渣、夹钨、缩孔、疏松、气孔、腐蚀坑	目视检测（表面）,渗透检测（表面） 磁粉检测（表面及近表面） 涡流检测（表面及近表面） 超声检测、射线检测、红外检测、微波检测、中子照相、光全息检测

表 8-3　不同的面积型缺陷及其可采用的无损检测方法

缺陷类型	可采用的无损检测方法
分层、黏结不良、折叠、冷隔、裂纹、未熔化	目视检测、超声检测、磁粉检测、涡流检测、微波检测、声发射检测、红外检测

一般来说，射线检测对体积型缺陷比较敏感，超声波检测对面状缺陷比较敏感，磁粉检测只能用于铁磁性材料的检测，渗透检测则用于表面开口缺陷的检测，而涡流检测对开口或近表面缺陷、磁性和非磁性的导电材料都具有很好的适用性。就检测对象来说，尽管目前被检测对象中仍然以金属材料（或构件）为主，但无损检测技术在非金属材料中的应用愈来愈多。例如复合材料无损检测、陶瓷材料无损检测、钢筋混凝土构件的无损检测等亦已全面展开。无损检测应该在对材料（或构件）的质量有影响的各工序之后进行，仅以焊缝的检测为例，在热处理前应视为对原材料和焊接质量的检查；而在热处理后则是对热处理工艺的检测。另外高合金钢焊缝有时会发生延迟裂纹，因此这种焊接通常至少要在 24～78h 之后再进行无损检测。

8.2.3.2 各种无损检测方法的对比和应用

在五种常规检测方法中，射线检测和超声波检测主要用于内部缺陷的检测，磁粉检测、渗透检测和涡流检测主要用于外部缺陷的检测。成品表面缺陷，尤其是表面小裂纹，虽然尺寸较小，但其危害性比在内部的同样大小的缺陷更大。用射线透视难于查出这种表面缺陷，用超声波检测又难于与面波或底波分开，而磁粉检测、荧光检测或着色检测却对它们很敏感。

8.2.3.2.1 内部缺陷的检测

适合于内部缺陷的检测方法主要有射线检测和超声波检测两种，表 8-4 是这两种无损检测方法的对比。表中用符号来相对地比较合适程度，它只是表示一种大致的倾向而不是绝对的。下面就对比的各项内容做进一步说明。

表 8-4　射线检测与超声波检测的对比

	检测方法	射线检测（直接照相法）	超声波检测
被检物	铸件	◎	○
	锻件	×	◎
	压延件	×	◎
	焊缝	◎	○
缺陷	分层裂纹	×	◎
	密集气孔	◎	○
	缩孔(铸件)	◎	○
	气孔	◎	△
	缩孔(焊缝)	◎	○
	未焊透	○	○
	未熔合	△	○
	裂纹	△	△
	夹渣	◎	○
检测特征	缺陷种类的判别	◎	△
	缺陷形状的判别	◎	△
	缺陷尺寸的判别	○	△
	缺陷在厚度方向上的部位判别	△	◎
	记录检测结果	◎	△
	不需要判断者在现场	◎	△
	能从单面检测	×	◎
	被检物的厚度上限	○	◎
	被检物的厚度下限	◎	△
	装置的小型轻便	×	◎
	检测速度	×	◎
	消耗品费用	×	◎
	总费用	×	◎
	安全管理	△	◎

注：◎很合适；○合适；△有附加条件时合适；×不合适。

（1）按被检物种类对比

ⅰ．锻件内部的缺陷由于锻造被压成平面的形状，因此在超声波检测时，多采用从表面进行垂直检测的方法，这样易于检出缺陷；而用射线检测时，这种缺陷很难检测出来。

ⅱ．压延件内部的缺陷，由压延而被压成同表面平行的形状，因而其缺陷的检测与锻件类似。

ⅲ．铸件和焊缝内部的缺陷，在加工过程结束后就成形了，一般都呈立体形状。因此用射线检测就比较容易查出来，而用超声波检测虽然也能检出，但与射线检测相比其结果要差。

（2）按缺陷种类对比

ⅰ．分层裂纹。分层裂纹是压延件中与表面平行的内部缺陷，一般用超声波很容易检测出来，而用射线照相法往往不能检出。

ⅱ．铸件中的密集气孔和缩孔，大多是立体状的内部缺陷，用射线照相法一般很容易检测出来，用超声波有时也能检测出来，但如果铸件的晶粒粗大时，超声波的衰减大，所以往往比射线照相法检测效果差一些。

ⅲ．气孔，是焊缝内的球形缺陷，用射线检测一般容易检出，用超声波检测往往很难检出，但如果气孔尺寸大或密集，则有时也能检出。

ⅳ．焊缝中的缩孔，是一种内部缺陷，它的检测方法与气孔相似。

ⅴ．未焊透，是焊缝内部或根部产生的缺陷，因为它留有一部分坡口面，所以呈平面状，用射线检测自焊缝上部垂直照射就能将其检出。

ⅵ．未熔合，是焊缝的熔融金属与母材之间或熔融金属层间发生的缺陷，这种缺陷一般都是残存的空隙，所以用射线法和超声波都很可能检测出，但有一种叫"冷隔"的未熔合是没有空隙的，所以用射线检测不能检测出，而用超声波检测则能检出。

ⅶ．裂纹，是在焊缝内部和表面上发生的缺陷，其形状接近于平面，而一般都带有些凹凸不平的形状，方向不规则。因此用射线检测时，当射线照射方向与裂纹方向大致垂直时，几乎就检测不出来。而用超声波检测时，当超声波的波束和裂纹面大致垂直时就能检测出来。

ⅷ．夹渣，这种缺陷的形状不一定，但大多呈立体形状，采用上述两种方法均能将其检出，但超声波检测的效果比射线法要差一些。

（3）按检测特征对比

ⅰ．对于缺陷的种类，用射线照相法检测时可以根据 X 射线底片上所记录的缺陷图像进行判别；用超声波检测时，若能预计缺陷发生部位的话，有时也能估计缺陷的种类。

ⅱ．对缺陷的形状，用射线照相法检测时可根据 X 射线底片上所记录的缺陷图像来判别缺陷的形状；而用超声波检测时若应用各种扫描法的话，也能判别出平面状、圆柱状和球状等缺陷。

ⅲ．对于缺陷的尺寸，根据 X 射线底片图像，可以相当精确地判别缺陷的二维方向尺寸，但厚度方向上的尺寸很难判别；超声波检测时，如采用各种扫描方法，同样也能判别二维方向的尺寸，但精度比射线法要差一些。由于厚度方向尺寸的判别精度要求较低，故有时可由估计得出。

ⅳ．对于厚度方向上的缺陷部位，当采用超声波垂直法检测时，根据读出的波束路程，即横坐标上的缺陷回波前沿位置，就可以正确求出。用超声波斜射法检测比垂直法检测精度要差，但还是可以求得出来。射线法检测时用立体照相法也可以求出缺陷的厚度。

ⅴ．对于记录检测结果，用射线法检测时，可以把被检物的二维方向的投影图像在 X 射线底片上做永久的记录；而超声波检测的信息，是通过超声波束在示波管上显示的各瞬间的图像，随探头的移动，图像也随之而变，因而不能成为永久记录。如果用笔式记录仪做记录装置的话也不过是间接的记录，与实际缺陷的相符性比射线法要差一些。

ⅵ. 对于是否需判断者在现场，射线检测的结果判断是在底片处理后进行的，无需判断者亲临现场。而超声波检测，是随探头的移动，示波仪图像就随之而变，图像本身不能做记录，所以需要有较强判断能力的技术人员来进行检测操作，并随时做出判断。

ⅶ. 对于能否从单面进行检测，因射线法检测用的是穿透法，因而必须将射线源和 X 射线胶片分别安放在被检物两侧；而超声波检测用的是反射法，只要把探头接触在被检物的一面就可以了。

ⅷ. 对于被检物厚度的上限，用射线法检测时，如被检物是钢材，厚度约可为 450mm（用直线加速器）；而超声波检测对某些钢种，厚度可达 3m。

ⅸ. 对于被检物厚度的下限，用射线法检测时是没有下限的；而超声波检测因受盲区的限制，其厚度下限对钢材而言约为 6mm。

ⅹ. 对于检测装置的小型轻便性，当被检物厚度增加时，超声波检测不需要采用特别大型的装置，而射线法检测则需要大型装置。例如对厚度为 80mm 左右的钢材来说，用超声波检测时，装置质量约为 6kg；而用射线法时，X 射线装置质量约为 900kg，γ 射线装置也要 20 多 kg。

ⅺ. 对于检测速度，如果只考虑射线照相和暗室处理这两道工序，射线检测所需时间至少也要 10min 以上；而超声波检测如果用探头接触法的话，当时就可以得出接触部位的检测结果，在一定的检测范围内所花费的时间比射线法检测的时间要少得多。

ⅻ. 对于消耗品费用，用射线法检测时因要消耗价格较高的 X 射线胶片，还要消耗增感屏和冲洗相药品，所以单位焊缝长度的检测费用相当高；而超声波检测虽然也要消耗耦合剂和探头磨损等，但单位焊缝长度的消耗品费用相比之下要低得多。

ⅹⅲ. 对于总费用，超声波检测同射线照相法检测相比，其设备费用和消耗品费用都较低，检测时间和操作人员数量都较少，故人工费用也低得多，总之超声波检测的总费用相对较低。

ⅹⅳ. 对于安全管理，用射线法检测时需要进行射线防护；而用超声波检测时因超声波能量较低，因而不必担心对人体造成什么危害，无需防护。

8.2.3.2.2 表层缺陷的检测

检测表层缺陷的主要方法为磁粉检测、渗透检测以及电磁感应检测等，这些方法的对比见表 8-5。表中用符号来相对地比较这种方法的合适程度，它仅表示一种大致的倾向而不是绝对的。下面就各项对比做进一步的说明。

（1）按被检物种类对比

磁粉检测和渗透检测对于铸件、锻件、压延件、管材以及焊缝都是合适的，但对线材来说是不合适的（除非在特殊情况下）。电磁感应检测对于圆形截面、较长的管材和线材是合适的，对压延件尚可，但对锻件、铸件和焊缝来说除在特殊情况下都不太合适。

（2）按缺陷种类对比

ⅰ. 表面开口的裂纹。用磁粉检测、渗透检测和电磁感应检测都合适。内部裂纹当接近表面时可以用磁粉检测和电磁感应检测，但不能用渗透检测。

ⅱ. 折叠。一般是指露出表面的重叠折痕，所以用上述三种方法都可检出。

ⅲ. 白点。是钢材断口中出现的具有白色光泽的斑点。如果切削加工后出现在表面，则用磁粉检测和渗透检测都可检出。但电磁感应检测不出这种缺陷。

表 8-5　磁粉检测、渗透检测及电磁感应检测的对比

检测方法		磁粉检测	渗透检测	电磁感应检测
原理	方法的原理	磁吸引作用	渗透作用	电磁感应作用
	能检测出的缺陷	表面和靠近表面的缺陷	表面开口缺陷	表面和表层的缺陷
	缺陷部位的表现形式	在缺陷部位发生漏磁,而有磁粉附着	渗透液的渗透	涡流的变化使检测线圈的输出发生变化
	显示信息的器材	磁粉	渗透液、显像液	笔式记录仪、电压表、示波器
	适用的材质	强磁性材料	金属材料、非金属材料	导电材料
被检物	铸件	◎	◎	△
	锻件	◎	◎	△
	压延件	◎	◎	○
	管材	○	○	◎
	线材	△	△	◎
	焊缝	◎	◎	○
缺陷	裂纹	◎	◎	◎
	折叠	○	○	○
	白点	◎	◎	不属本方法检测的对象
	疏松	○	◎	不属本方法检测的对象
	针孔	△	◎	△
	线状缺陷(棒钢)	◎	○	○
检测特征	缺陷种类的判别	○	○	△
	记录检测结果	○	○	◎
	装置的小型轻便	○	◎	△
	检测速度	○	△	◎
	设备费用	—	—	—
	消耗品费用	○	○	◎

注:◎很合适;○合适;△有附加条件时合适。

ⅳ.疏松。一般是形状不规则的线状缺陷集合体,用渗透检测法最合适,用磁粉检测也还可以,但电磁感应检测不出这种缺陷。

ⅴ.针孔。一般是直径微小的圆形开口缺陷,所以非常适合渗透检测法,而磁粉检测和电磁感应检测不合适(除非在特殊情况)。

ⅵ.线状缺陷(棒钢)一般深度较浅,所以用磁粉检测最合适,用渗透检测和电磁感应检测也可以检出。

(3)检测特征对比

ⅰ.缺陷的种类,用磁粉检测和渗透检测时大多是根据缺陷显示痕迹的形状来判别的;而电磁感应检测是用笔式记录仪或者电压表来显示的,除特殊情况外,一般无法判别缺陷的种类。

ⅱ.对记录检测结果,电磁感应检测是用笔式记录仪进行记录的,比较起来效果最好;而磁粉检测和渗透检测法也可以用透明胶带和其他办法把缺陷痕迹固定或复制下来。

ⅲ.对检测装置的小型轻便性,渗透检测时采用溶剂去除型着色渗透液的方法,因为无需用什么装置，所以最好；电磁感应检测除极少一部分是便携式的外，都是固定式的大型装置；磁粉检测既有固定式的也有许多便携式的装置，因此可认为是介于上述两者之间。

ⅳ. 对检测速度，电磁感应检测是用检测线圈来检测电和磁的变化，因此可以进行快速检测，能最迅速地获得结果；磁粉检测速度比其慢一些，而渗透检测因有渗透、清洗和显像等几道工序，需要一定时间，所以相对较慢。

ⅴ. 对设备费用，渗透检测的设备费用中除了溶剂去除型着色渗透法之外，是需要相当数量设备的，一般来说其设备费用与磁粉检测的相当；而电磁感应检测的设备在几种方法中最贵。

ⅵ. 对消耗品费用，因电磁感应检测只消耗记录纸，所以其费用最少，而磁粉检测和渗透检测则要消耗磁粉和各种检测剂。

8.2.3.2.3 各种无损检测方法的适用范围

下面以压力容器制造为例，说明在制造过程中有关环节应采用何种无损检测方法。各环节所适用的无损检测方法见表 8-6。表中各种检测方法用如下的缩写符号来表示：射线检测（RT）；超声波检测（UT）；磁粉检测（MT）；渗透检测（PT）；电磁感应检测（ET）；应变测试（SM）。

表 8-6　压力容器设计制造各环节所适用的无损检测方法

检 验 项 目			适用的无损检测方法
设计	形状复杂部分应力分布的估计		SM
	压力容器模型做水压试验时		SM
原材料	板材		UT
	管材		RT、UT、MT、PT 和 ET 中适用的方法
	锻件和棒材		UT 和 MT（或 PT）
	螺栓、双头螺栓和螺母		UT 和 MT（或 PT）
焊缝	坡口部分		PT（或 MT），有分层裂纹用 UT
	纵向焊缝		RT 和 MT（或 PT）
	圆周焊缝		RT 和 MT（或 PT）
	其他焊缝	一般焊缝	RT 和 MT（或 PT）
		角接接头焊缝	RT、UT、MT（或 PT）
		部分熔合焊缝	MT（或 PT），UT5
	里侧修剔口及其补焊部分		PT（或 MT）
	丁字接头焊缝		MT（或 PT），UT
	非耐压的安装部件		MT（或 PT）
	焊接夹具除去的疤痕		MT（或 PT）
	焊接夹具除去后疤痕的补焊		RT、MT（或 PT）必要时用 UT
	爆炸压合部分		UT
	堆焊覆盖层部分		焊接前 MT（或 PT）焊接后 UT 和 PT
	水压试验时		SM
	水压试验后（整个焊缝）		MT（或 PT）

表中有关的一些术语注释如下。

① 部分熔合　母材上把金属熔化后焊接在一起的地方叫做"熔合"，在厚度方向熔合的深度叫"熔合深度"，一直熔透到接头里侧的叫做完全熔合，只熔合到接头中途的叫部分熔合。

② 里侧修剔口　从接头里侧把对接接头底部的未焊透部分和第一层焊缝的一部分剔除，叫里侧修剔（见图 8-6）。里侧修剔口就是用这种操作来制成的坡口，此坡口要在里侧焊好。

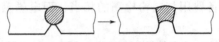

图 8-6　里侧修剔示意图

③ 非耐压的安装部件　指焊在压力容器外部的供安装时用的支架和托架之类的部件。

④ 焊接夹具去除后的疤痕　焊接时为保持焊缝的坡口间隙，在母材两边先焊上夹具或拉紧装置等，焊接后再将其除去。除去时，有时会在母材上产生缺陷，当缺陷疤痕较深时，要用堆焊法进行修补。

⑤ 爆炸压合和堆焊覆盖层部分　化学工业用反应塔等构件，为提高耐腐蚀性能，往往在低碳钢或低合金钢容器内侧表面用奥氏体不锈钢做内衬。这种内衬复合钢板的制造方法可分为以下几种。

ⅰ. 利用炸药爆炸时的冲击压力进行压合；

ⅱ. 用堆焊法做覆盖层；

ⅲ. 压延法成形铺衬。

8.2.4　无损检测的反馈

无损检测是质量管理的一种有力手段，它由过去人们所认为的"产品质量是在检验时决定的"观点，转变成为"质量是由加工工艺过程所决定的"观点。因此无损检测的结果必须要反馈给各道加工工序。

一般来说缺陷的检测结果应反馈给加工、制造部门，而应变测试结果应反馈给计划设计部门。由于设计不当也是缺陷产生的原因，因此缺陷检测结果也应同时反馈给计划、设计部门。另外，加工不正确有时也会产生过大的应变，因此应变测试结果也应反馈给加工、制造部门。

8.3　过程设备的试压及密封性检查

设备的试压及密封性检查包括水压试验、气压试验、气密性试验等。试验的目的是检查设备或构件的强度和密封性能，它是对设计、材料、制造综合性的检查，因而是保证设备安全运行的重要措施。试验一般在制造完工后，按制造标准或图样规定进行。

8.3.1　液压试验

液压试验虽然可用沸点低于试验温度的各种液体，但应用最广泛的是水压试验。

（1）流程图

图 8-7 为水压试验流程图。试验时先将容器内灌满水，灌水时打开排气阀，待气排完后关闭。然后打开直通阀和开动试压泵，使容器内的压力逐渐升高，达到规定压力后，停止试压泵和关闭直通阀，并保压检查。试验完毕，打开排水阀将水放出。

（2）试验压力

试验压力按表 8-7 规定的压力来控制。

当设计温度≥200℃时，内压容器的试验压力按下式计算：

$$P_T = P_s \frac{[\sigma]}{[\sigma]^t}$$

式中 P_T——设计温度大于 200℃时的试验压力，MPa；

P_s——按表 8-7 确定的试验压力，MPa；

$[\sigma]$——试验温度下材料的许用压力，MPa；

$[\sigma]^t$——设计温度下材料的许用压力，MPa；

当 $\frac{[\sigma]}{[\sigma]^t} > 1.8$ 时，取 1.8。

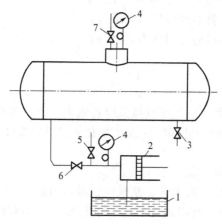

图 8-7 水压试验流程图

1—水槽；2—试压泵；3—排水阀；4—压力表；5—安全阀；6—直通阀；7—排气阀

表 8-7 液压试验压力

容器种类		试验压力 P_s/MPa
内压容器		$1.25P$
外压容器	带夹套外压容器	夹套的试验压力按内压容器，内筒按外压容器
	不带夹套外压容器	以 $1.25P$ 做内压试验

注：表中 P 为设计压力。

（3）注意事项

ⅰ．水压试验有一定的危险性，试验应注意安全。试验压力应缓慢上升，有些还应逐级升压。达到规定压力后保压时间不低于 30min，并对所有焊缝和连接部位进行检查，无渗漏为合格。

ⅱ．立式容器卧置水压实验时，试验压力还应加上液柱静压力。

ⅲ．对碳钢和一般低合金钢，液压试验时的液体温度应不低于 5℃。对新钢种试压液体温度应不低于 5℃，且至少应比材料脆性转变温度高 16℃。

ⅳ．不锈耐酸钢制容器，试验用水的氯离子含量应不超过 25mg/kg。

8.3.2 气压试验

一般设备的试压都应首先要求做液压试验，只有因设计结构上或者使用方面的原因不能用液压试验时，才采用气压试验。例如，涉及构件或基础未考虑试压时水的重量；使用时不允许有残留水分，而其内部又不易干燥的设备。

（1）试验压力

气压试验的试验压力按下式计算：

$$P_s = 1.15P$$

式中　P_s——试验压力，MPa；

　　　P——设计压力，MPa。

设计温度大于200℃的内压容器，试验压力按下式计算：

$$P_T = P_s \frac{[\sigma]}{[\sigma]^t}$$

式中　P_T——设计温度大于200℃时的试验压力，MPa；

　　　P_s——按表1.15P确定的试验压力，MPa；

　　　$[\sigma]$——试验温度下材料的许用压力，MPa；

　　　$[\sigma]^t$——设计温度下材料的许用压力，MPa；

当 $\frac{[\sigma]}{[\sigma]^t} > 1.8$ 时，取1.8。

（2）注意事项

ⅰ．由于气体压缩性很大，故气压试验危险性很大，万一发生爆炸造成的危害比水压试验大得多，所以气压试验须经主管部门同意并在安全部门的监督下，按规定进行。并应采取有效的安全措施。

ⅱ．气压试验的介质温度不低于15℃。

ⅲ．气压试验时，压力应缓慢上升，至规定试验压力的10%，而且不超过0.05 MPa时保压5min，然后对容器的所有焊缝和连接部位进行检查，如有渗漏应进行返修。经初次检查合格后，继续缓慢升压，至规定试验压力的50%后，按每级为规定试验压力10%的级差，逐级升至试验压力。保压10min后，将压力降至设计压力再进行检查，无渗漏为合格。若有渗漏，经返修后，再按上述规定重新试验。

（3）气密性试验

气密性试验的主要目的是检查连接部位的密封性能和焊缝可能产生的渗漏。因气体比液体检漏的灵敏度高，因此用于密封性要求高的容器。

容器需经水压试验合格后方可进行气密性试验，试验压力为设计压力的1.0倍。实验时，压力应缓慢上升，达到规定的试验压力后保压10min，再降至设计压力进行检查。小型容器可浸入水中检查，大型容器则其焊缝及连接部位涂肥皂水检查。如有渗漏则在返修后重新进行液压试验和气密性试验。

（4）氨渗漏试验

氨渗漏试验属气密性试验，它常用于检查那些近乎常压的设备和管道。这些设备的工作压力很低，有时只有几十毫米或几毫米水柱，从强度观点是比较安全的，但密封性要求很高。例如，煤气等有毒气体的管道等。

氨渗透试验是将含氨1%（体积比）的压缩空气通入容器内，并在焊缝及连接部位，粘上比焊缝宽20mm的试纸。当达到试验压力后5min，试纸未出现黑色或红色为合格。在使用酚酞试纸时，应把焊缝上的碱性熔渣清除干净，以免影响试验的准确性。

8.3.3　煤油试验

煤油的渗透性很好，常用于检查敞口容器的渗透情况，也可用于检查便于观察的其他容器。

其方法是：将焊缝能够观察的一面清理干净，涂上白粉浆，晾干后在焊缝的另外一面涂上煤油，使表面得到足够的浸润，半小时后检查，白粉上没有油渍为合格。

习　题

8-1　质量检验的内容包括哪些方面？

8-2　简述 X 射线检测的原理。

8-3　超声波检测有哪些特点？

8-4　简述磁粉检测的基本原理。

8-5　过程设备为什么要进行试压及密封性检查？试压及密封性检查的方法有哪些？

参 考 文 献

[1] 于骏一，邹青等主编．机械制造技术基础．北京：机械工业出版社，2004.

[2] 吉卫喜主编，机械制造技术．北京：机械工业出版社，2004.

[3] 姚慧珠，郑海泉主编．化工机械制造工艺．北京：化学工业出版社，1997.

[4] 邹广华，刘强编著．过程装备制造与检测．北京：化学工业出版社，2003.

[5] 徐灏等主编．机械设计手册．第3卷．北京：机械工业出版社，1991.

[6] 李纯甫编著．尺寸链分析与计算．北京：中国标准出版社，1990.

[7] 赵如福主编．金属机械加工工艺人员手册．第3版．上海：上海科学技术出版社，1990.

[8] 朱绍华等编．机械加工工艺．北京：机械工业出版社，1999.

[9] 韩荣第，周明主编．金属切削原理与刀具．哈尔滨：哈尔滨工业大学出版社，1998.

[10] 于骏一主编．典型零件制造工艺．北京：机械工业出版社，1989.

[11] 刘晋春，赵家齐，赵万生编．特种加工．第3版．北京：机械工业出版社，2002.

[12] 甘永立主编．几何量公差与检测．上海：上海科技出版社，2001.

[13] 艾兴，肖诗钢编．切削用量简明手册．北京：机械工业出版社．

[14] GB 150—1998《钢制压力容器》.

[15] GB 151—1989《钢制管壳式换热器》.

[16] GB 6654—1996《压力容器用碳素钢及普通低合金钢热轧厚钢板技术条件》.

[17] 《压力容器安全技术监察规程》中华人民共和国劳动部．

[18] HG 20581—1998《钢制化工容器材料选定规定》.

[19] HG 20584—1998《钢制化工容器制造技术条件》.

[20] JB/ T4729—1994《旋压封头》.

[21] JB 4730—1994《压力容器无损检测》.

[22] JB 4709—1999《钢制压力容器焊接规程》.

[23] JB/T 4735—1997《钢制焊接常压容器》.

[24] 杨叔子等主编．机械加工工艺手册．北京：机械工业出版社，2002.

[25] 刘晋春等主编．特种加工．北京：机械工业出版社，2003.

[26] 薛顺源等主编．机床夹具设计．北京：机械工业出版社，2001.

[27] 郑品森主编，化工机械制造工艺，化工出版社，1981年．

[28] 邓文英主编．金属工艺学．北京：高等教育出版社，2000.

[29] 林琨智，孙东主编．金工实践教程．北京：化工出版社，2011.

[30] 严绍华，热加工工艺基础．北京：高等教育出版社，2004.